U0264139

“十四五”国家重点出版物出版规划项目

城市安全出版工程·城市基础设施生命线安全工程丛书

名誉总主编　范维澄
总　主　编　袁宏永

城市排水安全工程

张荣兵　高　伟　主　编

URBAN DRAINAGE
SAFETY ENGINEERING

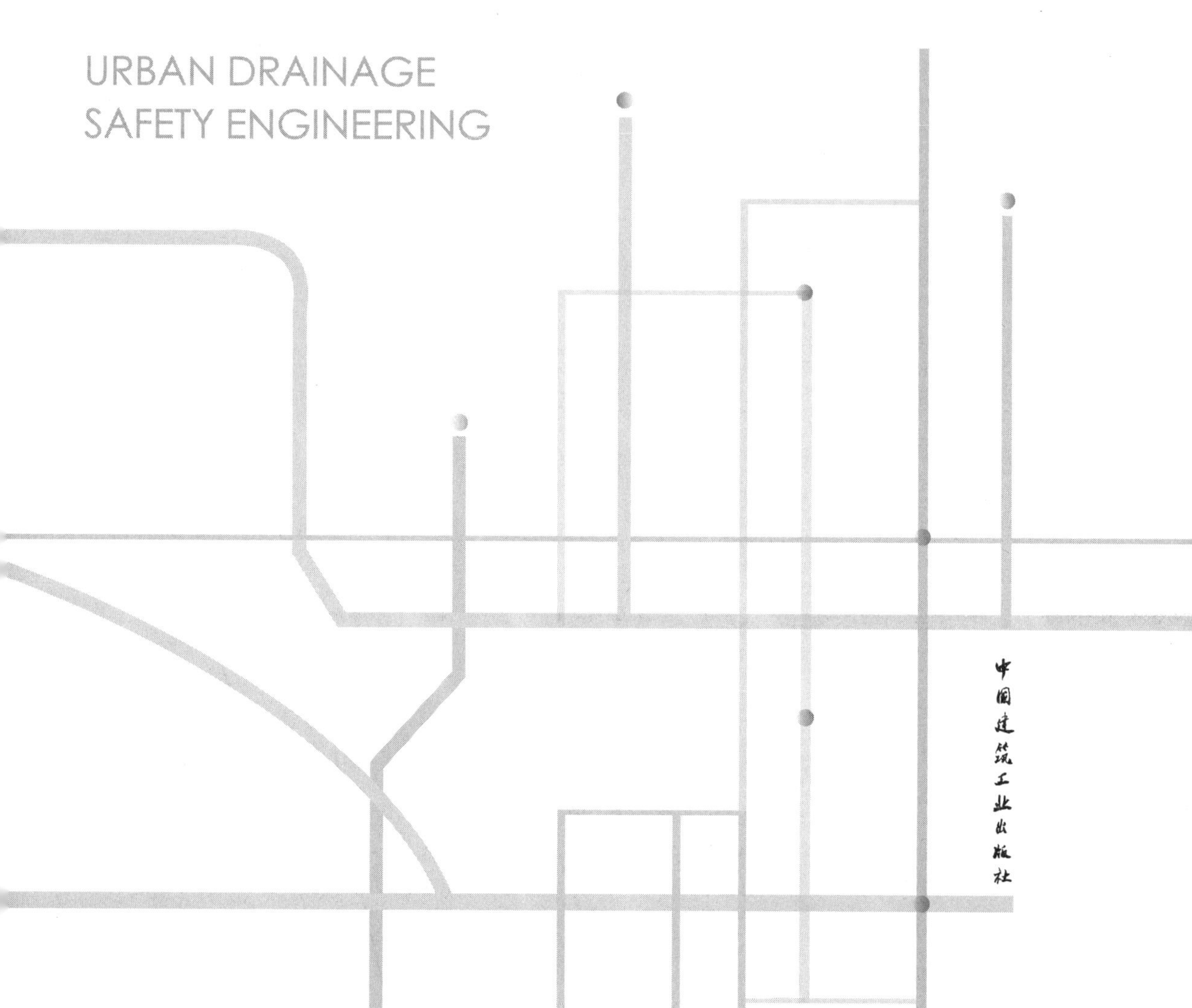

中国建筑工业出版社

图书在版编目（CIP）数据

城市排水安全工程 = URBAN DRAINAGE SAFETY ENGINEERING / 张荣兵，高伟主编. -- 北京：中国建筑工业出版社，2024.11. --（城市基础设施生命线安全工程丛书 / 范维澄，袁宏永主编）. -- ISBN 978-7-112-30545-2

Ⅰ. TU992

中国国家版本馆CIP数据核字第20244XW497号

丛书总策划：范业庶
责 任 编 辑：于 莉 杜 洁
文 字 编 辑：李鹏达
责 任 校 对：张 颖

城市安全出版工程·城市基础设施生命线安全工程丛书
名誉总主编 范维澄
总 主 编 袁宏永

城市排水安全工程
URBAN DRAINAGE SAFETY ENGINEERING
张荣兵 高 伟 主编

*

中国建筑工业出版社出版、发行（北京海淀三里河路 9 号）
各地新华书店、建筑书店经销
北京锋尚制版有限公司制版
建工社（河北）印刷有限公司印刷

*

开本：787 毫米×1092 毫米 1/16 印张：23¾ 字数：513 千字
2024 年 12 月第一版 2024 年 12 月第一次印刷
定价：**88.00** 元
ISBN 978-7-112-30545-2
（43181）

丛书编委会

城市安全出版工程·城市基础设施生命线安全工程丛书

编 委 会

本书编委会

城市排水安全工程

编 写 组

主　　编：张荣兵　高　伟

副 主 编：蒋　勇　屈　辉　刘立超　宋晓雅　马卫国

编　　委：王增义　王恩雕　魏桂芹　毛联华　徐院锋

江　浩　李　骜　王文涛

主编单位：中国城镇供水排水协会

北京城市排水集团有限责任公司

丛书序言

我们特别欣喜地看到由袁宏永教授领衔，清华大学安全科学学院和中国建筑工业出版社共同组织，国内住建行业和公共安全领域的相关专家学者共同编写的“城市安全出版工程·城市基础设施生命线安全工程丛书”正式出版。丛书全面梳理和阐述了城市生命线安全工程的理论框架和技术体系，系统总结了我国城市基础设施生命线安全工程的实践应用。这是一件非常有意义的工作，可谓恰逢其时。

城市发展要把安全放在第一位，城市生命线安全是国家公共安全的重要基石。 城市生命线安全工程是保障城市燃气、供水、排水、供热、桥梁、综合管廊、轨道交通、电力等城市基础设施安全运行的重大民生工程。我国城市生命线规模世界第一，城市生命线设施长期高密度建设、高负荷运行，各类地下管网长度超过 550 万 km。城市生命线设施在地上地下互相重叠交错，形成了复杂巨系统并在加速老化，已经进入事故集中爆发期。近 10 年来，城市生命线发生事故两万多起，伤亡超万人，每年造成 450 多万居民用户停电，造成重大人员伤亡和财产损失。全面提升城市生命线的保供、保畅、保安全能力，是实现高质量发展的必由之路，是顺应新时代发展的必然要求。

国内有一批长期致力于城市生命线安全工程科学研究和应用实践的学者和行业专家，他们面向我国城市生命线安全工程建设的重大需求，深入推进相关研究和实践探索，取得了一系列基础理论和技术装备创新成果，并成功应用于全国 70 多个城市的生命线安全工程建设中，创造了显著的社会效益和经济效益。例如，清华大学合肥公共安全研究院在国家部委和地方政府大力支持下，开展产学研用联合攻关，探索出一条以场景应用为依托、以智慧防控为导向、以创新驱动为内核、以市场运作为抓手的城市生命线工程安全发展新模式，大幅提升了城市安全综合保障能力。

丛书坚持问题导向，结合新一代信息技术，构建了城市生命线风险“识别—评估—监测—预警—联动”的全链条防控技术体系，对各个领域的典型应用实践案例进行了系统总结和分析，充分展现了我国城市生命线安全工程在风险评估、工程设计、项目建设、运营维护等方面的系统性研究和规模化应用情况。

丛书坚持理论与实践相结合，结构比较完整，内容比较翔实，应用覆盖面广。丛书编者中既有从事基础研究的学者，也有从事技术攻关的专家，从而保证了内容的前沿性和实用性，对于城市管理者、研究人员、行业专家、高校师生和相关领域从业人员系统了解学习城市生命线安全工程相关知识有重要参考价值。

目前，城市生命线安全工程的相关研究和工程建设正在加快推进。期待丛书的出版能带动更多的研究和应用成果的涌现，助力城市生命线安全工程在更多的城市安全运行中发挥“保护伞”“护城河”的作用，有力推动住建行业与公共安全学科的进一步融合，为我国城市安全发展提供理论指导和技术支撑作用。

中国工程院院士、清华大学公共安全研究院院长　范维澄

2024 年 7 月

丛书前言

党和国家高度重视城市安全，强调要统筹发展和安全，把人民生命安全和身体健康作为城市发展的基础目标，把安全工作落实到城市工作和城市发展各个环节各个领域。城市供水、排水、燃气、热力、桥梁、综合管廊、轨道交通、电力等是维系城市正常运行、满足群众生产生活需要的重要基础设施，是城市的生命线，而城市生命线是城市运行和发展的命脉。近年来，我国城市化水平不断提升，城市规模持续扩大，导致城市功能结构日趋复杂，安全风险不断增大，燃气爆炸、桥梁垮塌、路面塌陷、城市内涝、大面积停水停电停气等城市生命线事故频发，造成严重的人员伤亡、经济损失及恶劣的社会影响。

城市生命线工程是人民群众生活的生命线，是各级领导干部的政治生命线，迫切要求采取有力措施，加快城市基础设施生命线安全工程建设，以公共安全科技为核心，以现代信息、传感等技术为手段，搭建城市生命线安全监测网，建立监测运营体系，形成常态化监测、动态化预警、精准化溯源、协同化处置等核心能力，支撑宜居、安全、韧性城市建设，推动公共安全治理模式向事前预防转型。

2015 年以来，清华大学合肥公共安全研究院联合相关单位，针对影响城市生命线安全的系统性风险，开展基础理论研究、关键技术突破、智能装备研发、工程系统建设以及管理模式创新，攻克了一系列城市风险防控预警技术难关，形成了城市生命线安全工程运行监测系统和标准规范体系，在守护城市安全方面蹚出了一条新路，得到了国务院的充分肯定。2023 年 5 月，住房和城乡建设部在安徽合肥召开推进城市基础设施生命线安全工程现场会，部署在全国全面启动城市生命线安全工程建设，提升城市安全综合保障能力、维护人民生命财产安全。

为认真贯彻国家关于推进城市安全发展的精神，落实住房和城乡建设部关于城市基础设施生命线安全工程建设的工作部署，中国建筑工业出版社相关编辑对住房和城乡建设部的相关司局、城市建设领域的相关协会以及公共安全领域的重点科研院校进行了多次走访和调研，经过深入的沟通和交流，确定与清华大学安全科学学院共同组织编写“城市安全出版工程·城市基础设施生命线安全工程丛书”。通过全面总结全国城市生命线安全领域的现状和挑战，坚持目标驱动、需求导向，系统梳理和提炼最新研究成果和实践经验，充分展现我国在城市生命线安全工程建设、运行和保障的最新科技创新和应用实践成果，力求为城市生命线安全工程建设和运行保障提供理论支撑和技术保障。

“城市安全出版工程·城市基础设施生命线安全工程丛书”共9册。其中，《城市生命线安全工程》在整套丛书中起到提纲挈领的作用，介绍城市生命线安全运行现状、风险评估方法、综合监测理论、预警技术方法、应用系统平台、监测运营体系、案例应用实践和标准规范体系等。其他8个分册分别围绕供水安全、排水安全、燃气安全、供热安全、桥梁安全、综合管廊安全、轨道交通安全、电力设施安全，介绍该领域的行业发展现状、风险识别评估、风险防范控制、安全监测监控、安全预测预警、应急处置保障、工程典型案例和现行标准规范等。各分册相互呼应，配套应用。

“城市安全出版工程·城市基础设施生命线安全工程丛书”的作者有来自清华大学、清华大学合肥公共安全研究院、北京交通大学、中国矿业大学（北京）等高校和科研院所的知名教授，有来自中国市政工程华北设计研究总院有限公司、国网智能电网研究院有限公司等工程单位的知名专家，也有来自中国城镇供水排水协会、中国城镇供热协会等的行业专家。通过多轮的研讨碰撞和互相交流，经过诸位作者的辛勤耕耘，丛书得以顺利出版。本套丛书可供地方政府尤其是住房和城乡建设、安全领域的主管部门、行业企业、科研机构和高等院校相关人员在工程设计与项目建设、科学研究与技术攻关、风险防控与应对处置、人才培养与教育培训时参考使用。

衷心感谢住房和城乡建设部的大力指导和支持，衷心感谢各位编委和各位编辑的辛勤付出，衷心感谢来自全国各地城市基础设施生命线安全工程的科研工作者，共同为全国城市生命线安全发展贡献力量。

随着全球气候变化、工业化与城镇化持续加速，城市面临的极端灾害发生频度、破坏强度、影响范围和级联效应等超预期、超认知、超承载。城市生命线安全工程的科技发展和实践应用任重道远，需要不断深化加强系统性、连锁性、复杂性风险研究。希望“城市安全出版工程·城市基础设施生命线安全工程丛书”能够抛砖引玉，欢迎大家批评指正。

序言

习近平总书记指出："保障水安全，关键要转变治水思路，按照'节水优先、空间均衡、系统治理、两手发力'的方针治水，统筹做好水灾害防治、水资源节约、水生态保护修复、水环境治理。"在保障水安全的系统工程中，城市排水系统是重要组成部分。一方面，其污水管网是污水收集处理和再生利用的主要设施，在水环境治理、水资源节约中发挥基础性作用；另一方面，其雨水管网是城市防汛系统的重要设施，在水灾害防治中发挥关键性作用。因此，加强城市排水系统安全意义重大，关乎水安全，关乎城市运行安全。

《城市排水安全工程》是"城市安全出版工程·城市基础设施生命线安全工程丛书"之一。本书注重理论性，全面系统阐述城市排水安全工程的基本理论和相关知识，致力于帮助读者建立清晰的理论知识框架；注重操作性，深入剖析城市排水安全工程面临的风险与挑战，重点介绍内涝防治和防汛抢险的具体操作实务，以及各类排水设施日常检查、定期维护的标准流程和方法，致力于为相关从业人员提供工作借鉴；注重先进技术应用，紧密结合城市排水安全工程需求，通过典型案例介绍最新的先进技术及应用，致力于为行业企业拓展新的思路。

《城市排水安全工程》的出版，为相关从业人员提供了一部系统性的工具书，也为广大市民公众了解城市排水系统、学习环保知识提供了较为全面的知识读本，具有很强的专业性和知识性。

中国工程院院士、北京工业大学环境科学与工程学院教授　彭永臻

2024 年 10 月

前言

近年来，随着城市的发展和人口的增加，排水系统作为城市基础设施的重要组成部分越来越引起公众的关注。随着极端天气气候事件频发，城市排水系统面临巨大的考验，发生区域性和阶段性洪涝灾害的可能性增加。如何立足现状，全面落实工作责任、扎实做好排水设备设施运行维护、加强安全隐患治理、系统提升城市排水的防汛抗灾能力，减少人民生命和财产的损失，确保城市排水安全稳定运行是本书组织编写的目的。

本书共分为 9 个章节。第 1 章为城市排水工程概述，介绍城市排水系统的基本概念、组成等。第 2 章为城市排水风险评估，介绍评估的具体方法等。第 3 章为城市防汛排涝，介绍防汛抢险、内涝防治具体操作实务等。第 4 章为城市排水厂站，介绍污水处理厂安全风险与隐患等。第 5 章为城市排水管渠，介绍设施维护等。第 6 章为城市排水附属设施，介绍雨水口、溢流井、水封井等维护要点。第 7 章为城市水污染治理技术，介绍污水应急处理、管网检测等新技术。第 8 章为城市排水综合监管平台，介绍目前成熟应用的各类监管和监控平台等。第 9 章为法律法规标准规范节选，介绍与排水系统有关的现行法律法规和标准等。

本书由中国城镇供水排水协会和北京城市排水集团有限责任公司主编。希望借多年的工作经验，给同行提供参考，共同为城市排水安全而奋斗。

虽然编者有满腔的工作热情，但是由于水平有限，本书中难免存在不足之处，敬请同行批评指正。

目录

第1章　城市排水工程概述

第 2 章　城市排水风险评估

第 3 章　城市防汛排涝

第 1 章

城市排水工程概述

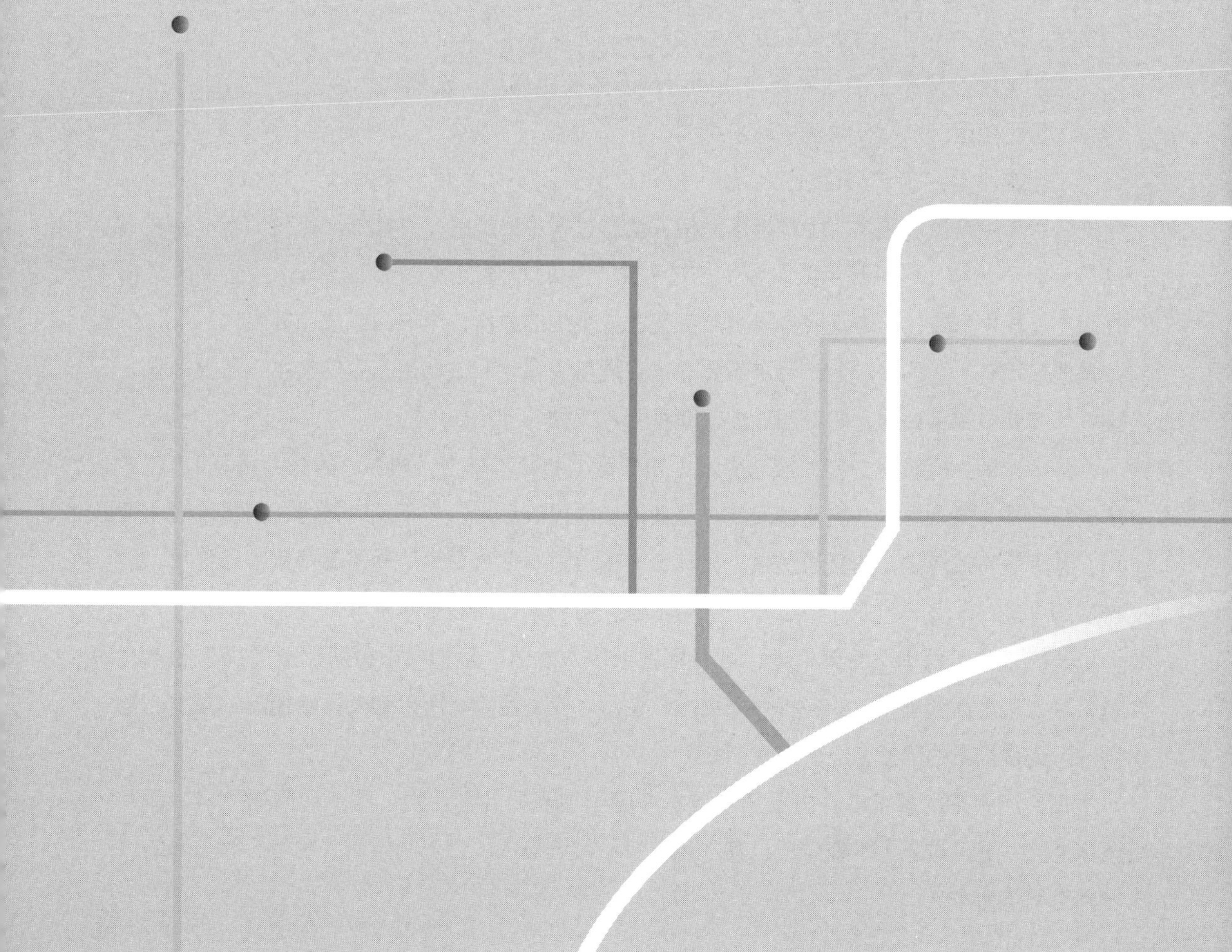

由污水和雨水的收集、输送、处理和排放等设施以一定方式组合的总体，称为排水工程。按照污水和雨水是否采用同一管道排除来划分，排水体制可分为合流制、分流制和混流式。雨水口、检查井、排水口等是排水工程中的重要构筑物。当前，城市排水已经纳入城市发展和更新的专项规划。城市排水实施排水许可制度。

1.1 城市排水概述

1.1.1 城市排水特性

1. 来源

人们在生活和生产中，使用着大量的水。水在使用过程中会受到不同程度的污染，改变原有的化学成分和物理性质，这些水称作污水或废水。污水也包括雨水及冰雪融化水。

按照来源的不同，污水可以分为生活污水、工业废水和降水。

生活污水是居民生活活动所产生的污水，主要是厕所、洗涤和洗澡产生的污水。生活污水由居民生活污水和公共建筑污水组成。

工业废水是在工矿企业生产活动中使用过的受到不同程度污染的水。工业废水可分为生产污水和生产废水两类。生产污水是指在生产过程中形成的，并被生产原料、半成品或成品等废料所污染，包括热污染（指生产过程中产生的水温超过 60℃ 的水）；生产废水是指在生产过程中形成，但未直接参与生产工艺，未被生产原料、半成品或成品等废料污染，或只是温度稍有上升的水。生产污水需要净化处理与资源化回收利用；生产废水不需要净化处理或仅需要做简单处理，如冷却处理，即可回用或循环利用。

降水，即大气降水，包括液态降水（如雨露）和固态降水（如雪、冰雹、霜等）。前者主要指降雨。降落雨水一般比较清洁，但其形成的径流量大，若不及时排泄，则居民区、工厂、仓库等将被淹没，使交通受阻，尤其山区的山洪水危害更甚。通常暴雨危害最严重，是排水的主要对象之一。冲洗街道和消防用水等，由于其性质和雨水相似，也并入雨水。

一般来说，雨水不需要处理，可直接就近排入水体。但初降雨时所形成的雨水径流会携带着大气地面和屋面上的各种污染物质，使雨水受到污染，所以初期雨水径流的雨水，是雨水污染最严重的部分，应予以控制。

在合流制排水系统中，由于初期雨水冲刷了地表的各种污物，雨水污染程度高，而经雨水溢流井截流进入污水处理厂，其水量取决于截流倍数。合流制排水系统晴天时输送的污水称为旱流污水。

2. 性质

城市污水的性质一般与人们的生活习惯、气候条件、生活污水与生产污水所占的比例，以及所采取的排水体制有关。城市污水性质包括物理性质、化学性质和生物性质等。

（1）物理性质

城市污水的物理性质包括水温、色度、臭味、固体含量等。

1）水温

污水的水温对污水的物理性质、化学性质及其生物性质有直接的影响。我国各地生活污水的年平均温度差别不大，在 10～20℃。生产污水的水温与生产工艺有关，变化很大。因此，城市污水的水温与排入排水系统的生产污水水温及所占比例有关。污水的水温过低（如低于 5℃）或过高（如高于 40℃）都会影响污水生物处理的效果。

2）色度

生活污水的颜色一般呈现灰色。但当污水中的溶解氧低至零，污水所含有机物腐烂，则转呈黑褐色并有臭味。生产污水的色度因工矿企业的性质而异，差别较大。如印染、造纸、农药、焦化、冶金及化工等企业的生产污水，都有各自的颜色。色度由悬浮固体、胶体或溶解物质形成。悬浮固体（如泥砂、纸浆、纤维、焦油等）形成的色度称为表色。胶体或溶解物质（如染料、化学药剂、生物色素、无机盐等）形成的色度称为真色。水的颜色用色度作为指标。

3）臭味

生活污水的臭味主要由有机物腐败产生的气体造成。工业废水的臭味主要由挥发性化合物造成。臭味大致有鱼腥味、氨臭、腐肉臭、腐蛋臭、腐甘蓝臭、粪臭以及某些生产污水的特殊臭味。臭味使人感到不悦，甚至会危及人体正常生理活动，出现呼吸困难、倒胃、胸闷、呕吐等。

4）固体含量

水中固体物质是指在一定温度下将水样蒸发至干时所残留的固体物质的总量，也称蒸发残留物。按水中固体的溶解性质可分为溶解性固体（Dissolved Solid，DS）和悬浮性固体（Suspended Solid，SS）。溶解性固体是指溶于水的各种无机物质和有机物质的总和。在水质分析中，对水样进行过滤操作，滤液在 103～105℃ 下蒸干后所得到的固体物质即为溶解性固体。悬浮性固体在 600℃ 的高温下灼烧后挥发掉的质量为挥发性悬浮固体（Volatile Suspended Solid，VSS），VSS 可以粗略地代表悬浮固体中有机物的含量；灼烧后剩余的部分物质为不可挥发性悬浮物，可以粗略地代表悬浮固体中无机物的含量。

5）浊度

浊度是表示水样透光性能的指标，水中的泥沙、黏土、微生物等细微的无机物和有机物及其他悬浮物导致通过水样的光线被散射或吸收，从而不能直接穿透水样。一般每升蒸馏水中含有 1mg 二氧化硅（SiO_2）时，对特定光源透过所发生的阻碍程度为 1 个浊度，称为杰克逊度，以 JTU 表示。浊度计是利用水中悬浮杂质对光具有散射作用的原理制成的，其测得的浊度是散射浊度单位，以 NTU 表示。

浊度与色度虽然都是水的光学性质，但它们是有区别的。色度是由水中的溶解物质所引起的，而浊度则是由水中不溶解物质引起的。所以，有的水样色度很高但并不混浊，反之亦然。一般说来，水中的不溶解物质愈多，浊度愈高，但两者之间并没有直接的定量关系。因为浊度是一种光学效应，它的大小不仅与不溶解物质的数量有关，还与不溶解物质的颗粒大小、形状和折射指数等性质有关。

（2）化学性质

污水中的污染物质，按化学性质可分为无机物和有机物；按存在的形态可分为悬浮态与溶解态。

1）无机物

无机物包括酸碱度、氮、磷、无机盐类及重金属离子等。

①酸碱度

酸碱度用 pH 表示。pH 等于氢离子浓度的负对数。$pH = 7$ 时，污水呈中性；$pH < 7$ 时，污水呈酸性，数值越小，酸性越强；$pH > 7$ 时，污水呈碱性，数值越大，碱性越强。当 pH 超出 6～9 的范围时，会对人、畜造成危害，并对污水的物理、化学及生物处理产生不利影响。城市污水 pH 一般为 6.5～7.5。pH 的突然大幅度变化，无论是升高还是降低，通常是由于工业废水的大量排入造成的。

碱度是指污水中含有的能与强酸产生中和反应的物质，主要包括氢氧化物碱度、碳酸盐碱度和重碳酸盐碱度。

污水所含碱度，对于外加酸、碱具有一定的缓冲作用，可使污水的 pH 维持在适宜好氧菌或厌氧菌生长繁殖的范围内。如污泥进行厌氧消化处理时，要求碱度不低于 2000mg/L（以 $CaCO_3$ 计，即约 20mmol/L），以便缓冲有机物分解时产生的有机酸，避免 pH 降低。

②氮、磷

氮、磷是污水进行生物处理时微生物所必需的营养物质，主要来源于人类排泄物及某些工业废水。氮、磷是导致湖泊、水库、海湾等缓流水体富营养化的主要原因。

a. 氮及其化合物

污水中的氮化合物有四种：有机氮、氨氮、亚硝酸盐氮与硝酸盐氮。四种含氮化合物的总量称为总氮。有机氮很不稳定，容易在微生物的作用下分解成其他三种。在无氧条件下，分解为氨氮；在有氧条件下，先分解为氨氮，再分解为亚硝酸盐氮和硝酸盐氮。凯氏氮是有机氮和氨氮之和。凯氏氮指标可以用来判断污水在进行生物法处理时，氮营养是否充足的依据。生活污水中凯氏氮含量约 40mg/L（其中有机氮约 15mg/L，氨氮约 25mg/L）。氨氮在污水中存在形式有游离氨（NH_3）与离子状态铵盐（NH_4^+）两种，故氨氮等于两者之和。污水进行生物处理时，氨氮不仅向微生物提供营养，而且对污水 pH 起缓冲作用。但氨氮过高时，如超过 1600mg/L（以 N 计），对微生物产生抑制作用。可见总氮与凯氏氮之差值，约等于亚硝酸盐氮与硝酸盐氮；凯氏氮与氨氮之差值，约等于有机氮。

b. 磷及其化合物

污水中含磷化合物可分为有机磷与无机磷两类。生活污水中有机磷含量约为 3mg/L，无机磷含量约为 7mg/L。总磷是污水中各类有机磷与无机磷的总和。与总氮类似，磷也是属于植物性营养物质，是导致水体富营养化的主要物质。

③硫酸盐与硫化物

污废水中的硫酸盐用硫酸根（SO_4^{2-}）表示。生活污水的硫酸盐主要来源于人类排泄物；工业废水如洗矿、化工、制药、造纸和发酵等工业废水，含有较高硫酸盐，浓度可达 1500～7500mg/L。在缺氧的条件下，由于硫酸盐还原菌、反硫化菌的作用，SO_4^{2-} 脱硫、还原成硫化氢。在排水管道内，释出的硫化氢与管顶内壁附着的水珠接触，在噬硫细菌的作用下形成硫酸，硫酸浓度可高达 7%，对管壁有严重的腐蚀作用，可能造成管壁塌陷。污水生物处理中 SO_4^{2-} 允许浓度为 1500mg/L。

污废水中的硫化物主要来源于工业废水（如硫化染料废水、人造纤维废水等）和生活污水。

硫化物在污废水中的存在形式有硫化氢、硫氢化物与硫化物。当污水 pH 较低时（如低于 6.5），则以硫化氢为主（硫化氢约占硫化物总量的 98%）；pH 较高时（如高于 9），则以硫化物为主。硫化物属于还原性物质，要消耗污水中的溶解氧，并能与重金属离子反应，生成黑色的金属硫化物沉淀。

④氯化物

生活污水中的氯化物主要来自人类排泄物。工业废水以及沿海城市采用海水作为冷却水时，都含有较高的氯化物。氯化物含量高时，对管道及设备有腐蚀作用；如灌溉农田，会引起土壤板结；氯化物浓度超过 4000mg/L 时对生物处理的微生物有抑制作用。

⑤非金属无机有毒有害物质

非金属无机有毒有害物质主要是氰化物与砷（As）。

⑥重金属离子

重金属指原子序数在 21～83 的金属或相对密度大于 4 的金属。污水中的重金属主要有汞（Hg）、镉（Cd）、铅（Pb）、铬（Cr）、锌（Zn）、铜（Cu）、镍（Ni）、锡（Sn）、铁（Fe）、锰（Mn）等。生活污水中重金属离子主要来自人类排泄物；冶金、电镀、陶瓷、玻璃、氯碱、电池、制革、照相器材、造纸、塑料及染色等工业废水，都含有不同的重金属离子。上述重金属离子，在微量浓度时有益于微生物、动植物及人类；但当浓度超过一定值时，即会产生毒害作用，特别是汞、镉、铅、铬、砷以及它们的化合物。

污水中含有的重金属难以净化去除。污水处理过程中，重金属离子近60%被转移到污泥中。

2）有机物

生活污水中的有机物主要来源于人类排泄物及生活活动产生的废弃物、动植物残片等，主要成分是碳水化合物、蛋白质、脂肪与尿素。组成元素是碳、氢、氧、氮和少量的硫、磷、铁等。由于尿素分解很快，故在城市污水中很少发现尿素。

有机物按被生物降解的难易程度，可分为两类四种：第一类是可生物降解有机物，可分为两种，一是对微生物无毒害或抑制作用的可生物降解有机物，二是对微生物有毒害或抑制作用的可生物降解有机物。第二类是难生物降解有机物，也可分为两种，一是对微生物无毒害或抑制作用的难生物降解有机物，二是对微生物有毒害或抑制作用的难生物降解有机物。上述两种有机物的共同特点是都可被氧化成无机物。第一类有机物可被微生物氧化。第二类有机物可被化学氧化或经驯化、筛选后的微生物氧化。

①碳水化合物

污水中的碳水化合物包括糖、淀粉、纤维素和木质素等。主要成分是碳、氢、氧。其中淀粉比较稳定。但都属于可生物降解有机物，对微生物无毒害或抑制作用。

②蛋白质与尿素

蛋白质由多种氨基酸化合或结合而成。主要成分是碳、氢、氧、氮，其中氮含量约16%。蛋白质很不稳定，可发生不同形式的分解，属于可生物降解有机物，对微生物无毒害或抑制作用。蛋白质与尿素是生活污水中氮的主要来源。

③脂肪和油类

脂肪和油类是乙醇或甘油与脂肪酸形成的化合物。主要成分是碳、氢、氧。生活污水中的脂肪和油类来源于人类排泄物及餐饮业洗涤水，包括动物油和植物油。脂肪酸甘油酯在常温时呈液态称为油；在低温时呈固态称为脂肪。脂肪比碳水化合物、蛋白质更稳定，属于难降解有机物，对微生物无毒害或抑制作用。炼油、石油化工、焦化、煤气发生站等工业废水中，含有矿物油即石油，具有异臭，属于难降解有机物，对微生物无毒害或抑制作用。

脂肪在污水中存在的物理形态有 5 种，即漂浮油、机械分散态油、乳化油、附着油、溶解油。前 4 种油脂一般可采用隔油、气浮或沉淀等物理方法去除。溶解油主要采用生物法或气浮法去除。

④酚

炼油、石油化工、焦化、合成树脂、合成纤维等工业都含有酚。酚类是芳香烃的衍生物。根据羟基的数目，可分为单元酚、二元酚与多元酚；根据能否随水蒸气一起挥发，可分为挥发酚与不挥发酚。挥发酚包括苯酚、甲酚、二甲苯酚等，属于可生物降解的有机物，对微生物有毒害或抑制作用。不挥发酚包括苯二酚、邻苯三酚等多元酚，属于难生物降解有机物，对微生物有毒害或抑制作用。酚的水溶液与酚蒸汽易通过皮肤或呼吸道进入人体引起中毒。

⑤表面活性剂

生活污水与表面活性剂制造工业废水中含有大量的表面活性剂。表面活性剂有两类。一是烷基苯磺酸盐，俗称硬性洗涤剂，含有磷并易产生大量泡沫，属于难生物降解有机物。二是烷基芳基磺酸盐，俗称软性洗涤剂，属于可生物降解有机物，替代了烷基苯磺酸盐，泡沫大大减少，但仍然含有磷。

⑥有机酸、碱

有机酸工业废水含有短链脂肪酸、甲酸和乳酸。人造橡胶、合成树脂等工业废水含有有机酸、碱、吡啶及其同系物质。都属于可生物降解有机物，但对微生物有毒害或抑制作用。

3）有机物污染指标

①化学需氧量

化学需氧量（Chemical Oxygen Demand，COD）是以化学方法测量水样中需要被氧化的还原性物质的量。污水中能被强氧化剂氧化的物质（一般为有机物）的氧当量。在河流污染和工业废水性质的研究以及污水处理厂的运行管理中，它是一个重要的而且能较快测定的有机物污染参数，常以符号 COD 表示。

一般测量化学需氧量所用的氧化剂为高锰酸钾或重铬酸钾，使用不同的氧化剂得出的数值也不同，因此需要注明检测方法。为了具有可比性，各国都有一定的监测标准。我国规定的污水检验标准采用重铬酸钾作为氧化剂，记 COD_{Cr}，单位 mg/L。$K_2Cr_2O_7$ 氧化能力很强，能使污水中的 85%～95% 以上的有机物被氧化。

②生化需氧量

生化需氧量（Biochemical Oxygen Demand，BOD）是在指定的温度和时间段内，微生物在分解、氧化水中有机物的过程中所需要的氧的数量。生化需氧量的单位一般用 mg/L 表示。由于城市污水中有机物的种类繁多，现有技术难以分别测定各类有机物的含量。但污水中大多数的有机污染物在微生物作用下氧化分解时皆需要氧，且有机物的数量与耗氧量的大小成正比。故生化需氧量成为广泛使用的污水水质指标。

污水中有机物的分解过程一般可分为两个阶段。第一阶段为碳化阶段，即有机物中的碳被氧化为二氧化碳，有机物中的氮转化为氨氮的过程。碳化阶段消耗的氧量称为碳化需氧量。第二阶段为硝化阶段，即氮在硝化细菌的作用下被氧化为亚硝酸根和硝酸根的过程。硝化阶段消耗的氧量称为硝化需氧量。

微生物分解有机物的速率与温度和时间有关，为了使测定的 BOD 具有可比性，根据《水质　五日生化需氧量（BOD_5）的测定　稀释与接种法》HJ 505—2009，将污水在 20℃ 下培养 5d，作为生化需氧量的标准条件。即在此条件下测量所得结果即为五日生化需氧量，记作 BOD_5。

③总需氧量

由于有机物的主要组成元素是 C、H、O、N、S 等，被氧化后，分别产生 CO_2、H_2O、

NO_2 和 SO_2，所消耗的氧量称总需氧量（Total Oxygen Demand，TOD）。TOD 的测定原理是：将少量水样与含一定氧气的惰性气体（氮气）一起送入装有铂催化剂的高温燃烧管中（900℃），水样中的还原性物质在 900℃ 温度下被瞬间燃烧氧化，测定惰性气体中氧气的浓度，根据氧的减少量求得水样的 TOD 值。

④总有机碳

总有机碳（Total Organic Carbon，TOC）是间接表示水中有机物含量的一种综合指标，其显示的数据是污水中有机物的总含碳量，单位为 mg/L。一般城市污水的 TOC 可达 200mg/L，工业污水的 TOC 范围较宽，最高的每升可达几万毫克，污水经二级生物处理后的 TOC 一般小于 50mg/L。

（3）生物性质

污水中有机物是微生物的食料。污水中的微生物以细菌与病菌为主。生活污水、食品工业污水、制革污水、医院污水等含有肠道病原菌（痢疾、伤寒、霍乱菌等）、寄生虫卵（蛔虫、蛲虫、钩虫卵等）。污水中寄生虫卵，约有 80% 以上可在沉淀池沉淀去除。但病原体、炭疽杆菌与病毒等，不宜沉淀，在水中存活时间很长，具有传染性。

污水生物性质的检测指标有大肠菌群数、病毒及细菌总数等。

1）大肠菌群数和大肠菌群指数

大肠菌群数是每升水样中能检出的大肠菌群的数目，以个 /L 计。大肠菌群数一般作为污水被粪便污染程度的卫生指标，原因一是大肠菌群与病原菌都存在于人类肠道系统内，它们的生活习性及在外界环境中的存活时间都基本相同。每人每日排泄的粪便中含有大肠杆菌超过约 10^8 个 /g，数量多于病原菌，但对人体无害。原因二是由于大肠杆菌的数量多，且容易培养检验，但病原菌的培养检验十分复杂与困难。因此，常采用大肠菌群数作为卫生指标。水中存在大肠菌，就表明受到粪便的污染，并可能存在病原菌。

2）病毒

污水中已被检出的病毒有 100 多种。检出大肠菌群，可以表明肠道病原菌的存在，但不能表明是否存在病毒及其他病原菌（如炭疽杆菌）。因此还需要检验病毒指标。病毒的检验方法目前主要有数量测定法与蚀斑测定法两种。

3）细菌总数

细菌总数是大肠菌群数、病原菌、病毒及其他细菌数的总和，以每毫升水样中的细菌菌落总数表示。细菌总数愈多，表示病原菌与病毒存在的可能性愈大。用大肠菌群数、病毒及细菌总数 3 个卫生指标来评价污水受生物污染的严重程度比较全面。

3. 排水系统

在城市人口密集地区，时时刻刻都产生大量的污水。工业废水和生活污水含有大量有毒有害物质和多种细菌，严重污染自然环境，传播各种疾病，直接危害人们的身体健康。雨水若不能及时排除，也会淹没街道而中断交通，使人们不能正常进行生活和生产。因此，在城市和工业企业中，应当有组织且及时地排除上述污水和雨水，否则可能污染和破坏环境，甚至形成公害，影响生活和生产，影响人民身体健康。

排水的收集、输送、处理和排放等设施以一定方式组合成的总体，称为排水系统。排水系统通常由管道系统和污水处理系统组成。管道系统包括排水设备、检查井、管渠、水泵站等设施。污水处理系统包括城市及工业企业污水处理厂（站）中的各种处理构筑物等。

1.1.2　城市排水分类

在城市和工业企业中的生活污水、工业废水和雨水可以采用同一管道系统来排除，也可采用两个或两个以上各自独立的管道系统来排除，这种不同的排除方式所形成的排水系统称为排水体制。排水体制一般分为合流制、分流制和混流制。

1. 合流制排水体制

合流制排水体制指将生活污水、工业废水和雨水混合在同一个管渠内排除的系统。最早出现的合流制排水系统是将收集的混合污水不经处理直接就近排入水体。国内外很多城市曾经采用这种合流管道系统。但由于污水未经无害化处理就排放，使受纳水体遭受严重污染。现在常采用末端截流方式对合流制排水系统进行分流改造。这种系统是在临河岸边建造一条截流干管，同时在合流干管与截流干管相交前或相交处设置截流井和溢流井，并在截流干管下游修建污水处理厂。晴天和降雨初期所有污水和雨污混合水可通过截流管道输送至污水处理厂，经处理后排入水体。随着降雨的延续，雨水径流量也逐渐增加。当雨污混合水的流量超过截流管的截流能力后，将有部分雨污混合水经溢流井溢出，直接排入水体。截流式合流制排水系统实现了晴天和降雨初期污水不入河，但降雨过程中仍会有部分雨污混合水未经处理直接排放入河，对受纳水体造成污染。这是它的严重缺点。

目前，国内外在对合流制排水系统实施分流制改造时，普遍采用末端截流式分流方式。但在条件允许的情况下，应对采取末端截流式分流的合流制系统的溢流污染进行调蓄控制。如图 1.1–1 所示。

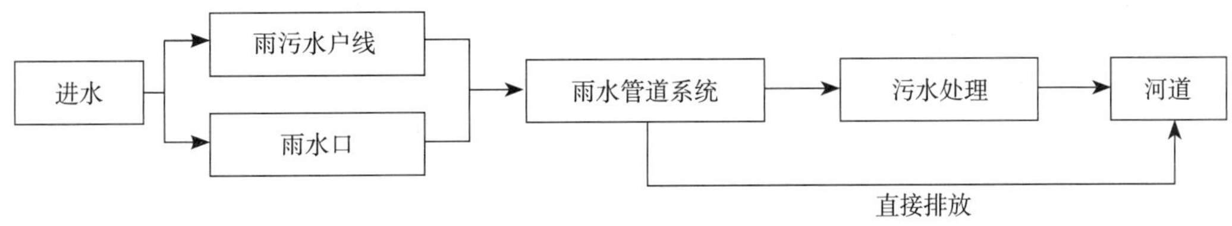

图 1.1–1　合流制排水体系

2. 分流制排水体制

分流制排水体制是指将生活污水、工业废水和雨水分别在两个或两个以上各自独立的管道内排除的系统。由于排除雨水方式的不同，分流制排水系统又分为完全分流制和不完全分流制两种排水系统。

（1）完全分流制

按污水性质，采用两个各自独立的排水管渠系统进行排除。生活污水与工业废水流经同一管渠系统，经过处理排入外界水体；而雨水流经另一管渠系统直接排入外界水体。新建大中城市多采用完全分流排水体制。如图 1.1–2 所示。

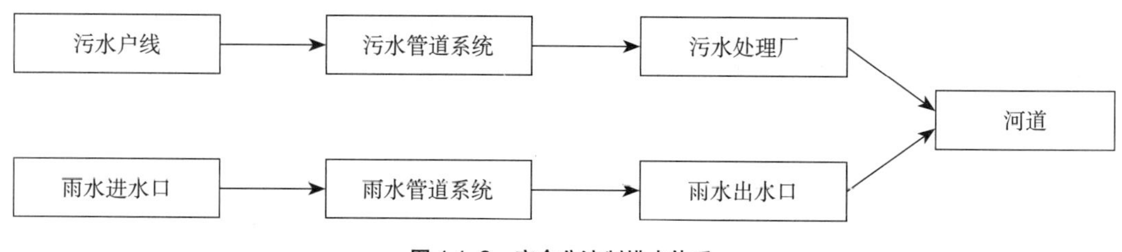

图 1.1–2　完全分流制排水体系

（2）不完全分流制

完全分流制具有污水排水系统和雨水排水系统。而不完全分流只具有污水排水系统，未建完整雨水排水系统。雨水沿天然地面、街道边沟、原有沟渠排泄，或者为了补充原有雨水渠道输水能力的不足而建部分雨水管道。待城市进一步发展完善后，再修建雨水排水系统变成完全分流制。如图 1.1–3 所示。

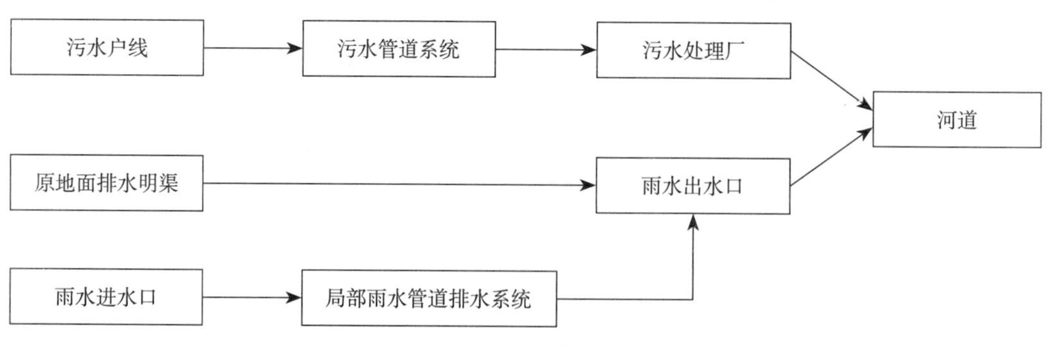

图 1.1–3　不完全分流制排水体系

3. 混流制排水体制

混流制排水体制是指在同一城市内，有时因地制宜地分成若干个地区，采用各不相同的多种排水体制。合理地选择排水系统的体制是城市和工业企业排水系统规划和设计的重要问题。它不仅从根本上影响排水系统的设计、施工、维护管理，而且对城市和工业企业的规划和环境保护影响深远；同时也影响排水系统工程的总投资和初期投资费用以及维护管理费用。通常排水系统体制的选择应首先满足环境保护的需要，根据当地条件通过技术、经济比较后确定。因此，应当根据城市和工业企业发展规划、环境保护、地形现状、原有排水工程设施、污水水质与水量、自然气候与受纳水体等因素，在满足环境卫生条件下，综合考虑确定。

1.1.3　城市排水出路

排水的最终出路：①返回到自然水体、土壤、大气；②经过人工处理，使其再生成为一种资源回到生产过程。关于返回到自然水体的处理，需考虑水环境容量。在城市，排水出路主要有 3 种，一是排入水体；二是灌溉农田；三是重复利用。

1.2　城市排水主要组成

1.2.1　城市污水排水系统

城市污水排水系统包括室内污水管道系统及设备、室外污水管道系统、污水泵站及压力管道、污水处理厂、出水口及事故排出口。

1. 室内污水管道系统

其作用是收集生活污水，并将其送至室外居住小区的污水管道中。在住宅及公共建筑内，各种卫生设备既是人们用水的容器，也是承受污水的容器，还是生活污水排水系统的起端设备。生活污水从这里经水封管、出户管等室内管道系统流入室外居住小区管道系统。

2. 室外污水管道系统

分布在地面下的依靠重力流输送污水至泵站、污水处理厂或水体的管道系统。它包括居住小区管道系统和街道管道系统，以及管道系统上的附属构筑物。居住小区污水管道系统（亦称专用污水管道系统）指敷设在居住小区内，连接建筑物出户管的污水管道系统。它分为接户管、小区支管和小区干管。接户管是指布置在建筑物周围接纳建筑物各污水出户管的污水管道。小区污水支管是指布置在居住组团内与接户管连接的污水管道，一般布置在组团内道路下。小区污水干管是指在居住小区内接纳各居住组团内小区支管流出污水的污水管道。一般布置在小区道路或市政道路下。居住小区污水排入城市排水系统时，其水质必须符合现行国家标准《污水排入城镇下水道水质标准》GB/T 31962 的规定。居住小区污水排出口的数量和位置，要取得城镇排水主管部门的同意。街道污水管道系统（亦称公共污水管道系统）指敷设在街道下，用以排除从居住小区管道排出的污水，一般由支管、干管、主干管等组成。支管是承受居住小区干管流出污水或集中流量排出污水的管道。干管是汇集输送支管流出污水的管道。主干管是汇集输送由两个或两个以上干管流出污水，并把污水输送至泵站、污水处理厂或通至水体出水口的管道。

3. 污水泵站及压力管道

污水一般以重力流排除，但往往受地形等条件的限制而无法排除，这时就需要设泵站。输送从泵站出来的污水至高地自流管道的承压管段称为压力管道。

4. 污水处理厂

处理和利用污水、污泥的一系列构筑物及附属构筑物的综合体称为污水处理厂。城市污水处理厂一般设置在城市河流的下游地段，并与居民点或公共建筑保持一定的卫生防护距离。

5. 出水口及事故排出口

污水排入水体的渠道和出口称为出水口，它是整个城市污水排水系统的终点设施。事故排出口是指在污水排水系统的途中，在某些易于发生故障的组成部分前所设置的辅助性出水渠。一旦发生故障，污水就通过事故排出口直接排入水体。

1.2.2 工业废水排水系统

1. 车间内部管道系统和设备

主要用于收集各生产设备排出的工业废水，并将其排送至车间外部的厂区管道系统中。

2. 厂区管道系统

敷设在工厂内，用以收集并输送各车间排出的工业废水的管道系统。厂区工业废水的管道系统，可根据具体情况设置若干个独立的管道系统。

3. 污水泵站及压力管道

主要用于将厂区管道系统内的废水提升至废水处理站。

4. 废水处理站

是厂区内回收和处理废水与污泥的场所。在管道系统上，同样也设置检查井等附属构筑物。在接入城市排水管道前宜设置检测设施。

1.2.3　雨水排水系统

1. 建筑物的雨水管道系统和设备

主要用于收集工业、公共或大型建筑的屋面雨水，将其排入室外雨水管渠系统中。

2. 居住小区或工厂雨水管渠系统

用于收集小区或工厂屋面和道路雨水，并将其输送至街道雨水管渠系统中。

3. 街道雨水管渠系统

用于收集街道雨水和承接输送用户雨水，并将其输送至河道、湖泊等水体中。

4. 排洪沟

排洪沟指为了预防洪水灾害而修筑的沟渠。在遇到洪水灾害时能够起到泄洪作用。一般多用于矿山企业生产现场，也可用于保护某些建筑物或者工程项目的安全，提高抵御洪水侵害的能力。

5. 排水口

排水口是指管渠排入水体的出水口，有多种形式，常见的有一字式、八字式和门字式。

1.3　城市排水构筑物

1.3.1　检查井、跌水井、水封井、换气井、截留井

为了便于对管渠系统做定期检查和清通，必须设置检查井。当检查井内衔接的上下游管渠的管底标高跌落大于 1m 时，为消减水流速度，防止冲刷，在检查井内应有消能措施，这种检查井称为跌水井。当检查井内具有水封设施，以便隔绝易燃、易爆气体进入排水管渠，使排水管渠在进入可能遇到的场地时不致引起爆炸或火灾，这样的检查井称为水封井。后两种井称为特殊形式的检查井，或称为特种检查井。

1. 检查井

检查井通常设置在管道转向处、管道交汇处、管道断面和坡度变化处、管道高程改变处。检查井类型有圆形、矩形和扇形等。其中，圆形（井直径 ϕ=1000～1100mm），一般用于管径 D < 600mm 管道上；矩形（井宽 B=1000～1200mm），一般用于管径 D > 700mm 管道上；扇形（井扇形半径 R=1000～1500mm），一般用于管径 D > 700mm 管道转向处。检查井与管道的连接方法有两种。一是井中上下游管道相衔接处：一般采取工字形式接头，即管内径顶平相接和管中心线相接（流水面平接）。无论哪种衔接都不允许在井内产生壅水

现象。二是流槽设置：为了保持整个管道有良好的水流条件，直线井流槽应为直线型，转弯与交汇井流槽应成为圆滑曲线型，流槽宽度、高度、弧度应与下游管径相同，至少流槽深度不得小于管径的 1/2，检查井底流槽的形式如图 1.3–1 所示。

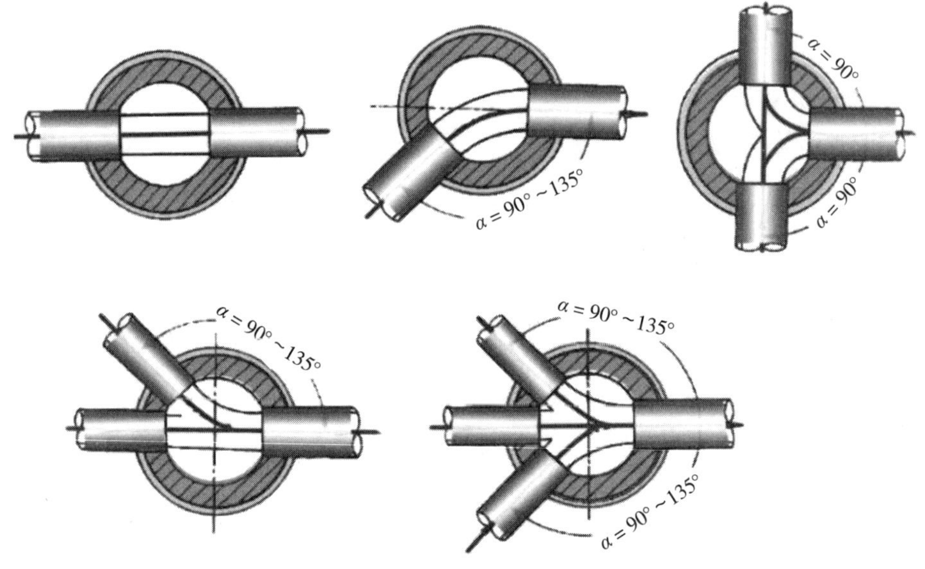

图 1.3–1 检查井底流槽的形式

检查井井身的构造一般有收口式和盖板式两种。收口式检查井，是指在砌筑到一定高度以后，逐行回收渐砌渐小直至收口至设计井口尺寸的形式，一般可分为井室、渐缩部和井筒三部分。盖板式检查井，是指直上直下砌筑到一定高度以后，加盖钢筋混凝土盖板，在盖上留出与设计井口尺寸一致的圆孔的形式，可分为井室和井筒两部分。

检查井井身可采用砖、石、混凝土或钢筋混凝土、砌块等材料。检查井井盖一般为铸铁或钢筋混凝土材料，在车行道上一般采用铸铁。为防止雨水流入，盖顶略高出地面。井座采用铸铁、钢筋混凝土或混凝土材料制作。

2. 跌水井

跌水井也叫跌落井，是设有消能设施的检查井。当上下游管道高差大于 1m 时，为了消能，防止水流冲刷管道，应设置跌水井。跌水井的跌水方式有内跌式和外跌式。内跌水井一般跌落水头较小，上游跌水管径不大于跌落水头，在不影响管道检查与养护工作的管道上采用，如图 1.3–2 所示。对于跌落水头差与跌水流量较大的污水管和合流管道上，为了便于管道检查与养护工作，一般都采用外跌水方式，如图 1.3–3 所示。一般跌水井一次跌落不宜过大，需跌落的水头较大时，则采取分级跌落的办法。跌水井的构造有竖管式、竖槽式、阶梯式 3 种。如图 1.3–4 ~ 图 1.3–6 所示。

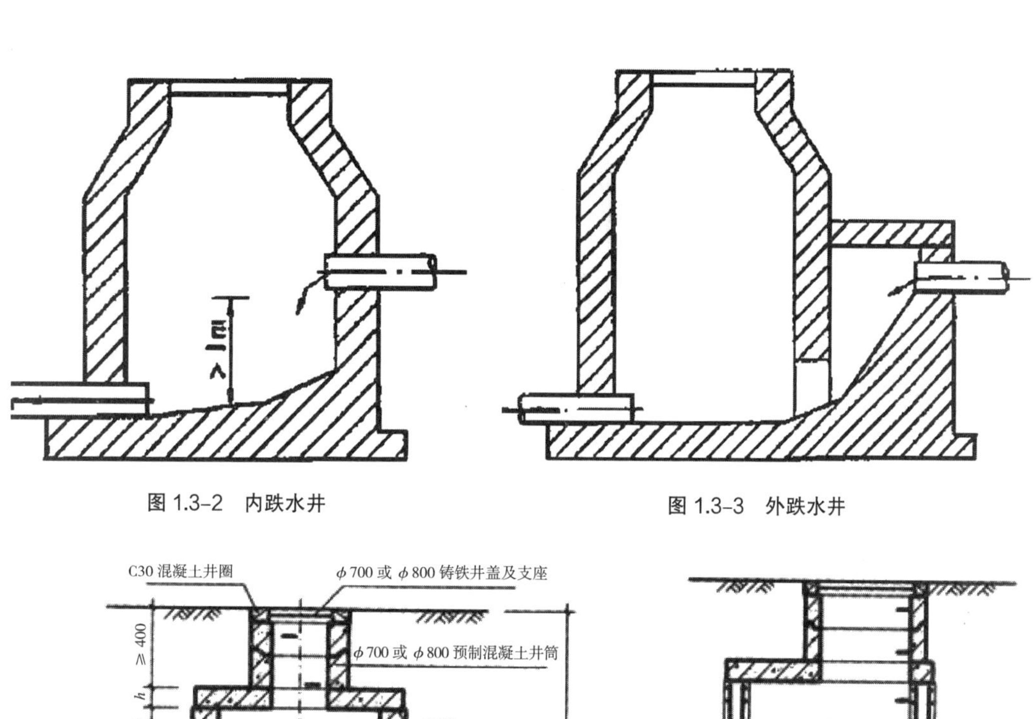

图 1.3-2　内跌水井

图 1.3-3　外跌水井

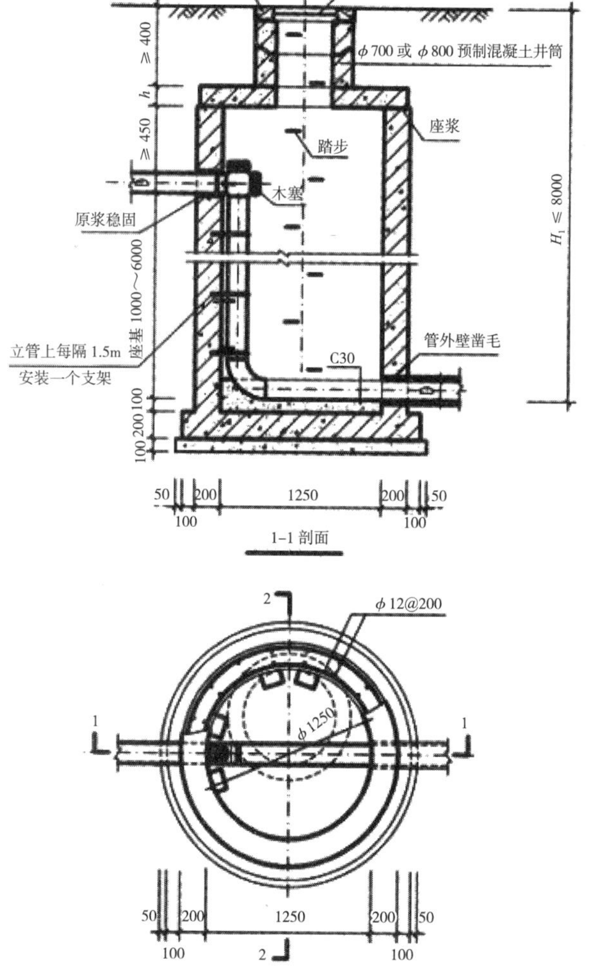

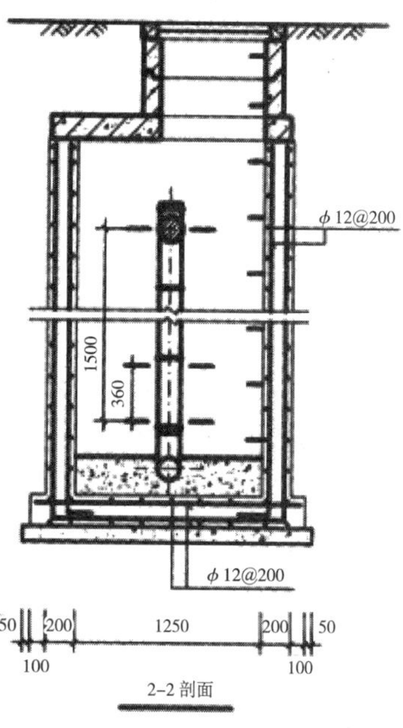

图 1.3-4　竖管式跌水井

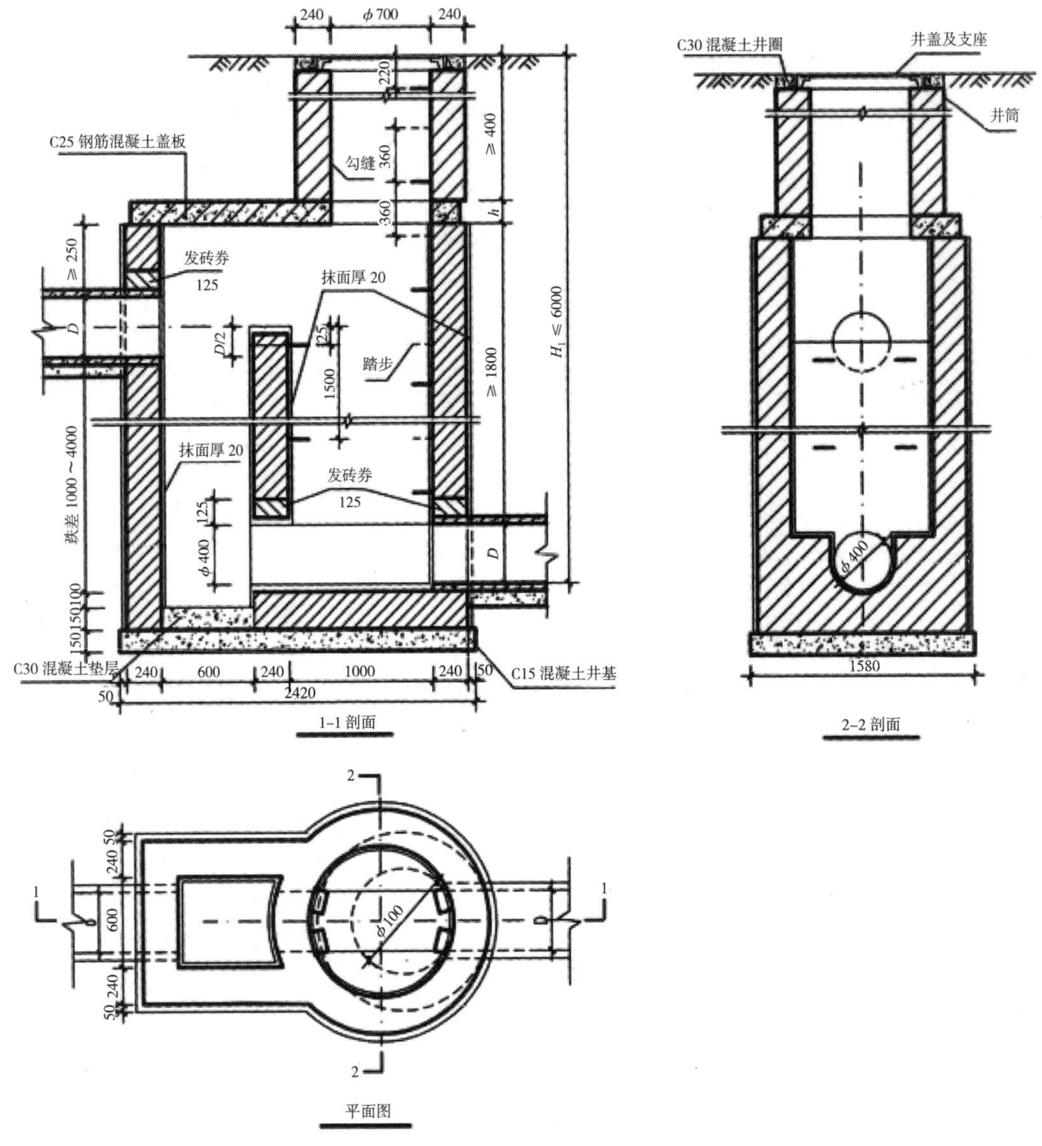

图 1.3-5　竖槽式跌水井

3. 水封井

当生产污水能产生引起爆炸或火灾的气体时，其废水处理管道系统必须设水封井。水封井的位置应设在产生上述废水的生产装置、贮罐区、原料贮存场地、成品仓库、容器洗涤车间等的废水排出口处以及适当距离的干管上。水封井不宜设在车行道和行人众多的地段，并应设在远离产生明火的场地。水封深度一般采用 0.25m。井上宜设通风管，井底宜设沉泥槽。

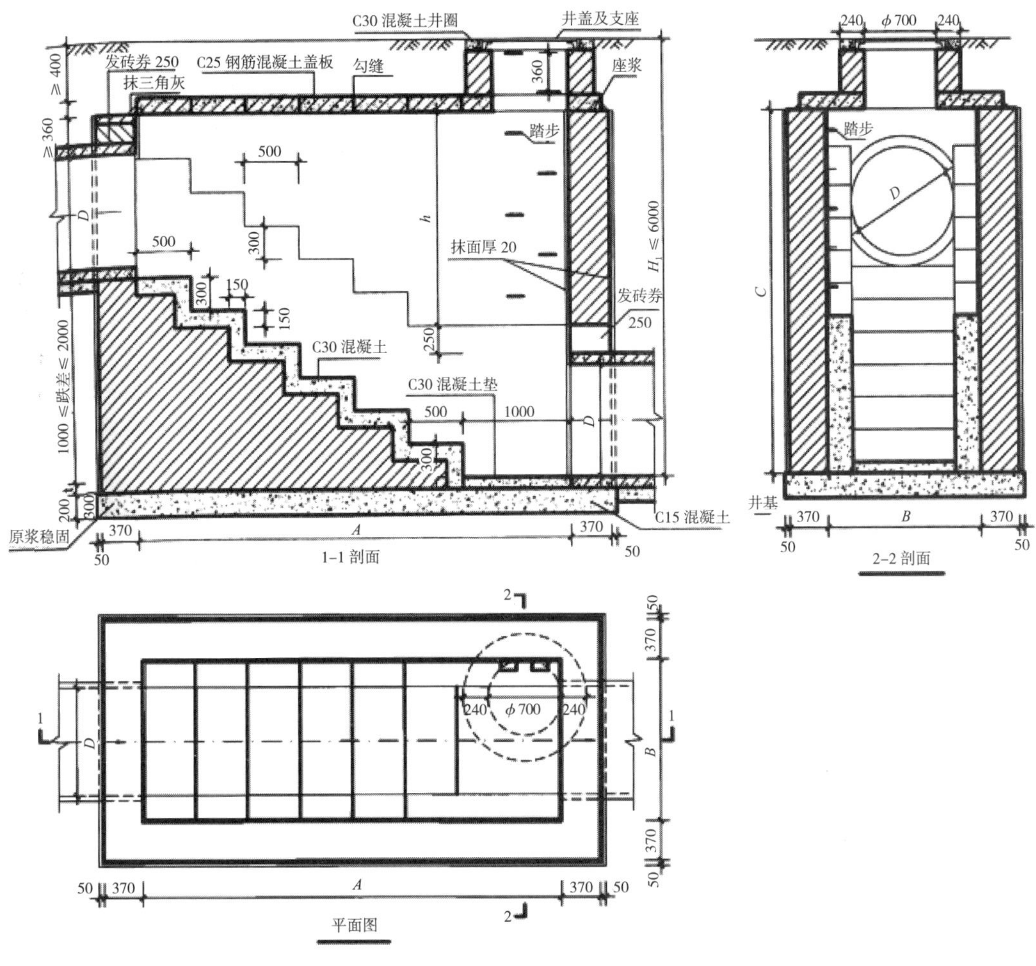

图 1.3–6　阶梯式跌水井

4. 换气井

污水中的有机物，在一定温度与缺氧条件下易厌氧发酵分解产生甲烷、硫化氢、二氧化碳、氯化氢等有毒有害气体，它们与一定体积空气混合后极易燃易爆。当遇到明火可发生爆炸与火灾。为防止此类事故发生和保护下水道养护人员操作安全，对有此危害的管道，在检查井上设置通风管或在适宜地点设置通气井予以通风，以确保管道通风换气。这种设有通风管的检查井称为换气井。

5. 截流井

在改造老城区合流制排水系统时，一般在合流管道下游地段与污水截流管相交处设置截流井，使其变成截流式合流制排水系统。截流井的主要作用是正常情况下截流污水，当水量超过截流管负荷时进行安全溢流。常见截流井形式有堰式、槽式、槽堰结合式、漏斗式等，如图 1.3–7 所示。

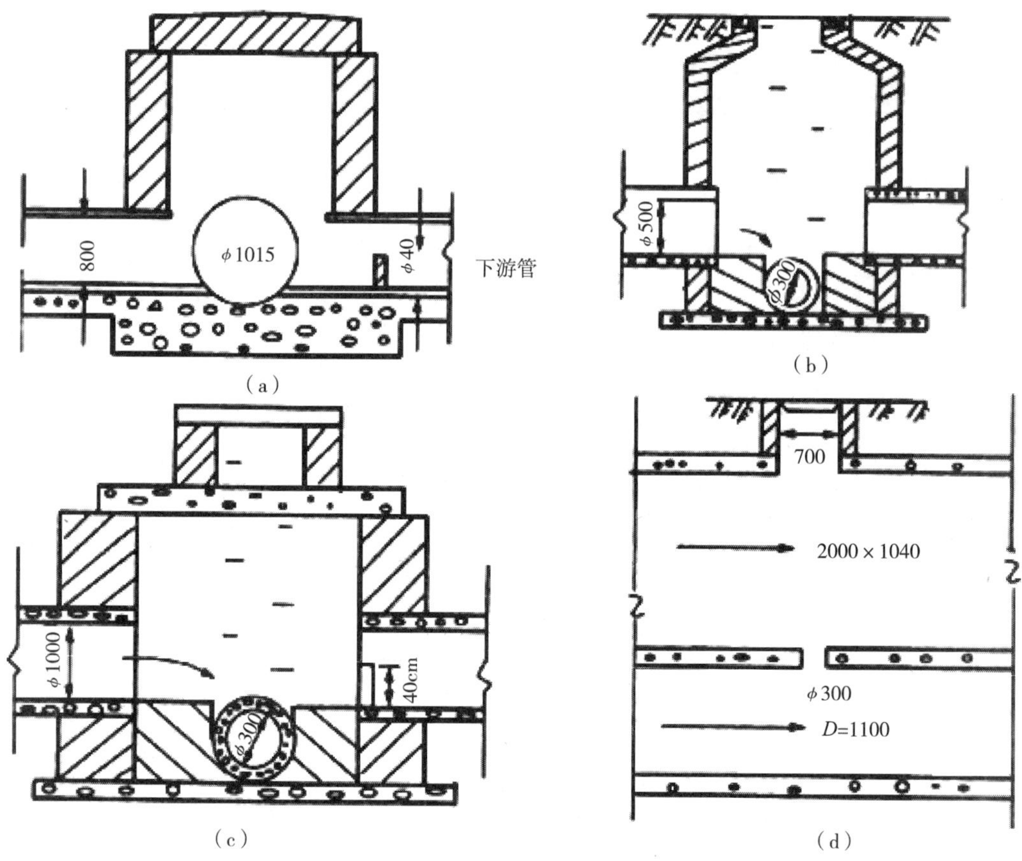

图 1.3-7 截流井形式

（a）堰式；（b）槽式；（c）槽堰结合式；（d）漏斗式

1.3.2 雨水口、连接暗井、溢流井

1. 雨水口

雨水口是在雨水管渠或合流管渠上收集雨水的构筑物。雨水口的设置位置应能保证迅速有效的收集地面雨水。一般应在交叉路口、路侧边沟的一定距离处以及没有道路边石的低洼地方设置，以防止雨水漫过道路或造成道路及低洼地区积水而妨碍交通。

雨水口的构造包括进水箅、井筒和连接管三部分，如图 1.3-8 所示。箅条交错排列的进水箅如图 1.3-9 所示。

雨水口的进水箅可用铸铁、钢筋混凝土、石料制成。采用钢筋混凝土或石料进水箅可节约钢材，但其进水能力远不如铸铁进水箅，有些城市为加强钢筋混凝土或石料进水箅的进水能力，把雨水口处的边沟沟底下降数厘米，但给交通造成不便，甚至可能引起交通事故。

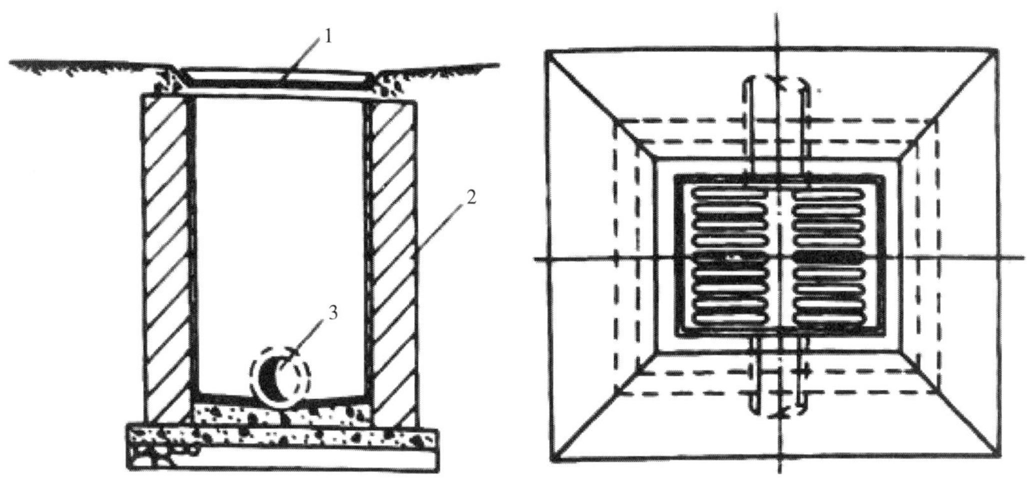

图 1.3-8　平箅雨水口

1- 进水箅；2- 井筒；3- 连接管

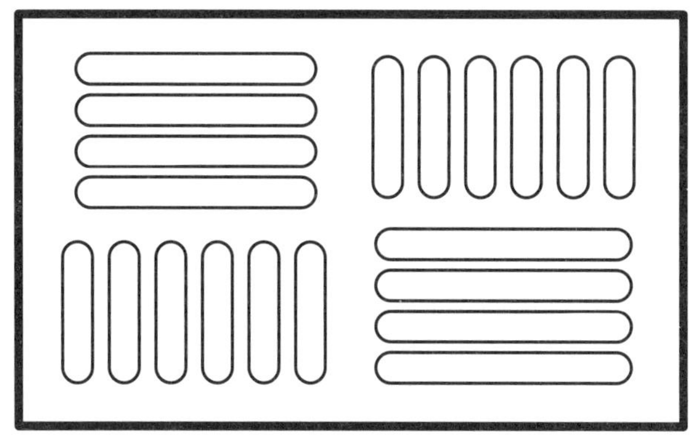

图 1.3-9　箅条交错排列的进水箅

雨水口按进水箅在街道上的设置位置可分为：①边沟雨水口，进水箅稍低于边沟底水平放置；②边石雨水口，进水箅嵌入边石垂直放置；③联合式雨水口，在边沟底和边石侧面都安放进水箅。各类雨水口又分为单箅、双箅、多箅等不同形式，如图 1.3-10 和图 1.3-11 所示。

雨水口的井筒可用砖砌或用钢筋混凝土预制，也可采用预制的混凝土管。雨水口的深度一般不宜大于 1m，在有冻胀影响的地区，雨水口的深度可根据经验适当加大。雨水口的底部可根据需要做成有沉泥井或无沉泥井的形式，有沉泥井的雨水口可截留雨水所夹带的沙砾，避免它们进入管道造成淤塞。但是沉泥井往往需要经常清除，增加养护工作量，通常仅在路面较差、地面积秽很多的街道或菜市场等地方，才考虑设置有沉泥井的雨水口。雨水口通过连接管与街道排水管渠的检查井相连。

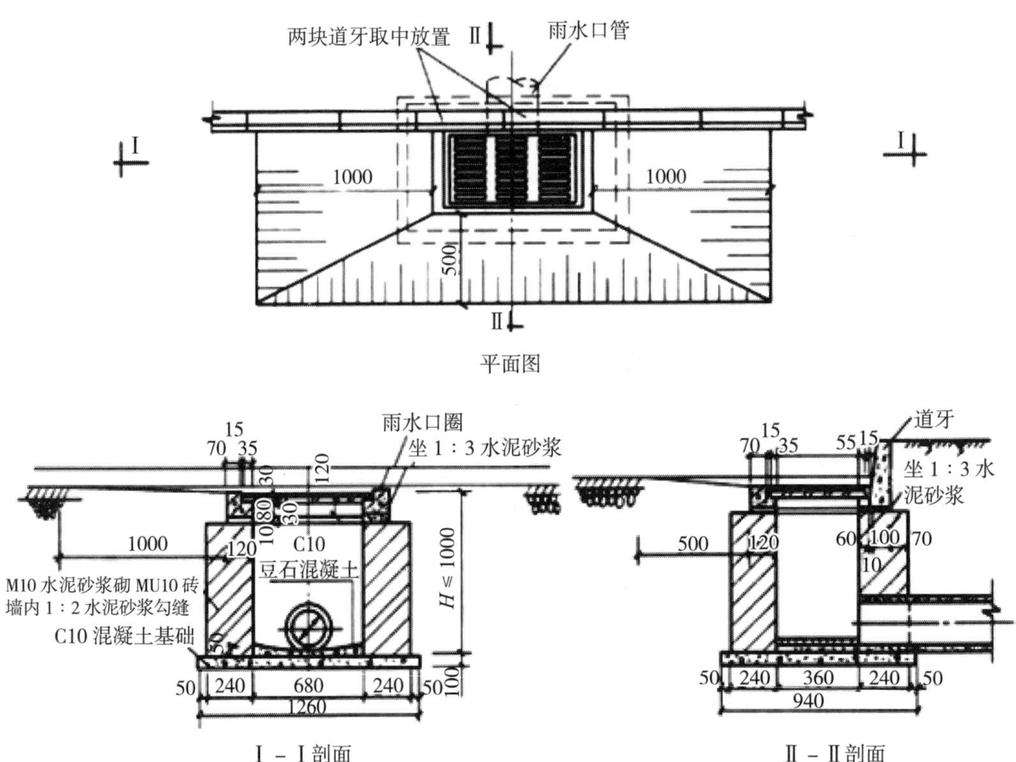

图 1.3-10 边沟式单箅雨水口

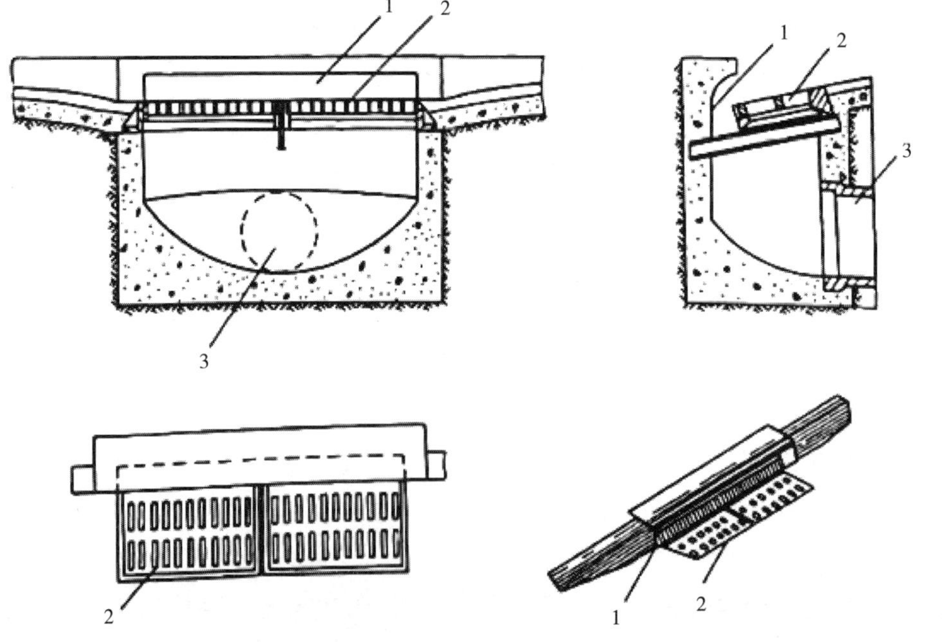

图 1.3-11 双箅联合式雨水口

1- 边石进水箅；2- 边沟进水箅；3- 连接管

2. 连接暗井

当排水管直径大于 800mm 时，也可在连接管与排水管连接处不另设检查井，而设连接暗井。连接管的最小管径为 200mm，坡度一般为 0.01，长度不宜超过 25mm，接在同一连接管上的雨水口一般不宜超过 3 个。

3. 溢流井

在截留式合流制管渠系统中，通常在合流制管渠与截留干管的交汇处设置溢流井。当合流制上、中游管道的水量达到一定流量时，由溢流井进行分流，将过多的水量溢流出去，以防止由于水量大量集中在某一管段处而造成倒灌、检查井冒水危险或污水处理厂和抽水泵站发生超负荷运转现象。通常溢流井采用跳堰和溢流堰 2 种形式，如图 1.3–12 所示。

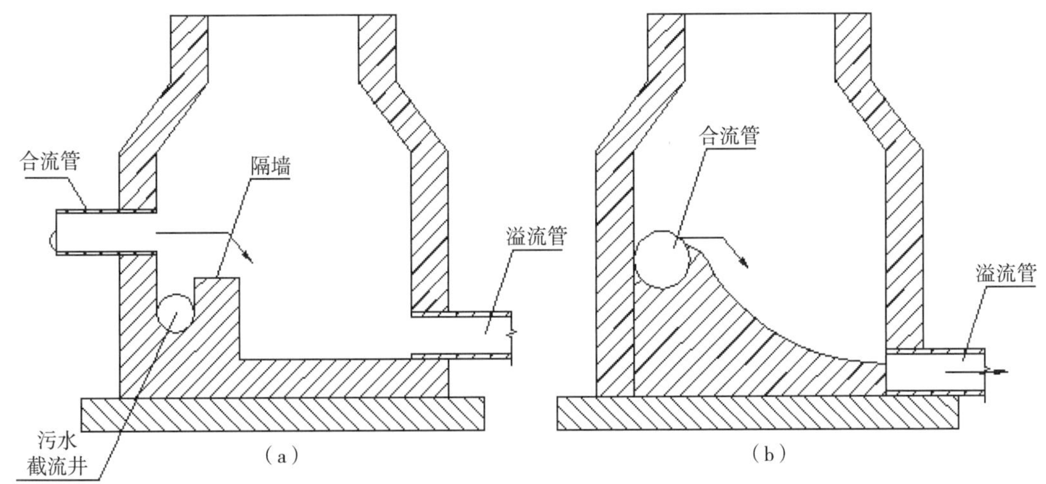

图 1.3–12　溢流井形式

（a）跳堰式；（b）溢流堰式

1.3.3　冲洗井

在污水与合流管道管径较小的上、中游段或管道起始端部管段内流速不能保证自净时，为防止管道淤塞可设置冲洗井，以便定期冲洗管道。冲洗井中的水量，可采用上游污水自冲或再生水与污水冲洗，达到疏通下水道的目的。

1.3.4　倒虹吸管

当管道遇到障碍物必须穿越时，为使管道绕过某障碍物，通常采用倒虹吸方式，这种管道称为倒虹吸管。此处水流中的泥砂容易在此部位沉淀淤积堵塞管道。因此一般设计流速不得小于 1.2m/s。根据养护与使用要求应设双排管道。并在上游虹吸井中设有闸槽或闸门装置，以利于管道养护与疏通工作。

1.3.5 防潮门

临海城市的排水管渠容易受潮汐影响。为防止涨潮时潮水倒灌，在排水管渠出水口上游的适当位置上应设置装有防潮门（或平板闸门）的检查井。临河城市的排水管渠，为防止高水位时河水倒灌，有时也采用防潮门。防潮门一般采用铁制，其底座口部略有倾斜，倾斜度一般为 1∶10～1∶20。当排水管渠中无水时，防潮门靠自重密闭。当上游排水管渠来水时，水流顶开防潮门排入水体，使潮水不会倒灌入排水管渠。

设置防潮门的检查井的井口应高于最高潮水位或最高河水位，或者井口用螺栓和盖板密封，以免潮水或河水从井口倒灌至市区。为使防潮门工作可靠有效，必须加强维护管理，经常清除防潮门座口上的杂物。

1.3.6 排水口

排水管渠排入水体的排水口的位置和形式，应根据污水水质、上游和下游用水情况、水体的水位变化幅度、水流方向、波浪情况、地形变迁和主导风向等因素确定。排水口与水体岸边连接处应采取防冲、加固等措施，一般用浆砌块石做护墙和铺底，在受冻胀影响的地区，排水口应考虑采用耐冻胀材料砌筑，其基础必须铺设在抗冻线以下。

排水管渠排水口可分为淹没式出水口、江心分散式出水口、一字式出水口和八字式出水口。为使污水与水体水混合较好，一般采用淹没式出水口。如果需要污水与水体水流充分混合，则排水口可长距离深入水体分散排水。雨水管渠出水口可采用非淹没式，其底标最高在水体最高水位以上，以免水体水倒灌。当出水标高比水体高出太多时，应考虑设置单级或多级跌水。

1.3.7 闸井

闸井一般设于截流井内、倒虹吸管上游和沟道下游出水口部位，其作用是防止河水倒灌、雨期分洪，以及维修大管径断面沟道时断水。一般有叠梁板闸、单板闸、人工启闭机开启的整板式闸，也有电动启闭机闸。如图 1.3–13 所示。

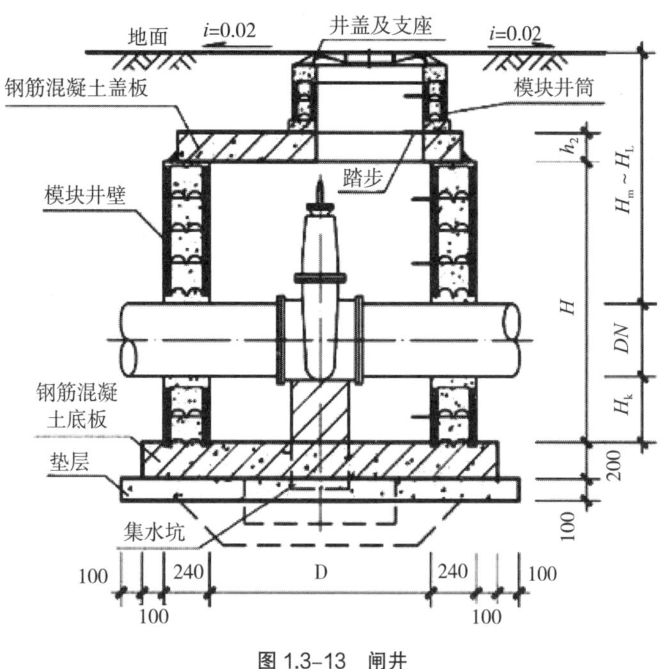

图 1.3-13　闸井

1.3.8　沉砂井

沉泥井主要用于排水管道中，是带有沉泥槽的检查井。可使排水管道中的砂、淤泥、垃圾等物在沉泥槽中沉淀，方便清理，以保持管道畅通无阻。在排水管道中每隔适当距离的检查井和泵站前的检查井内，宜设置沉泥槽，深度宜为 0.3～0.5m。应根据各地情况，在每隔一定距离的检查井和泵站前的检查井设沉泥槽，对管径小于 600mm 的管道，距离可适当缩短。设计上一般相隔 2～3 个检查井设 1 个沉泥槽。

1.4　城市排水规划

1.4.1　责任部门

《城镇排水与污水处理条例》明确指出，县级以上人民政府应当加强对城镇排水与污水处理工作的领导，并将城镇排水与污水处理工作纳入国民经济和社会发展规划。城镇排水与污水处理应当遵循尊重自然、统筹规划、配套建设、保障安全、综合利用的原则。

1.4.2 规划原则

1. 尊重自然

人类文明的发展是建立在对自然资源的索取和消耗的基础上的。工业文明的到来，使人类改造自然的能力大大加强，但随之而来的资源枯竭和环境污染的苦果也要人类自己品尝，比如全球气候变化引发的暴雨、飓风等极端天气频发。目前，世界各国均高度重视生态文明建设，我国也在努力寻求经济和社会的可持续发展之路。

按照国务院相关要求，我国城镇开发建设应当积极推行低影响开发建设模式。各地区旧城改造与新区建设必须树立尊重自然、顺应自然、保护自然的生态文明理念；要按照对城市生态环境影响最低的开发建设理念，控制开发强度，合理安排布局，有效控制地表径流，最大限度地减少对城市原有水生态环境的破坏；要与城市开发、道路建设、园林绿化统筹协调，因地制宜配套建设雨水滞渗、收集利用等削峰调蓄设施，增加下凹式绿地、植草沟、人工湿地、可渗透路面、砂石地面和自然地面，以及透水性停车场和广场。新建城区硬化地面中，可渗透地面面积比例不宜低于 40%；有条件的地区应对现有硬化路面进行透水性改造，提高对雨水的吸纳能力和蓄滞能力。

新建、改建、扩建市政基础设施工程应当配套建设雨水收集利用设施，增加绿地、砂石地面、可渗透路面和自然地面对雨水的滞渗能力，利用建筑物、停车场、广场、道路等建设雨水收集利用设施，削减雨水径流，提高城镇内涝防治能力，充分体现了低影响开发要求和尊重自然的理念。

2. 统筹规划

城镇排水与污水处理规划是加强城镇排水与污水处理管理工作的前提和依据，是在一定空间和时间范围内，协调各种条件，对各种规划要素的系统分析和总体安排。制定规划有利于城镇排水与污水处理行业科学、合理、健康发展，引导行业加快技术进步和科技创新。《城镇排水与污水处理条例》明确了全国和地方城镇排水与污水处理规划的编制主体、依据、内容和审批程序以及与相关规划的关系和衔接要求。城镇排水与污水处理规划，是依据国民经济和社会发展规划、城乡规划、土地利用总体规划、水污染防治规划和防洪规划编制的，并与城镇开发建设、道路、绿地、水系等专项规划相衔接。

全国城镇排水与污水处理规划由住房和城乡建设部会同国务院有关部门编制，规定的是城镇排水与污水处理发展的原则性、战略性、方向性等重大事项，明确中长期发展目标，对各地编制本行政区域城镇排水与污水处理规划具有重要的指导作用。地方城镇排水与污水处理规划，由地方人民政府城镇排水主管部门会同有关部门编制，明确地方城镇排水与污水处理的目标与标准，排水量与排水模式，污水处理与再生利用、污泥处理处置要求，排涝措施，城镇排水与污水处理设施的规模、布局、建设时序和建设用地以及保障措施等；易发生内涝的城市和乡镇，还应当编制城镇内涝防治专项规划，并纳入本行政区域的城镇排水与污水处理规划。

3. 配套建设

配套建设包括两方面内容：一是城市开发与城镇排水与污水处理设施建设应当配套。近年来，随着城镇化进程的加快，城市建设的规模和速度大幅提升，同时也暴露出基础设施建设滞后、建设质量下降等问题。针对一些地方“重地上、轻地下”，重应急处置、轻平时预防等问题。《城镇排水与污水处理条例》规定，城镇新区的开发和建设，应当按照城镇排水与污水处理规划确定的建设时序，优先安排排水与污水处理设施建设；新建、改建、扩建市政基础设施工程应当配套建设雨水收集利用设施，增加绿地、砂石地面等，提高滞渗能力；新区建设与旧城区改建，应当按照城镇排水与污水处理规划确定的雨水径流控制要求建设相关设施。二是城镇排水与污水处理设施建设应当配套。城镇排水与污水处理设施包括排水管网、调蓄池、泵站、污水处理（包括初期雨水处理）、排放或利用、污泥处理处置等设施。配套建设相关设施，才能充分发挥系统的公共安全、卫生防疫、资源再生、节水减排功能。针对一些地方存在的“重厂轻网”“重水轻泥”等问题。《城镇排水与污水处理条例》条例规定，县级以上地方人民政府应当按照城镇排水与污水处理规划的要求，加大投入，统筹安排管网、泵站、污水处理厂、污泥处理处置、再生水利用、雨水调蓄和排放等排水与污水处理设施建设；按照城镇排涝要求，加强雨水管网、泵站、雨水调蓄、超标雨水径流排放等设施建设和改造。

1.4.3 专项规划

近年来各地出台城市排水防涝专项规划与控制方案。典型的有《北京市城市积水内涝防治及溢流污染控制实施方案（2021 年—2025 年）》《中心城区排水防涝专项规划（修编）（重庆市）》《上海市城镇雨水排水规划（2020—2035 年）》。下面重点介绍北京和重庆专项规划的重点内容。

1. 北京

（1）工作目标

《北京市城市积水内涝防治及溢流污染控制实施方案（2021 年—2025 年）》提出到 2025 年，中心城区、城市副中心重点道路达到小时降雨 65mm 不发生积水。中心城区其他道路及新城重点道路达到小时降雨 54mm 不发生积水。中心城区溢流口、跨越口在场次降雨小于 33mm 时污水不入河。城市排水防涝建设运行管理和应急处置体制机制进一步完善，超标准降雨积水及时有效排除，城市积水内涝防治及溢流污染控制取得明显成效。

（2）工作任务

1）提高雨水收集、输送和抽升能力

采取雨箅子“平立结合”改造、更换旋流井盖等措施，进一步扩大道路雨水收集能力。开展路面积水问题排查，对部分因路面原因导致的积水问题，优化调整路面坡向，实施路面改造。实施易积水低洼点路面改造。实施雨水管道提标，改造雨污合流管线，打通“断头管”，完善雨水管网系统。综合采取提升桥区雨水收集能力、新建调蓄池、扩大泵站抽升能力、建设独立退水管线等措施，解决下凹桥区积水问题。新建雨水泵站，对下凹桥雨水泵站进行改造；同步完善雨水泵站进出道路，并实现双路供电；新建排涝泵站等。

2）提高区域排水能力

采取综合措施治理积水内涝问题突出的片区。梳理积水内涝风险隐患较大区域，综合施策，采取切实有效措施予以治理。实施重点区域低洼院落排水系统改造，通过调整地面坡度、高程和汇水流向，增设集水井和抽排设施，解决院落积水问题。

3）提高雨水蓄滞和河道行洪能力

建设蓄滞洪（涝）区。打通河道阻水点。

4）提高溢流污染控制能力

针对中心城区雨污合流溢流污染问题，以河道考核断面水质全时段稳定达标为约束条件，通过各流域排水系统及河流水质的模拟分析，明确雨污合流溢流污染控制措施，分区域分类型对合流溢流口实施调蓄净化治理。

5）提高综合管控能力

在城市建设和更新中，恢复并增加水空间，扩展城市及周边自然调蓄空间，按照有关标准和规划开展蓄滞洪空间和安全工程建设。因地制宜、集散结合建设雨水调蓄设施，发挥削峰错峰作用。恢复和保持城市及周边河湖水系的自然连通和流动性。严格保护河湖、湿地、低洼地等自然调蓄空间，不得随意侵占河湖水域。严格实施城市规划，在用地审批、土地出让、开发建设等阶段，明确排水防涝、调蓄设施等用地范围，落实地块雨水径流管控和竖向管控要求，建设海绵城市。修订城市道路绿化带及公园绿地建设标准，使新建道路绿地具备雨水蓄滞和消纳功能。对现有高出路面的绿地，结合道路大修、绿地更新等改造，逐步达到新标准要求。

6）提高运行管理能力

设立全市统一的雨水口和易积水点标识，准确标注雨箅子位置、管理责任主体及积水范围等信息。加强对排水设施及海绵设施的运行维护和管理，制度化巩固推进“清管”行动成果。完善排水基层治理体系，结合河长制工作，完善水务专员进街道、进社区行动，开展雨箅子“门前双包”试点，建立高效快速的积水处置体系。各区建立责任明确、统一管理的专业化养护队伍，通过装备配置、人员培训、应急演练等措施提升养护能力和水平。加强排水设施运行、维护、维修等方面的技术和装备研发，切实提高排水设施运维水平。

7）提高预警、调度和应急处置能力

建设城市积水内涝感知系统。实施积水点和排水管网监控，扩大积水点监测范围，感知水位、流量等要素信息。系统整合气象、降雨、水文、排水管网、设施运行情况等监测数据，实时掌握降雨量、管网充满度、泵站运行负荷、道路积水深度和河道水流水位等状况。对重点排水户开展水质监测。

加强智能化调度。完善共享机制，利用第五代移动通信技术（5th Generation Mobile Communication Technology，5G）、大数据、物联网等信息化手段，实现市区两级相关专业运行单位数据共享。整合运行调度、灾情预判、应急抢险和辅助决策等功能，对排水管网、泵站、污水处理 / 再生水厂、调蓄设施、蓄滞洪（涝）区及河道行洪等方面进行协同调度，提高城市排水防涝智能化水平。

完善预警机制。细化预警标准，构建流域及城市副中心精细化洪涝预报模型，完善积水内涝监测、预报预警发布与响应机制，利用微信、微博等及时向市民提供雨天出行和道路积水预报预警服务。

提升应急处置能力。修订完善相关应急预案，细化应急处置程序。优化完善中心城区抢险基点布局，实现抢险单元 30min 内到达（首都功能核心区 20min 内到达）。建立应急抢险装备更新机制，完善应急抢险通行保障措施。各区至少建立一支专业化排水防涝应急队伍，并根据服务范围、管网长度配齐人员和装备。

8）提高监管能力

完善排水防涝相关标准，规范城市积水内涝防治技术措施。科学编制雨水口和易积水点标识、雨箅子“平立结合”改造等方面技术规范，制定城市积水内涝防治、溢流污染控制、应急排水抢险单元配置等方面相关标准。推动地方法规修订工作，加大对占压、掩埋、阻塞排水沟渠等行为的处罚力度。

2. 重庆

（1）工作目标

重庆市《中心城区排水防涝专项规划（修编）》中提出“1+2+5”总体思路进行规划方案设计。工作目标是以确保城市排水防涝安全为主线，全面规划城市排水防涝体系，实现“管标降雨排水畅、涝标降雨不成灾、超标降雨可应对”。管标降雨排水畅，是指当发生城市雨水管渠设计重现期标准（3～5 年一遇）内的降雨时，地面不应有明显积水。涝标降雨不成灾，是指当发生城市内涝防治设计重现期（50～100 年一遇）内降雨时，老城区雨停后能够及时排干积水，低洼地区防洪排涝能力大幅提升，历史上严重影响生产生活秩序的易涝积水点全面消除，新城区不再出现“城市看海”现象。超标降雨可应对，是指当发生超过内涝防治重现期标准（50～100 年一遇）的暴雨时，城市生命线工程等重要市政基础设施功能不丧失，基本保障城市安全运行。

（2）工作路径

重庆市排水内涝专项规划是基于源头减排、排水管渠、排涝除险三段式工程性措施和非工程性措施，通过“源—排—蓄—泄—管”五大途径，构建中心城区排水防涝体系。“源”——注重源头径流管控，落实海绵城市理念，衔接《重庆市主城区海绵城市专项规划》提出的年径流总量控制率、年径流污染削减率、径流控制容积指标，落实各流域内源头减排设施。“排”——衔接《重庆市主城区排水（污水、雨水）专项规划（2021—2035 年）》（在编），明确排水体制，提出建成区和规划区的排水管渠系统规划策略。建成区：避免已建雨水管渠大规模提标改造，优先采用分流、调蓄等方式改造，仍无法满足目标时，采用增加雨水管或翻建方式进行改造。规划区：高标准规划与建设排水管渠系统。“蓄”——通过雨水调蓄设施的布置，进行雨水径流洪峰削减，将超过管网排水能力的雨水引入调蓄设施，降低下游雨水管渠的排水压力。“泄”——规划行泄通道，包括道路行泄通道、箱涵等，使超标径流通过行泄通道快速汇入下游受纳水体，确保行泄通道的排水能力满足要求。“管”——进行精细化管控，完善体制机制，注重日常管理和应急管理，提升城市排水防涝设施的运维管控水平。

1.5 城市排水设计

1.5.1 布置

1. 污水管道系统

污水管道的布置形式要根据地形、排水体制、工程与水文地质、工厂和各种建筑物分布状况、城市发展和其他管线工程等因素综合考虑，从有利于管道的使用、养护与管理、对交通影响等角度考虑，一般污水管道敷设在次要街道或人行道，并靠近工厂建筑物某一侧。具体布置如下。

（1）扇形布置

当地形有较大的倾斜，为保持管道中有一个理想的坡度，减少管道跌水而采用的一种管网布置方法，如图 1.5-1 所示。

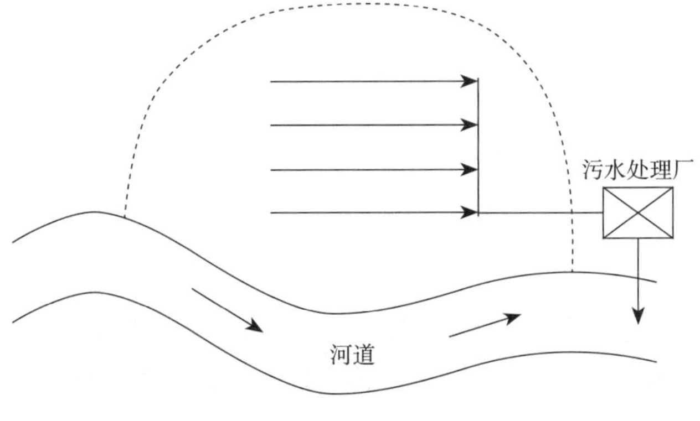

图 1.5-1 扇形布置

（2）分区布置

当地形高差相差很大，污水不能以重力流形式排至污水处理厂时，可分别在高地区和低地区布置管道，再应用跌水构筑物或抽水泵站将不同地区各系统管道连在一起，使全地区污水排至污水处理厂，如图 1.5–2 所示。

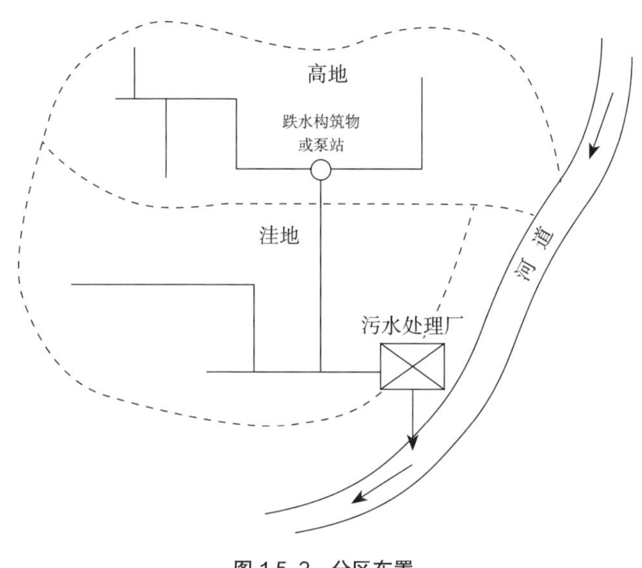

图 1.5–2　分区布置

2. 雨水管道系统

按地形来划分排水地区，使不经过处理的雨水以分散和直接较快的方式排入就近河道或水体，并应以与地形相适应，与街道倾斜坡度相一致为原则来布置雨水管道。一般有下列两种形式：

（1）正交布置

依据地形倾斜状况、地面水的流向来布置管道，如图 1.5–3 所示。

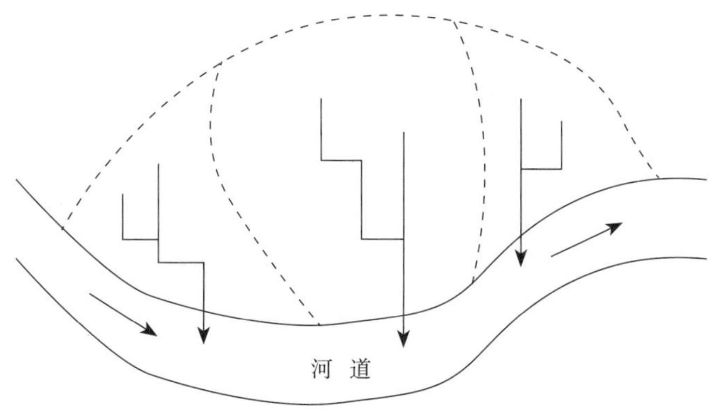

图 1.5–3　正交布置

（2）分散布置

当地形向外面四周倾斜或排水地区较为分散时，采用此方式布置管道，如图 1.5–4 所示。

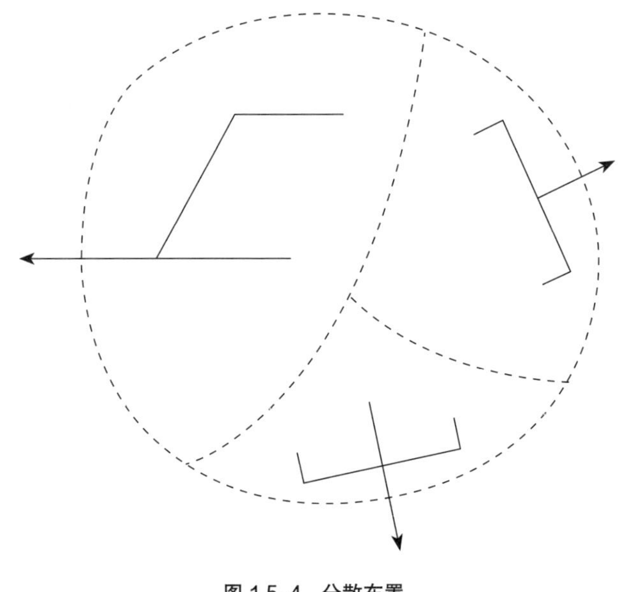

图 1.5–4　分散布置

3. 合流制管道系统

合流制管道系统在上、中游用一条管道收集所有污水和雨水，在中、下游末端修筑用于截流污水的管道，把日常污水输送至污水处理厂，在降雨期，被稀释到一定程度溢流排入河道，如图 1.5–5 所示。

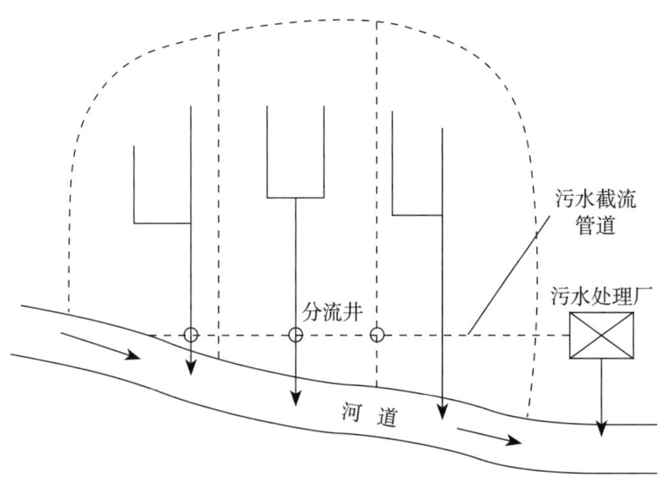

图 1.5–5　截流布置

4. 截流制管道系统

截流制管道系统又称为干沟式截流系统。它是在分流制排水系统的基础上，将雨水排水系统中旱季时少量混入的污水和雨季时的初期雨水进行截流，进入污水管网系统收集并输送至污水处理厂进行处理，如图 1.5-6 所示。

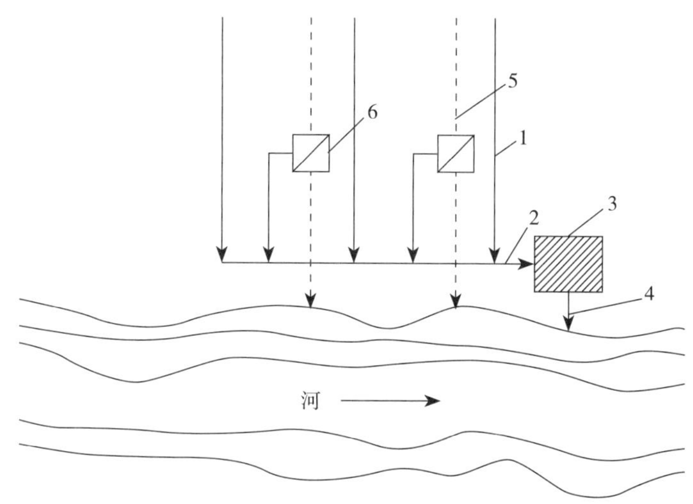

图 1.5-6　截流布置

1- 污水干管；2- 污水主干管；3- 污水处理设施；4- 尾水排放口；5- 雨水干管系统；6- 溢流井

一般街道居民区排水管网布置通常有三种形式，如图 1.5-7 所示。一是环绕式，此种布置管线长、投资大、不经济，但使用方便。二是贯穿式，此种形式使街道的发展受限制，一般用于已建成的街道居民区。三是低边式，管道布置在街坊最低一边街道上，街坊内污水流向低边污水管，充分利用地形现状，因此较容易布置又较经济，尤其在合流管道上得到广泛采用。

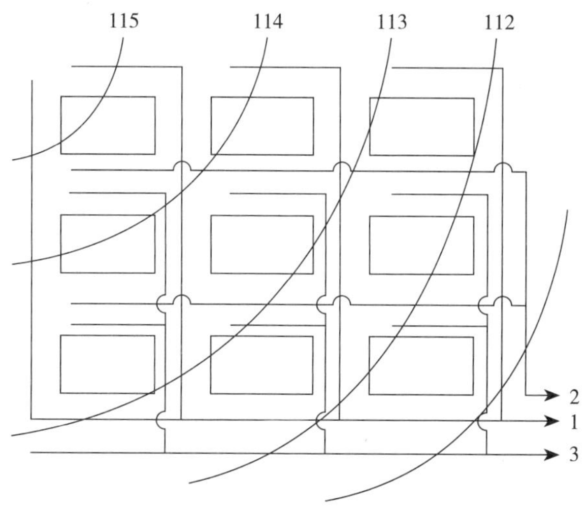

图 1.5-7　排水管网形式

排水管道一般不采用环网状布置，一旦出现水量过大，超过管道排水负荷量或管道发生堵塞的情况将会导致污水漫流，淹没街道，污染环境，影响交通的不利结果，从而造成损失。因此在重要地区排水管道系统必须加设安全出水口，或在各管道系统之间设置连通管，平时两条管道各自排水，当其中有一条管道系统发生故障时，水流可以从安全出水口或连通管排出，保证发生故障的管道系统能够正常排水。

1.5.2 设计

1. 管线位置

排水管道一般是以重力自由流出式排水，因此要符合地形、地物的现状与水流的流向，并且满足使用要求。一般雨水管道埋设在街道中心部位，污水管道埋设在街道一侧。管线应与地形地面坡降走向相一致，尽量避免或减少设置抽水泵站及其跌水构筑物。

一般地面坡降与管道坡度有下面几种情况：一是地面坡降与管道坡度一致，这种情况最佳，挖土深度可达到最小。二是地面坡降大于管道坡度，这种情况下管道需采取较大坡度来适应此地形，但到一定长度后管道将产生覆土深度过浅现象，需修建跌水设施来解决。三是地面坡降小于管道坡度，这种情况下，管道需采取较小坡度和较大管道断面来适应此种情况，但到一定长度后，挖土过大造成施工困难或受水文地质条件限制，难以敷设管道，不得不采取加设抽水泵站来解决。四是地面坡降与管道坡度相反，这种情况是最不利情况，管道难以较长敷设，中途需加设很多抽水泵站。因此，此种管线敷设应当尽量避免或尽量缩短敷设长度。

2. 管道断面

管道断面需满足以下三个条件，即：可排除该地区的雨、污水量；满足管道对坡度的要求；符合管道的充满度。

雨水径流量的大小主要取决于地区降雨强度及其地面汇水区域状况，生活污水量主要取决于该地区人口密度及其生活方式，工业废水主要取决于此地区的工厂生产产品状况等因素。

管渠的水流流速大小取决于水流的水力坡降与过水断面的粗糙度。由于水力坡降大小由管道坡度决定，而过水断面粗糙度由管渠材料决定，因此坡度大小反映着管道中心的流速大小，粗糙度仅影响着管道流速状况。为防止排水管道出现冲刷速度，最大允许流速：一般明渠 $v_{max} \leqslant 10m/s$、非金属管道 $v_{max} \leqslant 5m/s$、金属管道 $v_{max} \leqslant 10m/s$，并以此来确定管道的最大坡度值。为了不使污水中可沉降悬浮固体颗粒沉淀淤积管道，须保证排水管道中有一个满足自净能力的允许最小流速，一般明渠 $v_{min} \geqslant 0.4m/s$、雨水与合流管道满流时 $v_{min} \geqslant 0.75m/s$、污水管道在设计充满度下 $v_{min} \geqslant 0.6m/s$，并以此来确定管道最小坡度值。为了保持管道水流流速变化平稳，管道坡度变化要均匀，以使水流流速自上游向下游逐渐增大。管道坡度必须具有一个合理坡降。

管道充满度表示管道中水深（*h*）与管径断面尺寸（*d*）的比值，即充满度 =*h*/*d*。这就是说管道充满度的变化，反映着管道中水深的变化，它对管道中流量与流速大小有不同程度影响，这与过水断面大小和水流与管壁接触表面积的水流阻力大小的形成有关。一般情况下，雨水与合流管道以满流来决定管道断面尺寸。而污水管道中的污水水量变化较大，为防止在某一瞬间管内流量超过设计流量，同时为便于管道通风，有利于排除管道中有毒有害气体，污水不允许在管道内充满，必须保留一个适宜的空间。

重力流污水设计充满度要求见表 1.5–1。

各种不同管径重力流污水设计充满度　　表 1.5–1

管径（mm）	200 ~ 300	350 ~ 450	500 ~ 900	≥ 1000
最大设计充满度	0.55	0.65	0.70	0.75

注：引自《室外排水设计标准》GB 50014—2021。

城市污水收集、输送应采用管道或暗渠，严禁采用明渠。立体交叉下穿道路的低洼段和路堑式路段应设独立的雨水排水分区，严禁分区之外的雨水汇入，并应保证出水口安全可靠。

1.5.3 主要参数

1. 污水管线

（1）流速、充满度、坡度

污水管道最大设计流速、最大设计充满度，最小设计流速见表 1.5–2。

污水管道最大设计流速、最大设计充满度、最小设计流速　　表 1.5–2

<table>
<tr><th rowspan="2">管径（mm）</th><th colspan="2">最大设计流速（m/s）</th><th rowspan="2">最大设计充满度</th><th rowspan="2">在设计充满度下最小设计流速（m/s）</th></tr>
<tr><th>金属管</th><th>非金属管</th></tr>
<tr><td>200</td><td rowspan="6">≤ 10</td><td rowspan="6">≤ 5</td><td>0.55</td><td rowspan="6">0.60</td></tr>
<tr><td>300</td><td>0.55</td></tr>
<tr><td>400</td><td>0.65</td></tr>
<tr><td>500</td><td>0.70</td></tr>
<tr><td>600</td><td>0.70</td></tr>
<tr><td>700</td><td>0.70</td></tr>
</table>

续表

管径（mm）	最大设计流速（m/s）		最大设计充满度	在设计充满度下最小设计流速（m/s）
	金属管	非金属管		
800	≤ 10	≤ 5	0.70	0.60
900			0.70	
1000			0.75	
> 1000			0.75	

根据泥沙运动的概念，运动水流中的泥沙由于惯性作用，其止动流速（由运动变为静止的临界流速）在 0.35 ~ 0.40m/s（沙粒径 d=1mm）。流速大于止动流速就不会沉淀；但在过小流速下所沉淀的泥沙要使它从静止变为着底运动的开动流速需要较大。要从着底运动变为不着底运动或扬动的流速则需更大。扬动流速约为止动流速的 2.4 倍，设计中主要以止动流速考虑。

经大量实地观测，得到平坦地区不淤流速一般在 0.4 ~ 0.5m/s。与上述止动流速值相近似。因此，在平坦地区的一些起始管段用略小的流速与管坡设计不致产生较多淤积。当流量与流速增大时已沉淀的微小泥粒也会被扬动并随水下流，但因此可降低整个下游管系的埋深。在地形不利的情况下，起始管段的管坡与流速可以考虑适当降低。

（2）设计最小管径及最小坡度

污水管道设计最小管径、最小坡度要求见表 1.5–3。

污水管道设计最小管径和最小坡度要求 表 1.5–3

类型	位置	设计最小管径（mm）	设计最小坡度
工业废水管道	在厂区内	200	0.004
生活污水管道	在厂区内	200	0.004
	在街坊内	200	0.004
	在城市街道下	300	0.003

（3）最小覆土厚度与冰冻层内埋深

管道最小覆土厚度，在车行道下一般不小于 0.7m；但在土壤冰冻线很浅（或冰冻线虽深，但有保温及加固措施）时，在采取结构加固措施、保证管道不受外部荷载损坏情况下，也可小于 0.7m，但应考虑是否需保温。

冰冻层内管道埋设深度，无保温措施时，管内底可埋设在冰冻线以上 0.15m。有保温措施或水温较高的管道，管内底埋设在冰冻线以上的距离可以加大，其数值应根据该地区或条件相似地区的经验确定。

2. 雨水管线

(1) 雨水管

重力流管道按满流计算，并应考虑排放水体水位顶托的影响。管道满流时最小设计流速一般不小于 0.75m/s，如起始管段地形非常平坦，最小设计流速可减小到 0.6m/s。最大允许流速同污水管道。最小管径和最小坡度：雨水管与合流管无论在街坊和厂区内或在街道下，最小管径均宜为 300mm，最小设计坡度为 0.003。雨水口连接管管径不宜小于 200mm，坡度不小于 0.01。管道覆土：最小覆土参照污水管道的规定。

(2) 雨水明渠

主要指平时无水的雨季排水明渠。

断面：根据需要和条件，可以采用梯形或矩形。梯形明渠最小底宽不得小于 0.3m。用砖石或混凝土块铺砌的明渠边坡，一般采用 1∶0.75～1∶1.0。

流速：明渠最小设计流速一般不小于 0.4m/s。

超高：一般不宜小于 0.3m，最小不得小于 0.2m。

折角与转弯：明渠线路转折和支干渠交接处，其水流转角不应小于 90°；交接处须考虑铺砌。转折处必须设置曲线，曲线的中心线半径一般为土明渠不小于水面宽的 5 倍，铺砌明渠不小于水面宽的 2.5 倍。

跌水：土明渠跌差小于 1m，流量小于 2000L/s 时，可用浆砌块石铺砌，厚度 0.3m。土明渠跌差大于 1m，流量大于 200L/s 时，按水工构筑物设计规范计算。明渠在转弯处一般不宜设跌水。

3. 合流管线

(1) 流速、充满度、坡度

生活污水量的总变化系数可采用 1。

短时间内工厂区淋浴水的高峰流量不到设计流量的 30% 时，可不予计入。

雨水设计重现期可适当地高于同一情况下的雨水管道设计标准。

在按晴天流量校核时，工业废水量和生活污水量的计算方法同污水管道。

设计充满度按满流计算。

设计流速、最小坡度、最小管径、覆土要求等设计数据以及雨水口等构筑物同雨水管道。但最热月平均气温高于或等于 25℃ 的地区，合流管的雨水口应考虑防臭、防蚊蝇的措施。

旱季流量的管内流速，一般不小于 0.2～0.5m/s，对于平底管道，宜在沟底做低水流槽。

在压力流情况下，须保证接户管不倒灌。

（2）水力计算

须合理地确定溢流井的位置和数目。水力计算方法同分流制中雨水管道。按总设计流量设计，用旱季流量校核。

1.6 城市排水监管

1.6.1 排水许可

城镇排水设施覆盖范围内的排水单位和个人，应当按照《城镇排水与污水处理条例》管理规定将污水排入城镇排水设施。

1. 排水户

向城镇排水设施排放污水的工业、建筑、餐饮、医疗等企业事业单位、个体工商户，称为排水户。排水户应当按照《城镇污水排入排水管网许可管理办法》的规定，申请领取排水许可证。未取得排水许可证的排水户不得向城镇排水设施排放污水。

城镇排水主管部门应当对排水户进行分级分类管理。

对列入重点排污单位名录的排水户和城镇排水主管部门确定的对城镇排水与污水处理设施安全运行影响较大的排水户，应当作为重点排水户进行管理。

在雨、污水分流排放的地区，不得将污水排入雨水管网。

城镇居民排放生活污水不需要申请领取排水许可证。

2. 排放水质

排水户排放水质应满足《污水排入城镇下水道水质标准》GB/T 31926—2015 相关要求。

1.6.2 水质超标风险管控

1. 排水许可前

在作出排水许可决定前，排水许可审批部门应当按照排水户分级分类管理要求，对重点排水户进行现场核查，对一般排水户采取抽查方式进行现场核查。核查重点包括申请入管的污水类型、红线范围内雨污分流情况、排放口数量、检测井情况、预处理设施、是否设置便于采样和水量计量的专用检测井和计量设备、是否符合城镇排水与污水处理规划和相关标准等内容。

2. 排水许可后

排水主管部门应加强对排水户的排放口设置、连接管网、预处理设施和水质、水量监测设施建设和运行的指导和监督。

应结合排水户分级分类情况，对排水户排放污水的情况实施监督检查，检查过程中应做好监督检查记录。重点做好排水水质、水量监测设施的监督。如排水单位是否在排放口设置专用检测井和满足污水量离线计量的计量设备。排水主管部门可组织排水监测机构等技术服务单位对排水户排放污水的水质、水量进行监测。

第 2 章 城市排水风险评估

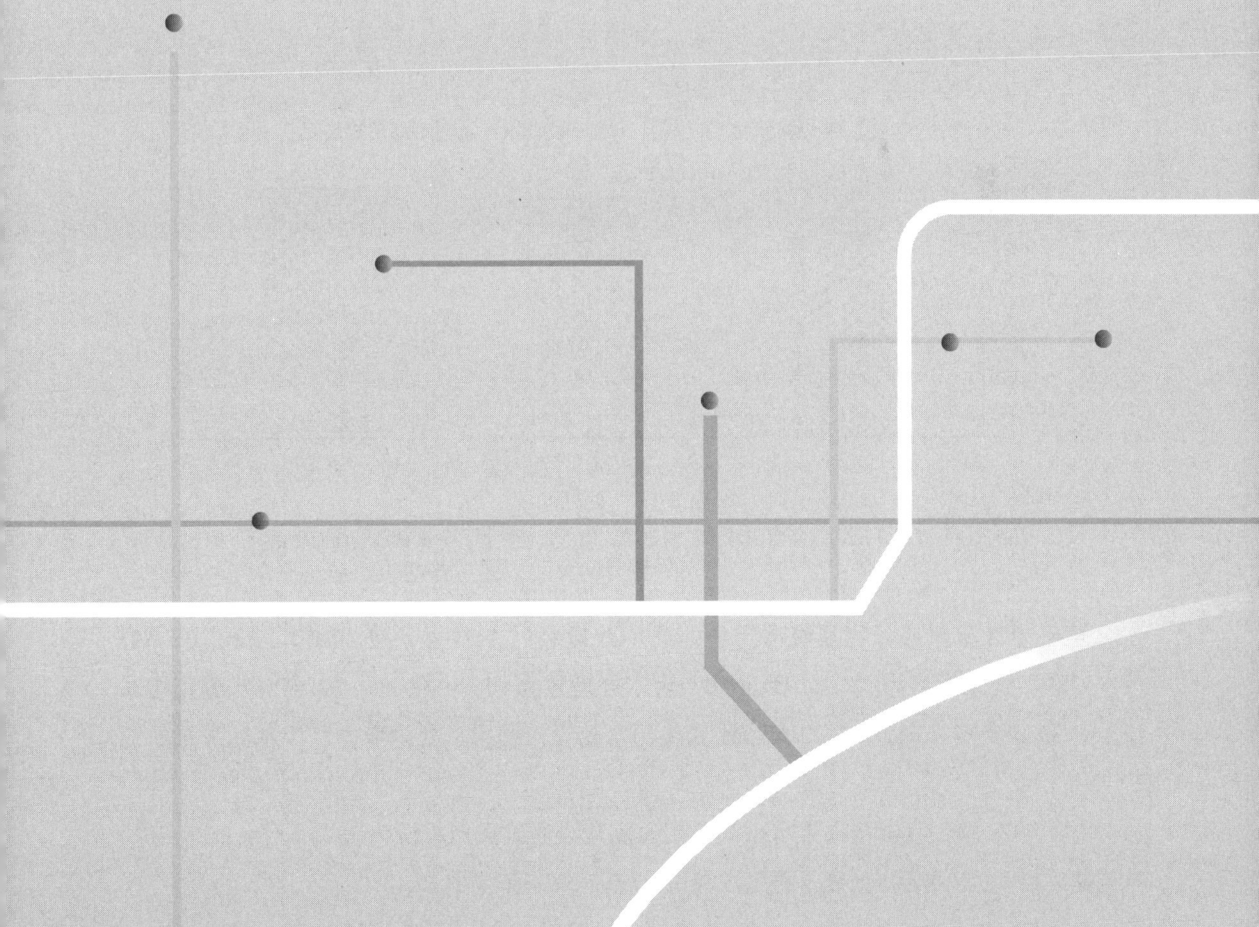

分析城市排水现状，城市内涝、黑臭水体、合流制溢流污染和厂站安全生产问题较突出。介绍了安全生产和城市内涝的风险评估方法，旨在防范隐患，提高排水设施功效。

2.1 城市排水现状

2.1.1 设施状况

近年来，我国排水设施建设有长足发展。据《中国城乡建设统计年鉴》(2022年)统计，截至2022年年底，我国城市排水管道长度达到91.35万km；较2020年增加18.80%，其中污水管道、雨水管道和雨污合流管道长度分别为42.06万km、40.70万km和8.59万km，占比分别为46.04%、44.55%和9.41%，较2020年分别增长14.67%、21.57%和减少15.03%。2012~2022年我国城市污水管道、雨水管道和雨污合流管道长度变化情况如图2.1-1所示。

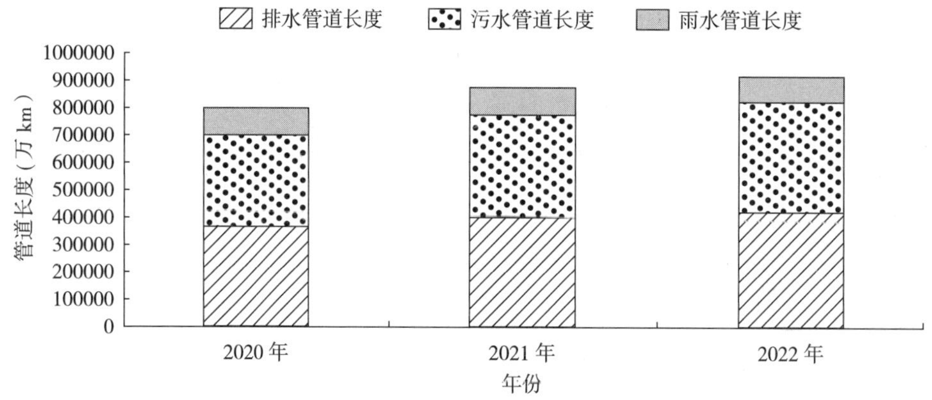

图 2.1-1 2020~2022年我国城市污水管道、雨水管道和雨污合流管道长度变化情况

截至2022年年底，我国城市污水处理厂数量达到2894座，较2020年增长10.54%，污水处理厂处理能力为20601.1万m^3/d、污水处理量为616.59亿m^3，较2020年分别增长12.14%和12.67%。2020~2022年我国城市污水处理厂数量、处理能力和污水处理量如图2.1-2所示。

截至2022年，我国城市排水市政公用设施建设固定资产投资为1905.1亿元，较2020年减少9.92%，其中污水处理及再生水利用设施较2020年减少32.13%。

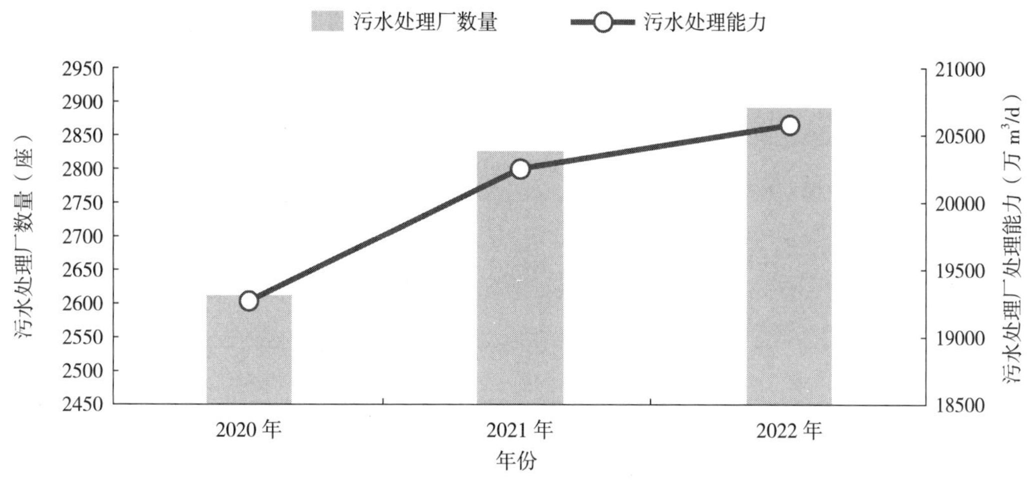

图 2.1-2　2020～2022 年我国城市污水处理数量、处理能力和处理量变化情况

2.1.2　服务水平

2022 年，我国城市污水处理厂集中处理率达到 96.50%，较 2020 年增长 0.75%；再生水管道长度达到 16412km，较 2020 年增长 12.18%。

2.1.3　管理模式

1. 差异性

选取国内典型城市上海、南京、成都、重庆 4 个城市，从排水管理中涉及的归口部门、管理模式、厂网一体、资金保障、特许经营、基础信息等方面展开，对比当前各地城镇排水管理体制机制方面的模式与特点，见表 2.1-1。

国内典型城市排水管理模式对比表　　表 2.1-1

排水管理项目	国内水资源管理情况			
	上海	南京	成都	重庆
归口部门	水务局	水务局	水务局	住房和城乡建设委员会
管理模式	规建管执法一体	规建管一体	规建管执法一体	规建管执法一体
厂网一体	中心城调度一体	主城六区厂网一体	中心城区厂网一体	当前厂网分离，推进一体
资金保障	财政保障	财政保障	企业市场融资 + 财政保障	企业市场融资 + 财政保障

续表

排水管理项目	国内水资源管理情况			
	上海	南京	成都	重庆
特许经营	中心城区 2 座	主城六区污水处理设施中的 5 座	中心城区污水处理厂、污泥、中水、管网	80 座城市生活污水处理厂中 58 座
基础信息	2008 年开始数据维护，统一的调度中心已试运行	2019 年开始数据完善	正在推进，已初步建立 GIS 系统	2019 年启动全市管网排查

由表 2.1–1 可知，上海市排水管理归口水务局，采用规划、建设、管理、执法一体的管理模式。上海城镇排水收集设施的运维为分散运维，厂网一体化方面采用的是调度层面的一体化。城镇污水处理设施特许经营以单元式污水处理厂为主，中心城区 7 座污水处理厂中 2 座为采用 BOT 模式的特许经营，5 座污水处理厂委托运维。上海的污水处理费在 2016 年改为非税收入，专项用于污水处理厂运维、干线输送、泵站、污泥处理等，不足部分财政托底。在排水设施基础信息建设方面，上海 2008 年着手排水管道数据的维护，2020 年开始筹建排水运行调度平台，目前平台已上线试运行。

南京市排水管理归口水务局，采用规划、建设、管理的排水管理模式。南京市城镇污水系统由市级统一管养，雨水系统实行属地管养模式。南京的城镇污水系统的厂网一体化为典型的运维、调度一体。特许经营方面以单元式污水处理厂为主，主城六区 8 座污水处理厂中有 5 座采用特许经营，市财政按照“成本 + 利润”的方式支付南京水务单位运维费用，污水管网采用委托运维模式。南京市的污水处理费为非税收入，征收的费用主要用于污水处理厂，市级范围内污水设施相关费用不足的由市财政保障。

成都市排水管理归口水务局，采用规划、建设、管理、执法一体的排水管理模式。成都市 2020 年前后进行了排水收集设施管养机制的调整，调整后将排水管网交由一家企业管养，以解决管养多头管理、效率低下的问题，同时将实现厂网一体化。成都市排水设施特许经营覆盖面广，从 2009 年开始已逐步将污水处理厂、污泥、中水、原水、排水管网等进行特许经营。成都市污水处理费属非税收入，污水费征收核定范围含市本级的污水处理厂的污水处理、污泥处置，不含再生水、管网。污水处理费上缴市财政后由市财政以特许经营服务费的形式拨付给特许经营的企业，排水设施资金保障方式为“企业市场融资 + 财政保障”。成都市十分注重排水设施基础信息的建设，目前排水管网的地理信息系统（Geographic Information System，GIS）基本形成，通过该信息系统可查询排水管网的基础信息，包括坐标、位置、管径、管材、故障、下一步工作等。

重庆市排水管理归口住房和城乡建设委员会，采用规划、建设、管理、执法一体的排水管理模式。重庆市的城镇排水管网（泵站）实行分级管理，正在大力推进厂网一体化。重庆市绝大部分污水处理厂已实行特许经营。重庆市污水处理费实行收支两条线管理，污水处理费专项用于城镇污水处理设施的建设、运行，不足部分通过“企业市场融资＋财政保障”解决。重庆市 2019 年启动了全市管网的排查工作，包括空间属性、功能属性、结构属性等。

综合来看，除重庆排水管理归口住房和城乡建设委员会外，其他城市均在水务改革的过程中将排水管理归口水务局。在管理体制方面，均采用或正在推进“规建管一体”，除南京外均实现执法一体。厂网一体方面，推进的方式主要有两种，一种是上海采用的调度层面的厂网一体，另一种是南京、成都等城市采用的厂网运维、调度一体。资金保障方面，主要有两种方式，一种是财政全额保障，如上海和南京；另一种是财政保障和企业市场化融资结合，典型的是重庆和成都。特许经营方面，几个城市中心城区或主城区的排水设施均实行特许经营；授权范围有单一的污水处理设施，如上海、南京和重庆特许经营权针对污水处理设施实行特许经营；也有针对所有公共排水设施的特许经营，如成都的特许经营既包含污水处理设施也包含污水收集设施。基础信息建设方面，上海正在构建管网模型，成都的 GIS 系统基本建立，南京和重庆起步稍晚，均在大力推进基础信息建设。

2. 共同点

（1）改革情况

从上述典型城市看，各城市在推进排水管理体制改革方面比较彻底。改革的方向呈现多样化的特点。虽然有的归口单位为住房和城乡建设委员会，有的归口单位为水务局，但是从国内典型城市来看，实行水务改革的城市，水务管理体制的一体化均已实现或正在稳步推进。如，上海市、区均成立了水务局，部分地区只要有相应的职责就挂水务局的牌子；南京在成立市级水务局后，各区按照市水务局的统一要求均成立了区水务局；成都 2005 年撤销水利局改名水务局，2008 年全部区县（市）都成立了水务局；重庆市排水管理在归口住房和城乡建设委员会后也实现了水务管理的一体化。

（2）排水资金来源

城镇排水设施本身建设、运维的资金需求量就大，加上排水体系的历史欠账问题，需要大量资金来保障其建设和运维，才能保障排水行业健康稳定发展。分析国内排水管理资金的保障有两种模式，一种是上海和南京采取的财政全额保障的方式，另一种是重庆和成都采取的“市场化融资＋财政保障”的方式，这两种资金保障模式基本代表了国内排水管理资金保障的主流方式。

（3）厂网一体化进展

城镇排水系统由排水管网和污水处理厂串联组成，需要二者统筹建设和协调运行。若污水处理厂与排水管网分属不同单位运营管理，由于运营目标不同，势必会产生厂网协调运行方面的诸多问题，导致城镇排水系统不能完全发挥其应有的功能。因此，污水处理厂和污水管网的一体化运营更符合城镇排水系统的内在特性，更有利于保障污水收集处理设施的系统性和完整性，也更有利于充分发挥其运行效率。国内几个典型城市均在推进厂网一体化。上海正在推进调度层面的厂网一体化，南京、成都、重庆正在推进污水管网的厂网一体化运维和调度，其中，成都预计近两年将实现厂网一体化运营并实现排水管网的特许经营。

（4）排水特许经营情况

特许经营作为排水行业引入市场机制的一种重要方式，可以提高效率、提升服务，保障公共利益和社会效益的最大化，是政府进行行业管理的一种有效方式和制度。国内几个城市均不同程度实施了排水行业的特许经营，只是设计的特许经营项目的交易结构不同。其中，上海、南京、重庆以污水处理厂为特许经营对象，成都排水方面的特许经营比较全面细致，包含了污水处理厂、排水管网、污泥和中水等。这些城市通过特许经营建立“企业投资、运营和管理，政府有效监督和检查”的行业管理模式，利用企业和社会资本缓解政府资金不足的问题，进而提高行业管理效率、提升服务、保障公共利益和社会利益的最大化。

（5）排水信息一张网建设情况

城镇排水设施不仅是完善城市功能、提升城市服务的重要内容，也是实现城市水环境治理工作的重要保障。由于我国城市建设长期以来“重地上、轻地下”“重建设、轻维护”，导致排水管网历史欠账较多。国内上述四个城市都在着力做好排水一张网的建设。上海从2008年开始进行排水管网数据维护，目前统一的排水调度平台已试运行，并在着手构建排水管网模型；南京在2019年开展污水管网数据的完善；成都当前正在推进市政排水管网、排水户的管网普查和病害修复，并建立了完善的排水管网GIS系统；重庆2019年启动了全市管网排查工作，对管网的空间属性、功能属性、结构属性等进行逐一排查。大力开展管网普查和修复，构建完善的排水管网信息系统，助力排水管网科学管控，值得其他城市借鉴。

2.1.4 厂网一体化

1. 意义

《水污染防治行动计划》提出了到2020年，地级及以上城市建成区黑臭水体均控制在10%以内；到2030年，城市建成区黑臭水体总体得到消除的控制性目标。为了实现这一总体目标，2015年住房城乡建设部联合环境保护部、水利部等联合印发《城市黑臭水体整治工作指南》，明确提出“控源截污”是城市黑臭水体治理的根本措施。“控源截污”主要包括污水收集处理和面源污染控制两个方面，其中前者是最有效的技术措施（包括了后者的部分内容，即城市建成区初期雨水和融化雪水的截留处理），也是城镇排水系统的主要功能，即污水全收集、收集全处理、处理全达标。城镇排水系统由排水管网和污水处理厂串联组成，需要二者统筹建设和协调运行，才能完整发挥其水环境保障功能。但是，目前我国大多数城市的污水处理厂与排水管网仍是分属不同单位在运营管理，由于运营目标和管理考核不同，也就产生了厂网统筹建设及协调运行方面的诸多问题，导致城镇排水系统不能完全发挥其应有的功能。在统筹建设方面，主要问题是排水管网的污水收集能力和污水处理厂的污水处理能力不匹配，要么是排水管网随着城市的发展同步建设，但污水处理厂并未随之同步（改）扩建，造成超过污水处理厂处理能力的污水直接排入水体；要么是污水处理厂按照规划建成，但排水管网尚未完全接通，未收集进入污水处理厂的部分污水仍是直接排入水体。在协调运行方面，突出问题是污水处理厂只能被动接受排水管网输送的污水，且排水管网没有为污水处理厂提供污水水量、水质的预报、预警，导致污水处理厂的工艺调控滞后，可能造成高峰流量时厂前直接溢流排放，或是部分污水处理水质不达标排放。因此，污水处理厂和排水管网的一体化运营更符合城镇排水系统的内在特性，以及作为城镇基础设施的服务定位，更有利于充分发挥其水环境保障功能。

2. 工艺要素

（1）界面及工艺要素

城镇污水处理厂及其上游排水管网的运营管理界面，也就是二者的物理分界面，即排水管网总干管的末端或污水处理厂进水泵房粗格栅的前端。界面工艺要素包括污水水量、水质和水位。其中，水量与水质是排水管网收集输送污水的结果，也是污水处理厂运行工艺调控和进行扩建改造的决策依据；水位取决于污水处理厂的运行调控，对于重力流排水管网而言，也是影响其运行安全（产生管道淤积、影响排水通畅）的重要因素。

所谓厂网一体化运营，是指对城镇排水系统的城镇排水系统厂网一体化运营模式的研究与实践。污水处理厂和排水管网进行统筹建设和协调运行，统筹建设是前提，协调运行是核心。对界面工艺要素的预报预警和调度控制，是厂网之间协调运行的考核指标，也是厂网一体化运营的主要内容。

（2）要求

1）水质

调度控制：对于污水处理厂可以去除的常规污染物，即《城镇污水处理厂污染物排放标准》GB 18918—2002 中的基本控制项目，其浓度不宜超过污水处理厂的设计指标（预警值）；其中，无机泥砂类固体含量应尽量低，以减少污水处理厂设备、设施的磨损；但可降解有机物，如 BOD_5 等的浓度宜维持在一定含量，以用作污水脱氮除磷所需的碳源。对于污水处理厂难以去除的特种有机物和有毒重金属类污染物，即《城镇污水处理厂污染物排放标准》GB 18918—2002 中的选择性控制项目，其浓度不能超过《污水排入城镇下水道水质标准》GB/T 31962—2015 的规定限值。当污水处理厂发现此类污染物超标时，排水管网应具备源头追溯管控的功能。

预报预警：根据污水处理厂的实际运行经验，对于污水水质宜至少提前 2h 向污水处理厂进行预报预警。当污水中常规污染物浓度连续 60d 超过预警值时，污水处理厂需启动升级（水质保障）改造程序。

2）水量

调度控制：为保证污水处理厂的高效、稳定运行，各时段的进厂流量应尽量均衡，日运行负荷率应适中。正常情况下，瞬时流量宜控制在日均值的 ±25% 以内，最大值不宜超过预警值（一般为设计处理能力的 90%），日运行负荷率则宜控制在 75%～95%。当污水处理厂的关键设备、设施进行计划性维护或故障抢修时，宜根据部分设备、设施停产的需要减少进厂污水量（包括瞬时流量和持续时间）。

预报预警：根据污水处理厂的实际运行经验，污水流量应至少提前 1h 向污水处理厂进行预报、预警。理论上，当日总水量连续 15d 超过设计处理规模的 95% 时，污水处理厂需启动扩建（新建）程序，但实践中，因征地拆迁非常困难，实际建设周期比较长，当运行负荷率达到 90% 时，就需及时启动扩建（新建）程序。

3）排水管网对界面工艺要素的要求

重力流排水管网对界面工艺要素的要求主要是水位。

正常运行状态：应控制界面水位使排水管网运行在安全水位以下（至少是所有排水干管的充满度不高于设计允许值），以减少上游管道淤积、保障排水管网运行安全。

设施维护状态：当排水管网进行计划性维护或故障抢险抢修时，污水处理厂应短期加大污水抽升（处理）量，控制界面水位使排水管网在低水位下运行，为排水管网维护或抢险抢修创造有利条件。

防汛保障状态：对于有合流制管道的排水管网，当汛期接到防汛预警时，污水处理厂应及时加大污水抽升（处理）量，控制界面水位使排水管网在低水位下运行，为雨水预留排水管网的内部空间，以实现内涝防治和溢流污染控制的双重目标。

（3）基本模式

厂网一体化运营模式可实现水质保障、水量均衡、水位预调 3 种基本功能。

1）水质保障

厂网一体化运营可充分发挥排水管网“排入水质源头监控、水质水量预报预警、超标排水追溯管控、无机杂质厂前去除”的水质保障作用，保证污水处理厂进厂污水符合设计要求，保障其运行安全。

①排入水质源头监控

排入水质源头监控是指，对于可能超标排入污水的排水户，通过在其排水口设置在线监测装置或定期进行采样检测，监测排入污水的水质、水量；发现超标（尤其是影响污水处理厂运行安全的有毒重金属和特种有机物）的情况及时报告和配合水政执法进行管控处理，并预判对污水处理厂运行安全的影响，及时发出预警；而对于排放污水含有优质碳源的排水户，通过签订排水协议适当放宽浓度限制，以有利于污水处理厂的脱氮除磷，降低污水处理成本。

②水质水量预报预警

水质水量预报预警是指，在排水管网的适当位置安装在线监测装置，实时监测收集污水的水质、水量，并建立污水在管网中的水量叠加模型和水质传递模型，为污水处理厂提供进厂水质、水量的预报、预警，以便污水处理厂及时进行工艺调控，保障其高效、稳定运行。

污水中特种有机物和有毒重金属类的预报、预警，应当注重对重点排水户排入污水的源头监控。从污水处理厂工艺调控的需要考虑，主要关注的是污水中常规污染物的预报、预警，如 pH、悬浮物、COD、BOD、氨氮、总氮、总磷等控制项目，可根据实际情况进行选择监测。

对于排水管网中特定的（重力流）管道而言，其水位与流量可建立起一定的对应关系，实践中一般采用水位监测来代替流量监测，以降低投资和成本。

③超标排水追溯管控

超标排水追溯管控是指污水处理厂检测发现或推算（某时段）进厂污水中某（几）项污染物浓度超标时，由排水管网追溯查找出排入源头并及时进行管控，以保障污水处理厂运行安全。如北京中心城区排水系统中，所有污水处理厂都不同程度地存在进水水质超标的现象。在结合排水管网小流域管理进行超标排水追溯过程中，对于连续或经常超标排水的排水户，可以快速进行追溯，而对于超标排水没有规律的排水户，因无法同步取样进行检测，快速追溯比较困难，如垃圾转运站、垃圾处理站、垃圾填埋场、粪便消纳场和城建施工等。经小规模试点，在排水管网小流域的末端安装自动取样装置可以很好解决同步取样问题，准备逐步进行推广。

④无机杂质厂前去除

无机杂质厂前去除是指，在排水管网的小流域末端、主干管末端、总干管末端等适当位置设置多功能检查井，将污水中的无机泥砂（特别是当管网进行清淤、疏通作业或合流制管网排入初期雨水时）沉淀拦截下来，以减少污水处理厂的固体处理负担和设备设施磨损，保障污水处理厂运行安全。

2）水量均衡

厂网一体化运营可有效利用排水管网的内部空间和跨流域调配设施，充分发挥其“均衡进厂污水流量、调整各厂运行负荷”的水量均衡作用，保障污水处理厂的高效、稳定运行。

①均衡进厂污水流量

在保证排水管网运行于安全水位的前提下，充分利用管网内部空间可满足进厂污水流量尽量均衡的要求。目前我国大多数污水处理厂的运营是仅考虑自身运行方便，不考虑排水管网安全，使管网长期运行在超高水位甚至是部分满流状态，导致部分管道特别是进厂总干管淤积严重，给管网的运行维护造成困难。

②调整各厂运行负荷

调整各厂运行负荷是指，当污水处理厂关键设备（设施）进行计划性维护或故障抢修时，或处于超负荷运行状态（如改扩建尚未完成投产，或上游管网新建截污截流设施等）时，或考虑处理水质保障、处理成本最优时，通过将部分污水跨厂（流域）调配，调整各厂的运行负荷（处理水量）。

3）水位预调

厂网一体化运营的管网水位预调，包括管网维护抢险配合、防汛预警厂网联动两种具体模式。

①管网维护抢险配合

管网维护抢险配合是指，排水管网（特别是主干和总干管）进行计划性维护或故障抢险抢修期间，污水处理厂及时加大污水抽升（处理）量，以控制界面水位使排水管网在低水位下运行，为管网维护或抢险抢修创造有利条件。

②防汛预警厂网联动

防汛预警厂网联动是指，对于有合流制管道的排水管网，当汛期接到防汛预警时，污水处理厂及时加大污水抽升（处理）量，控制界面水位使排水管网在低水位下运行，为雨水预留排水管网（包括调蓄设施）的内部空间，以实现内涝防治和溢流污染控制的双重目标。

3. 应用前景

（1）黑臭水体治理

漳州市采用厂网河一体化思路消除黑臭水体。漳州市区内河水环境综合整治项目包括河道截污工程、河道清淤工程、河道引水工程、水生态修复工程，农村污水收集与处理工程等，由于水环境治理多目标、多维度的特点，规划、设计、建设和运营管理难度大、涉及专业多，需要将智慧化技术纳入水环境治理全过程建设体系。通过建立污水处理厂、排水管网、河道一体化协调运作机制，实现智能化管控治理市区内河水环境污染，使水体排放达到国家标准。

（2）降低运行成本

随着我国大力推进小城镇建设，使得小城镇中小型污水处理厂的提标改造势在必行。由于各个污水处理厂可能隶属不同企业或政府，污水处理厂和管网的运维成本复杂多样，对于城市建设者和管理者来说，如何统一整合，是应该重视的问题。通过厂网一体化模式下的工艺设计，对运维成本进行相关计算分析表明可实现成本减低。

4. 典型案例

北京城市排水集团有限责任公司（简称北京排水集团），在2010年就率先在国内同行业中提出了“厂网一体化”运营的概念，经过不断的研究和实践，初步形成了较为完备的

“厂网一体化”运营管理模式，建成了指挥调度中心（系统），实现了对中心城区排水系统建设及运行的统一调度，得到了住房城乡建设部的充分肯定，并于 2012 年获得了国际水协会颁发的“全球运营管理创新奖”。

北京城市排水集团有限责任公司（以下简称北京排水集团）在 2011 年初开始对排水管网实施流域化管理，将各污水处理厂流域的上游管网按照集水区域和上、下游连通关系划分为不同级别的管线逻辑关系，共建立了 210 个排水小流域。小流域划分后，每个污水处理厂上游的排水管网都是由总干管、主干管、小流域组成，形成了点、线、面结合的网格化（管理）格局，以便于排入水质的源头监控和超标溯源。每个小流域的排水户均按其排水水量和水质特性进行分级、分类管理，对曾经严重超标排水的垃圾处理站、垃圾填埋场、粪便消纳场、综合性医院等重点排水户，在其排水口安装了在线监测装置进行重点监控（特种有机物和有毒重金属类）；对可能超标排水的餐饮等部分排水户，则对其排水水质（特征污染物）进行定期检测。当发现排水户超标排水时，立即向其发送告知书，通知限期整改。对于逾期未采取整改措施的，及时配合水政执法进行管控处理。同时，定期开展社会开放日等活动，加强排水许可宣传，与街道、居委会、社区建立联动，动员社会力量来共同监督超标排水行为。

这些源头监控措施率先在 J 厂流域综合实施，虽然近年来居民生活污水的浓度有所增加，但进厂污水的 COD 平均浓度逐年下降。

现阶段，排入水质源头监控需要针对重点排水户安装在线监测装置，不但数量多、投资大，而且监测的特征污染物各不相同，型号规格众多、运行维护困难。因此，单位优先采用定期检测方式并对排水户实行“信用制”管理：对定期检测一直未发现超标排水行为的排水户，将其信用等级提高一级，并相应降低监控频率；而对发现超标排水行为的排水户，发现一次将其信用等级降低一级，连续 3 次降级的排水户，配合水政执法部门监督由其自行安装在线监测装置。实际上，排入水质源头监控更需要全社会提高对排水许可的认识。目前，北京排水集团结合小流域管理，已在规模较小的 B 厂和 W 厂上游管网的主干管末端及部分小流域末端安装了水位、化学需氧量、氨氮等集成式在线监测装置，并初步建立了相应的水量叠加模型和水质传递模型，基本可实现提前 1h 左右对进厂污水的水质和水量进行预报、预警。同时，结合单位的标准化管理，针对 12 种典型的污水水质、水量（及其组合）情况，以 W 厂为试点制定了相应的运行方案和应急预案，可根据水质、水量的预报、预警进行快速响应，实现菜单式运行调度，提高污水处理厂的运行效率和水质保障。为更好进行超标排水管控，北京排水集团还发挥专业化的技术优势，主动帮助这些重点排水户进行污水预处理，如利用厌氧氨氧化技术进行垃圾渗沥液的预处理，至今已累计处理 16.36 万 m^3（包括其他城市）。

从 2011 年初开始多功能检查井的研究和试验以来，至今已在管网中累计设置了 57 座，累计拦截泥砂约 172t。已开始进行规划研究，准备在有条件的总干管末端（污水处理厂外或厂内）设置容积相对较大的多功能应急池，用于总干管清淤时拦截泥砂和进厂污水的应急预处理。2011 年初对B厂上游排水管网清淤时，发现进厂总干管内淤积深度平均达到43%（以管径计），分析原因是上游管网长期处于超高水位运行所造成的。实行厂网一体化运营之后，单位协调了 B 厂和其上游管网的运行，制定了界面水位的预警值和限定值，在部分小流域出口设置了限流装置，并根据污水量随时间变化的规律优化了 B 厂的水量调控运行方案，既未给 B 厂的运行调控增加负担，也保障了上游管网的运行安全，至今未发现上游管网产生超标准淤积的情况。北京排水集团所属 J 厂自 2014 年以来基本处于满负荷运行状态，而 G 厂仍有负荷余量，利用东三环污水干线和亮马河污水干线交叉处设置的（重力流单向）调水闸井，将其上游污水调至 W 厂，控制调水量约为每 2 万 m^3/d，既保证了 J 厂的运行安全，又提高了 G 厂的运行负荷。目前，北京排水集团已经实现 G 厂与 J 厂之间、J 厂与 B 厂之间、L 厂（再生水）与 W 厂之间部分污水调配功能。

2012 年 6 月底，北京城区南部某处地下工程施工导致周边给水、排水管线断裂，施工断面大量进水，周边道路出现坍塌，交通严重受阻，现场情况极为复杂。事故地点位于北京排水集团所属 X 厂上游流域，接到报告后，北京排水集团立即组织抢险大队赶赴现场，查明原因后，调集防汛单元（车）进行截流并抽升至下游污水干线，同时调度 X 厂立即启动应急预案，提高抽升（处理）量，保证排水管网处于低水位运行。配合抢险期间，X 厂最大处理量达到了其设计处理能力的 1.36 倍。由于厂网联合处置及时、得当，该处大型抢险工程得到了迅速控制，有效降低了事故对水环境安全的影响，保障了城市的正常运行。北京排水集团所属 G 厂上游管网有约 700km 的合流制排水管道（旧城区），因此 G 厂每年汛期都要进行防汛预警的厂网联动演练和备勤，目前已经形成了成熟的厂网联动防汛应急预案，为城市安全发挥了应有的作用。

北京排水集团对北京中心城区排水系统厂网一体化运营的实践表明，污水处理厂和排水管网的一体化运营，符合城镇排水系统的内在特性、符合城镇基础设施的服务定位，并有利于充分发挥其水环境保障功能，在城镇排水行业具有一定的可复制性。

2.2 突出问题

2.2.1 城市内涝

1. 危害

近年来，全球异常气候现象增多，多地出现暴雨、特大暴雨等极端天气。我国不少城市遭受内涝危害，逢雨必涝成为很多城市的通病。内涝发生时，出现道路积水或被毁、房屋被水浸泡、车辆浸水、交通瘫痪、古建筑物受损、污泥遍地、公共图书馆或书库被淹、人员伤亡；城市电力、供水、通信、燃气等基础设施受损。内涝过后，要恢复城市的正常运转也需要修理道路、护坡、桥梁，疏通阻塞管道，处理垃圾，对场所实施消杀工作等。如 2021 年 7 月 17 日～23 日，河南省遭遇罕见特大暴雨，引发了极为严重的城市内涝灾害，其中 7 月 20 日突发的郑州市“7 · 20”城市内涝灾害事件最为突出，该日 1h 降雨强度达到 201.9mm，24h 降雨量达到 552.5mm。此次灾害致使郑州市 380 人死亡、失踪；直接经济损失高达 409 亿元。如 2023 年 7 月 29 日～8 月 2 日，北京市受台风“杜苏芮”影响，遭遇了特大暴雨灾害。据不完全统计，全市水务设施方面，20 座城乡污水处理厂、264 座农村供水站、18 座城镇污水处理厂、363 座农村污水处理设施停运或受到影响，1980 余千米供水管线、2140 余千米排水管线受损。

2. 成因

我国国土幅员辽阔，地形条件复杂，形成了各具特色的地理区域，主要体现在高程、坡度等地形地貌条件以及河流水系分布特征差异。结合不同城市的年均降雨量情况，在空间上存在一条沿大兴安岭—张家口—兰州—拉萨—喜马拉雅山脉东部的年均降雨量分界线，据此可将我国城市分为 2 大类，分别为年均降雨量 400mm 以下的北方少雨城市和 400mm 以上的城市。根据地形地貌、河流水系分布等特征，将年均降雨量 400mm 以上的城市细分为 3 类，即平原河网城市、山地丘陵城市和滨海临江（河）城市。

虽然自然条件不同，但从总体看来，极端强、暴雨在城市中心城区形成大面积快速坡面汇流，远超城市排水防涝设施能力和城市河道防洪标准，是导致城市内涝的主要因素。

城市内涝治理应从排水设施、蓝绿空间保护、洪涝潮统筹、应急能力建设和灾害应对等不同着力点出发，充分发挥自身自然条件的优势，各有侧重地开展内涝防治工作，选择补齐设施建设短板、恢复水系条件、挖潜调蓄空间、提升应急能力等措施，积极应对气候变化条件下不断增加的内涝风险，实现“不积水”“不内涝”和“不失防”。

3. 标准

（1）内涝防治标准

内涝治理的主要标准为《城镇内涝防治技术规范》GB 51222—2017。标准包括 3 方面，设计重现期、积水深度和退水时间。重现期指在一定长的统计期间内，大于或等于某统计对象出现一次的平均间隔时间。内涝防治设计重现期应根据城镇类型、积水影响程度和内河水位变化等因素，主要应对小概率长历时降雨事件，并应明确相应的设计降雨量。内涝防治设计重现期的应符合表 2.2–1 所示。人口密集、内涝易发生且经济条件较好的城市宜采用表中规定的上限。目前不具备条件的可分期达到标准。当地面积水不满足表 2.2–1 的要求时，可采取渗透、调蓄、设置行泄通道和内河整治等措施。内涝防治设计重现期下的最大允许退水时间应符合表 2.2–2 的规定。人口密集、内涝易发、特别重要且经济条件较好的城区，最大允许退水时间应采取规定的下限。交通枢纽的最大允许退水时间应为 0.5h。

内涝防治设计重现期 表 2.2-1

城镇类型	重现期（年）	地面积水设计标准
超大城市	100	1. 居民住宅和工商建筑物的底层不进水； 2. 道路中一条车道的积水深度不超过 15cm
特大城市	50 ~ 100	
大城市	30 ~ 50	
中等城市和小城市	20 ~ 30	

注：引自《城镇内涝防治技术规范》GB 51222—2017 中表 3.2.3。

内涝防治设计重现期下的最大允许退水时间 表 2.2-2

城区类型	中心城区	非中心城区	中心城区的重要地区
最大允许退水时间（h）	1.0 ~ 3.0	1.5 ~ 4.0	0.5 ~ 2.0

注：引自《室外排水设计标准》GB 50014—2021 中表 4.1.5。

（2）治涝标准

城市治涝标准是指承接市政排水系统排出涝水的区域的标准。城市涝区的设计重现期应根据其政治经济地位的重要性、常住人口或当量经济规模指标确定，见表 2.2-3。

城市治涝暴雨重现期 表 2.2-3

重要性	常住人口（万人）	当量经济规模（万人）	治涝标准 / 重现期（年）
特别重要	≥ 150	≥ 300	≥ 20
重要	＜ 150，≥ 20	＜ 300，≥ 40	10 ~ 20
一般	＜ 20	＜ 40	10

注：引自《治涝标准》SL 723—2016。

4. 应对

城市排水防涝工程应包括源头减排、雨水管渠和排涝除险设施等工程性措施和应急管理等非工程性措施，并应与流域防洪相衔接。

（1）源头减排

源头减排设施应对大概率、低强度降雨事件，通过“渗、滞、蓄、净、用”等措施，发挥控制径流污染、削减径流峰值和错峰排放的功能。源头减排设施的设计标准为年径流总量控制率，各地应明确年径流总量控制率对应的设计降雨量，保证在设计降雨量下不直接向城镇雨水管渠排放未经控制的雨水。源头减排的设计关键是下垫面、设施和溢流口三者标高之间的衔接，确保雨水径流首先排入源头减排设施，超过设计能力时顺利溢流，排入雨水管网。

（2）雨水管渠

雨水管渠设施应对短历时强降雨的大概率事件，承担雨水的转输、调蓄和排放，保证在设计降雨强度下地面不出现积水。

要加强现有设施的排水能力。汛前应加强排水管网的清疏养护。禁止封堵雨水排口，已经封堵的，应抓紧实施清污分流，并在统筹考虑污染防治需要的基础上逐步恢复。对排水管网排口低于河道行洪水位、存在倒灌风险的地区，采取设置闸门等防倒灌措施。严格限制人为壅高内河水位行为。对存在自排不畅、抽排能力不足的地区，加快改造或增设泵站，提高强排能力。提升立交桥区、下穿隧道、地铁出入口及场站等区域及周边排涝能力，确保抽排能力匹配、功能完好，减少周边雨水汇入。

要定期排查内涝积水点，及时更新积水点清单，区分轻重缓急、影响程度，分类予以消除。系统谋划，制定“一点一策”方案，明确治理任务、完成时限、责任单位和责任人，落实具体工程建设任务，推进系统化治理；暂时难以完成整治的，汛期应采取临时措施，减少积水影响。

（3）排涝除险

排涝除险设施应对小概率、长历时的极端暴雨，为超出源头减排和雨水管渠设施承载能力的雨水径流提供蓄排空间和最终出路。排涝除险设施规划建设中应完善城市河道、湖塘、排洪沟、道路边沟等排涝通道布局，不占用蓝线绿线，合理控制内河水位，保障自然调蓄空间，避免逢雨季即涝、无雨季即旱的现象。要根据排查情况，做好雨水管网和排涝除险设施在蓄排能力、平面布局和竖向标高的衔接。

要加强排水防涝设施的专业化管理和资金保障。部分城市存在雨水管渠“有人建、无人管”的情况；养护不到位，管渠淤积、堵塞等情况严重；分流制系统雨水管渠和污水管道混接严重等，这些都会削弱设施能力。部分城市对地下排水设施的本底掌握不清，对雨水排水监管和管理工作不足。应建立城市排水防涝专业化运维队伍并加强资金保障。要因地制宜推行“站、网、河（湖）一体”运营管理模式，鼓励将专业运行维护监管延伸至居住社区“最后一公里”。要努力破解居住小区内雨水管网无人维护和管理难题。要利用信息化、数字化手段摸清本底，建立市政排水管网 GIS，实行动态更新，满足日常管理应急抢险等功能需要。

（4）应急管理

当降雨超过城市大小排水系统加超标应急设施合力能够应对的降雨上限时（即“不失防”）时，就需要紧急转移人员和重要财产。为避免“失防”，降低城市特大暴雨洪涝灾害的损失，必须对城市应急设施防御上限阈值的情况做到“心中有数”。

要落实韧性城市理念，加强前瞻性规划设计，合理考虑极端天气情景。要加强预警预报预案预演措施；提升城市居民内涝风险意识。要加强城市内涝应急指挥能力建设；精准预警、有效撤离，加强全社会协同应对。城市排水主管部门要组织修订城市排水防涝应急预案，主要包括城市内涝灾害基本情况、组织体系和职责、预防预备、监测预警、应急响应、抢险救援、应急保障、灾后恢复等内容，并做好与本级防汛应急预案的衔接。重点应包括应急抽排设备、应急救援人员的调度等。

应建立城市洪涝风险分析评估机制，提升暴雨洪涝预报预警能力，完善重大气象灾害应急联动机制，及时修订完善城市洪涝灾害综合应急预案以及地铁、下穿式立交桥（隧道）、施工深基坑、地下空间、供水供气生命线工程等和学校、医院、养老院等重点区域专项应急预案，细化和落实各相关部门工作任务、预警信息发布与响应行动措施，明确极端天气下停工、停产、停学、停运和转移避险的要求。

实施重要设施设备防护工程。因地制宜对地下空间二次供水、供配电、控制箱等关键设备采取挡水防淹、迁移改造等措施，提高抗灾减灾能力。

加强排水应急队伍建设，配备移动泵车、大流量排水抢险车等专业抢险设备，在地下空间出入口、下穿隧道及地铁入口等储备挡水板、沙袋等应急物资。

2.2.2 黑臭水体

1. 危害

黑臭水体因散发恶臭气体，不仅给人的感官以刺激，使人感到不愉快和厌恶，其水体散发出的气体成分如硫化氢、氨等也可直接危害人体的健康，降低城市环境质量，破坏河流生态，损害城市景观。

2. 成因

黑臭水体是一种严重的水污染现象。水环境遭受超过其自净能力的有机污染，有机物好氧分解使水体中耗氧速率大于复氧速率，造成水体缺氧，致使有机物降解不完全、速度减缓；厌氧生物降解过程生成硫化氢、氨、硫醇等发臭物质，同时形成黑色物质，使水体发生黑臭的现象。

对于城市水体，污水收集管网建设不完善是黑臭水体存在最主要的原因，部分城中村、城乡接合部没有污水管网，导致污水直接向河道排放。另一方面，某些城市的污水收集管网是污水、雨水混合收集，在雨季时排水量剧增，如果污水处理能力不足，唯一的方法便是将雨水混合污水直排入河流。

3. 标准

根据黑臭程度的不同，可将黑臭水体细分为“轻度黑臭”和“重度黑臭”两级。水质检测与分级结果可为黑臭水体整治计划制定和整治效果评估提供重要参考。城市黑臭水体分级的评价指标包括透明度、溶解氧（DO）、氧化还原电位（ORP）和氨氮（NH_3–N），分级标准见表 2.2–4，相关指标测定方法见表 2.2–5。

城市黑臭水体污染程度分级标准　表 2.2–4

特征指标（单位）	轻度黑臭	重度黑臭
透明度（cm）	25 ~ 10*	＜ 10*
溶解氧（mg/L）	0.2 ~ 2.0	＜ 0.2
氧化还原电位（mV）	–200 ~ 50	＜ –200
氨氮（mg/L）	8.0 ~ 15	＞ 15

* 表示水深不足 25cm 时，该指标按水深的 40% 取值。

城市黑臭水体污染程度分级标准　表 2.2–5

序号	项目	测定方法	备注
1	透明度	黑白盘法或铅字法	现场原位测定
2	溶解氧	电化学法	现场原位测定
3	氧化还原电位	电极法	现场原位测定
4	氨氮	纳氏试剂光度法或水杨酸 – 次氯酸盐光度法	水样应经过 0.45μm 滤膜过滤

4. 治理

城市黑臭水体的整治应按照“控源截污、内源治理；活水循环、清水补给；水质净化、生态修复”的基本技术路线具体实施，其中控源截污和内源治理是选择其他技术类型的基础与前提。

（1）控源截污

1）截污纳管

适用范围：从源头控制污水向城市水体排放，主要用于城市水体沿岸污水排放口、分流制雨水管道初期雨水或旱流水排放口、合流制污水系统沿岸排放口等永久性工程治理。

技术要点：截污纳管是黑臭水体整治最直接有效的工程措施，也是采取其他技术措施的前提。通过沿河沿湖铺设污水截流管线，并合理设置提升（输运）泵房，将污水截流并纳入城市污水收集和处理系统。对老旧城区的雨污合流制管网，应沿河岸或湖岸布置溢流控制装置。无法沿河沿湖截流污染源的，可考虑就地处理等工程措施。严禁将城区截流的污水直接排入城市河流下游。实际应用中，应考虑溢流装置排出口和接纳水体水位的标高，并设置止回装置，防止暴雨时倒灌。

限制因素：工程量和一次性投资大，工程实施难度大，周期长；截污将导致河道水量变小，流速降低，需要采取必要的补水措施。截污纳管后污水如果进入污水处理厂，将对现有城市污水系统和污水处理厂造成较大运行压力，需要设置旁路处理。

2）面源控制

适用范围：主要用于城市初期雨水、冰雪融水、畜禽养殖污水、地表固体废弃物等污染源的控制与治理。

技术要点：可结合海绵城市的建设，采用各种低影响开发（LID）技术、初期雨水控制与净化技术、地表固体废弃物收集技术、土壤与绿化肥分流失控制技术，以及生态护岸与隔离（阻断）技术；畜禽养殖面源控制主要可采用粪尿分类、雨污分离、固体粪便堆肥处理利用、污水就地处理后农地回用等技术。

限制因素：工程量大，影响范围广；雨水径流量及径流污染控制需要水体汇水区域整体实施源头减排和过程控制等综合措施，系统性强，工期较长；工程实施经常受当地城市交通、用地类型控制、城市市容管理能力等因素制约。

（2）内源治理

1）垃圾清理

适用范围：主要用于城市水体沿岸垃圾临时堆放点清理。

技术要点：城市水体沿岸垃圾清理是污染控制的重要措施，其中垃圾临时堆放点的清理属于一次性工程措施，应一次清理到位。

限制因素：城市水体沿岸垃圾存放历史较长的地区，垃圾清运不彻底可能加速水体污染。

2）生物残体及漂浮物清理

适用范围：主要用于城市水体水生植物和岸带植物的季节性收割、季节性落叶及水面漂浮物的清理。

技术要点：水生植物、岸带植物和落叶等属于季节性的水体内源污染物，需在干枯腐烂前清理；水面漂浮物主要包括各种落叶、塑料袋、其他生活垃圾等，需要长期清捞维护。

限制因素：季节性生物残体和水面漂浮物清理的成本较高，监管和维护难度大。

3）清淤疏浚

适用范围：一般而言适用于所有黑臭水体，尤其是重度黑臭水体底泥污染物的清理，快速降低黑臭水体的内源污染负荷，避免其他治理措施实施后，底泥污染物向水体释放。

技术要点：包括机械清淤和水力清淤等方式，工程中需考虑城市水体原有黑臭水的存储和净化措施。清淤前，需做好底泥污染调查，明确疏浚范围和疏浚深度；根据当地气候和降雨特征，合理选择底泥清淤季节；清淤工作不得影响水生生物生长；清淤后回水水质应满足“无黑臭”的指标要求。

限制因素：需合理控制疏浚深度，过深容易破坏河底水生生态，过浅不能彻底清除底泥污染物；高温季节疏浚后容易导致形成黑色块状漂泥；底泥运输和处理处置难度较大，存在二次污染风险，需要按规定安全处理处置。

（3）生态修复

1）岸带修复

适用范围：主要用于已有硬化河岸（湖岸）的生态修复，属于城市水体污染治理的长效措施。

技术要点：采取植草沟、生态护岸、透水砖等形式，对原有硬化河岸（湖岸）进行改造，通过恢复岸线和水体的自然净化功能，强化水体的污染治理效果；需进行植物收割的，应选定合适的季节。

限制因素：工程量较大，工程垃圾处理处置成本较高；可能减少水体的亲水区，降雨或潮湿季节，岸带危险性可能增加；生态岸带植物的收割和处理处置成本较高、维护量较大。

2）生态净化

适用范围：可广泛应用于城市水体水质的长效保持，通过生态系统的恢复与系统构建，持续去除水体污染物，改善生态环境和景观。

技术要点：主要采用人工湿地、生态浮岛、水生植物种植等技术方法，利用土壤—微生物—植物生态系统有效去除水体中的有机物、氮、磷等污染物；综合考虑水质净化、景观提升与植物的气候适应性，尽量采用净化效果好的本地物种，并关注其在水体中的空间布局与搭配；需进行植物收割的，应选定合适的季节。

限制因素：应用生态净化技术要以有效控制外源和内源污染物为前提，生态净化措施不得与水体的其他功能冲突；生态净化措施对严重污染河道的改善效果不显著；植物的收割和处理处置成本较高。

3）人工增氧

适用范围：作为阶段性措施，主要适用于整治后城市水体的水质保持，具有水体富氧功能，可有效提升局部水体的溶解氧水平，并加大区域水体流动性。

技术要点：主要采用跌水、喷泉、射流，以及其他各类曝气形式有效提升水体的溶解氧水平；通过合理设计，实现人工增氧的同时，辅助提升水体流动性能；射流和喷泉的水柱喷射高度不宜超过 1m，否则容易形成气溶胶或水雾，对周边环境造成一定的影响。

限制因素：重度黑臭水体不应采取射流和喷泉式人工增氧措施；人工增氧设施不得影响水体行洪或其他功能；需要持续运行维护，消耗电能。

（4）其他治理措施

1）活水循环

适用范围：适用于城市缓流河道水体或坑塘区域的污染治理与水质保持，可有效提高水体的流动性。

技术要点：通过设置提升泵站、水系合理连通、利用风力或太阳能等方式，实现水体流动；非雨季时可利用水体周边的雨水泵站或雨水管道作为回水系统；应关注循环水出水口设置，以降低循环出水对河床或湖底的冲刷。

限制因素：部分工程需要铺设输水渠，工程建设和运行成本相对较高，工程实施难度大，需要持续运行维护；河湖水系连通应进行生态风险评价，避免盲目性。

2）清水补给

适用范围：适用于城市缺水水体的水量补充，或滞流、缓流水体的水动力改善，可有效提高水体的流动性。

技术要点：利用城市再生水、城市雨洪水、清洁地表水等作为城市水体的补充水源，增加水体流动性和环境容量。充分发挥海绵城市建设的作用，强化城市降雨径流的滞蓄和净化；清洁地表水的开发和利用需关注水量的动态平衡，避免影响或破坏周边水体功能；再生水补水应采取适宜的深度净化措施，以满足补水水质要求。

限制因素：再生水补水往往需要铺设管道；需加强补给水水质监测，明确补水费用分担机制；不提倡采取远距离外调水的方式实施清水补给。

3）就地处理

适用范围：适用于短期内无法实现截污纳管的污水排放口，以及无替换或补充水源的黑臭水体，通过选用适宜的污废水处理装置，对污废水和黑臭水体进行就地分散处理，高效去除水体中的污染物，也可用于突发性水体黑臭事件的应急处理。

技术要点：采用物理、化学或生化处理方法，选用占地面积小，简便易行，运行成本较低的装置，达到快速去除水中污染物的目的；临时性治理措施需考虑后期绿化或道路恢复，长期治理措施需考虑与周边景观的有效融合。

限制因素：市场良莠不齐，技术选择难度大；需要费用支持和专业的运行维护；部分化学药剂对水生生态环境具有不利影响。

4）旁路治理

适用范围：主要适用于无法实现全面截污的重度黑臭水体，或无外源补水的封闭水体的水质净化，也可用于突发性水体黑臭事件的应急处理。

技术要点：在水体周边区域设置适宜的处理设施，从污染最严重的区段抽取河水，经处理设施净化后，排放至另一端，实现水体的净化和循环流动；临时性治理措施需考虑后期绿化或道路恢复，长期治理措施需考虑与周边景观的有效融合。

限制因素：需要费用支持和专业的运行维护。

2.2.3 合流制污水溢流

1. 危害

合流制排水系统溢流污染是造成我国地表水污染的主要因素之一。大量的有机污染物排入水体，消耗水体的溶解氧，影响水生生物的生长，严重时妨碍水产养殖业发展；另外工业废水和有毒有害物质进入水体，也会污染水体，毒害鱼类。溢流污水中含有大量的氮、磷等营养物质，排放到水体会引起水中藻类等生物异常增殖，出现水华影响水体功能。合流制排入城市河道，会增加水体的浊度和色度，导致受纳水体的视觉效果变差。由于溢流污水中含有各种病菌甚至病毒威胁人们的健康安全。对于取水水源为城市河道的自来污水处理厂会增加处理成本。此外，由于城市水体水质变差，降低了水体功能，影响城市景观。

2. 成因

合流制污水溢流是指随着降雨量的增加，雨水径流相应增加，当流量超过截流干管的输送能力时，部分雨污混合水经过溢流井或泵站排入受纳水体。

溢流发生的环节除传统的合流制管网排水口的溢流之外，在污水干管上也会发生溢流。溢流污染发生的环节主要有：排口溢流，即超过管道截流能力在截流井末端排口处发生的溢流；厂前溢流，即截流到污水管网的合流污水超过了管网输送能力，或者下游污水处理厂进场水位过高造成污水通过进厂前溢流口溢流；跨越排放，即超过污水处理厂处理能力的污水通过粗格栅后（仅去除垃圾漂浮物）直接排放入河。

影响合流制管线溢流的因素主要有降雨条件、下垫面情况、截流倍数、管线沉积物等。

3. 标准

针对合流制溢流污染控制目前没有国家标准。中国工程建设标准化协会在 2021 年颁布团体标准《合流制排水系统截流设施技术规程》T/CECS 91—2021。部分城市出台了地方标准。2021 年 12 月，武汉市市场监督管理局发布《水环境保护溢流污染控制标准》DB4201/T 652—2021；2022 年发布《城市排水系统溢流污染控制技术规程》DB4201/T 666—2022。2023 年 8 月，昆明市市场监督管理局发布《城镇排水系统溢流污染控制技术指南》DB5301/T 91—2023。

4. 治理

合流制溢流污染控制工程措施可以分为源头措施（以源头地块的海绵设施为主）、过程措施（包括分流改造、分散调蓄）和末端措施（入河前调蓄、入厂前调蓄等）。具体包括：增设雨水渗透和滞留设施；增大截流倍数；雨污分流；新建调蓄池等。综合考虑，前三种方式都需要对城市中心区进行大量施工改造，而利用新建调蓄池的方式来进行合流制溢流污染控制，相对经济高效，如图 2.2-1 所示。

合流制溢流污染调蓄池控制的设计过程中，设计参数的选取非常重要。其中，截流倍数及溢流频率的确定与城市水环境容量和经济状况密切相关，截流倍数与溢流频率小，会加重受纳水体污染；截流倍数与溢流频率过大，将使资金投入过大。

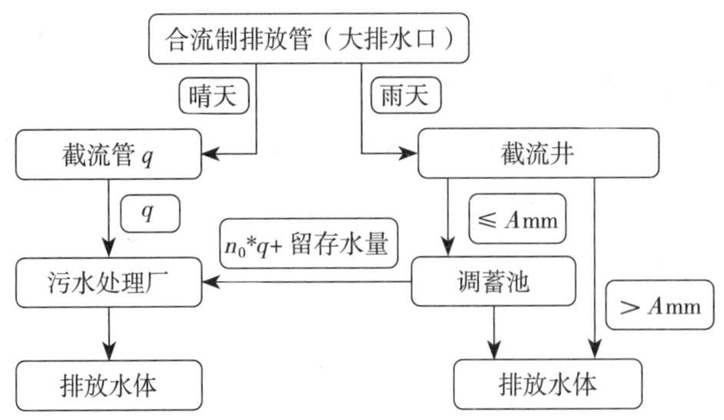

图 2.2-1　调蓄池控制合流制溢流污染技术路线

2.2.4　厂站运行

1. 危害

污水处理厂存在部分污水溢流的风险。外溢污水中的有机物、氮、磷等污染物会导致水体水质恶化和水生生物死亡。污水处理厂使用大量化学品药剂，若使用不当可能会对环境和人体健康产生负面影响。过量使用药剂可能导致水体中化学物质浓度超标，对水生生物和生态系统产生毒性影响，导致设备设施存在腐蚀等风险。污水处理厂未经处理的恶臭气体的排放会影响周边区域环境。进水泵、鼓风机等水处理设备运行时不可避免地会产生噪声。长期暴露在高噪声环境下可能会导致听力损伤和其他健康问题。作为污水处理厂的运行人员在工作环境中接触污染物、臭气、噪声会影响身体健康。

2. 成因

（1）排水管网匹配

部分城区老旧管网为雨污合流制排水系统，造成部分雨水经污水管网进入污水处理厂，增加了污水处理厂的处理量。此外，还存在排水管线错接、混接的问题，同样会导致污水处理厂出现溢流。

（2）化学药剂使用

城市排水处理过程中，常需要使用化学药剂来消毒、除臭和沉淀悬浮物，此外检测也需要使用化学药剂。化学药剂中很大部分属于危险化学品，这类化学品化学性质极不稳定，易受到外界环境的影响，发生化学反应，造成不利的影响。为避免污水处理厂危险化学品产生火灾、爆炸等事故，污水处理厂建立和完善危险化学品的安全管理体系非常重要。

（3）臭气排放

污水在管道传输过程中会产生多种致臭气体，不仅腐蚀管道，也带来大量的臭气问题。有研究表明，排水管渠中的恶臭气体主要为：硫化氢、氨气、甲硫醇、三甲胺、挥发性有机化合物（Volatile Organic Compounds，VOC），以及烃类。其中硫化氢由于密度略大于空气，容易在管道和井内沉积，尤其在下游大管径管道中硫化氢的浓度相对更高。污水处理过程中排放的恶臭气体主要有氨（NH_3）和 6 种挥发性硫化物（Volatile Sulfur Compounds，VSCs），包括硫化氢（H_2S）、甲硫醇（MT）、甲硫醚（DMS）、二甲二硫醚（DMDS）、二硫化碳（CS_2）和羰基硫（COS）。

（4）噪声排放

城市排水工程通常使用大型机械设备和泵站等设施来处理和输送水源。

（5）人员伤害

城市排水系统中泵站和污水处理厂等设施可能存在触电、火灾、爆炸等安全风险，对周围环境和人员安全构成威胁。排水设施需要使用电力来运行各种设备，触电风险较高。沼气池、污泥消化池等设施产生可燃性气体甲烷，属于易燃易爆场所。如果不采取相应的安全措施，就可能会引发火灾、爆炸等事故。

3. 应对

（1）加强监测

对于厂站来说，通过在各个构筑物和主要处理设备上安装流量计、液位计、温度计、压力计、溶解氧检测仪、氨氮检测仪等在线仪表，对污水处理厂、再生污水处理厂的运行进行实时监控。当来水水质、水量发生变化时，快速进行工艺的调整，确保出水水质。

此外，还应加强排水监管和处罚措施，提高污水排放的合规性。

（2）提升厂站的运行质量

厂站应加强先进的水处理技术的应用。如采用膜分离技术和生物膜反应器等，提升处理水质。

在实际生产过程中严格控制和管理化学药剂的使用。应根据不同的水质和处理需求，合理选择和配置化学药剂，避免过量使用。应加强对化学药剂的储存和处理，确保安全使用。还可采用替代性的处理技术，如紫外线消毒技术和生物处理技术等，减少对化学药剂的依赖。

厂站应做好恶臭气体处理工作。目前，常见的恶臭处理技术有物理法、化学法和生物法。物理法包括掩蔽法、稀释扩散法和活性炭吸附法；化学法包括燃烧法、化学氧化法和化学洗涤法；生物法包括生物滤池法、生物滴滤法和生物洗涤法。在污水处理厂除臭工艺中，应采用多种技术联合除臭，以提高除臭效果。有研究表明，污水处理厂各构筑物密闭收集的恶臭气体的主要组成和浓度有较大差异。其中预处理段、A^2O 生物池、二沉池和脱水机房的主要恶臭物质为 NH_3 和 H_2S；污泥接收间和热水解系统的主要恶臭物质为 NH_3、H_2S、甲硫醚（DMS）和二甲二硫醚（DMDS）；厌氧氨氧化（Anaerobic Ammonium Oxidation，Anammox）生物池的主要恶臭物质为 NH_3。基于污水处理厂恶臭气体组成和浓度，可采用不同的除臭工艺进行处理。NH_3 和 H_2S 易溶于水，采用水洗法进行预处理可有效去除。VSCs 多为酸性或还原性气体，采用碱洗法可有效去除。针对高浓度 NH_3 可采用酸洗法作为生物法前的预处理手段。

厂站应做好噪声控制措施。优先选择低噪声的设备和工艺。使用隔声设备和隔声墙等，减少噪声的传播和扩散。应加强噪声监测和评估，及时采取措施解决噪声问题。

总之，在城市排水工程的安全运行中要加强对危险源的管理和监测。应建立完善的安全管理制度和操作规程，确保设施的安全运行和操作。应加强对危险源的监测和预警，及时发现和处理潜在的安全问题。应加强应急准备和演练，确保在事故发生时能够及时应对和处置。

2.3 安全风险

2.3.1 安全生产风险评估

1. 风险查找

（1）一般要求

生产经营单位应制定危险源辨识制度，明确辨识职责、对象与范围、程序、方法等。

根据危险源辨识的任务需要，成立危险源辨识工作组织，以单位主要负责人为组长，单位中熟悉安全技术和安全管理，且经验丰富的技术骨干、专业人员参加危险源辨识工作小组，必要时可邀请相关专家或委托第三方安全生产技术服务机构参与，并提供技术支撑。

可按危险源辨识对象划分，下设各单元（专业）工作小组。总体辨识组组长对整个辨识工作和结果总负责，各工作小组组长对本单元（专业）的工作和结果负责，其他工作人员对各自工作和结果负责。

生产经营单位安全生产危险源辨识范围应按照“横向到边、纵向到底”的原则，覆盖所有区域、设施、场所和工作面，覆盖所有人员，做到系统、全面、无遗漏，并综合考虑实际管理水平与环境影响等。

（2）准备工作

1）内容

准备工作应包括：确定本次安全生产危险源辨识的对象和范围，编制安全生产危险源辨识工作方案。

危险源辨识工作方案的内容一般包括：目的，简述危险源辨识的主要目的；依据，生产经营单位危险源辨识应按照或参照相关法律法规和技术标准、相关行业标准文件的要求执行；范围，依据辨识对象、要求以及特定时间、空间特点，确定危险源辨识范围；团队，简述危险源辨识工作组、单元（专业）小组成员、组织结构等；职责分工，明确危险源辨识具体操作人员责任及分工；工作任务，明确危险源辨识的主要任务，包括识别辨识危险源、确定危险源级别、建立危险源清单，编制危险源辨识工作报告等；辨识方法，遵循辨识、评估、管控、动态更新程序进行风险评估，采用风险矩阵法（LS 法）判定安全风险等级。风险评估各阶段的工作计划，包括工作内容、工作形式、工作成果等；项目实施的时间进度安排，明确各阶段任务完成时间。风险评估工作方案宜由单位主要负责人（或其授权的分管负责人）签发实施。

准备有关安全生产风险评估所需的相关法规和标准等资料。搜集资料主要内容包括：与风险评估工作相关的法律、法规、标准和规范；参照水务行业的安全风险源建议清单，结合本单位场所、规章制度、工艺、设备设施和作业活动等实际情况，收集本单位设备设施清单、工艺流程说明、物料、人员与职责设置以及区位、布局与平面布置等资料，并科学绘制本单位平面分布图，标注本单位周边重要目标信息；生产安全事故应急预案；安全评价报告、安全生产标准化评估报告等；本行业历史上发生的事故资料；本单位安全生产风险评估工作相关其他技术资料。

2）进行评估前期调研

可采取问卷调查、现场勘查、实地走访相结合的方式进行。

前期调研主要内容包括：危险源辨识对象的基本情况以及国内外相关事件案例；周边环境影响情况；周边重要目标信息、敏感目标数量；应急资源情况；事故预防措施情况。

（3）实施危险源辨识

危险源辨识是指对在一定的触发条件作用下可转化为事故的危险因素进行分析，识别危险源的存在并确定其特性的过程，包括辨识出危险源以及判定危险源类别与级别。

危险源辨识前，应根据区域、设施、场所和工作面等划分辨识对象，宜将各工程部位（场所位置）、设备设施、作业活动作为基本的辨识单元，以确保辨识覆盖本单位及相关方作业的工程部位（场所位置）、设备设施和作业活动，包括常规的和非常规的作业活动。

1）危险源辨识单元

一般可按以下方法划分危险源辨识单元：按生产工艺流程的阶段划分，如生产过程反应、沉淀、过滤、消毒等；按地理区域、工程部位划分，如闸室、变电站、加药间、调节池等；按固定设备设施划分，如闸门、水泵、配电柜、加药设备、机械设备、起重设备等；按作业任务划分，如闸站值守、水质取样、巡视巡查等。

2）危险源辨识方法

生产经营单位应充分考虑本单位区域内生产、生活、施工作业场所等危险发生的可能性，暴露于危险环境的频率和持续时间，储存物质的危险特性、数量以及仓储条件，环境、设备的危险特性，以及可能发生事故的后果严重性等因素，综合分析判定危险源。危险源辨识应优先采用直接判定法，不能用直接判定法辨识的，可采用其他方法进行判定。可参照图 2.3–1 开展危险源辨识。

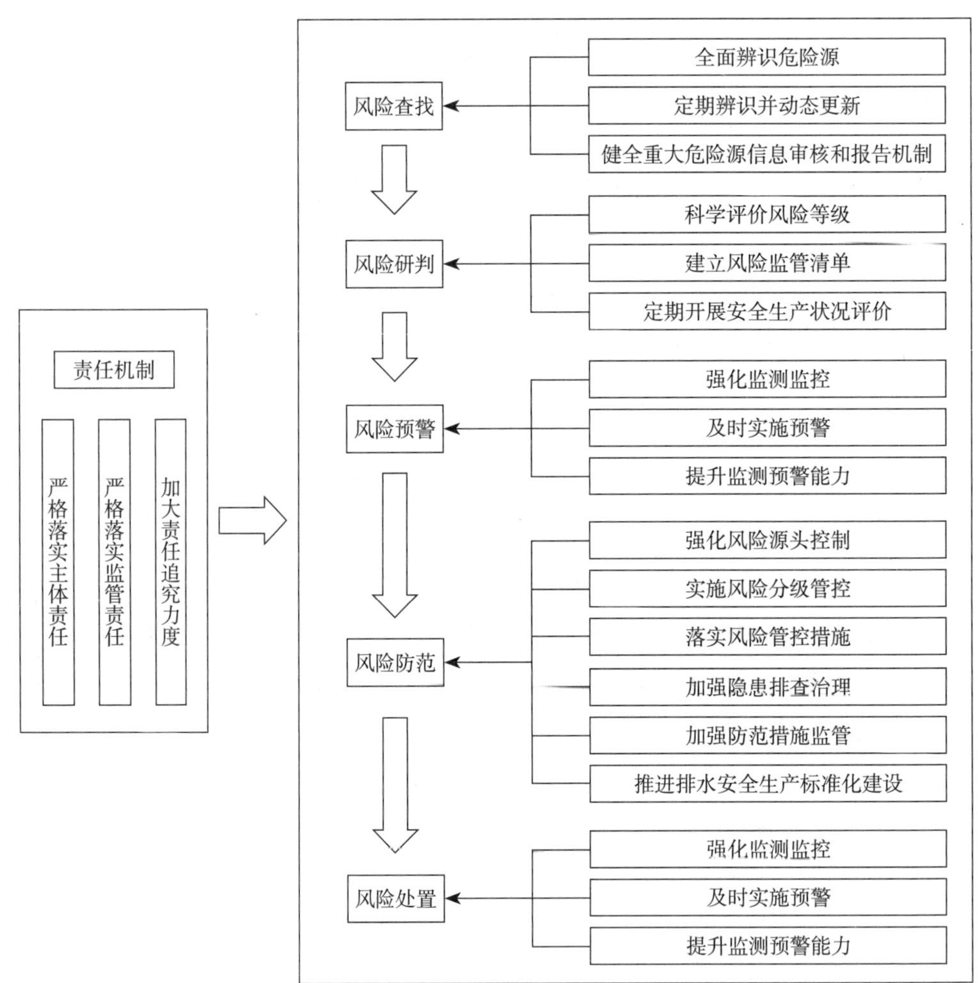

图 2.3–1　危险源辨识流程

3）危险源的类别

城镇排水工程中危险源分为构（建）筑物、设备设施、作业活动、管理和环境五个类别。

4）危险源的等级

危险源分为重大危险源和一般危险源两个级别，其中，重大危险源包含《中华人民共和国安全生产法》定义的危险物品重大危险源。风险等级为重大的一般危险源按照重大危险源进行管理。

5）危险源清单

排水行业生产经营单位应在辨识、摸清危险源底数的基础上对危险源进行登记，建立危险源清单，包括危险源名称、位置、类别、级别、风险等级、事故诱因、可能导致的后果和管控责任主体、管控措施、监测监控措施等主要内容。其中，重大危险源和风险等级为重大的一般危险源应建立专项档案，明确管理责任部门和责任人。

（4）定期辨识危险源并动态更新

1）定期辨识

生产经营单位应结合本单位（工程）实际确定危险源辨识周期，原则上每年度应至少组织开展一次全面或专项危险源辨识工作，完善相应的危险源清单。

2）动态更新

当相关法律法规、技术标准发布（修订）后，或施工条件、构（建）筑物、机械设备、金属结构、设施场所、作业活动、作业环境、生产工艺、管理体系等相关要素发生较大变化后，或发生生产安全事故后，以及对首次采用尚无相关技术标准的新技术、新材料、新设备、新工艺的部位或单项工程，生产经营单位应及时组织重新辨识。

（5）危险源信息填报备案

生产经营单位应按照有关规定将重大危险源和风险等级为重大的一般危险源报送主管部门及有关部门备案，危险物品重大危险源应按照规定同时报应急管理部门和有关部门备案。

2. 风险研判

（1）计算公式

生产经营单位通过技术分析、实地查勘、集体会商等方式，量化分析危险源引发事故或突发事件的可能性和后果严重性，可采用风险矩阵法（LS 法）判定安全风险等级。其中后果严重性等级 S 计算公式如下：

$$S=\mathrm{MAX}(S1, S2, S3, S4, S5)$$

式中　S——后果严重性等级；

$S1$——人员伤亡严重性等级；

$S2$——经济损失严重性等级；

$S3$——周边敏感目标影响严重性等级；

$S4$——社会关注度等级；

$S5$——基础设施影响度等级。

相关计算取值详见表 2.3–1 ~ 表 2.3–7。

城镇排水和污水处理风险发生可能性分析 表 2.3-1

指标	释义	分级（L）	可能性	等级
现场管理水平	现场管理类安全风险事故隐患排查治理情况	危险源存在重大生产安全隐患未消除；现场没有采取防范、监测、保护、控制措施；危险危害的发生不能被发现（没有监测系统）或在正常情况下经常发生此类事故或事件	很可能	5
		危险源存在一般生产安全事故隐患未消除；危险危害的发生不容易被发现，现场没有检测系统，也未开展任何监测工作；在现场有控制措施，但未有效执行或控制措施不当；危险危害常发生或在预期情况下发生	较可能	4
		危险源存在一般生产安全事故隐患未消除，但已制定并实施有效的管控措施；没有保护措施（如没有保护装置、没有个人防护用品等）；未严格按照操作程序执行，或危害的发生容易被发现（现场有监测系统）；曾经进行过监测；过去曾经发生过类似事故或事件	可能	3
		危险源存在一般生产安全事故隐患未消除，但能现场立即完成隐患整改；危害一旦发生能及时发现，并定期进行监测；现场有防范控制措施，并能有效执行；过去偶尔发生类似事故或事件	较不可能	2
		危险源不存在生产安全事故隐患；有充分且有效的防范、控制、监测、保护措施；或员工安全卫生意识相当高，严格执行操作规程，极不可能发生事故或事件	基本不可能	1

人员伤亡严重性等级分类及描述 表 2.3-2

等级	描述	危险源所在场所、位置的从业人员数量
5	很大	20 人以上
4	大	6 人以上 20 人以下（含）
3	一般	4 人以上 6 人以下（含）
2	小	2 人以上 4 人以下（含）
1	很小	≤ 2 人

注：人员数量指排水和污水处理企业（单位）危险源所在场所、位置运行过程中的从业人员可能遭受安全生产事故而受重伤的人数。

经济损失严重性等级分类及描述 表 2.3-3

等级	描述	直接经济损失（万元）
5	很大	＞ 1000
4	大	500 ~ 1000
3	一般	200 ~ 500
2	小	50 ~ 200
1	很小	＜ 50

注：直接经济损失是指在排水和污水处理企业（单位）运行过程中因安全风险控制措施失效引发的事故造成的人身伤亡赔偿治疗费用及工程实体损失费用。

周边敏感目标影响严重性等级分类及描述　表 2.3-4

等级	描述	周边敏感目标
5	很大	排水和污水处理单位运行区域： （1）安全距离内有建（构）筑物、地下管线（水、电、气、热等）、重要公共设施设备； （2）周边 200m 范围内有党政机关办公场所、军事管理区、文物保护单位、学校、医院、人员密集场所、居民居住区、大型公交枢纽、大型森林、化工厂、加油站等； （3）运行区域内或相近区域存在居民及在公共区域； （4）处于当地承担的重大活动保障任务范围内
4	大	周边 200 ~ 500m 范围内有党政机关办公场所、军事管理区、文物保护单位、学校、医院、人员密集场所、居民居住区、大型公交枢纽、大型森林、化工厂、加油站等
3	一般	周边 500 ~ 2000m 范围内有党政机关办公场所、军事管理区、文物保护单位、学校、医院、人员密集场所、居民居住区、大型公交枢纽、大型森林、化工厂、加油站等
2	小	周边 2000m 以外有党政机关、军事管理区、文物保护单位、学校、医院、人员密集场所、居民居住区、大型公交枢纽、大型森林、化工厂、加油站等
1	很小	周边无建筑物、居住区、公共场所等

注：1. 对周边影响是指排水和污水处理企业（单位）运行区域可能会对周边造成相关的安全隐患（如火灾，政治影响等）。

2. 人员密集场所是指：营业厅，礼堂、电影院、剧院和体育场馆的观众厅，公共娱乐场所中出入大厅、舞厅，候机（车、船）厅及医院的门诊大厅等面积较大、同一时间聚集人数较多的场所。

社会关注度等级分类及描述　表 2.3-5

等级	描述	社会关注度
5	很大	造成社会舆论和恶劣的影响
4	大	造成行业内或者本市范围内不良影响
3	一般	在一定区域内造成不良的舆论影响
2	小	有较小的社会舆论，限于公司及周边小范围
1	很小	不会造成不良的社会舆论和影响

基础设施影响度等级分类及描述　表 2.3-6

等级	描述	停产停工影响
5	很大	部分装置（＞2）停工停产
4	大	2 套装置停工停产
3	一般	1 套装置停工停产
2	小	影响不大，几乎不停工停产
1	很小	没有停工停产

安全风险矩阵图判定风险等级 表 2.3-7

风险等级		后果严重性等级（S）				
		很小 1	2 小	一般 3	大 4	很大 5
可能性等级（L）	基本不可能 1	低	低	低	一般	一般
	较不可能 2	低	低	一般	一般	较大
	可能 3	低	一般	一般	较大	重大
	较可能 4	一般	一般	较大	较大	重大
	很可能 5	一般	较大	较大	重大	重大

（2）编制危险源辨识与风险评价报告

生产经营单位应根据前述识别情况编写《危险源辨识与风险评价报告》。当危险源自身、周边环境、组织管理形式发生较大变化，同类型风险点或相关行业发生影响较大的事故灾害，以及国家、地方和行业相关法律、法规、标准和规范发生变化时，应对危险源的风险实施动态评估，及时调整风险等级。并及时将本单位（工程）危险源及风险情况向负有直接监管责任的行政主管部门进行报告。

3. 风险预警

生产经营单位根据实际情况的变化和风险管控成效，以及存在的问题，密切监测相关风险的持续动态变化，实现风险人工、自动监测“双保险”。其中，人工监测是指生产经营单位应建立健全值班值守和巡查检查制度，明确有关工作职责和工作要求，做好监测设备设施的运行维护、检测校验和日常检查等，加强重点区域、重点部位、重点时段的巡查值守，如实记录和保存监测监控、值班值守、巡查检查及设备设施维护保养等信息。自动监控是指生产经营单位应积极采用自动监测手段，加强对危险源特别是风险等级为重大的危险源（重大危险源和风险等级为重大的一般危险源）的监测监控，重点覆盖如闸门、开启或关闭相关机械、压力钢管、电气设备等直接关系安全，且失守后可能造成重大损失或连锁反应的关键位置和环节。

生产经营单位应根据本单位监测监控情况，确定触发预警的具体条件。预警发布条件一般分为两类：一是本单位（工程）重大危险源数量及危害性已超出现有最大管控能力，如短时间内得不到有效管控将引发生产安全事故；二是本单位（工程）危险源，特别是重大危险源某项监测监控指标，如软基沉降、围堰渗流、水位、有限空间作业有毒有害气体等监测值已超过警戒值且难以有效管控降低风险，如短时间内得不到有效管控将引发生产安全事故。

预警条件触发后，生产经营单位应第一时间向主管部门报告，立即做好相应应急准备工作，迅速采取应急处置措施消除或控制风险。此外，生产经营单位应及时接收、处理有关地区和部门发布的预警信息。

4. 风险防范

（1）职责

生产经营单位应对不同等级的风险实行分级管控，按规定落实各级单位、部门、车间（施工项目部）、班组（施工现场）、岗位（各工序施工作业面）的管控责任，确保安全风险管控措施有效实施。上一级负责管控的措施，责任相关的下一级必须同时负责管控，并逐级落实。

（2）措施

生产经营单位管控责任主体应针对风险特点，通过隔离危险源、采取技术手段、实施个体防护、设置监控设施和安全警示标志等措施，达到监测、规避、降低和控制风险的目的。风险控制措施主要有风险公告、工程技术措施、管理措施、教育培训、个体防护措施这五类。

（3）治理

生产经营单位应依法建立健全事故隐患排查制度，明确各级负责人、各部门、各岗位排查治理责任和工作要求，明确排查治理内容、程序、周期和整改要求，明确信息通报、报送和台账管理等相关要求。

5. 风险处置

（1）应急预案

生产经营单位应按照《生产安全事故应急预案管理办法》《生产经营单位生产安全事故应急预案编制导则》等，结合本单位组织管理体系、生产规模和可能发生的事故特点，确立本单位的应急预案体系，编制相应的综合应急预案、专项应急预案或现场处置方案，并与相关人民政府及其部门、应急救援队伍和涉及的其他单位的应急预案以及生产经营单位编制的各类应急预案保持衔接。

应急预案编制完成后，生产经营单位可根据法律、法规、规章规定和上级行政主管部门的要求完成预案的评审、公布、备案、定期评估与修订等工作。

（2）应急处置

生产经营单位发生生产安全事故后，除按照国家有关规定上报事故情况，要立即启动相应的生产安全事故应急预案，相关行政主管部门应当根据应急预案，对收到的事故信息报告启动应急响应。

事故发生单位对事故基本情况、事故信息接收处理与传递报送情况、应急处置组织与领导情况、应急预案执行情况、应急响应措施及实施情况进行梳理分析，总结经验教训，提出相关建议并形成总结报告。

（3）应急能力建设

生产经营单位可以根据实际情况和自身需要，建立专、兼职的应急救援队伍，开展培训和训练，或与邻近的应急救援队伍签订应急救援协议。

生产经营单位应当根据实际情况、法规文件要求，储备应急救援装备和物资。

生产经营单位要落实值班值守制度，及时发现、报告和处置事故险情。

生产经营单位应按照《生产安全事故应急演练基本规范》AQ/T 9007—2019、《安全事故应急演练评估规范》AQ/T 9009—2015 开展应急演练及评估。

生产经营单位应当对从业人员进行应急教育和培训，保证从业人员具备必要的应急知识，掌握风险防范技能和事故应急措施。

6. 风险责任

（1）落实主体责任

生产经营单位是本单位风险管控工作的责任主体。生产经营单位应建立健全并落实本单位全员安全生产责任制，明确各岗位的责任人员，尤其是主要负责人，实际控制人，安全管理机构以及安全生产管理人员的责任范围、履责要求和考核标准等内容，加强对全员安全生产责任制落实情况的监督考核，保证全员安全生产责任制的落实。

（2）安全教育培训

生产经营单位应对从业人员开展安全培训。未经安全培训合格的从业人员，不得上岗作业。生产经营单位应当进行安全培训的从业人员包括主要负责人、安全生产管理人员、特种作业人员和其他从业人员。生产经营单位使用被派遣劳动者的，应当将被派遣劳动者纳入本单位从业人员统一管理，对被派遣劳动者进行岗位安全操作规程、应急处置知识和安全操作技能的教育和培训。

（3）生产经营单位的责任追究

7. 评估建议清单

安全生产风险评估清单见表 2.3–8。

安全生产风险评估清单 表 2.3–8

评估对象	评估单元（危险源名称）	可能发生的事故类型
办公生活区	固定、临时用电（供电、变配电、电气线路、电气设备）	触电、火灾
	易燃易爆材料物品	火灾、爆炸
	燃气	火灾、爆炸
	办公、生活临时设施	坍塌、火灾
	消防	火灾
	其他	……
加药间	次氯酸钠	灼烫
	次氯酸钠储罐	中毒和窒息
	其他水处理药剂（氯化铝、三氯化铁等）	灼烫
	液氧 / 次氯酸钠运输车	灼烫、车辆伤害
	其他	……

续表

评估对象	评估单元（危险源名称）	可能发生的事故类型
液氧储罐区 / 臭氧制备区	液氧储罐	容器爆炸、其他伤害
	液氧	火灾、其他爆炸、其他伤害
	氧气、臭氧	中毒和窒息
	其他	……
水质检测实验室	腐蚀性危险化学品	灼烫
	易燃易爆性危险化学品	火灾、其他爆炸
	毒性危险化学品	中毒
	惰性气体	窒息
	危险化学品	火灾、其他爆炸、中毒
	工业气体气瓶	火灾、其他爆炸、中毒
	其他	……
危险化学品储存场所	盐酸储罐区	灼烫
	硫酸储罐区	灼烫
	氢氧化钠储罐区	灼烫
	甲醇储罐及管线	中毒和窒息、火灾、其他爆炸
	毒性危险化学品	中毒
	惰性气体	窒息
	危险化学品	火灾、其他爆炸、中毒
	工业气体气瓶	火灾、其他爆炸、中毒
	其他	……
消化车间	甲醇	火灾、其他爆炸
	蒸汽及其管线	灼烫
	消化罐和甲烷气柜	容器爆炸、其他爆炸、火灾
	其他	……
干化车间	流化床	中毒和窒息
	高温导热油	灼烫
	粉尘	粉尘爆炸
	其他	……
管廊、管道	有毒有害气体	中毒和窒息
	高压冲洗车	物体打击、机械伤害
	其他	……
水处理区	滤池、回流水池、沉淀池、曝气池等池体	淹溺
	其他	……

续表

评估对象	评估单元（危险源名称）	可能发生的事故类型
变配电室	变配电设备	触电、火灾
	供电、变配电设备架空线路	触电、火灾
	供电、变配电设备电缆	触电、火灾
	供电、变配电设备仪表	触电、火灾
	高压开关设备	触电、火灾
	设备接地	触电、火灾
	防静电设备	触电、火灾
	柴油发电机	触电、火灾
	发电机备用柴油	火灾
	备用供电设备	触电、火灾
	其他	……
机械设备	水泵、机泵	机械伤害、物体打击、触电、噪声、振动
	电动机、空气压缩机组	机械伤害、物体打击、触电、噪声、振动
	净水机械（搅拌机、刮泥机、臭氧发生装置、氯气、蒸发器、加氯机、加氨机、鼓风机、粉末活性炭投加装置、污泥处理设备、膜处理设备等）	机械伤害、物体打击、触电、中毒
	污水处理机械（格栅、砂水分离器、鼓风机、曝气机、滗水器、板框机、液压站、液压管、污泥处理设备等）	机械伤害、物体打击、触电、淹溺、中毒和窒息、噪声、振动
	阀门、消火栓、排气阀	机械伤害、物体打击、触电
	机械加工设备	机械伤害、物体打击、触电、噪声、振动
	其他	……
电气设施	控制柜	触电、火灾
	电缆及连接处	触电、火灾
	其他	……
热水解设施	液压滑架	机械伤害
	高温管线	灼烫
	有毒有害气体	中毒和窒息
	高压力直管型热交换器	灼烫
	其他	……
自动化监控设施	自动化远控（含线路）及监测系统	所有事故类型
	监控设备	所有事故类型
	振动、摆度、温度等电气设备及水泵安全监测系统	所有事故类型

续表

评估对象	评估单元（危险源名称）	可能发生的事故类型
自动化监控设施	水质监测系统	所有事故类型
	通信及预警设施	所有事故类型
	网络设施	所有事故类型
	消防设施	火灾
	防雷保护系统	触电、火灾
	其他	……
特种设备	电梯	高处坠落
	压力钢管	物体打击
	锅炉	锅炉爆炸
	压力容器	压力容器爆炸
	专用机动车辆	车辆伤害
	其他	……
作业活动	操作运行作业	所有事故类型
	外部人员的活动	所有事故类型
	机械作业	机械伤害
	起重、搬运作业	起重伤害、物体打击
	高空作业	高处坠落、物体打击
	电焊作业	灼烫、触电、火灾
	带电作业	触电
	有限空间作业（污水井、管道、生物滤池、沉淀池、曝气池、热水解罐、流化床）	淹溺、窒息、坍塌
	车辆行驶	车辆伤害
	检修作业	所有事故类型
	试验检验	所有事故类型
	操作票、工作票，交接班、巡回检查、设备定期试验制度执行	所有事故类型
	其他	……
环境因素	雷电、暴雨雪、大风、冰雹、极端温度等恶劣气候	所有事故类型
	斜坡、步梯、通道、作业场地	其他伤害
	临边、临水部位	其他伤害
	可燃物堆积	其他伤害
	其他环境因素	……
其他	其他需要增加内容，自行设置	……

2.3.2 城市防涝风险评估

1. 评估方法

（1）内涝概念

城市内涝是指由于强降水或连续性降水超过城市排水能力致使城市内产生积水灾害的现象。

由城市内涝带来的危害包括严重的公共卫生问题，以及由此引发的疾病；城市内涝可能引起社会秩序短时间的混乱；城市内涝造成城市道路交通系统运转失灵，甚至部分瘫痪，不仅不利于出行，而且引发的交通事故也明显增加；造成巨额的经济损失以及人员的伤亡等。如 2023 年，全国出现区域暴雨现象 35 次。全年洪涝灾害共造成 5278.9 万人次不同程度受灾，因灾死亡失踪 309 人，倒塌房屋 13 万间，直接经济损失 2445.7 亿元。

（2）形成原因

造成城市内涝的原因是多方面的，大致可分为主观原因和客观原因两大类，主观原因主要是城市化进程过快产生诸多问题，导致城市地区缺乏排水渠道或者排水不畅后造成大面积区域的积水，客观原因主要是全球气候异常，极端气候频发，导致城市地域气候（如降雨）的异常变化。

气候条件的变化是呈现动态并具有周期特征的，短周期的可以是几十年，而长周期可能是几百年、几千年。就我国而言，从20世纪80年代以来，华北地区一直偏旱，淮河流域，京津冀地区，河北、山东等地区的平均降雨量比近十年降低了 10%～15%。20 世纪 90 年代后，我国干旱区从黄淮海地区向西北、西南方向持续扩张，四川盆地以及辽河流域的平均年降水量也不断下降。但从六大江河所测的径流量来看，我国南方地区由于受极端气候影响多次爆发洪涝灾害，对人民的生命安全和财产造成了巨大的损失。在这一背景下，我国各地整体呈现出了“南涝北旱”的局面，且暴雨洪涝灾害等极端气候灾害事件趋于增多，强降雨的频次有明显增强的趋势。随着城市化的快速发展，城市的热岛效应也不断增强。城市建筑、硬化地面及能源消耗引起的增温效应也越来越明显。从城市上空的大气活动来看，热岛效应使城市下方大气受增温作用产生上升气流，从而产生低压区，城市周围农业地区的冷空气进入城市，上升气团随着高度增加而温度下降，随着城市地区的冷、热气流交汇，很容易产生较为强烈的降雨过程，这就形成了“雨岛”，从而使城市局部的气象条件发生变化，最终导致强降雨，进而导致城市内涝发生频次和强度的增加。城市整体规划不够科学也是造成城市内涝的重要成因之一，由于没有长远科学的判断，进而在城市规划上，地上建设与地下建设远远没有能够相互匹配与适应。此外，我国城市普遍存在排水系统建设滞后的情况，“重地上，轻地下”，城市排水系统不完善也是造成内涝的重要因素。随着城市人口增加，建筑面积不断增大，会导致较低标准的管网超负荷运转，故一旦有强降雨发生，就极易引起城市内涝。城市排水系统的承载能力，如在建设时不具备适当的超前性和前瞻性，在随后的升级改造中就要耗费更多人力、财力、物力。部分城市市区道路升级改造时，相关部门未充分考虑对片区或流域的排水需求，很多排水设施没有同步升级改造，甚至还对原有排水设施造成了破坏，还有一些地方城市雨、污水管网混接导致淤泥和垃圾堵塞排水管渠，这些都会严重影响排水设施的运行，从而造成内涝隐患。

（3）评估方法

由对国内外洪涝灾害研究的现状可知，洪涝灾害风险研究已经从确定灾害性质研究转变为对其定量化研究，其研究方法也已经从注重灾害成因机理和灾损情况的统计方法发展为注重灾情实时动态变化的情景模拟分析方法。基于情景模拟分析的灾害风险动态研究将成为今后洪涝灾害风险研究发展的主要方向，并且对人类社会经济系统与灾害之间的反馈机制，以及人类活动在灾害风险管理上的作用越来越重要。总结当前国内外相关研究，可以将洪涝灾害风险评估方法分为 4 种类型：历史记录洪涝灾害统计分析的风险评估、指标体系下的洪涝灾害风险评估、遥感图像和 GIS 技术耦合的风险评估，以及基于情景模拟分析的风险评估。

1）历史记录洪涝灾害统计分析的风险评估

通过对历史灾害资料进行统计，对灾情变化特征进行基本分析。可知，这种评估方法一般将洪涝灾害的风险评估分为灾害危险性评估和脆弱性评估两个部分，然后通过一定的标准将两者的评估结果进行整合，最后得出洪涝灾害的风险评估结果。该方法主要分三大步：首先选择和建立适用于研究区域的洪涝灾害风险数学分析模型、计算公式或经验公式，然后从研究区域相关的历史资料提取历史灾情数据，其包括灾害发生次数、受灾面积、受灾人口、经济损失等，最后对研究区域的洪涝灾害风险进行评估。

该方法的优点是计算过程较为简单，不需要精准的地形数据、地质数据、水资源数据等，其缺点是需要较长年限的历史灾情数据，这些资料往往因为年代久远而存在记录缺失的情况，导致评估不准确；其次该方法的评估不适合小尺度精准模型的建立，且难以对未来可能发生的灾害进行评估。

2）指标体系下的洪涝灾害风险评估

该洪涝灾害风险评估方法是根据洪涝灾害是由致灾因子、灾害生成环境和承灾体组合成的数理模型，而洪灾风险是由致灾因子的危险性、承灾体的暴露性与脆弱性相互影响而组成的整体，根据不同的指标以及不同类型的灾害种类，对洪涝灾害风险进行分析与评估，其方法路线的步骤为：第一，确定风险系统的构成与风险评估的方法；第二，对整个灾害风险的影响因子进行分析；第三，根据数据可获取性以及定性分析与定量统计相结合的原则建立指标体系；第四，对数据进行收集和预处理；第五，依次对洪涝灾害危险性、承灾体的暴露性和脆弱性大小进行分析，然后根据已建立的风险评估模型，将三者的分析结果进行叠加得到洪涝灾害风险评估结果。

基于指标体系的评估方法的优点在于计算较为简单，可以在宏观上评估研究区域的灾害风险状况，但该方法局限性较大，因指标的选取是单点因素，故会导致评估结果不够全面，并且对单点指标的数据量要求较高，不适合小尺度区域的研究。

3）遥感图像和 GIS 技术耦合的风险评估

遥感图像和 GIS 技术耦合的风险评估主要是通过遥感技术得到研究区域发生洪涝灾害时的遥感图像，进而提取出信息数据，如淹没区的面积范围、承灾体受损数量等，然后根据区域承灾体淹没区域面积和受损区域面积，利用构建的风险分析模型，综合分析评估研究区洪涝灾害风险的大小。

该方法可以较为直观地反映洪涝灾害区域的空间分布特征，也可以为灾害发生后的抗灾减灾提供信息支持，大大缩短应急反应时间。但该方法的缺点是对遥感图像的空间分辨率大小要求较高，经济成本大，当前提取淹没深度信息的技术尚不成熟。随着遥感技术的不断发展，该技术在国内外逐渐成熟。

4）基于情景模拟分析的风险评估

基于情景模拟分析的洪涝灾害风险评估的主要步骤如下：首先进行洪涝灾害风险因子的选取。其次建立风险情景的水文、水动力模型，并可以根据研究需求设定不同的灾害情形。最后根据不同灾情的模拟结果，能够对致灾因子的危险性、承灾体的暴露性和脆弱性特征进行数理统计与分析，还能计算承灾体的灾损值，进而评估区域灾害风险的程度，并确定承灾体风险的管理策略。

该洪涝灾害风险评估方法的优势在于可以直观、高精度地反映灾害事件的影响范围和程度，能够准确地展示灾害风险的空间分布特征，为管理者进行防灾减灾以及风险管理决策提供参考依据，在具体应用中不仅能解决风险研究中数据缺失的问题（利用插值计算法），还能将风险概率进行定量表达。目前此方法由于简洁受到使用者的欢迎。但是该评估方法也存在一些问题，如对区域的地理背景数据要求较高，测量成本较高；计算复杂，工作量较大，故不太适用于在大尺度区域进行研究。

该技术最初是由英国学者引入到洪灾评估的领域，且水文、水动力模型的开发与应用也较为成熟，虽然我国在这一方面起步较晚，但我国学者也根据地区实际特征，研发了具有区域特征的水文水动力模型，如新安江模型、双趋产流模型、河北雨虹模型、姜湾径流模型、双衰减曲线模型、城市暴雨内涝灾害仿真系统及城市雨洪模型等。

2. 风险管理

城市洪水风险管理指的是城市能够在遇到洪灾时利用相应的工程和非工程的防洪措施最大力度保障人们的生命安全和财产安全，并使城市生态的可持续发展。综合运用工程与非工程防洪措施，辅以风险分担与风险补偿机制，构建人与洪水共存的治水方略。针对城市洪涝灾害的新特点，国内外大量的研究表明人们可基于风险分析、评估与区划这三方面开展洪水风险管理。

目前国内外常用的城市洪水风险管理应用技术包括洪水风险分析与评估、洪水风险图绘制与发布、防汛应急预案制定与修编、城市雨洪蓄滞与渗透等。利用水力学计算方法的洪水模拟技术可精确计算出洪水发生过程中的淹没水深、洪水流速等，为洪水风险管理应用技术的发展提供了精细的计算手段。其中城市洪水风险分析是根据下垫面条件和水文、水动力学特性对城市的洪水危险性与脆弱性进行的定量化研究。因受环境演变与城市发展的影响，城市洪水风险不断发生着变化，水力学模型可根据变化的下垫面条件与水文特性对运算中采用的初始条件、边界条件和物理参数进行调整，因此可对动态变化的城市洪水风险进行量化分析。洪水风险图是洪水风险分析的成果展示，也是开展洪水风险管理和应急管理的重要依据，可为编制城市发展规划、土地利用规划、防洪排涝工程规划等提供支持。防汛应急预案是针对突发洪水事件而制定的以防灾、避灾、抢灾和救灾相结合的应对策略、应急措施。为防洪预警及应急响应措施的制定提供基本的依据。可对城市雨洪利用技术的实施效果进行定量化的评价。

城市洪水风险管理的主要措施主要有城市洪水危险性分析、洪水风险图绘制，以及欧盟提出的“5R”弹性洪水风险管理等方案。

对于城市洪水危险性分析是指借助于洪水模拟技术对城市不同强度暴雨洪水可能形成的淹没特征（包括淹没范围、淹没水深、洪水流速、洪水历时等）进行的研究。目前常用的洪水模拟方法包括水文学方法和水力学方法。水文学方法以产汇流理论为基础，依据降雨到径流过程的物理概念和实验或经验性理论建立数学模型，其数学模型包括系统理论模型和概念性模型，系统理论模型是基于对输入和输出系列的经验分析，模型参数不具有物理意义；概念性模型以水文现象的物理概念和经验公式为基础构造，往往具有分布式特征，模型参数具有一定的物理意义，需结合集水口的历史洪水资料根据计算确定。水文学方法结构简明、计算速度快，其计算结果为流域或单元出口处的洪水过程，因此无法反映城市各水力要素值的时空变异规律。随着计算机及数值计算技术的进步，城市洪涝模拟的水动力学方法得以迅速的发展。水力学方法基于水文过程的物理规律，采用数值算法求解水流运动的质量和动量守恒的偏微分方程，得出详尽的汇流演进过程，可提供城市洪涝的淹没范围、水深分布、流速分布与淹没历时等信息。水力学方法的数学模型属于物理性模型，模型参数具有明确的物理意义，主要根据地形和地貌数据经量测和分析获取，并结合历史洪水资料进行验证。其计算结果较为准确、可靠。当前，水力学模型在城市雨洪模拟中已经有许多成功的应用。

洪水风险图是标识区域洪水成因、量级、特性、危及对象、损失及应急对策等风险信息分布特征的一系列图的总称，是实施洪水风险管理的重要依据。世界许多国家从自身的洪水风险管理需求出发，对洪水风险图的编制做了大量的研究工作。美国洪水风险图编制是与美国建立洪水保险制度密切相关的，1996 年美国发布了《全国洪水保护法》，开始推行国家洪水保险政策，服务于洪水保险的洪水风险图编制工作正式开始实施。美国联邦应急管理管理局为了有效地推动洪泛区管理和社区参加洪水保险，开展了河道洪泛区边界图和洪水保险费率图的编制研究。

欧盟提出的“5R”弹性洪水风险管理方案，强调从洪涝发生之前到灾后重建工作 5 个环节组成的工作构架，根据相关环节的英文缩写，简称为“5R”，具体内容如下：反思（Reflect），主要指提高公众应对洪涝的意识，吸取经验教训，做好应对洪涝的准备；抗御（Resist），完善设施以降低洪涝发生的风险，提高抵御洪涝的能力；缓解（Relief），提高城市的调蓄能力，通过湿地、雨水花园等措施弥补传统抵御型防涝结构的不足，实现“人与洪水共处”，给洪水以出路；响应（Response），在洪水发生时有恰当的应急措施，降低不必要的人员和财产损失；恢复（Recovery），以制度性的措施保证洪涝灾害的善后重建。

2.4 典型案例

2.4.1 排水管线施工

1. 案例一

某市政施工单位在城市环线道路工程施工中，全线污水管线闭水试验合格后，在 3 号污水井抽水时，工长魏某在未采取任何措施和安全交底的情况下，指挥作业人员张某等人将汽油泵放入井下，张某（当时从其他工地调入该施工现场）在井下操作汽油泵时，因井下缺氧多次打不着火，产生的油烟滞留井下，由于空气流通不畅，致使张某昏倒坠入水中，因抢救不及时淹溺死亡。

分析事故原因：工长魏某缺乏安全生产知识常识，违反安全操作规程，在未采取任何措施和安全交底的情况下，违章指挥作业人员将汽油泵放入井下进行抽水作业；现场安全管理不到位，未对新入场作业人员进行安全生产知识教育培训，现场没有安全生产监督检查人员；作业人员缺乏安全生产知识和自我保护意识，违章作业；施工现场未制定安全生产事故应急救援预案。

2. 案例二

某路段改扩建及雨水、绿化等工程，施工单位作业人员杨某在该路中段新建地下污水管道检查井内进行抹灰作业。此时井内北侧一根直径 50cm 的铸铁旧污水管道因锈蚀老化，加之雨水聚积过多，导致管道内压力过大突然发生爆裂。管道内的污水与硫化氢气体同时涌出，正在井内作业的杨某瞬间被硫化氢气体熏倒掉进污水井中。一同作业的孙某、王某、马某 3 人先后下到井内救人，均被熏倒。后经众人及时营救和 999 急救中心的救护，孙某、王某、马某 3 人全部脱离危险。杨某被污水冲入新建下水管道，3h 后在下游第 4 个污水检查井内找到，且已死亡。

分析事故原因：井内原有铁质污水管道年久锈蚀。封堵后聚积雨水过多，水压增大，致使管道薄弱处突然爆裂。管内污水及产生的硫化氢气体涌出，将井内作业人员熏倒。作业人员缺乏安全意识未按交底使用安全带，导致人员被毒气熏倒后直接坠入井底，被污水冲入管道。现场作业人员缺乏对人员发生硫化氢气体中毒后的紧急救护知识，盲目下井救人致 3 名抢救人员中毒。

3. 案例三

某年 7 月某日，某公司综合大队电工班副班长带领电工甲某、乙某，执行某宿舍电路外线整改任务，3 人 10 时到达现场，因下雨没有进行整改。14 时雨停后，安排电工甲将发电房宿舍总开关拉下，并用试电笔验电，确认断电后开始作业。15 时 10 分左右电工甲在整改时发现一根电线破皮，导线外露，于是将该线取下进行绝缘包扎，这时左手食指与外露导线接触造成触电。副班长急速跑到发电房，发现宿舍总开关已经合上，急速拉开总开关。电工甲经现场医务人员抢救无效死亡。经查，外雇现场打水作业的施工人员，因急于进行施工，一次性将给宿舍供电的开关合上了，引起宿舍供电外线突然带电。

分析事故原因：外来施工人员急于施工，既没有通知电工班和正在整改电路的电工，也没有观察线路有无人员施工，擅自操作开关。违反了“外来施工人员无权操作本地电气设备”的规定，是导致事故的主要原因。电工拉闸后未悬挂“禁止合闸，有人工作”的警示牌，是导致事故的重要原因。在电气设备上工作，没有做好保证安全的组织措施和技术措施，在施工点与电源间没有明显的断开点。

4. 案例四

2010 年 3 月某日，某水务建设工程有限公司在某区排水工程工地，组织作业人员开挖沟槽作业过程中，因局部土方发生坍塌，造成沟槽内作业的 3 名人员被埋压窒息死亡。

分析事故原因：直接原因是项目工长违章指挥作业，未按设计和施工方案规定放坡，是导致坍塌事故发生的直接原因。间接原因一是施工单位执意违规作业，施工安全管理混乱，现场缺乏有效的安全管理。施工单位在明知未办理相关施工许可手续、施工管理人员和监理单位均未到位的情况下，放任作业人员的违规施工作业；在区路政分局和区水务局要求停止施工的情况下，未采取任何措施制止违规施工行为。间接原因二是区水务局对违规施工现象制止不力。在明知该工程未办理相关施工许可手续、不具备开工条件的情况下，尽管要求施工单位按照区路政分局的执法指令停止施工，但未采取有效措施制止违规施工行为。

2.4.2 排水设施维护

1. 案例一

某年 8 月，某单位工作人员下雨时进行巡视，经过配电室门口时，发现有黑烟从窗户冒出，同时听到异常声音，立即给电工班打电话，并及时通知了值班领导。电工到达配电室打开门，因烟大看不清内部情况无法进入，初步判断是配电室内的低压配电盘着火，立即进入相邻的高压室进行停电操作。消防队到达现场，扑灭火源浓烟散了，才能进入配电室勘察，发现配电盘上方屋顶一片水印并有水滴滴下来，再上房顶查看，发现屋顶架设脚手架把防水层压了一个洞，使屋顶漏雨，滴落到配电盘上，导致盘内电线短路，引燃塑料线槽着火。

分析事故原因：事故的直接原因是生产服务部门在屋顶搭建脚手架破坏了屋顶防雨层，未及时采取处理措施使雨水渗入屋内掉落在配电盘内，导致线路短路引发火灾。对外来施工单位监督力度不够，考虑不周全，未考虑临时施工带来的影响，消除隐患不及时等。对施工过程缺少电气人员监管和审批，是这次事故的主要因素。

2. 案例二

某污水处理厂 10 时左右，地下反洗水泵房被溢流水淹泡造成设备浸没于水中。运行人员立即切断与泵房有关的供电电源，组织抽水工作。经现场勘查有多处电气设备（配电柜、电机）等短路烧毁，造成停产，蒙受经济损失。

分析事故原因：直接原因，是由于反洗泵房的调控工艺不当，致使池内液位迅速上升，最终导致溢流，电气设备多处短路、烧毁。间接原因表明运行人员对系统工艺流程熟悉程度不够。应制定科学的、合理的工艺操作手册及应对突发事故的预案。池内水位上升至警戒水位现象，没有得到足够的重视，需加强个人安全生产的责任意识。在泵房平面低点处未装设低液位报警装置。泵房内未安装应急提升泵，以供地面积水快速外排。处理结果：清理事故现场。更换短路烧毁的电气设备。对于可用的电气设备进行解体、烘干、检测。建议安装泵站内地面低液位报警（距地 80mm）装置，以便通知中控室人员，及时调整操作工艺。建议在泵站内安装两台 4 寸快速提升泵，以应对泵站内大量积水，避免电气设备的淹泡，确保设备的安全运行。

2.4.3 排水设施维修

1. 案例一

某净化站主要采用“混凝 + 超磁分离”处理工艺。该工艺主要流程为：污水经两道格栅过滤后，溢流至污水泵池，之后经超磁分离后将污水内的污泥和水分离。污泥由叠螺脱水机处理后，形成泥饼外运处置。污水经消力池添加药剂后排入河道。2017 年 9 月某日 16 时左右，当班员工张某为防止污泥池内的腐烂木梯堵塞污泥吸泥管或影响污泥搅拌机使用，前往污泥池清理腐烂木梯。张某找来员工张某全（未当班）在污泥池顶部人孔处看护，自己在沿池内壁钢制爬梯进入污泥池过程中，突然掉入池内。张某全立即呼喊救人，随后区域运营总负责人张总、站长张某君闻讯赶来施救。张总、张某君二人相继入池施救并晕倒掉入池内。

分析事故原因：直接原因是现场作业人员违规作业、救援人员盲目施救，吸入事发污泥池内硫化氢、磷化氢等毒害气体，引起急性混合性气体中毒，造成事故发生及事故扩大。现场作业人员张某违反《缺氧危险作业安全规程》GB 8958—2006 中第 5.1.1 条、第 5.3.2 条、第 5.3.3 条、第 5.3.4 条规定，违反“先检测后作业”原则，在作业开始前未测定作业现场空气中的氧含量和有害气体的含量，未配备并使用隔离式呼吸保护器具，未使用安全带（绳），未安排特种作业人员进行有限空间作业监护。事故发生后，张总和张某君违反《缺氧危险作业安全规程》GB 8958—2006 中第 8.3 条、第 8.4 条规定，在未配备抢救器具、未采取有效安全防护措施和使用隔离式呼吸保护器具情况下贸然施救，造成事故后果扩大。间接原因，是运营公司未开展有限空间作业管理工作、安全生产管理工作缺失，区水务局未落实行业管理部门安全管理职责，区政府对安全生产工作领导不力也是造成此次事故的间接原因。

2. 案例二

2017 年 5 月 16 日，某公司物业部空调水暖专业主管汤某某电话安排北京某环境卫生服务有限公司作业队长李某某到北京西站商业广场实施清掏疏通作业。5 月 16 日 8 时 40 分，李某某带领温某某等 3 名作业人员到达北京西站商业广场，开展垃圾清运和清掏作业。10 时，汤某某带领李某某等 4 名作业人员前往北京西站商业广场地下二层空调机房。汤某某启动水泵对事发污水池抽水，约 30min 后水面降至池底。确认 1 号水泵损坏后，汤某某要求李某某提升 1 号水泵并检查入水口情况。因水泵过重，李某某等人未能将 1 号水泵提升。汤某某随即要求更换 2 号水泵受损的提升铁链。在未对污水池内强制通风、未进行气体检测、未配备个人防护用品情况下，温某某腰系绳索从污水池顶部入口进入，沿污水池内侧爬梯下至池底，下到池底后，温某某在更换 2 号水泵提升铁链过程中晕倒。作业人员发现温某某晕倒在池底后，李某某在未配备任何个人防护用品情况下，进入污水池施救时晕倒。汤某某安排人员拨打急救电话，组织现场人员救援，并向公司领导报告现场情况。闻讯赶来的物业公司员工康某某系绳索进入污水池救人，发生昏迷迹象后被救出。其后，救援人员使用风扇对污水池实施强制通风，并开启水泵持续抽水。物业公司任某某拨打 119 报警后，带领 4 名员工携带救援装备到场展开救援。任某某在污水池口呼喊池内晕倒人员，将绳索放至池底。李某某听到呼喊后自行苏醒站起，将昏迷的温某某用绳索捆绑，由救援人员拉拽绳索救出。李某某自行沿梯子爬至污水池入口，救援人员将其拉出污水池。120 急救人员到达现场对温某某、李某某、康某某进行急救，送往医院救治。2017 年 5 月 19 日 20 时 42 分，温某某医治无效死亡。康某某、李某某经住院治疗康复后先后出院。

分析事故原因：违章指挥、违规作业、盲目施救导致现场作业人员和救援人员吸入硫化氢和挥发性有机物气体，引起急性化学物中毒性脑病、急性化学物中毒性呼吸系统疾病，是造成此次事故的直接原因。经检测，现场污水池内空气氧含量为 20.5%，硫化氢含量为 137~267mg/m^3，一氧化碳含量为 0.69~0.805mg/m^3，二氧化碳含量＞ 0.562%，还检测出乙苯、对二甲苯、邻二甲苯、1, 4– 二氯苯、萘等挥发性有机物。李某某在未检测含氧量及有害气体、未进行强制通风、作业人员未佩戴个人防护用品的情况下，安排现场作业人员温某某进入有限空间作业。事故发生后，李某某、康某某在未采取有效安全防护措施和佩戴个人防护用品的情况下贸然施救，造成事故后果扩大。作业现场管理混乱、安全管理缺失是造成此次事故的间接原因。北京某环境卫生服务有限公司未落实《有限空间隔油池积水井清掏安全生产责任制》，未对作业人员进行安全教育，其清淘作业监护人员未取得地下有限空间特种作业操作证；未配备有限空间气体检测仪器；未严格履行“先检测后作业”的原则，作业前未检测有限空间气体成分，未采取充分的通风换气措施；未落实物业公司《隔油池积水井清掏（有限空间）应急预案》，未针对有限空间作业开展应急演练；其主要负责人不具备与本单位所从事的生产经营活动相应的安全生产知识和管理能力。物业公司在 2014 年 11 月至 2017 年 1 月在未取得物业管理资质的情况下从事物业管理；未对北京某环境卫生服务有限公司的安全生产工作统一协调、管理，未与北京某环境卫生服务有限公司签订专门的安全生产管理协议；未将事发污水池纳入有限空间安全管理，并在其上设置明显的安全警示标志。

2.4.4 淹泡

1. 案例一

2007 年 8 月 6 日 14 时 40 分，北京市北部地区开始降雨，大约 1h 后，降雨量达 82mm。15 时 20 分，安华桥下出现积水，最深时达 1.5m，一辆白色面包车深陷其中，很快被抢险人员推出。城市交通一度中断。

分析事故原因：短时降雨强度加大，原有桥区排水能力不够。

应对措施：北京市防汛抗旱应急指挥部办公室立即启动应急预案，组织相关部门展开抢险工作。

副市长坐镇市应急指挥中心指挥排水抢险。市防汛抗旱应急指挥部办公室、市委宣传部、公安局、公安交通管理局、市政、城管执法局、消防救援总队、朝阳区政府及北京自来水集团有限责任公司（以下简称北京自来水集团）、北京排水集团、北京市公联公路联络线有限责任公司等有关部门迅速赶赴现场进行处置。公安交通管理部门果断对安华桥东西双方向主、辅路采取断路措施，并对东、西、南、北四方向车辆提前进行分流。东城交通支队在中轴路、安外大街对车辆进行分流；海淀交通支队在马甸桥西进行分流；朝阳交通支队在三元桥区和安贞桥区进行分流。同时，市属新闻媒体第一时间赶赴现场进行报道。北京广播电台的新闻广播、交通广播、城管广播大频率向听众播报了现场情况，北京电视台、移动电视、城市电视也及时报道了现场处置情况，告知市民绕行。媒体将公安交通管理部门绘制的绕行路线图反复播出，疏导社会车辆分流。

安华桥附近地区全部实行交通管制，桥区拉起了警戒线。安华桥下三环主路的积水采用水泵将水抽向辅路两边的绿化带。消防车也协同进行抽水排水工作。环卫工人不停用扫帚将桥下积水赶至水泵处。仅依靠桥下的排水口还不够，还通过桥上大的淤水口排水。桥上 9 台水泵每小时抽水 1100～1200m^3。

16 时 30 分，安华桥下三环东、西辅路交通恢复正常。19 时 25 分，安华桥上南北双方向交通恢复正常。19 时 30 分，安华桥下三环主路交通恢复正常。

本次抢险，各有关部门共出动抢险车辆 50 余台次，出动专业抢险人员 200 余人。

2. 案例二

江西省九江市长江大道主干道长 4790m，路宽 50m，北至滨江西路，南至汽车综合工业园南二路，作为九江市城区一级主干道，有着缓解交通压力、城市向外拓展的关键作用。长江大道积水范围南起昌九高速，北至十里河，积水区域位于铁路桥正下方地势最低处，积水深度为 20～30cm，峰值可达 1.5m，并蔓延至德化路。

积水原因：长江大道现状汇水面积约 62.68hm^2，按照 2 年一遇标准计算的汇流量约 6m^3/s，远超长江大道现状路面雨水管排水能力（现状 0.1 年）。长江大道地势最低点位于长江大道下穿过铁路处，地面标高 18.66m，十里河 50 年一遇洪水位 18.94m。暴雨天，十里河水位上涨（超过 18.66m），河水倒灌，造成长江大道铁路桥处积水无法排出。此外，长江大道现状雨水管存在淤堵现象，易导致雨水排水不畅。

改造措施：提升主管过流能力。将道路西侧 DN1200 雨水管翻排为 DN2200，并对道路东侧 DN800 雨水管进行清淤疏通，改造为下穿段专用排水管线。提高雨水收集效率。现状铁路桥下雨水边沟拓宽，新建雨水箅子，并将人行道雨水管与车行道雨水边沟隔开。实现线性海绵理念。沟槽回填面层材料采用透水性能好、抗压强度高且达到最佳配合比的大孔隙透水沥青混凝土。末端强排泵站建设，按暴雨重现期 P=2 年计算，建设末端雨水泵站 1 座（Q=6m^3/s）。管道清淤疏通养护。原状雨水管道利用前清除淤泥杂物，畅通后定期进行管道保养，维持管道健康运行。

3. 案例三

以广州市某次暴雨到大暴雨过程并启动三级应急响应为例，降雨 1h 后，调度中心收到越秀区某巡防队伍请求支援某立交桥积水的信息，该处积水点影响范围大，积水深度较深，达到了中度内涝级别。收到支援请求后，广州市中心城区防内涝应急指挥调度中心判断雨势将持续增强，结合现场反馈的情况，使用应急调度平台进行研判，决定立即抽调越秀区大型防汛抢险单元、荔湾区大型防汛抢险单元，以及备勤储备大型防汛抢险单元共 3 支大型防汛抢险单元，在 30min 内抵达支援点，共同配合工作的有效抽排量达 9000m^3/h，对积水点有序分工开展吸水抽排，内涝风险在 30min 内实现排除，保障主干道路交通顺畅及人身财产安全。

第3章 城市防汛排涝

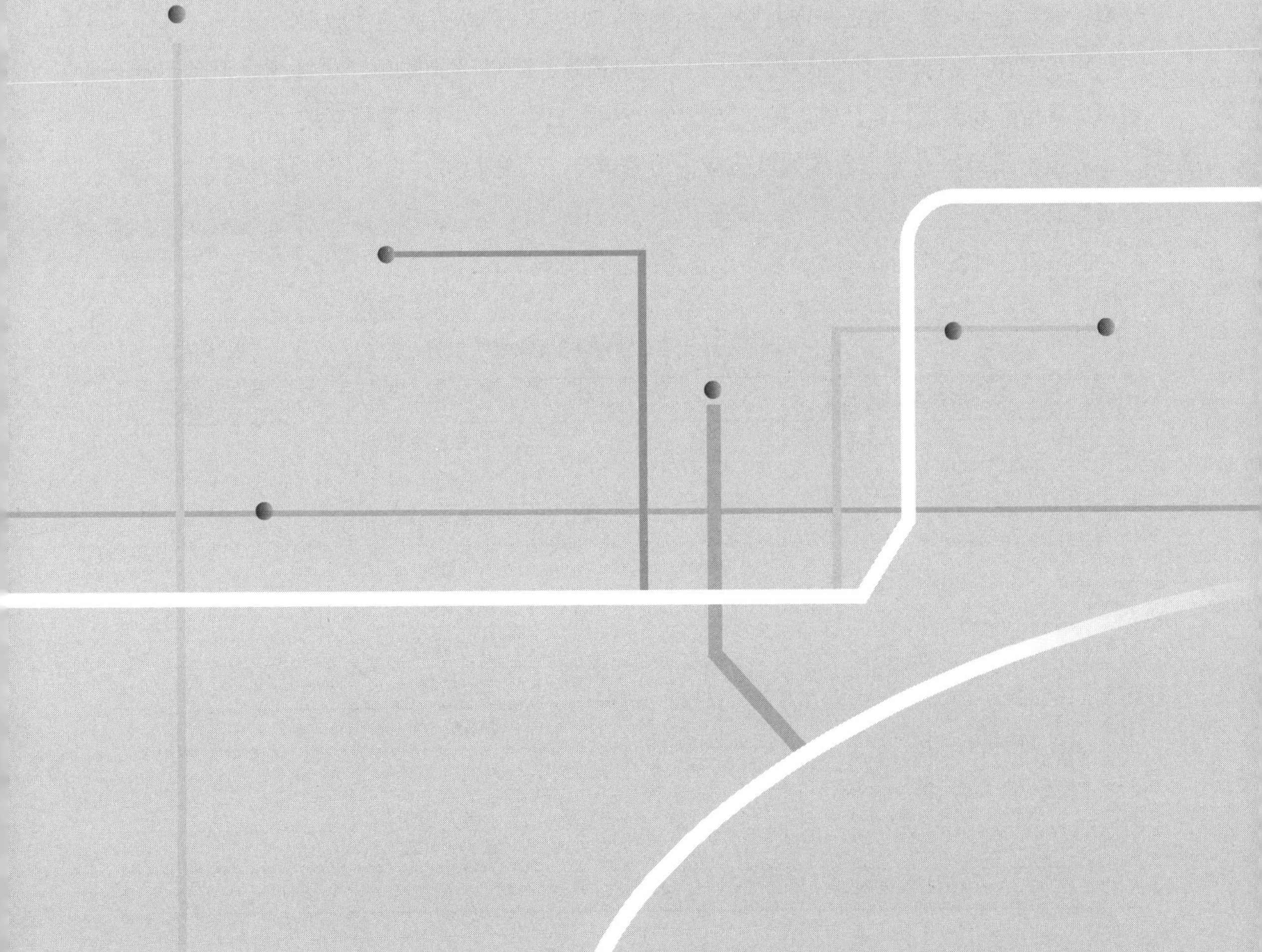

随着全球气候变化，极端天气事件频繁发生，城市面临的洪涝灾害风险也在不断增加。做好防汛工作是城市适应气候变化的重要举措。城市人口密集，一旦发生内涝灾害，人民生命安全面临巨大威胁。城市拥有道路、桥梁、地铁、供水、排水、供电、通信等基础设施，内涝灾害可能会对这些基础设施造成严重破坏，影响城市的正常运转。因此做好防汛工作和内涝排除工作意义重大。

3.1 城市防汛

3.1.1 城市防汛主要内容

1. 汛前准备工作

主要包括建立防汛指挥体系，明确防汛组织架构；编制防汛保障方案和汛情预警响应预案；编制重点地区、桥区防汛抢险预案；建立城市防汛排水专业应急救援队伍。

组织防汛人员开展相关技能培训；排查防汛软、硬件设施隐患；实施隐患消除工程；组织应急抢险和排涝预案演练；备足防汛物资；建立健全防汛预报警报系统。

城市防汛排水专业应急救援队伍应由应急值守、应急指挥、现场处置和应急保障四类人员组成。

防汛排水作业单元应急救援装备配备相关示例见表 3.1–1。

防汛排水作业单元应急救援装备配备相关示例 表 3.1–1

序号	类型		名称
1		车辆类	装备物资运输工具
2		抽升类	水泵组
3			发电机组
4			水龙带
5			提泵绳
6			水泵浮圈
7			卡箍
8		救生类	防汛救生衣
9			防汛救生圈
10			水面漂浮救生绳
11			救生抛射器
12		照明类	移动照明灯组

续表

序号	类型		名称
13	抢险救援类	其他类	工具箱（包括但不限于钩子、锤子、扳手、钳子、螺丝刀等）
14			铁锹
15			铁镐
16			刹车绳
17			探测杆
18			苫布
19	综合保障类	通信类	对讲机
20		警戒类	手持扩音器
21			锥形事故标志柱
22			交通指挥棒
23			警戒带
24			转盘灯
25			梅花灯
26			警戒标示杆
27			水深危险警示牌
28			积水封闭警示牌
29			排水抢险字样指示牌
30	个人防护类		防汛救生衣
31			防汛救生圈
32			水面漂浮救生绳
33			救生抛投器
34			安全绳
35			安全带
36			救援头盔
37			反光背心
38			分体雨衣
39			防雷雨伞
40			防水胶靴
41			抢险救援手套

防汛排水专业应急救援队伍应急救援装备配备示例见表 3.1–2。

防汛排水专业应急救援队伍应急救援装备配备示例 表 3.1–2

序号	装备类型		装备名称	主要用途
1	抢险救援类	车辆类	应急通信指挥车	抢险救援中图像、数据、语言等综合信息的通信传输

续表

序号	装备类型		装备名称	主要用途
2	抢险救援类	车辆类	装备物资运输车辆	装载和运输救援装备物资
3			应急照明车	现场作业照明
4			发电车	临时供电
5			排水抢险车	排水抢险集合组成
6			人员运输车	运送抢险救援人员
7		工程抢险类	挖掘机	挖掘作业
8			推土机	排弃土、石方
9			装载机	装卸和运输木桩、土方等
10			叉车	搬运柴油机、钢管、跳板等装备物资
11			吊装设备	吊车、随车起重机等，吊装较重的装备及障碍物
12		抽升类	水泵组	积水抽排，抽水量不应低于400m^3/h
13			发电机组	临时供电，需满足水泵组用电需求
14			水龙带	辅助工具及配件
15			提泵绳	辅助工具及配件
16			水泵浮圈	辅助工具及配件
17			卡箍	辅助工具及配件
18			电源控制箱	为多个水泵提供电源控制
19			移动排水泵车	积水抽排
20			应急潜水泵	潜入水下抽水
21			无损开挖联合疏通车	排水过程中管道和积水点沉积底泥的抽排
22		救生类	冲锋舟或橡皮艇	转移灾民、救援被困人员、运送物资、现场勘察灾情，应符合《小艇　气胀式救生筏　第2部分：Ⅱ型》GB/T 34315.2—2017的规定
23			舟艇舷外机及油箱	为舟艇提供动力
24			可漂浮救援担架	被救援人员固定及转运
25			救援三脚架	密闭空间救援，应符合《救援三脚架》XF 3009—2020的规定
26			医药救援箱	现场医疗救助
27			体外除颤器	救助心脏骤停人员
28		侦察类	多旋翼无人机	现场监测、侦察、高空喊话、空投
29			无人船	无人救援
30		破拆类	多功能刀具	救援作业，由刀、钳、剪、锯等组成的组合式刀具
31			多功能挠钩	事故现场小型障碍物清除，灾后清理
32		照明类	自发电移动照明灯组	灾害现场作业照明，具有升降功能、提供全方位照明
33			移动发电机	灾害现场供电

续表

序号	装备类型		装备名称	主要用途
34	抢险救援类	照明类	防汛投光灯	现场照明或指挥场所照明，照射区域的亮度应明显高于周围地区
35			便携式防汛工作灯	现场照明，强弱可调，轻便快捷
36		其他类	工具箱	辅助工具，包含但不限于钩子、锤子、扳手、钳子、螺丝刀等
37			铁锹	辅助工具
38			铁镐	辅助工具
39			油锯	清理倒树
40			刹车绳	刹车
41			探测杆	探测水深，应符合《水深测量仪器　第 1 部分：水文测杆》GB/T 27992.1—2011 的规定
42			苫布	遮盖货物，防水
43	综合保障类	通信类	对讲机	现场无线通信、调度、指挥，具有防水、防尘功能
44			通信指挥系统	通信指挥，符合《消防通信指挥系统设计规范》GB 50313—2013 的规定
45			移动电话	移动通信
46		警戒类	手持扩音器	现场指挥，具备警报功能
47			锥形事故标志柱	现场道路警戒，应符合《交通锥》GB/T 24720—2009 的规定
48			交通指挥棒	指挥交通
49			警戒带	现场警戒警示
50			转盘灯	现场警戒警示
51			梅花灯	现场警戒警示
52			警戒标志杆	现场警戒警示，具有发光或反光功能
53			水深危险警示牌	现场警戒警示，具有发光或反光功能，与标示杆配套使用
54			积水封闭警示牌	现场警戒警示
55			排水抢险字样指示牌	现场警戒警示
56			路障	现场警戒警示
57		发电类	防汛柴油发电机组	为大范围照明和小型动力设备提供电能，反复式
58			防汛汽油发电机组	为小范围照明、通信和办公用供给电能，便携式
59			防汛电缆	防汛发电机配套的三芯护套电缆
60		其他类	密闭有限空间气体检测仪	对密闭空间气体浓度进行检测
61			车载充气泵	轮胎、橡胶艇充气
62	个人防护类		抢险救援服	身体保护

续表

序号	装备类型	装备名称	主要用途
63	个人防护类	防汛救生衣	身体保护，抢险人员穿着和救助落水人员使用的闭孔泡沫救生衣
64		防汛救生圈	身体保护，抢险人员穿着和救助落水人员使用的闭孔泡沫救生圈，应符合《救生圈》GB/T 4302—2008 的规定
65		水面漂浮救生绳	水面救援时专用的救援及保护绳索，拖拽被救人员
66		救生抛投器	远距离抛投救生绳或救生圈，气动喷射，应符合《救生抛投器》GB/T 27906—2011 的规定
67		安全绳	作业保护、自救及逃生，应符合《坠落防护　安全绳》GB 24543—2009、《消防用防坠落装备》XF 494—2023 的规定
68		安全带	高处作业防护，应符合《消防用防坠落装备》XF 494—2023 的规定
69		救援头盔	头部、面部及颈部的安全防护，应符合《头部防护　救援头盔》GB/T 38305—2019 的规定
70		反光背心	夜间或特殊天气情况下的人员安全防护
71		分体雨衣	遮雨
72		防雷雨伞	遮雨
73		防水胶靴	小腿部及足部防护，具有防水、防滑和耐磨功能
74		抢险救援手套	手部及腕部防护
75		方位灯	人员及黑暗环境中位置标识
76		单兵定位装置	定时标定和传输抢险救援人员在灾害现场的位置
77		单兵照明设备	单人作业照明

注：引自《专业应急救援队伍能力建设规范　防汛排水》DB11/T 1911—2021。

2. 汛期降雨应对工作

主要包括 24h 防汛值班，根据降雨预报及时发布汛情预警，启动防汛响应；雨中做好重点道路、桥区、易积水地区的巡查和守护；做好雨水和排涝泵站的维护，保证正常运行；发生积滞水或其他相关险情，立即组织抽排或抢险，将社会影响和财产损失控制在最小范围；及时收集、整理、分析和报送相关汛情、雨情、险情等动态信息。

道路积水信息内容应包括积水道路名称、起止道路名称，积水开始时间、退水时间、路中积水深度、路边积水深度、雨量、积水原因等。在检查井井盖打开前应设置警示标志，划定警示范围；打开井盖后，工作人员应实行一对一看护；应站在警示范围外，配合交通管理人员疏导交通，劝阻行人、车辆等不要靠近警示范围；退水后应在及时盖好井盖后，再撤走警示标志。

3. 汛期结束后相关工作

主要包括对城市防洪排涝工程、专项作业设备等进行再检查、汛后整修及保养维护；对城市防汛工作进行经验总结和教训分析；对汛中抢险工程再加固；若采用分洪等紧急措施，则应做好善后工作。此外，要注意优化防汛措施，治理汛期发生的滞水点等。

3.1.2 城市防汛主要措施

1. 城市排水应采取的措施

汛前应对防汛重点部位排水设施、风险隐患点和历史积水点、桥区泵站收退水设施、雨水及排涝泵站、防汛抽排及应急抢险设备等情况进行深入细致的排查，发现问题及时处理。

(1) 基础管理防汛隐患排查

排查内容应包括是否建立防汛应急预案及责任制；是否编制防汛工作计划，明确工作重点和防汛保障措施；是否制定汛期值班制度；是否针对已编制的防汛应急预案，每年汛前开展一次应急演练；是否配置防汛物资，如根据实际配备草袋、麻袋、编织袋、苫盖材料、铅丝、木材、砂石料、水泥、发电机、水泵、救生锤、救生圈、雨衣、雨鞋、反光背心等，功能使用是否正常；大型作业车、运输车、铲吊车等防汛抢险所需车辆及设备，防汛抢险人员是否充足；抽水设备供电系统是否正常等。

(2) 排水管渠防汛隐患排查

1) 管渠

排查内容应包括：是否存在重度积泥、洼水、结垢、树根、杂物、残堵等功能缺陷隐患；是否存在重度腐蚀、破裂、变形、错口、脱节、渗漏、侵入等结构缺陷隐患；管渠上方及周边路面是否沉降塌陷；是否存在客水涌入；是否存在设施缺失或不完善等情况；是否存在断头管等。

2) 检查井

检查内容应包括：是否存在井盖缺失、破损、位移；是否存在防坠设施缺失、破损；是否存在雨、污水冒溢；是否存在严重裂缝或渗漏等结构隐患；井底是否存在严重积泥或杂物等。

3) 雨水口

检查内容应包括：是否存在雨水箅子缺失、位移、填埋；是否存在严重积泥或杂物等。

4) 排河口

检查内容应包括：是否存在封堵、垃圾杂物淤积、严重结构破损等问题；是否存在异常排水；是否存在闸门无法开启、关闭或缺失等。

5) 其他

检查内容应包括：是否存在违章占压、施工破坏、违法接入、违法倾倒、违章施工等情况；是否存在设施能力无法满足现行排放要求的情况等。

（3）泵站隐患排查

1）泵站设备

检查内容应包括：泵站是否为双路供电保障，无法满足供电的是否配备应急电源。供电线路为架空线路的，是否与树木、建筑物等保持安全距离；泵站电气设备是否定期检测，检测结果是否合格；是否每半年进行一次电气设备清扫检查，环境恶劣的是否增加清扫频次；是否每半年进行一次遥测，电动机绝缘电阻值是否大于 0.5MΩ，变压器中性点、低压电器设备保护接地电阻值是否不大于 4Ω；泵站机电设备是否定期点检试运行，确保处于完好状态；水泵机组是否转向正确、运行平稳、无异常振动和噪声，电压电流是否在额定范围，轴承润滑状态是否良好，轴封机构是否过热，软性密封泄漏量宜为 10～20 滴 /min；格栅前后液位差是否小于 200mm；闸阀门是否保持清洁、无锈蚀、开启或关闭灵活；干式泵房是否配备地漏泵，是否处于完好状态；有毒有害气体检测仪、起重机等是否按相关要求定期检定，检定结果是否合格。

2）泵站设施

检查内容应包括：泵站集水池、调蓄池的平均淤积深度是否小于 20cm；泵房及配电室屋顶、电缆沟、电缆井是否存在漏水现象；配电室是否做好防小动物、防火、防内涝、防雨雪、通风措施；在每年雨季前，是否进行电气设备的防雷和接地装置预防性试验，结果是否合格；泵站场区及进出场道路是否保持平整、畅通等。

3）泵站运行

检查内容应包括：运行管理单位是否结合泵站工艺特点制定运行方案和应急预案，是否结合运行工艺的调整及时修订；方案中的运行高程是否不高于服务区域最低点高程；应急预案中，是否明确运行管理单位的应急组织机构、职责分工，是否针对停电、设备故障、服务区域积水等突发事件编制针对性的应急措施；自动化程度较高的泵站，系统参数设置是否与运行方案、应急预案保持一致；泵站是否储备适量的应急抢险物资、常用备品备件，是否状态完好；是否配备检验合格的电力安全用具，包括：绝缘手套、绝缘靴、绝缘胶垫、绝缘杆、验电器、放电杆、接地线等。

（4）道路及附属设施防汛隐患排查

1）道路设施

检查内容应包括：道路排水设施是否按照规划实施，是否出现排水设施断头管、封堵等情况，在施道路或排水断头管是否制定防汛应急措施；道路改扩建工程是否重新设计道路排水设施，是否满足道路雨水排放需求；道路改扩建是否对雨水口进行改移；道路低洼、反坡、不平整路面积水是否进行治理；道路作业时，是否做好道路施工垃圾的清理工作等。

2）涵洞

检查内容应包括：涵洞内是否淤积；涵洞主体结构是否开裂、漏水、变形、位移、下沉及冻胀；涵顶及涵背填土是否沉陷；涵洞及其构筑物是否完好，排水是否通畅等。

3）边沟（或排水沟、截水沟）

检查内容应包括：设施现状是否完好及整修恢复情况是否完好；路基排水是否畅通；边沟是否存在淤积、杂物、破损、侵占等影响正常排水的情况；边沟沟底纵坡是否满足标准等。

4）地下通道

检查内容应包括：地下通道主体结构是否完好、是否漏水，混凝土裂缝是否超过限值，墙体、顶板表面是否存在腐蚀、剥落；地下通道内排水管渠是否完好畅通、排水泵站功能是否完备；通道出入口是否有采取减少雨水进入通道的措施等。

5）附属桥梁

桥面横纵坡是否满足设计规范，是否能够有效汇集桥面雨水；桥面泄水孔是否完好、畅通、有效；桥面泄水管和排水槽是否完好、畅通，外观是否整洁美观。跨河桥梁泄水管下端露出是否大于 10cm。

（5）承泄河道防汛隐患排查

检查内容应包括：行洪能力是否达到规划标准；是否定期疏浚；是否存在淤积、杂物、侵占、破损、冲毁等影响正常行洪的情况；闸、坝设施是否能够正常开启或关闭；是否及时进行水位、水量调度，维持安全行洪液位；主流线、河湾迎流顶冲点和承泄河道岸线是否存在变化、重点部位是否存在冲淤变化；整治工程中砌石、抛石护岸等是否稳定，堤岸工程的基础是否存在淘刷、空洞等情况；是否存在违章设障情况，如承泄河道滩地上存在建房、倾倒垃圾、矿渣、废料等侵占和束窄承泄河道等情况，承泄河道上新建的桥墩、码头、排架等是否对泄洪产生阻水影响等。

（6）排水户防汛隐患排查

检查内容应包括：是否存在私接私排、错接混接；地下室或低于室外地面易发生雨水倒灌的部位，是否配备止水阀、挡水板、防汛沙袋等防倒灌设施，强排措施是否运行正常；雨、污水管渠，蓄水池排水泵是否正常运行；屋面防水层、保护层是否存在鼓包、破损、裂纹、接口开裂等现象；屋面雨水落水口、落水管是否存在堵塞、开裂、脱落、渗水等现象；道路、散水、围墙、人造景观等设施是否存在塌陷、倾斜、沉降、裂缝等现象。

（7）其他防汛隐患排查

其他防汛隐患排查包括道路垃圾是否及时清扫、清运；树枝、绿植是否及时修剪等。

（8）排查时间和频次

应在每年汛前开展一次防汛隐患排查，汛期内应开展日常巡查。

城市下凹桥、涵洞、隧道等易形成内涝的部位，重点基建工程，排水泵站，承泄河道等重点设施运营单位，应在主汛期前再排查一次。

大风（橙色及以上预警信号）、冰雹（红色预警信号）及强降雨（暴雨橙色及以上预警信号）等极端天气发生后，应对职责范围内隐患点进行排查。

每场降雨期间宜安排人员巡查隐患台账中列明的隐患，及时关注隐患管控情况。

雨后应对新发现的隐患及时开展排查，并分析隐患产生原因，及时消除；对无法立即消除的，应做好应急度汛措施。

（9）隐患排查方式

可采用现场观察、巡查等人工检查，管道潜望镜检测（QV 检测）、电视检测（CCTV 检测）、声纳检测、雷达检测等设备检测或设计核算、模型模拟等技术检测。

对于城镇下凹桥区、涵洞、隧道等易形成内涝的重点地区，宜通过建立数学模型进行内涝风险评估，并制定科学治理防范措施。

（10）隐患治理

城镇内涝防汛隐患治理应优先采用工程技术措施。

对于设施淤堵等功能隐患以及设备故障等工作量较小的隐患应及时消除；对于设施损坏、能力不足等工作量较大且无法及时消除的隐患，应采取必要的应急度汛措施，如临时设置防溢桶、防水坝（板）、抽升泵、临时调蓄池、应急值守等。

应根据隐患治理的工作量，合理规划隐患治理时限。

2. 汛前养护及维修

（1）管线检查及养护

为确保排水管道的使用功能，汛前应对排水管道尤其是雨水管道和合流制管道运行情况进行全面检查和清淤疏通，及时恢复排水管道过水断面。

（2）泵站设备设施维护

雨水泵站和排涝泵站在排除城市低洼地带积水，防止城市内涝方面发挥着重要作用。汛前应对雨水泵站和排涝泵站等退水设施及各类设备设施情况进行排查和维修保养，保证汛期泵站正常运行。

（3）雨水口清掏

雨水口是雨水进入排水管道的入口，是收集地面径流的重要设施，雨水口的收水功能直接影响城市的防汛安全。汛前应对雨水口进行专项清淤，保证雨水口及雨水支管排水畅通，汛中更要提高检查频率，及时清理淤堵的雨水口。对雨水易顶托点位，在雨季调整为特殊井盖，消除顶托风险。对排水检查井，在井内均安装或更换防坠网。

（4）排河口及机闸维护

排河口是雨水排入自然水体的出水口，排河口的运行状况直接影响上游雨水系统的正常运行，汛前应对排河口进行专项检查和清理维护，同时对排河口附属机闸进行维护保养，保证闸门的正常开启或关闭。

（5）防汛设备检修及保养

汛前应对用于防汛保障的车辆、抽排设备、视频及定位设备、雨量及风速采集设备、液位监控设备等进行检修和保养。

（6）防汛物资及备品备件储备

汛前应根据防汛保障预案，做好汛期防汛保障物资及各类设备相关备品备件的储备及保障工作。可参照《防汛物资储备定额编制规程》SL 298—2004 实施。

（7）通信及信息保障

防汛保障单位应设立防汛专用电话、传真和电台。汛前应对防汛各类信息化系统进行全面调试和维护，保证各系统正常运行。

（8）培训与演练

汛前应组织泵站运行、污水处理厂运行、应急抢险、设备抢修、系统操作及汛期宣传等各方面培训、演练，每项不少于 3 次，抢险单元演练不少于 5 次。通过培训和演练，达到提升防汛保障人员业务水平，缩短防汛抢险单元展开时间，提高汛情处置效率的目的。

3. 汛期坚持科学应对和高效处置

（1）实行中心城区下凹桥“一桥一策”

对中心城下凹桥区高低差进行量化；加装雨量计、下凹桥视频探头、车辆监控等设备，及时掌握桥区积水抢险情况；汛期确保重点桥区 24h 备勤（包括防汛抢险单元及泵站运行人员）；实行机动单元对于高低差大于 1.5m 下凹桥优先到位。

（2）实行防汛风险点“一点一策”

组织专业技术人员进行实地勘察，按照“一点一策”的原则，对每处积水点现场研究讨论，敲定防汛措施。

（3）建立联防机制

实施联合属地，加强协同联动，形成联防联控机制；坚持市政、气象、公安、交通等部门加强协同，开展点对点对接，制定针对性的地铁等应急支援方案。

3.2　城市积水内涝的排除

3.2.1　排涝模式

城市排涝体系通常由城镇雨水排水系统、河道水网系统、涝区排涝泵闸系统及外围防洪工程组成，但又与自然地理地形条件、地表结构、地坪地面高程、流域及区域水利分区、河网结构、水域空间、设计高水位和外边界条件等紧密相关。一般有 5 种排涝模式。应根据城市特点选择不同的分区排涝模式。

1. 地面—圩区—泄洪通道

雨水经地面管网或沟渠收集汇水系统，纳入圩区河道，经圩区水网调蓄调节后，由圩区排涝泵站，直接抽排至泄洪通道。该排涝模式的核心是控制圩区除涝最高水位，配置合理的河网结构规模和排涝泵站装机流量。

2. 地面—水利片河网—泄洪通道

雨水经地面管网或沟渠收集汇水系统，直接汇入水利片河道，经水网调蓄调节后，由水利片排涝水闸或者泵站（水闸自排为主、动力抽排为辅）排入片外泄洪通道。该排涝模式的核心是控制水利片除涝最高水位，保障水利片水面率和河道调蓄空间，合理布局河网结构和规模、排涝水闸，以及泵站装机流量。

3. 地面—圩区河道—水利片河道—泄洪通道

雨水经地面管网或沟渠收集汇水系统，大部分先汇入圩区，由圩区河网调节调蓄后，经圩区排涝泵站抽排至水利片河道，通过水利片水网调蓄调节后，再由水利片排涝水闸或者泵站（水闸自排为主、动力抽排为辅）排入片外泄洪通道，即二级排涝模式。该排涝模式的核心是既要控制水利片河道除涝最高水位，也要控制圩区除涝最高水位，同时圩区除涝最高水位低于水利片除涝最高水位，保障圩区和水利片河湖水面率和河道调蓄空间，合理布局河网结构和规模、排涝水闸，以及泵站装机流量。

4. 混合模式

即前述排涝模式“地面—水利片河网—泄洪通道”和排涝模式“地面—圩区河道—水利片河道—泄洪通道”的混合。部分区域地面雨水直接进入水利片河道，部分低洼区域设圩区控制，地面雨水经圩区调蓄排涝至水利片河道，然后由水利片河网调蓄调节后，再由水利片排涝水闸或泵闸，排入片外泄洪通道。

5. 强排模式

地面降雨由雨水管网收集系统汇水后，通过雨水强排泵站，直接抽排至片外泄洪通道。这种模式，没有经过河道、泵闸等水利设施调蓄排涝，而是由城镇雨水系统，直接排入外海或片外行洪通道。

3.2.2 排涝技术

1. 城市积水点治理

（1）湖水、河水等对雨水排放通道的顶托

结合建（构）筑物、绿地湿地公园、道路水系等市政设施建立“渗透、滞留、净化、蒸发和排水”系统。

（2）雨水通道被掩盖，雨水出路受阻

改造雨污合流管线，打通“断头管”，完善雨水管网系统。

（3）城市发展，地块汇流量增大，现状管道排水能力不足

实施雨箅子“平立结合”改造、更换旋流井盖等措施，提升道路雨水收集能力。

（4）现状雨水管道淤积、破损、堵塞等病害严重，雨水过水能力不足

加强排水设施养护。

（5）地势低洼

对部分因路面原因导致的积水问题，优化调整路面坡向，实施路面改造。

新建雨水泵站，对下凹桥雨水泵站进行改造；完善雨水泵站进出道路，并实现双路供电；新建排涝泵站。采取综合措施解决下凹桥区积水问题。

通过调整地面坡度、高程和汇水流向，增设集水井和抽排设施，解决重点区域低洼院落积水问题。

设立易积水点标识，准确标注雨箅子位置、管理责任主体及积水范围等信息。

建设城市积水内涝感知系统。实施积水点和排水管网监控，对积水点水位、流量等进行监测。

2. 管网、河网系统协同排涝

近年来，管网、河网系统不匹配，城市管网系统排水能力强、河道水网系统蓄排能力弱的问题比较突出，影响两者发挥协同排涝效果。雨水管网系统占地少，与城市路网紧密结合，呈现中心城密、郊区疏的特点。而城市水网系统，需占用较多的城市用地，呈现中心城区稀疏、郊区密集的特点。这些就导致中心城区地表硬化、雨水下渗少、产汇流大，河网空间不足、蓄排能力弱，内涝风险较高。

3. 分片河网水位调控

城市排涝最大的技术难点是合理调控河网水位。降低城市河网除涝最高水位，是防止城市发生内涝灾害的关键，也是排涝调控的最大技术难点。地坪标高、河道水位、河网结构、排涝系统，四者关系紧密。河道水位调控，既取决于河道空间大小和高低水位控制，又与城市开发强度和产汇流状况紧密相关，还与外排能力、区域面积和排涝距离相关，与下边界排涝条件关系紧密。

3.2.3 应对措施

1. 提高城市排涝标准

近年来，极端天气导致暴雨频发，许多大、中城市频频发生城市洪涝灾害。目前，城

市排水与排涝通常采用两级排涝体系：一级排涝系统负责较大区域的暴雨涝水以及市政雨水管网所汇集涝水的排除，属于水利排涝范畴，防治目标为发生城市内涝防治标准以内的暴雨时，城市不能出现内涝灾害，城市内河最高水位不超过最高控制水位；二级排涝系统承担城市小区、街道等小区域范围的雨水排除，属于市政排水范畴，设计暴雨可以采用短历时强降雨，防治目标为发生雨水管网设计标准以内的暴雨时，地面不应出现明显积水。

城市的一、二级排水排涝系统虽然都是承担暴雨带来的涝水排除任务，但由于涵盖了市政排水和水利排涝两个行业，其采用的设计标准、行业规范各不相同。排水与排涝分属市政与水利两个部门管理，两个系统根据各自的规模、功能、区域汇水时间不同而选取不同的设计频率和降雨历时，并且执行不同的设计标准。

因此，提高城市排涝标准，要改变单独关注某个标准的情况，要实现系统性治理，实现两个标准相匹配，并根据城市的发展及时进行提高。市政排水与城市排涝两套排水系统的关系如图 3.2–1 所示。

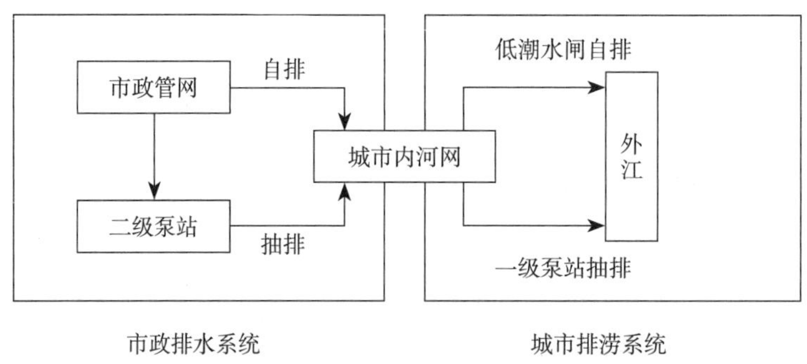

图 3.2–1　市政排水与城市排涝系统的关系

为系统整治城市排水排涝工程，彻底解决城市内涝问题，必须建立相匹配的城市排水系统与排涝系统。

2. 提高排涝泵站的抽排能力

（1）控制汇水面积

通过新建截水沟和挡水墙等方式引流、调蓄高位雨水，减少雨水泵站的汇水面积，防止客水进入。

（2）增大管道直径

核算汇水面积、径流系数、设计重现期、降雨历时等参数，复核路面雨水口的收水能力和进、出水管网排水能力，结合泵站能力选择合适的进、出水管。

（3）放大集水池容量

集水池的容积应满足泵站最大输送量要求，避免水泵频繁启停。应在设计时进行优化，适当放大集水池容量，以保证水泵具有良好的吸水条件，增强区域雨水调蓄能力。

（4）提高水泵能力

水泵是泵站中最主要的设备，水泵的性能直接影响泵站的能源消耗、安全运行和维护管理。对于效率低、能耗高的水泵应进行技术改造，结合水泵的参数和泵站运行情况，通过优化水力模型，改变叶轮直径、叶片角度、水泵转速，更换水泵零部件，更新水泵或选择新泵型等方式提升水泵能力。

3. 优化雨水管网系统

道路整治时，应结合海绵城市建设规划指引同步考虑排水设施提升，将道路雨水系统与道路溢流系统等低影响开发设施紧密结合，雨水连接管的设置应利于雨水的收集。排水设施应与道路建设同时设计、同时施工、同时投运，并将资金同步纳入道路整治中，同时加快水利河道强排泵站和山体截洪沟的建设。加强管材优选。所选雨水管道必须具有抗不均匀沉降性能好，管道接口抗渗性较好，性价比高，施工、维护管理方便，抗腐蚀性能强等特性。严格控制施工质量。雨水管道埋深相对较浅，常用开挖埋设，因此施工过程的质量控制尤其重要。

4. 提高排涝指挥平台建设

要依托智慧排水GIS系统，同时根据历年暴雨防汛经验，建立历史积水库，分析重大积水隐患点。通过工单、智慧城管、社会应急联动等方式，及时发现积水点，第一时间确认积水点位。并就近进行应急处置。

要建立城镇排水与城镇防洪联排联调机制，对河湖、水闸、管网、泵站、污水处理厂实行统一调度，避免洪涝叠加引发城市内涝。联排联调的内容应包括：排水泵站、节制闸、涵闸、水库等水利、市政排工程运行状况的监控；截留设施运行状况监控；城镇排涝抢险储备的应急车辆、移动泵车、抢险人员的调度等。一般，暴雨前应实行预排，即预先降低内河水位，将内河、排水管区的水位降至常水位以下，生态水位以上；暴雨前还应将调蓄池排空。暴雨后，一般地区24h内应将内河水位排至设计水位，重要地区根据需要将内河涝水排除时间缩短。

加强地下空间防范；做好低洼地带管控；加强场所安全管理；落实施工安全措施；全力保障供水安全。

5. 加强排涝物资储备

排涝物资储备短缺会加剧险情。防洪排涝物资设备是汛期抢险的物质保障，在抢险工作中发挥了巨大作用，但实际工作中不同地区排涝物资仍存在一定的短缺问题。

不同的保护对象、积涝原因，采取的排涝措施及使用的物资品种会有所不同。一般城市地下空间主要配置入口挡水板和水泵；下穿式立交桥主要配置高扬程水泵、彩条布及其他物资；地铁站口主要配置入口挡水板，配少量水泵、防滑垫及其他物资。低洼地区和小区等抢险时一般需要架设排水泵。虽然移动水泵是城市积水点抢险使用的主要设备，但移动泵车移动迅速、可自发电、安装时间短，作为强排装备适用面更广。此外，电缆、铁锹、木桩、应急灯、雨衣、警示锥、警戒线、防滑垫、沙袋等都是排涝储备物资，应适量进行储备。还应适当配置大功率排水车（龙吸水）、测深仪、声学多普勒流速仪等抢险装备。

6. 加强内涝防治宣传

为努力推动积水内涝应急管理向风险管理的思路转变，避免人民群众生命财产受到损失，可通过网络媒介等宣传手段增强社会公众对积水内涝风险的理解。如北京市利用数字化手段，首次完成了北京城市积水内涝风险地图，直观展示可能发生的积水内涝风险分布，给出相应的应对措施。积水内涝风险地图主要针对下凹桥区、市政主干道路等易产生积水内涝风险的区域，通过梳理近十年积水内涝风险点台账，同时辅助水文水动力模型、大数据统计等技术，采用“风险分布图+信息列表”相结合的表达方式，形成覆盖北京市中心城区、城市副中心，以及回龙观天通苑区域积水内涝风险地图，并向社会公众公布。

3.3 应急抢险

3.3.1 基本要求

1. 处理流程

（1）制定预案

科学制定、适时演练、及时修订、不断完善防汛抢险应急预案，是做好突发事件应对处置工作的基础环节。应急预案出台后，还要在应急演练和实战中修订完善，不断提高其可操作性和实用性。

（2）加强储备

加强应急物资、资金、人员的储备。物资储备，主要包括大型机械设备、运输工具、通信设备、能源、砂石料、钢材、粮食、药品等。资金准备，每年应视财力和突发事件处置拿出一定资金，建立应急资金专账，以备急需。人员准备，重点是加强应急救援队伍建设，主要包括消防、卫生、技术专家等应急分队。

（3）及时报告

突发事件发生后按照“快报事实，慎报原因”原则及时报告突发事件信息，迅速组织应急单元赶赴现场进行处置。

（4）科学处置

现场科学处置、控制事态发展、减少损失，是做好突发事件应对处置工作的核心。要根据突发事件的性质迅速出动具备相应处置能力的应急队伍，在第一时间赶到事发现场。要结合应急预案和现场事态情况，果断科学决策，采取得力有效措施迅速控制局面。要坚持“优先救人，救物次之”的原则，最大限度减少人员伤亡和财产损失。超出处置能力的，要迅速请求上级应急管理部门支援。

（5）善后处理

事后恢复与重建，以及善后处理是做好突发事件应对处置工作的重点。应急处理结束后，应及时恢复正常社会秩序，迅速恢复公共设施。要做好抚恤、安置等善后工作。要进行分析评估，总结经验，吸取教训。

2. 基本原则

（1）以人为本，安全第一

把保障公众的生命安全和身体健康、最大限度地预防和减少突发事件造成的人员伤亡作为首要任务，切实加强应急救援人员的安全防护。

（2）统一领导，分级负责

在党中央、国务院的统一领导下，各级党委、政府负责做好本区域的应急管理工作。在政府应急管理组织的协调下，各相关单位按照各自的职责和权限，负责应急管理和应急处置工作。企业要认真履行安全生产责任主体的职责，建立与政府应急预案和应急机制相匹配的应急体系。

（3）预防为主，防救结合

贯彻落实“预防为主，预防与应急相结合的原则”。做好预防、预测、预警和预报工作，做好常态下的风险评估、物资储备、队伍建设、完善装备、预案演练等工作。

（4）快速反应，协同应对

加强应急队伍建设，加强区域合作和部门合作，建立协调联动机制，形成统一指挥、反应灵敏、功能齐全、协调有序、运转高效的应急管理快速应对机制。充分发挥专业救援力量的骨干作用和社会公众的基础作用。

（5）社会动员，全民参与

发挥政府的主导作用，发挥企事业单位、社区和志愿者队伍的作用。同时，增强公众的公共安全和风险防范意识，提高全社会的避险救助能力。

（6）依靠科学，依法规范

采用先进的救援装备和技术，充分发挥专家作用，实行科学民主决策，增强应急救援能力；依法规范应急管理工作，确保应急预案的科学性、权威性和可操作性。

（7）信息公开，引导舆论

在应急管理中，要满足社会公众的知情权，除涉及国家机密、商业机密和个人隐私的信息外，做到信息公开透明。不仅如此，还要积极地对社会公众的舆情进行监控，了解社会公众的所思、所想、所愿，对舆情进行正确、有效引导。

3. 等级划分

防汛抢险应急事件的等级一般分为四级，各地应结合当地情况，依据事件可能造成的危害程度、波及范围、影响力大小、人员及财产损失等情况，由高到低划分为特别重大（Ⅰ级）、重大（Ⅱ级）、较大（Ⅲ级）、一般（Ⅳ级）四个级别。

特别重大防汛抢险应急事件（Ⅰ级），指突然发生，事态非常复杂，对城市公共安全、政治稳定和社会经济秩序带来严重危害或威胁，已经或可能造成特别重大人员伤亡、特别重大财产损失或重大生态环境破坏，需要市委、市政府统一组织协调，调度城市各方面资源和力量进行应急处置的紧急事件。

重大突发防汛抢险应急事件（Ⅱ级），指突然发生，事态复杂，对一定区域内的公共安全、政治稳定和社会经济秩序造成严重危害或威胁，已经或可能造成重大人员伤亡、重大财产损失或严重生态环境破坏，需要调度多个部门、区县、相关单位力量和资源进行联合处置的紧急事件。

较大突发防汛抢险应急事件（Ⅲ级），指突然发生，事态较为复杂，对一定区域内的公共安全、政治稳定和社会经济秩序造成一定危害或威胁，已经或可能造成较大人员伤亡、较大财产损失或生态环境破坏，需要调度个别部门、区县力量和资源进行处置的事件。

一般突发防汛抢险应急事件（Ⅳ级），指突然发生，事态比较简单，仅对较小范围内的公共安全、政治稳定和社会经济秩序造成严重危害或威胁，已经或可能造成人员伤亡和财产损失，需要调度个别部门或区县的力量和资源进行处置的事件。

3.3.2 防汛备勤

1. 预警

根据汛情预警级别及突发极端降雨情况进行备勤安排。汛情响应分为四级，即Ⅰ级、Ⅱ级、Ⅲ级、Ⅳ级。

2. 布设

（1）布控原则

应突出重点、实行流域结合、点线面统筹兼顾，实现下凹桥、积水点、城区主要环路、联络线及重点道路全覆盖。

（2）到位时间标准

应设置防汛抢险单元到位时间标准，要求以分钟计。

（3）布控方案

要有具体的防汛分区方案。每个分区要配置一定的防汛抢险单元。防汛抢险单元应包括大单元、中单元、小单元和巡查抢修单元。防汛分区方案中还应明确布控抽升能力、布控面积；打捞单元定点值守桥区、重点道路、风险点信息、内外部联络方式等。

3.3.3　突发事件处置

1. 设施类

当排水管网发生设施运行突发事件时，应立即启动相应应急预案，其中井盖箅子丢失、破损须 6h 内处置完成；污水外溢至路面和检查井内可燃气体严重超标须在 8h 内处置完成。因排水管线原因造成的路面事件，要求抢险队在接到突发应急事件 30min 内到达险情现场，快速开展抢险处置工作。

2. 溢流污染类

当发生污水处理厂溢流入河等突发事件时，污水处理厂应快速查明原因，并在第一时间向上级值班室报告。同时，根据单位生产运行突发事件综合应急预案程序，迅速与其他单位做好联动调水工作，减少污水入河流量。

3.3.4　管线抢修

1. 排水管道事故分类

排水管道事故主要分为渗漏、堵塞和塌陷三类。其中，管道塌陷较渗漏、堵塞发生的次数较多。此外，还可将排水管道事故类别细分为 15 项，分别为管道腐蚀、井体损坏、穿孔、管道变形、管道破损、接头错位、接头漏水、井壁裂缝、井底损坏、裂缝、墙体损坏、管道纵向爆裂（简称纵向爆管）、纵向裂缝、管道横向爆裂（简称横向爆管）以及其他事故类别。按照后一分类，事故类别占比最高的事故类别有管道腐蚀、接口漏水、裂缝和管道破坏等。

2. 排水管道塌陷

（1）原因分析

1）超使用年限

城市排水设施由排水管渠及其附属构筑物组成，排水设施的结构设计使用年限不宜低于 50 年。超过设计使用年限的管道容易造成断管塌陷，应重点关注、加密管道的检测评估。

2）结构缺陷

一般将管道结构缺陷分为腐蚀、破裂、变形、错口、脱节、渗漏、侵入七类，根据严重程度各分为轻度、中度、重度三级。不同类型、程度的结构缺陷影响管道强度、刚度和使用寿命。影响污水合流管道与雨水管道塌陷的结构缺陷类型与程度有明显差异。

对于污水合流管道来说，管道塌陷前存在结构缺陷最多的是腐蚀。产生腐蚀的原因为污水中微生物诱导产生的硫化氢、硫酸等硫化物对管道长期侵蚀，致使管道内壁逐渐变薄、脱落，导致结构强度降低；管道内壁脱落后，露出钢筋则更易被硫化物腐蚀，管道结构强度加速降低。管道腐蚀严重的，有露出钢筋、露出骨料、管壁剥落等情况。存在结构缺陷的主要表现为管道接口处破碎或长度较长的纵向裂口。破裂后管道本身结构强度降低，在受到长期水力冲刷或偶尔外部扰动后，会产生塌陷。

对于雨水管道来说，塌陷前存在结构缺陷最多的为错口，其次为破裂；还有少数变形、脱节缺陷等。四类点状缺陷均破坏了雨水管道密封性。雨水通过结构缺陷产生的缝隙不断冲刷管道周边土壤形成空洞，从而导致管道整体沉陷或断裂。

综上所述，腐蚀缺陷是污水合流管道发生塌陷的主要原因，且不同程度的腐蚀缺陷均有可能发生管道塌陷。错口、破裂等点状缺陷是雨水管道发生塌陷的主要原因。中度、重度的结构缺陷导致管道塌陷的概率较高。

3）降雨影响

在旱季时，城市土体含水量较低。当进入雨季，土体的饱和度遇频繁降雨后不断提高，抗剪强度降低，影响排水管道结构强度。频繁降雨导致地下水位升高，地下水渗透压力作用于管道周边土体，破坏管道结构；大部分雨水管道由于年代较早，标准较低，设计重现期多为 0.5～3 年，超过设计标准的降雨易造成雨水管道满溢，较大水压可能超过管道本身结构强度。这些因素导致雨季排水管道塌陷事件数量较高。

4）管材影响

排水管道材质应用最多的为混凝土管，占比达 82%；其次为塑料管占比 8%。此外还有缸瓦管、金属管、箱涵等其他材质，占比 10%；该类材质在近些年的市政排水管道建设中应用较少。结合不同材质的管道长度来看，每一百公里发生塌陷事件数量较多的管道材质为塑料管。塑料管道发生塌陷概率较大的原因主要有三点，一是管道施工质量参差不齐，因塑料管大多为柔性管道材质，在施工中的铺设、覆土回填等施工环节易造成对管道的破坏；二是塑料管经常用在埋深浅、管径小的环境下，较易受到外部扰动导致塌陷；三是在管道局部修复工程中，新安装的塑料管材与其他管材接口处理不当，导致出现错口、脱节等结构缺陷较多。

5）施工影响

扰动施工主要体现为重车碾压，电力、供水等地下管线施工，道路大修及地铁施工等。

近年来，我国城市发展较快，地铁、道路等设施处于建设高峰期。由于重型工程车、地下管线施工、施工降水、土体回填不实等问题，引起地下土层扰动和沉降，造成管道塌陷。扰动施工影响最大的多为埋深较浅的排水管道。虽埋深较浅的排水管道占管线总长度的比例较小，但表现为塌陷事件发生比例较高。道路载荷过大，也会导致埋深浅的排水管道承受过高的压力。电力、供水、燃气等管线施工时，易对埋深较浅的排水管道造成破坏。盾构法、浅埋暗挖法等地铁、隧道施工时，大量地下水渗出带走管道周围大量土壤，也会导致排水管道断裂塌陷。

（2）治理措施

排水管道作为重力流管道，发生塌陷事件隐蔽，易造成路面塌陷或水体污染等次生灾害。为减少管道塌陷事件，建议从技术和管理两方面着手进行治理与防范。

1）技术

一是加强管道的防腐措施。钢筋混凝土管防腐的作用是提高其耐腐蚀能力。主要措施包括在管道内表面刷涂防腐涂料层。通过使用高效混凝土减水剂或往混凝土中加入混合材料来减少混凝土的孔隙率从而提高混凝土的密实度等。应根据工程实际情况，选择恰当合理的防腐方法并严格按照设计和相关规范进行施工，从而有效控制和减缓管道的腐蚀程度。

二是抓好接口的施工环节。根据不同的接口选择不同施工工艺来保证接口的密封性和安全性。混凝泥土钢丝网抹带接口要求用水泥砂浆做内缝，施工内缝前要凿除多余的混凝土，将管头打毛以便砂浆和管头连接更贴合；外套环顶管连接的内缝水泥砂浆要捣实，油麻丝要做好防腐；承插口混凝土管采用水泥砂浆接口并捣实。另外，必须重视管道与检查井的搭接，确保其连接牢靠并防渗。

三是严控管道的功能性试验。排水管道最重要的功能性试验是闭水试验，合格后方可回填。按照《给水排水管道工程施工及验收规范》GB 50268—2008 的要求开展闭水试验。试验流程严格按照规范进行，如养护时间和浸泡时间一定要达到规定数值，数据务必保证真实，正确计算渗水量等。试验过程中应仔细检查试验管段是否出现裂缝和渗水。细小裂缝建议用细砂浆填实，轻微渗水建议用水泥浆修补。

2）管理

一是加强制度建设。健全排水管道缺陷检测制度，全面掌握现存结构缺陷种类及数量，并按计划有序开展工程改造。形成周期性检测评估机制。针对尚未及时修复的结构缺陷定期观察演变情况，及时调整治理计划。对塌陷管道的上、下游管段进行检测评估，并进行预防性修复。建立排水管道常态化修复工作机制。综合考虑地质条件、水文条件、交通条件等因素，合理采用开挖、非开挖修复工艺，优先对隐患大、影响大的设施开展修复工作。针对大管径、大流量的隐患管线，现场不具备导水、分流条件的，可新建平行管线或连通管线解决。加强排水管道施工质量控制。严格按照设计施工图进行标准化施工。特别是管道埋设高程要准确，防止出现错口等结构缺陷。接口连接要紧密，避免出现承插口脱节、橡胶圈脱落。管道回填要按照规范和设计要求分层回填、压实。所有管道施工均需按要求开展闭水试验。针对埋深较浅的管道施工作业，应采用混凝土满包封方式回填，尽量减少管道受扰动施工影响。

二是规范日常管理。规范排水管道日常巡视机制。针对尚未完成修复的缺陷管道制定专项巡视方案，加大巡视频率，并对中度、重度缺陷管道的上、下游检查井进行巡视，观察管道液位变化，及时发现塌陷事件；同时，运营单位要与城市道路管理部门对接，获取地下管线、地铁、道路施工作业区域，重点巡视区域内排水管道，加强管道保护。

要加强排水管道在线监测。运营单位可在管道中度、重度缺陷点位上、下游安装液位、流量等在线监测设备实时监测。一旦发现液位异常升高，及时溯源、及时治理。

（3）应急抢修

1）基本要求

抢险作业单元接到抢险任务后需要立刻了解权属管线周围地质及其他管线敷设等情况，同时联系相关管线产权及运营单位配合，以免险情扩大。

抢险作业单元完成地勘并详细了解管线周围情况，调查破损管道材质、管径、水量、破坏程度，以及上、下游管线等情况，并根据现场情况初步调查危害程度、相关技术要求、修复难度和周围环境等因素确定选用开挖或非开挖抢修方法。

抢险工程宜首选开挖施工，具有开挖抢险速度快、直观、费用省等优点。

选用开挖抢险应满足下列条件：对覆土在3m以内的抢险，明开抢险尤为适用。具备交通导行条件。地表环境开阔，无阻碍施工的构筑物、树木等。地下管线稀少，没有破坏其他管线的危险。无其他主管部门禁止明开施工的地区。

当现场条件不满足明开抢修的要求时，可选用非开挖修复进行抢险。非开挖抢修应满足如下条件：确定维修管段两侧检查井能够满足施工条件，人员可以下井作业、安装机械。管线不宜过长，管线内可以清淤。管线破损不太严重，没有大块物体堵塞管道。

确定抢修方法之后，首先应该对发生险情的管道进行封堵和导水。封堵和导水应根据水头、流量和现场情况，选择合适的封堵和导水措施。

应根据道路交通情况制定交通导行方案。交通安全设施及交通标志应符合《道路交通标志和标线　第2部分：道路交通标志》GB 5768.2—2022的规定。交通导行范围内按照标准要求摆放各种交通标志和交通设施，夜间施工安装施工警示灯。

在抢险中遇有限空间作业应执行各地有限空间作业相关要求。

2）技术要求

①一般规定

抢险工作时效性强，需要现场指挥人员当场决策。抢险工作现场复杂，地下情况未知，需要仔细调查，准备多套各种情形的应对预案，同时确保物资充足，能够根据现场情况灵活转换。此外，多数情况下，抢险现场不满足任何一种抢险技术的条件，需要在工作中对抢险技术、工法综合利用，来创造条件完成抢险任务。

②开挖法抢修

开挖抢修分为直接开挖和支护开挖，支护开挖一般采用锚喷、螺旋支护或钢板支护等方式。开挖抢险适用于现场道路宽阔的情况，抢险过程中，不涉及对社会交通的影响，或具备妥善的交通导行措施确保社会交通正常运行的情形。

满足下列条件时，一般选用直接开挖方式抢险：一般情况下，深度应在 4.0m 以内。土质较好，无地下水或少量地下水可采取水泵将上游检查井及待修管线内的水抽至下游管线排放；抢险场地宽阔，不影响交通或交通影响小；抢险时间短，1 ~ 2d 可以完成的项目。

满足下列条件时，一般选用锚喷支护方式抢险：一般深度在 4.0m 以上，钢木支撑及螺旋支护不能满足安全及时间要求；土质不好，地下水位高。抢险场地宽阔，操作面大，具有堆放材料及机械场地的项目；不影响交通，或影响小的地区，如绿地、农田和河边等地方。如影响交通，可采取夜间作业，白天铺设钢板恢复交通。

满足下列条件时，一般选用螺旋支护方式抢险：一般深度在 5.0m 以上，钢木支撑、锚喷支护不能满足安全及时间要求；土质好，地下水位不高，且地下无其他障碍物和其他管线；要求的操作面小，抢险场地小，接管或作为基坑胀插管的项目；不影响交通，或影响小的地区，如影响交通可采取夜间作业白天铺设钢板的方法；抢险时间超过 3d，同时施工区域不要求短时间必须完成的项目。

满足下列条件时，一般选用钢板桩抢险：一般深度在 5.0m 以上，钢木支撑、锚喷及螺旋支护不能满足安全及时间要求；土质不好，地下水位高，且地下无其他障碍物和其他管线；抢险场地狭窄，操作面小；抢险时间超过 3d，且作业区域短时间不能完成的项目。

更换管道（检查井修复）前，先开挖至故障管线处，确定故障范围和原因，并清掏管线内杂物。确认属于管线已破损无法再用的，要进行管线更换。管线更换时应符合以下规定：破损段两端要找到好管，并且去除不少于 0.5m 或去除至整管道接口处。优先选用同材质、同管径；管线平口连接时，接口应处理到位；也可用与原管内径相符的同级 PE 或 HDPE 管平口连接，应做好接口处的处理工作。更换管段及与原管接口处，应采用 360° 混凝土满包封处理。局部更换管道的抢险段，在通水运行后，应及时对含有此抢险段的管段做内衬修复处理。

回填的前置条件应符合以下规定：待接口混凝土初凝，或者采用无纺布将接口处混凝土进行覆盖，并在无纺布外采用外砌砖发旋形式加以保护。采用试水验证管道畅通后，管道接缝处周边无渗漏。

回填时应符合以下规定：应进行分层回填；直埋管回填时，土中不得含有碎砖、石块、大于 100mm 的冻土块及其他杂物。管底和有效支撑角范围内应采用中粗砂回填密实，管道两侧和管顶以上 500mm 范围内的回填材料，应由沟槽两侧对称运入槽内，不得直接扔在管道上。其他部分的回填土应均匀运入槽内，不得集中堆入。

回填土压实时，管道两侧和以上 500mm 范围内胸腔夯实，采用轻型压实机具，管道两侧压实面的高差不超过 300mm。回填时周围有其他专业管线时，应符合产权及运营单位的相关规定；遇排水管道位于道路交通下方的，应符合道路管理部门的相关规定。

③非开挖抢修

非开挖抢修的管道修复及顶管可参照《城镇排水管道非开挖修复更新工程技术规程》CJJ/T 210—2014 和《城镇排水管道非开挖修复工程施工及验收规程》T/CECS 717—2020 规定。

非开挖抢修一般采用胀管法（裂管替换法）、螺旋缠绕、紫外固化或插管法等。适用于社会交通量大、无法利用导行措施满足社会车辆正常通行，同时抢修的管道及周围土体强度有足够的承载力的情形。

胀管法（裂管替换法）的优点：新管道无缩径；可保持或增加原有管道的设计能力。缺点：旧管道埋深较浅时，可能引起地表隆起。

螺旋缠绕内衬法的优点：过流断面损失小，增大了过流能力；运输及现场安装方便；设备简单，一体化程度高；操作简洁，作业安全；环境适应性强。缺点：内衬管和原管道间需要注浆处理。

紫外固化法的优点：内衬管和原管道结合紧密无需注浆；作业速度快、工期短；可用于变形部位的管道修复；接头，表面光滑；过流断面损失小，增大了过流能力。缺点：需特殊施工设备，对工人的技术水平和经验要求高；需要对固化过程认真监控、检查和试验。

插管法的优点：作业工艺简单，易学易做；作业速度快，对交通和周边环境影响小；采用专用设备、投资少、施工成本低。缺点：过流断面损失大；间隙需要注浆；道接口较多；要应用于圆形断面管道。

3）工法选择

工法选择见表 3.3–1。

工法选择 表 3.3–1

序号	工艺名称	适用情况
1	胀管法（裂管替换法）	清淤完成管道为混凝土管且为非满包结构； 适用于管径 500mm 以下； 胀管不会对周边管线及设施产生影响

续表

序号	工艺名称	适用情况
2	螺旋缠绕内衬法	清淤完成，对管道进行冲洗，CCTV 检测完成； 适用于管径大于 500mm； 管段井边有开阔场地停放设备
3	紫外固化法	清淤完成，对管道进行冲洗，对管内壁清洁程度高，CCTV 检测完成； 适用于管径 400 ~ 1500mm 的管道修复； 管段井边有开阔场地停放设备
4	插管法	清淤完成； 适用于管径 300 ~ 600mm 管道修复； 适应性强，检查井井内可操作，不需要大型场地

4）安全要求

根据现场不同特点，及时将每个施工区域用锥桶进行封闭围挡，并设置显著的施工标志。

新进材料应摆放整齐、牢固，堆置有序。码放高度小于 1.2m，搬运时注意要轻拿轻放，不碰手砸脚。

根据施工需要量按需提取材料，并及时使用；避免路上大堆放置，增加不安全因素。

要安全行驶车辆，礼让社会车辆，做到“一慢二看三通过”，为抢修创造有利条件。

工具使用前，要检查安装是否牢固，避免发生甩、掉头等飞出伤人事件。

交通安全标志的摆放、回收要按照“顺放逆收”的顺序进行，且现场操作人员应穿反光服；交通安全标志要按规定的距离摆放，宁密勿疏。

抢修现场设有专人看守，严防外人误入，并负责施工车辆的安全进出。

路上作业，应封闭作业区域，或用交通标志与行驶路面进行隔离，关键部位要设专人疏导行人和社会车辆。

操作人员应按安全操作规程进行操作，严禁野蛮施工、违章操作、违章指挥。

特殊工种作业，操作人员应持证上岗，严禁无证人员操作。

各种抢险作业车辆要遵守道路交通法，严禁酒后驾驶和疲劳驾驶。

安全劳动保护用品出现破损时，应及时更换；安全防护用具使用前应细致检查，功能良好方准投入使用。

应对用电线路进行定期检查，保证安全使用；小型机具使用前应进行绝缘遥测。

外单位人员和与抢险无关人员，严禁进入施工现场。

抢险前，技术负责人要将工程概况、施工方法和安全技术措施，向参加施工的工地管理人员、施工队负责人进行总交底，向所有直接操作人员进行分项安全技术交底。每个单项工程开始前，应进行单项工程的安全技术措施交底。交底的内容和施工要求应对安全施工具有针对性和指导性，并落实到每个操作者。安全技术交底措施中的各种安全设施、防护设备应列入任务单，落实责任到班组或个人，并实行检查制度。项目技术主管、施工负责人和安全技术人员要经常深入工地检查落实情况，及时纠正违反安全技术措施规定的行为，并且注意发现和补充安全技术的不足。项目负责人应对安全技术措施的执行情况进行跟踪管理，保证实施。安全技术措施交底应以书面形式下达，有双方的签字和交底日期。

3.3.5 抽排设备

1. 小型汽油泵

（1）准备工作

启动前应先检查汽油机。进行汽油机润滑油油位检查。卸下润滑油加入口盖，擦干油尺。把油尺插入加油口，但不要拧旋。如果油位低，加入推荐使用的润滑油直到机器厂家推荐油尺位置。进行空气滤清器检查。不要在无空气滤清器时运转汽油机，不然会加速汽油机的磨损。检查滤芯上的灰尘和杂物。加注燃油。使用汽车用的汽油，最好使用无铅或者低铅汽油，这样可减少燃烧室内的沉积。不要使用机油 / 汽油混合油或者脏汽油，避免燃油箱内掉进灰尘、垃圾及水。在通风良好的地方加油，加油时汽油机要停止运转，在加油地不能抽烟，存储汽油地严禁明火及火花。油箱不要加得过满（加油口颈部应无燃油），加完油后，检查油箱盖是否盖好。加油时当心不要溢溅燃油，溢溅出的燃油或燃油挥发气体可能会燃烧。如果有燃油溢溅出，应立即使用抹布擦干，并且在启动前要确保该地方已挥发干净。避免皮肤反复或长期接触汽油或者吸入汽油挥发气体，不要让儿童接触汽油。

（2）连接水管、注水

连接吸水管。连接出水管。检查预注水，启动前应加满预注水。

（3）启动操作

开启燃油开关。

关闭阻风门。

将发动机开关置于开启位置。

将节气门拉杆稍向左侧移动。

轻轻拉动启动手柄至有阻力感，然后快速拉动，注意放回启动手柄时请勿打击发动机，应轻轻放回防损坏启动器。

（4）运转操作

当发动机温度升高后，逐渐开启阻风门。

将节气门置于所需速度位置。

（5）停机操作

将节气门拉杆向右移至全开位置。

将发动机开关置于“关”位置。

将燃油开关置于“关”位置并与止动钮接触。

紧急停机方法：将发动机开关置于“关”位置。

2. 液压渣浆泵

以 HP28 型液压渣浆泵为例（图 3.3–1），介绍其操作规程。

（1）准备工作

发动机曲轴箱油位每次发动前，检查发动机机油的油位。发动机机油的油位应位于机油尺“FULL”的刻度线，但不要太满。

发动机燃料液位检查（即发动机汽油箱的油位情况），添加清洁、非变质的汽油，辛烷值不低于 87，含 10% 乙醇的混合汽油也可使用。检查液压油液位，并添加符合以下标准的液压油。

选用管径为 12.7mm、长度为 8m 的油管。油管的承压必须达到 2500psi。油管两头必须为符合要求的管接头盒快速接头，如图 3.3–2 所示。

图 3.3–1　液压渣浆泵

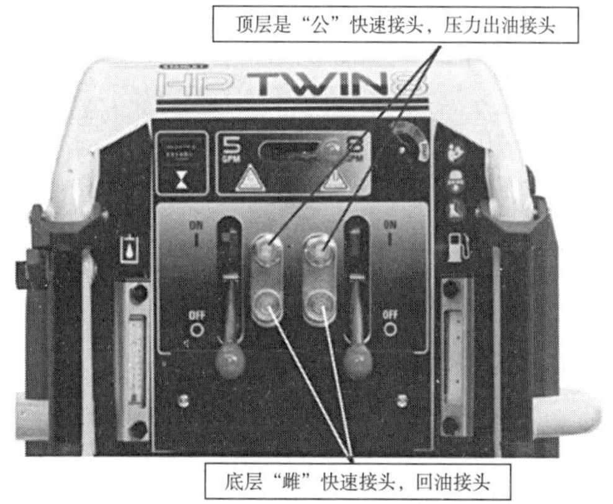

图 3.3–2　液压管快速接头示意图

（2）启动操作

启动发动机前，先查发动机机油的油位和液压油箱油位。

将流量阀杆拨到“关”的位置，否则发动机无法启动。

按要求连接油管。

该发动机没有配备手动阻风门，所以启动时，没有必要阻风。

将流量选择阀杆拨到“5GPM”的位置。设备第一次启动时，可以用这个流量来预热机器，然后根据需要，再切换到“8GPM”位置。

转动启动开关，当发动机正常启动后，立即放开旋钮。

怠速下预热发动机。

将流量阀杆往上拨，液压油系统，开始工作。两个阀杆都往下拨，则开始双回路作业。如图 3.3–3 所示。

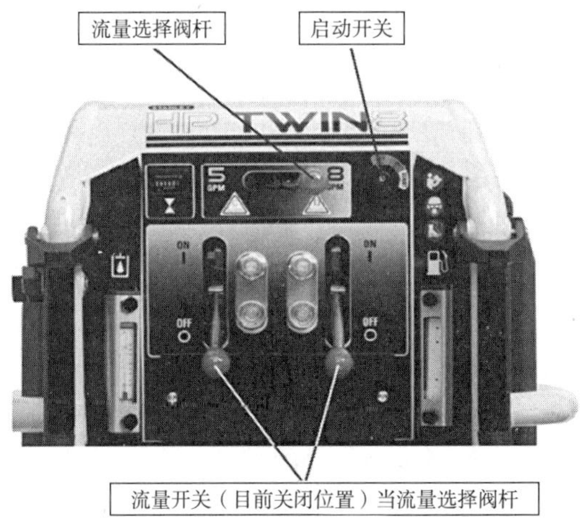

图 3.3–3　液压动力站开关及流量控制示意图

（3）停机操作

将流量阀杆往下拨，切断压力油输。

旋转启动开关至“OFF”位置，关闭发动机。

（4）冬季启动

在冬季，按启动步骤启动发动机。需注意，液压油在冬季会相对黏稠些。如果液压油管及工具温度均较低，则等油管中的油温升高后，再进行正常作业。

3. 车载式移动泵站

以“迪沃”车载式移动泵站为例（图 3.3–4），介绍作业操作规程。

图 3.3–4　车载式移动泵站

（1）准备工作

发电机组检查。检查机组燃油充足；机油液位；冷却液液位；连接发电机组接地装置；设置接地钎，钎体长度的 2/3 插入地中。

水泵搬运与检查。搬运水泵及电缆应 2 人配合完成，搬运水泵应避免磕碰、放置平稳；检查水泵叶轮是否完好；检查防护罩是否完好；检查电缆外观是否无破裂、无老化、无裸线；检查电缆插头是否无破损、无污物、无积水、插针顺直。

排水软管检查。检查排水软管外观是否无破损；检查排水软管是否接头牢固；检查排水软管卡箍是否完好。

（2）启动操作

布置排水软管。平铺布置排水软管，不可有死角。

水泵安装。连接水泵与排水软管时需要 2 人配合完成；平稳放置水泵，防止水泵倾倒；水泵与排水软管连接牢固；水泵电缆应均匀布置，不可缠绕使用；水泵电缆与发电机组连接牢固。

水泵设置。使用水泵提拉绳升降水泵，电缆不可受力；将水泵平稳放入检查井底；收紧排水软管；预留水泵电缆长度；水泵设置淹没状态；固定水泵提拉绳；固定水泵电缆；抽水井设置专人看护；排水井设置专人看护。

启动发电机组。按顺序启动；开启发电机组电瓶，开启机组控制屏电源，启动机组开关，观察显示面板，闭合断路器。

启动水泵。按顺序启动；启动水泵，增加转速至规定转速，观察水泵控制面板，示意水泵已开启。

（3）停机操作

关闭水泵。按顺序关闭；降低水泵转速至零，关闭水泵，观察水泵控制面板，示意水泵已关闭。

关闭发电机组。闭合断路器，关闭机组，关闭机组控制屏电源，关闭发电机组电瓶开关，示意发电机组已关闭。

拆除排水软管。将排水软管中积水完全排空；回收排水软管，对折错开 50cm；盘卷整齐。

4. 大型排水车

以“龙吸水”大型排水车为例（图 3.3–5），介绍其作业操作规程。

（1）准备工作

检查液压油箱液位是否在规定范围内。

确认底盘储气筒气压是否超过 5kg，若不足则空转发动机充气，直至自然排气。

检查各个开关接头是否有松动；油管等是否破损渗漏等。如有问题立即修理，修理完

图 3.3–5 “龙吸水”大型排水车辆

成后方允许进行下一步的工作。

开启电源总开关。

按照抢险预案，选择好抽、排水区域。将车停在合适的位置。根据需要连接出水管。当橡胶软管爬坡度较大时，应该用沙袋等先将沟壑铺垫平整、使管路顺畅。

（2）启动操作

将车辆停放到合适的作业地点。将变速箱挡位挂到空挡位置，拉起驻车制动器手柄，确保 2 个底盘气压表均超过“5”的位置。钥匙拨至开启状态，但不启动发动机。

打开控制面板电源开关，按下“辅泵开”开启发动机，按下“辅泵加压”按钮（辅泵开只能在发动机停机状态下操作，发动机启动后禁止进行“辅泵开”的操作）。

以下操作也可用无线遥控器控制，但不可同时进行两个或两个以上的动作操作。分别按住“左支腿伸出”和“右支腿伸出”按钮，将左、右支腿尽量伸出至最远处；注意确认支腿行径范围内无障碍物再进行伸出支腿操作。

按下“支腿下”按钮，放下液压支撑腿，以能将车辆稍微顶起来为宜。若支撑的地面较为松软应先将地面铺至硬实。

按下“翻转举升”按钮，将翻转架举升至适当的角度即可。未翻转举升到一定角度时不得进行“平移伸出”操作。按下“平移伸出”按钮，将平台平移到最远位置。

根据现场工况需要，可按下“转盘正 / 反转”按钮，使平台在水平面上旋转合适的角度（进行“转盘正 / 反转”时“平移伸出”必须伸至最远处，然后将管轨适当地下降，让转盘的受力更加均衡）。

通过“翻转举升”“管轨下降”“副轨下降”“水管伸出”等步骤相结合，使水泵最大限度伸入水中。

水泵等机构展开到位后，选择合适的出水口连接好出水接头，按下“绞盘正转”开关，放出输水软管与出水接头相连接。

以下的操作适用于 90° 下井排水，实际的操作则应按实际工况的不同进行合理调整，“管轨、副轨、水管”的伸缩不设先后顺序。按下“翻转举升”按钮，将翻转架举升至 90° 角，与井的中心线平行。

通过“平移”“旋转”等动作使水泵与水管尽量对准井中心。按住“副轨下降”按钮，小心地将副轨伸入井中，直至副轨走完全部行程，注意勿刮碰。按住“水管伸出”按钮，将伸缩水管放出。按下“绞盘正转”放出输水软管，将其一端与出水口上的接口用快速接头连接。

水泵等机构伸出到位，连接好排水软管之后，按下“辅泵卸荷”，按住“发动机停车”按钮直至发动机完全熄火，按下“辅泵关”按钮。此时抽水前的准备工作完成。接下来进行水泵开机的操作。

（3）水泵开机操作

按下“水泵开”按钮，按住“发动机启动”按钮，启动汽车发动机（此时确认全功率取力器的传动轴是否正常转动），打开“密封圈开关”，使充气密封圈充气。

按下“水泵正转”按钮，打开“PTO 开关”锁定油门，按住发动机提速开关使转速提高到 1500r/min 左右。

顺时针缓慢旋动油压调节旋钮，使水泵油压显示表指针慢慢提升至 20MPa 左右（升压及降压时禁止快速旋动油压调节旋钮）。发动机转速与水泵油压匹配关系见表 3.3–2。至此，开机过程结束。

发动机转速与水泵油压匹配表　　表 3.3–2

发动机转速（r/min）	水泵油压（MPa）
800	8 ~ 9
900	9 ~ 10
1000	10 ~ 12
1100	12 ~ 15
1200	15 ~ 18
1300	18 ~ 20
1400 ~ 1500	20 ~ 22

（4）停机操作

缓慢平稳逆时针旋转油压调节旋钮直至油压表指针指向 0。

关闭密封圈开关，降低发动机转速至 800r/min，关闭“PTO 开关”，按下“水泵停止”按钮。

按住“发动机停车”按钮，直至发动机完全熄火。

关闭“水泵开关”。

打开“辅泵开关”，启动发动机，按下“辅泵加压”按钮。

按住“水管缩回”按钮，缩回水管。按住“副轨上升”按钮，收回副滑轨。按住“管轨上升”按钮，收回主滑轨。按住“转盘正转 / 反转”按钮，使转盘恢复到与龙门架平行的角度。按住“翻转下降”按钮，使翻转架下降一定角度。按住“平移收回”按钮，使工作平台完全收回。按住“翻转下降”按钮，使翻转架平稳地卡放在龙门架上的凸起上。

拆卸输水管路，将输水软管用液压绞盘卷起。

按住“支腿上”按钮，收起液压支撑腿，分别按下“左 / 右支腿收回”按钮，使支腿恢复到行驶状态。

打开控制箱面板，按下“辅泵卸荷”，关闭“辅泵开关”，关闭控制系统总电源。至此整个撤离过程结束。

3.3.6 挡水设备

1. 便携式防汛带

（1）作用和应用场合

便携式防汛带是一种能快速布置的可折叠防汛产品，主要用于洪水控制、水流拦截、消防水疏导等方面。在各种地面都能很好地附着，地形适用性广。雨前布设，低水位不影响车辆通行。

（2）标准配备

防汛带主体、压载沙袋、两侧沙袋、浮漂。

（3）产品规格

便携式防汛带产品规格详见表 3.3–3。

便携式防汛带产品规格　　表 3.3–3

规格型号	最大拦水高度（cm）	布设占地宽度（m）	标准件长度（m）	主体材质
XD035–050	35	1.4	5	PVC 涂层布
XD050–050	50	2	5	
XD070–050	70	2.8	5	
XD100–050	100	4	5	

（4）操作规程

现场就位后，沿蓄水侧和迎水侧展开、铺平，如图 3.3–6 所示。沿防汛带迎水侧铺设沙袋，安装浮漂，如图 3.3–7 所示。快速拼接出所需长度。按粘条、拉链、粘条、卡扣的顺序依次连接，如图 3.3–8 所示。

图 3.3–6　便携式防汛带铺设示意图

图 3.3–7　铺设沙袋与安装浮漂示意图

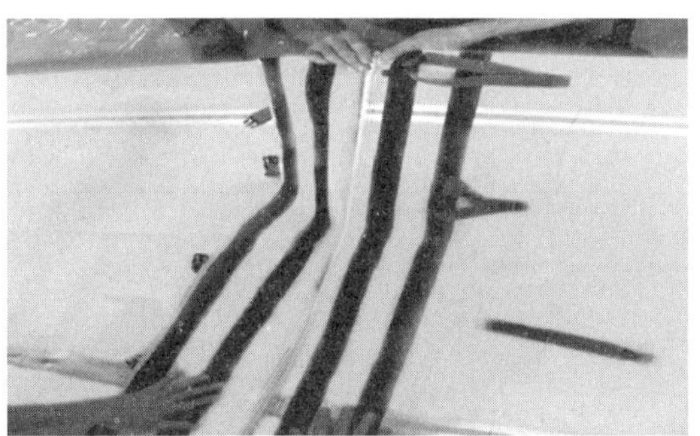

图 3.3–8　快速拼接示意图

（5）维护保养

移动时应搬运，禁止拖动。使用完毕后用清水清洗。悬挂晾干并折叠收纳。禁止与尖锐物品叠放保存。保存应避免长时间阳光暴晒。

2. 便携式防汛筒

（1）作用与应用场合

便携式防汛筒用于井盖顶脱，污水外溢时制止污水、雨水井的喷冒，如图 3.3–9 所示。

图 3.3-9 井喷应对示意图

（2）标准配备

筒体、定位圈、支撑杆。

（3）产品规格

便携式防汛筒规格型号见表 3.3-4。

便携式防汛筒规格型号　　表 3.3-4

单位规格（mm）	最大拦水深度（cm）	底盘外径（mm）	适用井口尺寸（mm）	主体材质
XT80-100	100	2000	ϕ800	PVC 涂层布
XT80-050	50	1530	ϕ800	
XT70-100	100	1900	ϕ700	
XT70-050	50	1430	ϕ700	

（4）操作规程

将筒体展开。安装定位关钢圈。移到井口就位，如图 3.3-10 所示。

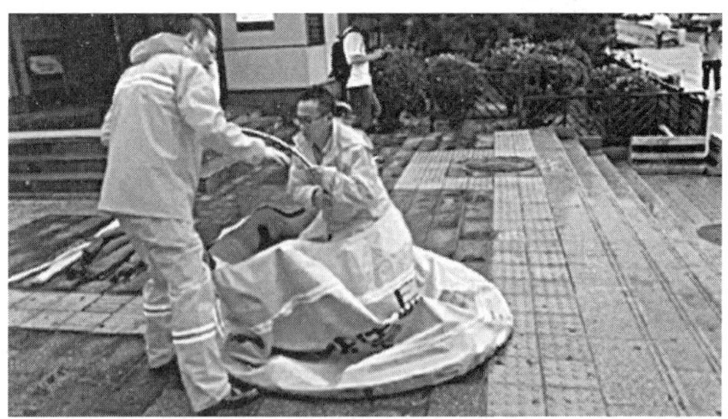

图 3.3-10 安装定位关钢圈示意图

（5）维护保养

移动时应搬运，禁止拖动。使用完毕后用清水清洗。悬挂晾干并折叠收纳。禁止与尖锐物品叠放保存。保存应避免长时间阳光暴晒。

3. 防汛专用档板

（1）作用与应用场合

防汛专用档板是一种铝合金或 PVC 材质的可快速布置的防汛物资，主要用于地铁、隧道、地下商场、地下车库等低洼区域的拦水导水，如图 3.3–11 所示。

图 3.3–11　防汛专用档板应用示意图

（2）标准配备

防汛专用挡板，固定支架。

（3）产品规格

防汛专用挡板的规格型号见表 3.3–5。

常见的防汛专用挡板规格型号　表 3.3–5

规格型号	最大拦水高度（cm）	布设占地宽度（m）	标准板尺寸（$H\times L$，mm）	主体材质
XB020–020	60	0.3	200 × 2000	铝合金 PVC

（4）操作规程

1）道路导水操作

核定现场尺寸与图纸标示是否一致。

根据设计尺寸确定防汛专用挡板固定支架安装位置，标定打孔位置。

打孔，并植入膨胀螺栓或化学螺栓。

安装防汛专用挡板固定支架。

安装防汛专用挡板，如图 3.3–12 所示。

图 3.3-12　道路防汛专用挡板应用示意图

图 3.3-13　通道口档板示意图

2）门中、通道等拦水

核定现场尺寸与图纸标示是否一致。

根据设计尺寸确定防汛专用挡板固定支架安装位置，标定打孔位置。

打孔，并植入膨胀螺栓或化学螺栓。

安装防汛专用挡板固定支架。在安装位置预先涂抹防水密封胶，安装完毕后在固定支架与墙体接缝处涂抹防水密封胶。

安装防汛专用挡板，调整侧顶螺钉，固定防汛专用挡板并密封，如图 3.3-13 所示。

（5）维护保养

用水流冲洗。使用后，堆叠整齐。

4. 移动式防洪闸

（1）作用与应用场合

移动式防洪闸采用高性能铝合金材料制成，背水侧采用三角形支撑结构，最大可承受 4m 水深的压力，如图 3.3-14 所示。

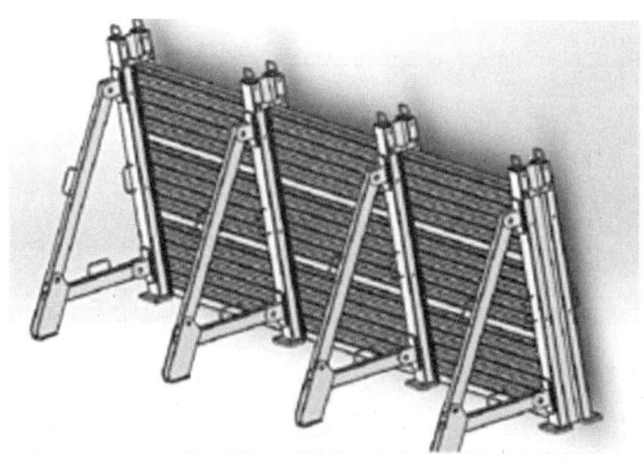
图 3.3-14　移动式防洪闸示意图

（2）标准配备

闸板、侧固定框架、活动框架、斜支撑。

（3）产品规格

移动式防洪闸产品规格见表 3.3–6。

移动式防洪闸产品规格　表 3.3–6

规格型号	最大拦水高度（cm）	布设占地宽度（m）	标准板尺寸（$H \times L$，mm）	主体材质
HQ050–02	400	1.5	500 × 2000	铝合金

（4）操作规程

安装防洪闸底座。将底座与植筋连接，找平后浇筑混凝土，确保底座上表面与周边地面或台面齐平。

安装侧固定框架。用膨胀螺栓或化学螺栓将两侧框架与墙面紧固，采用橡胶密封，安装完毕后在框架两侧及底面均匀涂抹防水密封胶。

安装活动框架。用螺钉将活动闸框与防洪闸底座连接并固定。

安装活动框架的斜支撑，用扳手调整支撑盘，增加预紧力。

安装防洪闸板。按照板密封方向，将板放入固定好的框架内，确保相邻的两块闸板对齐，如图 3.3–15 所示。

图 3.3–15　防洪闸板组装示意图

5. 速装式防汛椅

（1）作用和应用场合

速装式防汛椅是由一系列椅形板标准件首尾相连组装而成的挡水屏障，现场布设快捷，可高效应对紧急突发汛情，如图 3.3-16 所示。

图 3.3-16 速装式防汛椅示意图

（2）标准配备

椅形板。

（3）产品规格

速装式防汛椅的产品规格见表 3.3-7。

速装式防汛椅的产品规格 表 3.3-7

规格型号	最大拦水高度（cm）	布设占地宽度（m）	标准件长度（m）	主体材质
XP055-063	55	0.8	630	ABS

（4）操作规程

1）预先布设

检查将要布设速装式防汛椅的区域，把松散的沙子和石块清理干净。

放置椅形板并一个挨一个地连接起来。

2）带水布设

布设临时保护性防汛墙，将椅形板相邻迎水放置但不连接，以削减流速和冲击能量。

布设正式的防汛墙，如图 3.3-17 所示。

3）收回保护性防汛墙。

图 3.3–17　带水布设防汛墙示意图

（5）维护保养

清洗检查。用高压水枪冲洗。

随后将椅形板堆叠存放。

3.4　典型案例

3.4.1　郑州“7 · 20”暴雨京广隧道排涝抢险

1. 基本情况

郑州京广隧道是贯穿郑州京广路上的多条隧道的统称，由京广北路隧道、京广中路隧道和京广南路隧道组成，全长约 4km。隧道上方有高架桥，下方为南、北双向隧道，附近为郑州站商圈，是大流量人群聚集地，也是诸多司机接送乘客的必经之路。此次暴雨，隧道内部积水最深处的高度达 13m，郑州京广路隧道地势低洼，积水点面积大且附近河道洪水水位高，极易形成隧道内涝。

2．内涝成因

2021 年 7 月 16 日～7 月 20 日，河南遭遇历史性罕见持续性强降雨。7 月 20 日 16 时～17 时，京广隧道所处区域遭遇最强烈暴雨，1h 降雨量达到 201.9mm，超过我国陆地小时降雨量极值。本次暴雨强度和破坏力极强，已经远远超过原本的防洪标准和防洪预案。

在京广隧道中，短时间汇集大量积水，伴随着杂物堵塞排水系统，导致雨水不能迅速排出。除此之外排水设备不能正常工作，排水泵站被淹，电源自动切断，排水泵未起到排水作用。加之排涝装备比较短缺，不能够应对大面积内涝排险任务。

3．安全隐患

京广隧道是郑州市目前较长的地下城市交通隧道，京广南路隧道、北路隧道单孔断面积 69.53m^2，长约 4km，可汇集总雨水量约 55.6 万 m^3，并且埋深大，地面与隧道底板最大高度差约为 9m。隧道内部配置大量监控、消防等设备，一旦积水将会造成巨大的财产损失。在排水系统上分为地面和隧道内两个排水系统。隧道采取了一些防水措施，例如设置防水驼峰、提高泵站设计重现期标准、设置排入河道的压力管、配置备用泵与泵站地面控制系统等，但是隧道周边区域排水不畅，同时排水系统出口的金水河、熊儿河等河道水位较高，严重威胁着隧道安全。京广北路隧道和京广南路隧道各设有两座排水泵站，泵房位于隧道箱涵结构的中隔墙，距离隧道东、西两洞入口各 200m，每座泵站设 3 台水泵，两用一备，单个泵机功率 18.5kW，设计流量 295m^3/h，集水池容量 18.75m^3。泵站具备远程自动控制和手动控制功能，每台泵均可以设置自动启泵水位和停泵水位，暴雨无人值守时，水泵可自动启动、自动关闭；如果雨量较大，第一台泵抽水时，第二台泵、第三台泵也会自动启动，保证及时抽水。郑州市遭遇“7・20”特大暴雨时，熊儿河水位快速暴涨，水位从 1m 左右暴涨到 4m，河畔低洼地区积水一度达到 1m 深，因此隧道排水体系可能在积水涌入隧道前已经失效。隧道排水泵房位于隧道箱涵中隔墙底部，设置的排水泵站能够应对 50 年一遇的暴雨，但遭遇“7・20”特大暴雨时，在隧道排水体系失效的情况下，雨水快速涌入隧道，容易淹没泵站配电房，导致隧道排水设施停运，更何况泵站的抽排能力相对“7・20”特大暴雨来说微乎其微。若按小时降雨量 201.9mm 计算，预计约 30min 的雨水汇水量便可将京广南路隧道、北路隧道淹没。

4．应对措施

（1）科学研判

2021 年 7 月 17 日起，河南出现了连续数日的极端强降雨，21 日 8 时～22 日 13 时，中北部累计降雨量达 200～400mm，其中郑州、鹤壁、新乡局部地区超过 900mm。京广隧道不到 3h 就灌入了 30 万 m^3 的积水，数据远远超出了预测范围。为了后续有效抢险，侦测组充分利用携行的侦测设备（无人侦察机、三维激光扫描仪、流速仪、无人测绘艇）加强侦测，及时准确获取有效信息，如灾情起始和发展情况，影响救援的水情、雨情等天气情况，工程构筑物的基本情况，周边环境和舆情情况等。为方案制定提供部分关键参数。

（2）封控道路

在河南郑州京广隧道快速排涝抢险中，道路大量积水，主要交通堵塞，一定程度延误了救灾时间。交通顺畅对于快速排涝抢险救灾具有重要意义，有利于设备和技术人员的第一时间到达作业现场，灾害发生后，迅速加强道路封控，确保人员装备快速到位，及时抽组人员装备，人员设备集中于主要交通隧道和学校、医院等重要区域。

（3）优化方案

在排涝抢险救援中，注重研究把握抢险作业特点规律，针对内涝点多面广、隧道抢险环境复杂、媒体及百姓时刻关注等因素，坚持技术先行，组织技术组实地勘察、研判灾情形势，及时制定城区排涝抢险方案、群众转移方案，确保“安全、科学、高效”完成抢险救援任务。

在此次郑州城区排涝抢险中，注重创新和方案优化。针对郑州城区排涝装备紧缺、排涝点多，排涝量大，排水口少且远、京广路南北隧道排水任务重等实际困难，采取“多路出击、多面布点、多泵齐抽、梯次接力、友邻协同”等方案进行排涝。在力量部署中：主要在京广南北隧道科学部署子母式、垂直式不同型号的龙吸水，实行轮班组合、人歇机不歇，保证抽排水 24h 连续作业，累计抽排水约 563 万 m^3。在多面布点中：结合现场抽水量大、作业面广、单通道窄等实际情况，难以集中多台设备在同一作业面同时开展抢险作业，采用将人员装备分别配置于隧道进出口引坡段和镂空段，同时展开抽排作业，大幅提升排水效率。京广路隧道排水设备配置见表 3.4–1。

京广路隧道排水设备配置　表 3.4–1

序号	任务地点	投入人员	装备数量	装备型号	参数
1	郑州站西广场（京广北路隧道北侧）	36	3	龙吸水（子母 3000 型）	排水量 3000m^3/h，扬程 15m
			2	龙吸水（垂直 1500 型）	排水量 1500m^3/h，扬程 17m
			1	龙吸水（子母 1000 型）	排水量 1000m^3/h，扬程 22m
2	京广北路隧道南侧	21	2	迪沃 5000 型	排水量 5×1000m^3/h
			4	龙吸水（子母 3000 型）	排水量 3000m^3/h，扬程 15m
			2	龙吸水（垂直 1500 型）	排水量 1500m^3/h，扬程 17m
		6	1	龙吸水（垂直 1500 型）	排水量 1500m^3/h，扬程 17m
3	京广南路隧道北侧	6	1	迪沃 5000 型	排水量 5×1000m^3/h
		12	2	龙吸水（子母 3000 型）	排水量 3000m^3/h，扬程 15m
		6	1	龙吸水（垂直 3000 型）	排水量 3000m^3/h，扬程 15m
合计		87	19		总排水量 27500m^3/h

在梯次接力中：抽排作业后期使排水设备深入隧道，距路面排水口距离过长，受设备扬程和排水管长度制约，单台设备难以将积水排至隧道外部，采用多机联动、梯次接力、开挖排水沟等方法，最大限度地减少排水距离，实现快速排涝，尽早打通交通要道。

（4）加强宣传

7 月 19 日 8 时开始，当地水利和气象部门发出暴雨预警，且不断提升级别。群众也在前一天晚上通过手机短信、电视新闻、互联网等多个渠道收到预警提示，减少不必要的外出。在后续 48h 内，市防汛指挥部门共发布工作指令 20 多个、预警信息 20 多期，发出紧急通知 40 多份、工作明电 40 多份，指挥调度，应对险情灾情。

（5）保障有力

救援现场环境复杂，降雨不断、水位上涨、连续作业、夜间作业等因素，使救援面临较大的安全风险，在人员和设备安全方面需要得到很好的保障。成立了技术保障组和后勤保障组。

京广路隧道抢险中，采用龙吸水、动力舟桥、无人船搭载多波束云数据采集系统等救援装备。现场做好油料、发电机、排水管、雨衣等排涝物资保障。

3.4.2 北京城区道路排水管道防汛抢险

1. 险情特点

由于城区排水管道的主要干线管道多数为较大管径的管道，称为“城市的生命线”，所带用户（支线）多，排水流量大、充满度高，且干线管道的埋深均较深，一旦干线管道发生险情，塌陷范围大。还需考虑险情位置上游排水用户（政府、企业、居民等）正常使用，不因堵、冒、淹等情况而滋生二次事故，故存在导水作业难度大的问题。

随着城市的发展，城市地下排水管网的规模在不断扩大，大批的地下排水管道由于铺设时间久远，现已纷纷达到或接近使用年限，排水管道中排入的大量杂物和工地水泥砂发生沉淀、淤积就会造成管道堵塞，老旧排水管道腐蚀严重，清淤难度较大。

应急抢险必须要在最短的时间内完成，才能最大限度地减小交通压力或控制灾害的影响。

2. 应对措施

（1）抢险流程规范化、装备配置合理化

整个抢险流程的规范化和抢险队伍到现场处置的标准决定了抢险事件的处理效果，如图 3.4–1、图 3.4–2 所示；装备的合理配置、及时供应决定了抢险事件的处理效率，如图 3.4–3 所示。建立全天候应急备勤队伍，各基点分别按工程抢险组标准化配置随时待命，

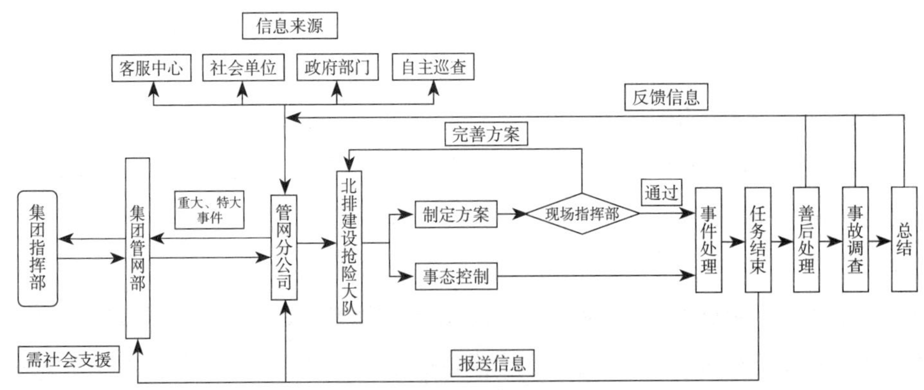

图 3.4–1 规范化的抢险流程

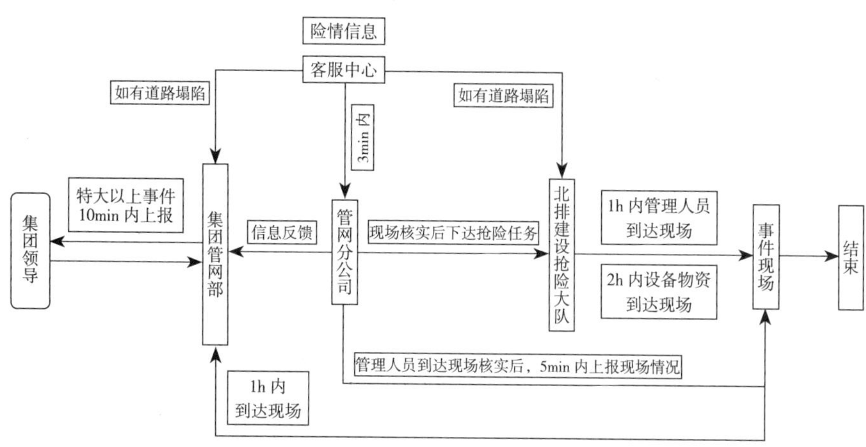

图 3.4-2 限时限责细化信息报送流程

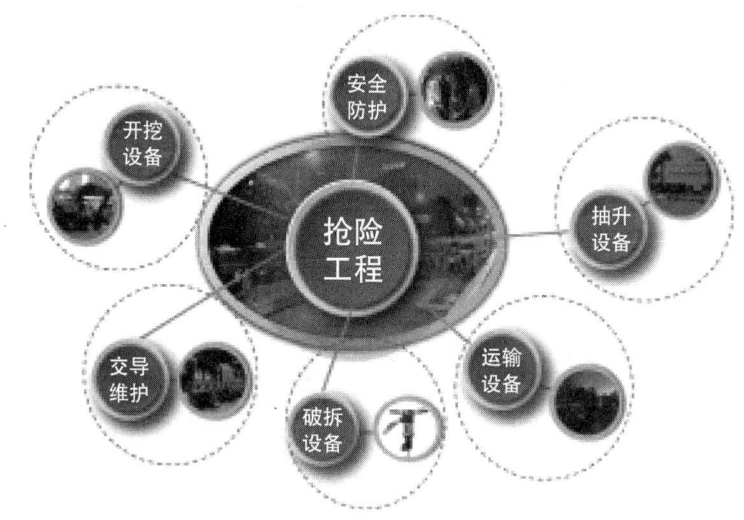

图 3.4-3 装备的合理化配置

遇突发事件随时响应。

（2）现场处置步骤标准化

1）确认权属

如图 3.4-4 所示，接到抢险任务后，首先要确定险情发生处是否在权属范围内，如果不在权属范围内，需要向有关部门及时反映；如果在权属范围内，需要立刻了解权属管道周围地质及其他管道敷设等情况。同时联系相关管道单位配合，以免险情扩大。

2）勘测现场，制定抢险措施

完成地质勘测并对管道周围情况了解清楚之后，应根据现场情况、修复难度和周围环境等确定选用明挖或非开挖抢险方法。抢险工程首选明挖施工，明挖施工速度快、直观、费用少。确定抢险方法之后，首先应该对发生险情的管道进行封堵、导水，封堵和导水措施应

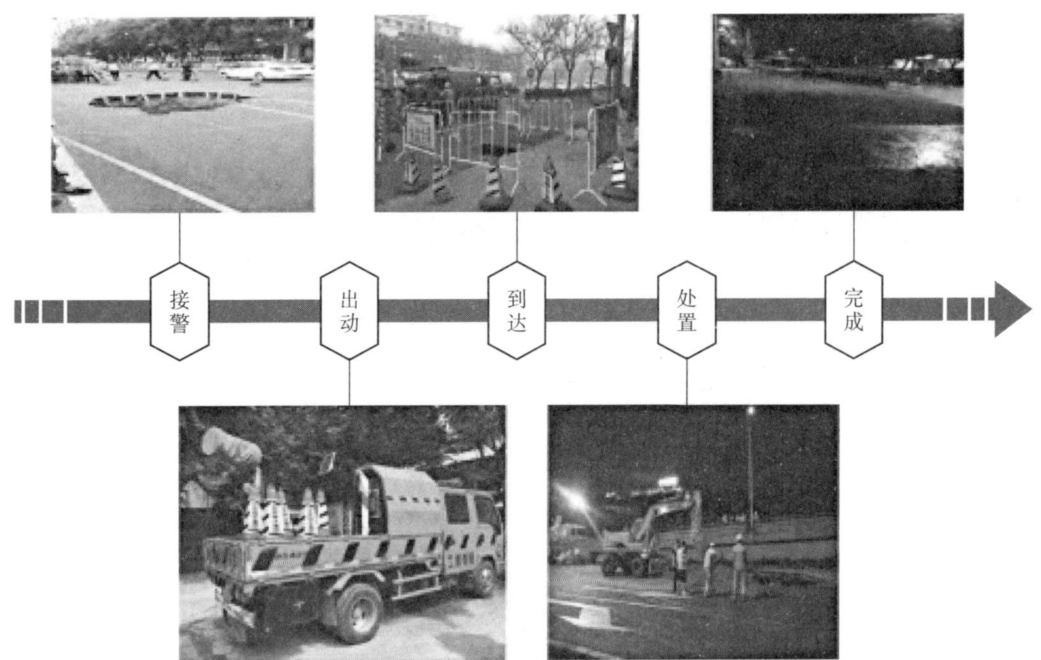

图 3.4–4　标准化的现场处置步骤

根据水头、流量和现场情况选择。

（3）细化布控导水抢险组

细化布控要结合抢险单元装备情况及城区防汛薄弱点，采用突出重点，流域结合，点、线、面统筹兼顾的原则。在防汛抢险保障中，还要结合气象预报及天气雷达回波，及时提前预测，避免城市交通拥堵影响抢险单元到位。同时围绕“快报”“快到”“快抢”的三快要求建立常态化机制，如图 3.4–5 所示，完善预案，强化演练。

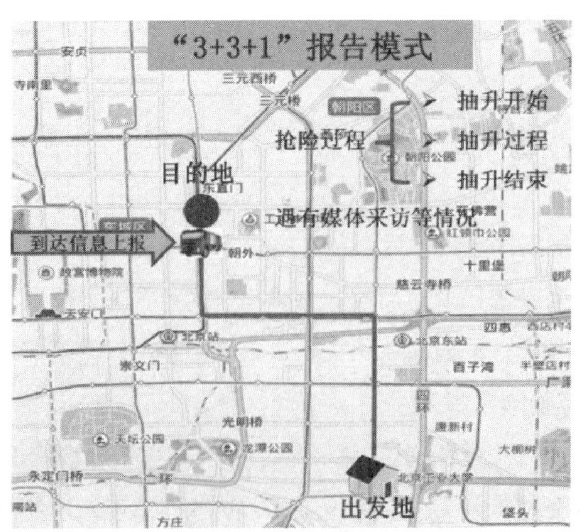

图 3.4–5　固化报告模式

“快报”主要是从完善硬件设备、扁平化信息处理流程、固化报告模式方面进行开展。

“快到”主要考虑抢险单元人员与设备的匹配协调程度以及单元到布控点的路线的优化。人员与设备采用“三个结合”原则，即结合施工地点、人员驻地、备勤基点；设备预置采用“四个结合”原则，即结合施工地点、人员驻地、备勤基点、外协场地。在抢险路线的优化上，主要考虑备勤基点到布控桥区的最优路线规划、布控桥区到支援桥区的最优路线规划、交通高峰时段的最优路线规划，以及以降低抽排实施过程对交通断路影响为目标的改进措施等内容，科学指挥调动抢险单元，提升应急保障能力。

“快抢”主要是按照“养兵千日，用兵一时”的原则开展日常工作，只有坚持“平时如战时”的训练，才能做到“战时如平时”的熟练；重点优化抢险方案，进行理论学习；模拟险情，强化演练；平时如战时，进行严格考核。

（4）加强信息化管理

加强信息化管理直接决定抢险事件处置的时效性，通过不断加强防汛抢险信息化建设，建立应急指挥大厅，利用 4G、北斗、在线监测等信息化设备积极推进“互联网 +”在防汛抢险中的应用，有效提高指挥决策能力。例如，对所有隐患地区安装视频监控系统，对所有抢险单元安装车载视频监控系统，利用高精度北斗定位设备对抢险抽排位置、检查井及雨水箅子等重要设施进行坐标定位，将抢险预案及坐标信息存入防汛移动终端中，当积水淹没抽排检查井或雨水箅子时也能通过坐标定位立即确定它们的地点。

3. 实际应用

基于防汛抢险特点及应对措施，结合典型抢险案例的实际应用给予介绍。

（1）导水设备常态化布控，加快前期导水速度

在汛期抢险中，前期快速完成导水工作尤为重要，所以汛期常态化布控导水设备是必不可少的。

例如北京市学知桥东南侧污水管道抢险，塌陷范围为 20m × 9m × 5m，仅用时 45min 将大方量回填材料调至现场，3.5h 完成回填（560m^3 砂石、80m^3 混凝土）；事故管道平均流量约 8 万 m^3/d，基于城区内汛期常态化布控大型单元，紧急有序调度 11 组大型防汛单元（12 万 m^3/d），解决了前期导水问题。

（2）多元化措施，提升管道清淤能力

抢险过程中在保障清淤速度的同时也要保障人员安全，同时还要勇于开发新技术突破难关。

例如在北京市学知桥东南侧污水管道抢险中，管道淤堵较为严重，在前期无法导水的情况下现场研发了“潜望镜配合浮船检测技术”，及时为制定方案提供了有效数据。抢险过程中管道清淤难：管道内满管淤泥，水泥砂浆含量高、硬度强，清淤管段局部上部有空洞，连夜加工钢套筒保护清淤，同时加装通风设施，加快清淤进度。

（3）运用非开挖抢险技术，加快抢险速度

在适用非开挖抢险技术的抢险工程中，提倡抢险单位突破原有的明挖抢险方式，学习运用非开挖抢险技术，从而有效加快抢险速度、解决交通压力问题，同时保护周边环境。

例如北京市学知桥东南侧污水管道抢险，抢险占用了交通主干线，为加快施工进度，必须满足能快速组织设备、材料进场及快速形成生产能力的要求，采用多点交叉平行作业，综合运用多项领先技术有效推动项目的进展。非开挖紫外修复、螺旋缠绕、机械顶管、微型顶管、检查井喷涂等新技术在该抢险工程中得到了综合运用，有效解决了大管径抢险修复难题。

（4）加强应急演练桌面推演，强化协调处置能力

管道抢险工程是一项系统且庞杂的工程，尤其在周边管线较多的情况下，抢险单位应该着重加强管理人员的总体协调能力。

例如在北京市学知桥东南侧污水管道抢险过程中，需要协调北京市公联公路联络线有限责任公司、中国联通、国家电网、市园林绿化局等多个单位协同作业。北京排水集团主动牵头组织成立现场临时指挥部，设置了专业处置组、专家顾问组、治安交通组、救援救护组等保障小组，有序协调各个单位进行指挥调度，极大地加快了抢险进度，这些正得益于日常强化实战演练以及开展多单位协同作战的应急演练桌面推演，遇到抢险工作，临危不乱，真正提升了抢险相关单位的沟通和协调能力。

3.4.3 综合管廊防汛

1. 基本情况

综合管廊包括管廊本体、附属设施、入廊管线和安全保护区域。管廊本体指综合管廊的结构主体及人员出入口、吊装口、逃生口、通风口、管线分支口、支吊架、防水和排水设施、检修道及风道等构筑物。附属设施指为保障综合管廊本体、内部环境、入廊管线稳定运行和人员安全，配套建设的消防、通风、供电、照明、监控与报警、给水排水和标识等设施。入廊管线指放置在管廊内的水、电、气、通信等管线、管涵及其附属设施。安全保护区域为在管廊结构及周边的特定范围内（根据不同情况在管廊结构周边 3m、10m、50m、100m、150m 内不等）设置的保护和控制区域。

城市地下综合管廊分为干线管廊、支线管廊、微型管廊和缆线管廊。其中干线管廊大多为大、中型管廊，支线管廊指单舱或双舱管廊，均设置了消防、机械通风、供电、照明、监控与报警系统等附属设施，人员可在内部通行，但微型和缆线管廊几乎不设置附属设施，不满足人员通行要求。

2. 危险

对微型和缆线管廊，设计仅考虑排出管道连接处的漏水、管道检修时的放水、管廊内

冲洗水、管廊结构缝处渗水，以及管廊开口处渗水，未考虑汛期地面倒灌雨水。若汛期地面雨水倒灌，管廊内积水过多，会导致电力和通信排管或桥架内积满水，影响管线安全和穿缆、管廊维护人员的人身安全，必须抽排管廊内所有水，并进行通、排风，人员方可下井作业，否则容易造成中毒、窒息和淹溺事故，由于管廊长度一般较长，未设分区，耗费时间较多。当有高压电缆故障时，还可能发生触电事故。对干线和支线管廊，除以上危险性外，管廊内夹层与管廊和地面的高爬梯还可能导致人员高处坠落，管廊内各种附属设备被淹损坏还可能造成重大经济损失。

3. 主要措施

（1）汛前

做好物资管理。准备防汛物资，如防汛沙袋、防水膜、挡水板、油布、抽排设备等，放在使用位置最近且通风干燥的安全地点，并定期进行维护保养、破损更换、数量补充等；将易受潮物资等贵重物品转移至安全的地方。

做好 24h 值班监控和巡检工作，发现隐患第一时间处置。检查配电箱、电器设施防水状况，避免雨水造成电器设施短路；用感应式水位计或水尺测量易渗漏点，检查排水设施；密切关注水位上升与廊内积水排泄情况；对重点区域巡查或留守，确保关键部位抢救及时、力量充足；视情况用沙袋、泥土建筑防洪围堤。

提前处理渗漏水故障。正常可渗水部位如井盖、逃生口、通风投料口、出线口等处，措施有：对井盖进行维修加固，对缺失的进行补装，对低洼、易涝地区加装防坠装置，对废弃的要限期填埋；维修地面逃生口、通风口等部位；对出线口用防火、防水和防汛封堵材料封堵或注浆（如水泥、堵漏胶、管廊密封防水组件、封管器等）。正常不应渗水部位。主要指主体结构（如防火门间隙等）、变形缝（如连接缝等）、螺栓孔、注浆孔、排水沟、集水坑等，要用防火、防水和防汛封堵材料堵漏。对已渗水的裂缝处，采用嵌缝法、堵塞法或注浆法，须止水后进行封闭处理；贯通性裂缝渗漏水，在不危害结构安全时，可用注浆处理，涂混凝土渗透结晶剂或内部喷射防水材料；变形缝渗漏，要用注浆或止水带修复，特殊情况可安装外加导流槽，变形缝止水带损坏渗漏，要注浆止水后安装外加止水带；穿线孔（管）渗漏，用堵塞法或注浆法，或采用预制封堵件或快干水泥封堵；清理排水设施，对集水坑、明沟和管道进行清理、清掏和疏通，维修保养集水坑内的水泵、阀件、管道、仪表及其附件，对各类盖板进行维护或更换，为管廊集水、排水扫清障碍。

处理供电线路故障，使水泵启停水位和报警水位的监测、手动和自动状态监视、启停控制、运行状态显示、故障报警等日常运行功能正常。

除管廊建设时修建的排水设施外，可在易涝段另外修建排涝泵站，并配置柴油发电机组配电房。

开展检测工作。对干线和支线管廊，人员可进入管廊开展检测，作业较方便。对微型和缆线管廊，可采用管渠检测方式：如闭路电视检测系统（包含控制器、电线缆卷盘、爬行器、摄像头、灯光、计米器等），人员在地面用 CCTV 检测车，进行管廊视频的拍摄，掌握内部状况。

（2）汛中

坚持 24h 值班值守，运用智能监控系统，实时监测廊内积水变化情况。

加大管廊巡查频次，利用防汛沙袋等加高、加固管廊口部，通知入廊管线单位做好管线应急处置工作。

当积水达到警戒水位时，启动排水设备抽排廊内积水；当排水设备无法满足要求时，增加移动抽水设备（抽水泵、发电车 / 抽水车等）加强抽排工作，外加挡水板、防水油布、防汛沙袋等。对干线和支线管廊可用移动抽吸泵通过通风口、投料口、逃生口等进行大流量排水至地面，同时加强管廊内机械抽、排风。若地面雨、污水集水系统瘫痪无法排出，若两类舱室未共用集水坑且另一类舱室未积水时，也可先从一类舱室通过夹层抽到另外一类舱室，以防止管廊内机电设备被淹，待地面水位安全后，再抽排至地面排出。当管廊积水不能有效排出时，立即撤离廊内人员，切断廊内电源，停止管廊运行，待地面水位下降后，再通过移动和自动抽排把积水降至安全水位以下。

对微型和缆线管廊只能通过各种井、集水坑和排水泵站进行移动抽排，或者通过口部位置自然排出溢出水，由于管廊平时不进人，可能伴随管廊堵塞等情况，因此可能还需要进行疏通。由于管廊内无机械抽、排风和防火分区分段，因此过程更为复杂；管廊若需要维护，应至少将水位降至管廊底部给水排水支墩高度以下，做好排水措施，严禁沟槽积水，严禁带水作业。此过程大致需要经过通风、管廊分段封堵、管廊疏通、清淤吸污清洗（必要时注水）、管廊维修维护、废除封堵等步骤，具体如下：将管廊排水、疏通段上游和下游井盖打开，整个过程中，可用空压机、防爆轴流式风机、风管“一头吹，一头吸”开展全面通风，此动作贯穿防汛处置全过程。对疏通的管廊进行分段，用特制的封堵管廊工具封堵两端：如机械管塞（由穿心螺栓、盘和橡胶圈组成）、充气管塞（橡胶气囊）、止水板（由橡胶或泡沫塑料止水条、盖板和支撑杆组成）、木塞、黏土麻袋或墙体，并应用支撑等防护措施。对积淤不严重的管廊，可人力冲洗和疏通管廊。对积淤严重的管廊，应采用机械设备冲洗和疏通，两边注水，水和淤泥搅拌，再把淤泥吸到地面。具体可用推杆（竹片或钢条等工具）、转杆（旋转疏通杆，又称软轴或弹簧疏通）、绞车牵引通沟牛（桶型、铲型等清泥工具）、高压射水等设备清除、疏通管廊内部积泥，再用吸泥泵或通沟牛清出淤泥。将淤泥吸出后，只留有该段管廊的进水口和出水口，将高压清洗车的消防水带伸进上、下游，洒水口朝向管廊水流方向开展洒水，对于管廊下游的检查井再次进行清淤吸污。常见疏堵清淤设备有高压疏通清淤车、真空吸泥车、淤泥抓斗车、挖掏式管道疏通车（能深入管道长度达 80～130m 长）、高压清洗车、高压射水车、联合疏通车等。对管廊内阀门井漏水管道、渗漏部位进行截堵、维修。最后废除分段封堵。

（3）汛后

检查并排除廊内积水和垃圾，维修保养管廊防汛结构、设备。

（4）新技术和新装备应用

1）充分利用 BIM 系统进行预测管理

BIM 系统能对管廊进行全生命周期管理，便于管廊运维中各单位协调，技术交底，过程管控，物资采购、储存和调用，人员调度等管理，特别在防汛初期可预测物资和人员是否充足、点位配置数量、分级管控责任人、防汛处置过程记录闭环，实现全方位可视化、可追溯监管模式。

2）运用井盖探测系统进行预测管理

目前在管廊内部设备层，逃生口下只安装了红外对射装置，通风投料口下只安装了视频监控装置，存在视野盲区，无法覆盖口部位置。口部位置（如逃生口井盖、通风口格栅、出线口，以及出线口外属于管廊红线范围的阀井井盖）的安全情况不能通过相关智能系统实时反馈到监控中心。因此大多数综合管廊口部位置的安全状况主要依靠人员每日现场巡查。在管廊口部的阀井盖也没有防护措施，阀井盖在自然或被人为损坏后，巡检人员无法及时发现和处理，可能造成社会车辆损坏、人员意外伤害、非法人员入侵管廊、恶意偷盗穿缆线等安全隐患。

对此，可在管廊的逃生口、通风口和管线出线井盖上安装地井监测系统装置，地井监测系统运用基于移动物联网通信技术、感应技术、无线射频识别技术、融合卫星定位等技术，在口部位置安装锁闭及监控（如电子锁、机械锁、无源锁）、无线传感与报警器［实时监测异响、破损、缺失、异常开启（角度、振动、加速度）、气体、溢水、水浸、水质、温度和湿度等］、无线加密技术的电子防坠网、井盖智能二维码标签等，对口部位置进行信息定位、安全探测和开闭监测。同时在监控中心安装监控平台，让地井系统与廊内智能监控设备相结合，监控中心人员可综合掌握管廊的实时动态，通过平台报警，锁定险情、快速定位，及时作出响应指示。巡检维护人员通过相应的微信小程序或手机 APP，可对地井监测位置进行远程监控和接单处理。

3）小型水泵自动排水

鉴于有些管廊的集水坑不一定在该段最低点，导致廊内积水无法自动排除，而人工排水工作量大、效率低，廊内传统水泵也无法抽排 5cm 以下的微积水，对此，可在常年积水处安装超声波水位报警监测控制系统和小水泵联动，把水自动排到就近廊内集水坑或地面，同时可设置监控装置把信号接入监控中心，便于监控人员掌握。

4）新型防水工具设备

无土沙袋，由于重量轻，内含吸水膨胀颗粒，能快速吸水膨胀，在抗洪堵漏时方便携带，能够提高抗洪效率。

微型和缆线管廊用分段阻隔工具，便于对管廊分段阻隔封堵，防止非维护段管廊空气或水进入维护段管廊，也便于使用后取消封堵，可借鉴国外发明的可收纳防弹折叠墙工艺并运用到防火涂层板组合安装中；此外，也可设计防洪屏障，即用防洪挡板扩展杆进行多块拼接，进行阻隔，中间可打气，使两侧和底板贴合紧密、两侧收缩压紧，起到阻隔作用。

5）大型防汛排水设备

由于干线和支线管廊内已设置自动抽排系统，因此部分管廊管理单位仅配备小型移动水泵和发电机，无法满足连续暴雨等严重汛情，鉴于此，有需要的管廊管理单位应配置应急用大型防汛排水装置，包括发电设备和抽排设备。

6）修建防汛结构

可在逃生口、通风投料口上，视条件修建风亭（上封顶亭或密闭盖板，四周用电动防雨百叶窗通风，下雨或雨水倒灌时自动关闭百叶）；在易涝管廊的口部位置周围修筑防洪墙，高度 0.5m 以上，具体可根据城市规划要求、地质条件、建筑材料、施工条件、防汛控制标高等因素采用土堤、土石混合堤、浆砌石墙、混凝土或钢筋混凝土墙等形式，或采用装配式防汛子堤、围井（如用防水油布、不锈钢板、钢管等制作的不锈钢折叠式围井）。也可视条件，在综合管廊人员出入口（连通口）、逃生口（通风口）等处安装防护密闭门，在吊装口安装水平滑轨式封堵板，在防汛前就做好封堵。

7）智能机器人

开发巡检无人机，远程控制快速巡检口部位置。

开发清淤机器人系统，用于对微型和缆线管廊、综合管廊雨水舱（箱涵）进行清淤、排水。

第4章 城市排水厂站

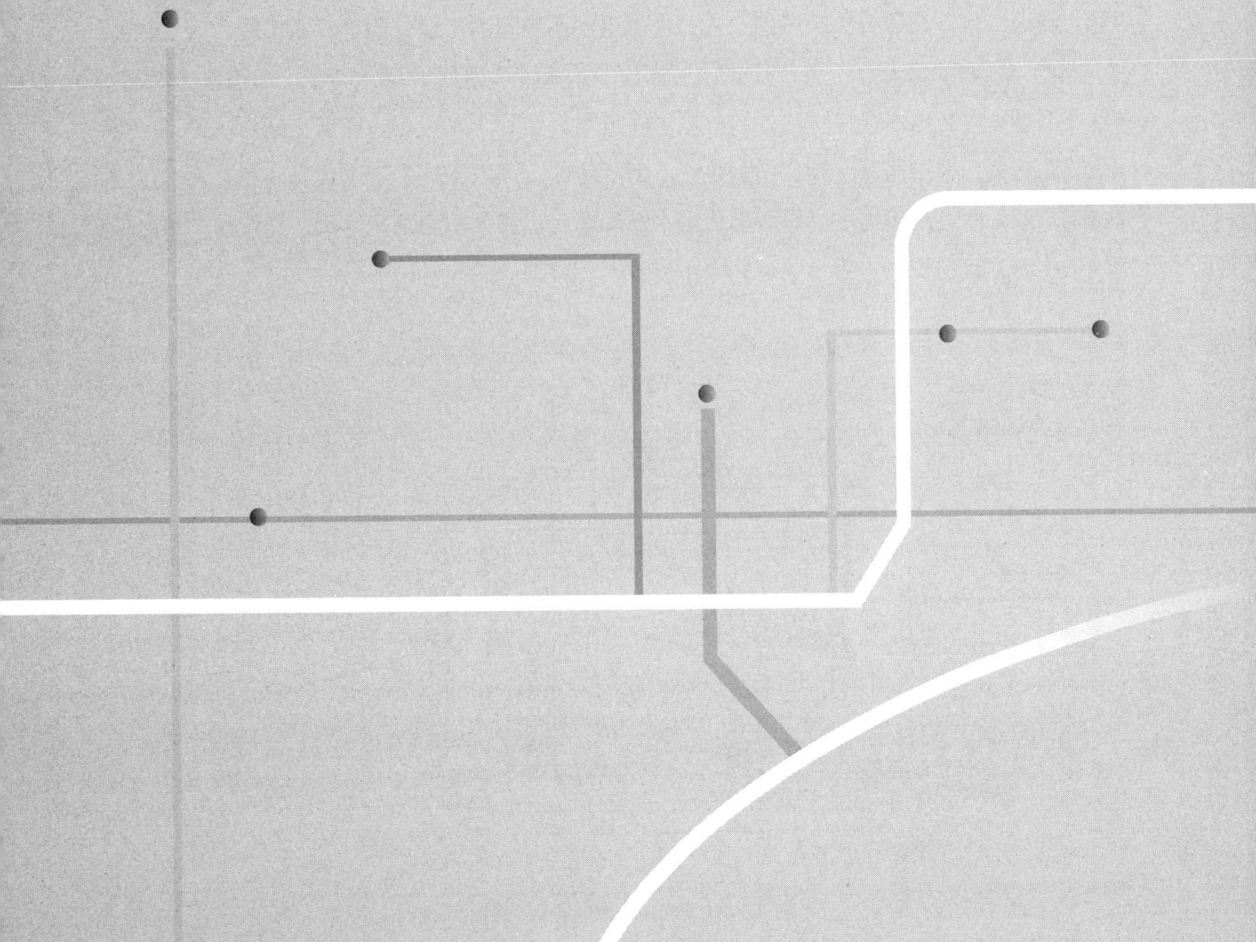

城市排水厂站是排水泵站和城市污水处理厂的统称。排水厂站的典型设施有调蓄池、泵站、格栅间、除砂池、生物池、沉淀池、污泥脱水机房、消化池等。排水厂站是污水提升和处理的主要场所。排水厂站的特点是设施集中、设备和工艺管线复杂。

4.1 调蓄池

4.1.1 分类

调蓄池一般分为雨水调蓄池和合流制调蓄池。封闭结构的雨水调蓄池应设置清洗、排气和除臭等附属设施和检修通道。

1. 雨水调蓄池

雨水调蓄池是一种用于雨水调蓄和储存雨水的收集设施，占地面积大，可建造于城市广场、绿地、停车场等公共区域的下方，也可以利用现有的河道、池塘、人工湖、景观水池等设施作为雨水调蓄池。主要作用是把雨水径流的高峰流量暂时存入其中，待流量下降后，再从雨水调蓄中将雨水慢慢排出，以削减洪峰流量，实现雨水利用，避免初期雨水对下游受纳水体的污染，控制面源污染。特别是在下凹式桥区、雨水泵站附近设置具有初期雨水收集池的调蓄池，既能规避雨水洪峰，实现雨水循环利用，避免初期雨水污染，又能对排水区域间的排水调度起到积极作用。典型的雨水调蓄池示意图见图 4.1–1。

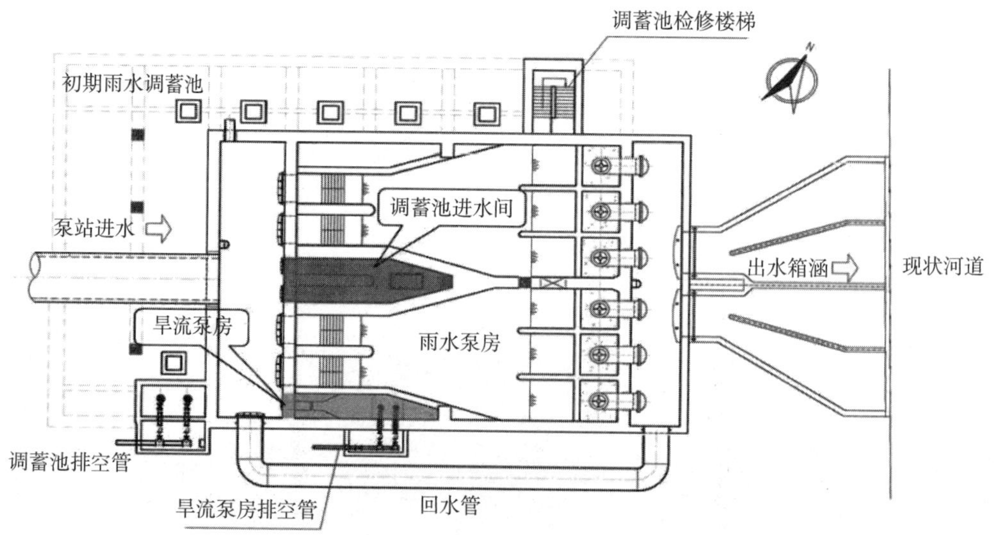

图 4.1–1　典型的雨水调蓄池示意图

2. 合流制调蓄池

合流制调蓄池主要设置于合流制排水系统的末端，采用调蓄池将截流的合流污水进行水量和水质调蓄，既能减小对污水处理厂造成的冲击负荷，保证污水处理厂的处理效果，又能提高截流量、减小合流制溢流对水体的污染。典型的合流制调蓄池见图 4.1–2。

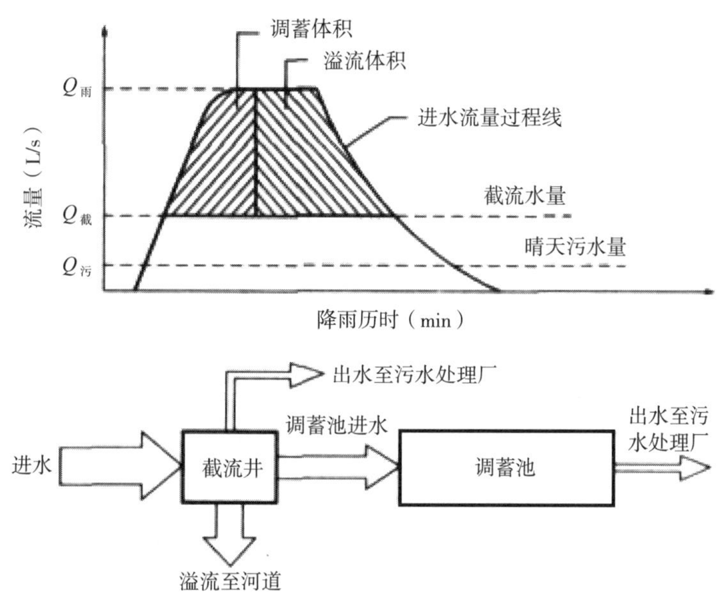

图 4.1–2　典型的合流制调蓄池

典型调蓄池由进水管控、格栅预处理、旱流污水截流输送、雨天水量存储、超量雨水强排、雨后水量转输、冲洗系统、在线或离线水质净化设施、通风除臭、电气仪表自控，以及其他附属设施等单元组成，以实现完整功能。当来水悬浮物或杂物较多时，需在进水前设置预沉或预处理设施等。调蓄池的主要设备包括水泵、水力冲洗翻斗、冲洗门等。

4.1.2　运行管理

1. 一般规定

运行应根据调蓄目的、排水体制、管网布置、溢流管下游水位高程和周围环境等综合考虑后确定。

维护应结合所服务的排水系统，保证调蓄池运行的安全和可靠，便于运行管理，改善劳动条件，提高调蓄池调蓄效率，提高科学管理水平。

应根据工程规模、工艺流程、运行管理要求确定汛前、汛中和汛后相关设施设备的维护和保养内容。

雨水调蓄池每次降雨前应排空。

2. 测量

调蓄池进出水宜进行水量测量与记录，宜测量降雨过程数据，便于运行管理和环境效应评估。

水量测量包括利用进出水泵运行时间测量和利用调蓄池容积变化测量水量两种，有条件时，宜采用调蓄池容积变化来自动监测调蓄池的水量变化。

3. 运行

调蓄池的运行操作主要有进水、放空和清淤冲洗等。

（1）进水

进水模式可分为降雨进水和旱流进水；应根据运行指令进入进水模式；出水闸门应处于关闭状态；配有格栅的调蓄池应开启格栅除污机；采用重力流进水的调蓄池应正确操作进水闸门或阀门；采用泵送进水的调蓄池应按进水水量调整开启台数。

（2）放空

调蓄设施的放空方式应根据调蓄设施的类型和下游排水系统的能力综合确定。

调蓄池放空时应根据运行指令进入放空模式。依据指令可进行污水管道放空或河道放空。

具有渗透功能的调蓄设施，其排空时间应根据土壤稳定入渗率和当地蒸发条件，经计算确定；采用绿地调蓄的设施，排空时间不应大于绿地中植被的耐淹时间。采用重力流出水的调蓄池应控制下游管渠水位；采用泵送出水的调蓄池应根据下游管渠实际运行情况、调蓄池水位合理运行；放空后应及时关闭出水闸门。

（3）清淤冲洗

应保证清淤冲洗设备完好。每次调蓄池放空结束后，应根据运行指令进入清淤冲洗模式；调蓄池应在清淤冲洗模式结束后进入待运行模式。调蓄池内的调蓄水不应直接排入水体。雨水调蓄池的清淤冲洗水和用于控制径流污染但不具备净化功能的雨水调蓄设施的出水应接入污水系统；当下游污水系统无接纳容量时，应对下游污水系统进行改造或设置就地处理设施。

4. 维护

应在汛前集中进行设施、设备的全面检查与维护保养，汛中进行设施、设备的日常检查与维护保养，汛后进行设施的清淤和设备的维护保养。

清淤冲洗模式的选取应结合雨水调蓄池池型设计、节能效果、操作便捷程度等因素，采用人工冲洗清淤时，应确保通风透气，进行有毒有害气体实时监测，下池操作人员配备防护装置。采用水力设备清淤冲洗时，冲洗频率宜依据使用频率而定。采用机械冲洗时，应采用操作便捷、故障率低、冲洗效果好、抗腐蚀的设备。

4.1.3 监测预警

调蓄池应对调蓄池的进、出水水质、水量、压力等进行监测。调蓄池宜设置气体自动监测报警装置，并应做好连续监测，能根据有毒有害气体浓度自动启动相关的通风除臭设备。

进入雨水调蓄池内部，工作人员应配置便携式气体检测仪。

除臭设备运行应符合各除臭装置的技术要求。

调蓄池应根据不同类型、工况，制定各项应急预案。

调蓄池的主要危险源见表 4.1–1。

调蓄池主要危险源　表 4.1–1

序号	工序 / 设备 / 人员	危险源	有害因素类型	危险
1	开启或关闭阀门、闸门	闸门损坏	物的因素	漏水可能导致人员溺水或设备被淹
2	开启或关闭水泵	电器漏电	物的因素	触电伤害
3	违章作业	设备损坏	人的因素	水泵损坏
4	运行巡视	中毒窒息	人的因素	进入地下设备间未检测气体环境
5	设施维护维修	中毒窒息	人的因素	进入雨水调蓄池内部未检测气体环境
		中毒窒息	人的因素	进入雨水调蓄池内部未携带逃生呼吸器

4.2 排水泵站

4.2.1 分类

排水泵站是指将水由低处抽提至高处的机电设备和建筑设施的综合体。

按排水泵站在排水系统中的位置和作用分类，可分为中途泵站和终点泵站。

按排水泵站中废水的性质分类，可分为污水泵站、雨水泵站、合流泵站、立交排水泵站和污泥泵站。雨水泵站与污水泵站基本相同，不同点是雨水泵站的流量大、扬程小。此外，雨水泵站的另一特点是大雨和小雨时设计流量的差别较大。水泵的选型首先应满足最大设计流量的要求，但也必须考虑雨水径流量的变化。雨水泵可以在旱季检修。对于同时汇集雨水与污水的合流泵站，在不下雨时，还需要抽送污水。

按排水泵站和地面的相对位置分类，可分为地下式泵站、半地下式泵站和全地下式泵站。

按排水泵站水泵的操控方式分类，可分为人工操控泵站、自动控制泵站和远程控制泵站。

按排水泵站水泵泵型分类，可分为离心泵站、轴流泵站、混流泵站、潜水泵站。

按排水泵站使用情况分类，可分为永久性泵站、半永久性泵站、临时泵站。

按排水泵站规模分类，具体见表 4.2–1。

按泵站规模分类 表 4.2–1

泵站等级	泵站规模	分等指标	
		装机流量（m^3/s）	装机功率（$\times 10^4$kW）
Ⅰ	大（1）型	≥ 200	≥ 3
Ⅱ	大（2）型	50 ~ 200	1 ~ 3
Ⅲ	中型	10 ~ 50	0.1 ~ 1
Ⅳ	小（1）型	2 ~ 10	0.01 ~ 0.1
Ⅴ	小（2）型	＜ 2	＜ 0.01

4.2.2 构成

泵站主要由机械设备、电气设备、金属结构设备、泵站建筑物设施和辅助设施设备五部分构成，主要部分如下：

1. 机械设备

机械设备主要包括水泵、动力机、传动装置。

（1）水泵

泵是一种抽送液体的机械，就是把原动机的机械能转换为所抽送液体动能的机器。它能把液体从低处抽升到高处或远处。泵能抽送水、油、酸碱溶液、液态金属、纸浆、泥浆等。用于抽水的泵称为水泵。

泵的种类很多。以转换能量的方式分类，通常分为有转子泵和无转子泵两大类。前一类是通过高速旋转或往复运动的转子把动力机的机械能转变为提升或压送流体的能量，如叶片泵、容积泵、旋涡泵；后一类则是通过工作流体把工作能量转换为提升或压送流体的能量，如水锤泵、射流泵、内燃泵等。在城市排涝中，用得最多的是叶片泵。叶片泵是利用叶片的高速旋转来输送液体的，又可分为离心泵、轴流泵、混流泵三种。

（2）动力机

动力机是把热能、电能、风能、潮汐能等变为机械能的机器，用来带动其他机械工作，也称为发动机。泵站常用动力机为电动机。电动机是把电能转换成机械能的一种设备。

（3）传动装置

传动装置是将动力源的动力传递给执行机构的装置。常见的传动装置有连杆机构、凸轮机构、带传动、链传动、齿轮传动等。水泵机组最常用的传动方式有直接传动和间接传动。当水泵和动力机的额定转速不等或转向不同时，就要使用传动装置将两者连接起来以保持转速一致。

常用的传动装置零部件包括轴、轴承、键、键连接、联轴器、离合器、制动器等。

2. 电气设备

电气设备主要包括输配电线、变压器、高低压电器及成套设备、仪器仪表、无功补偿装置、直流装置和可编程逻辑控制器（Programmable Logic Controller，PLC）控制系统等。重点仪表介绍如下：

（1）智能电量仪表

智能电量仪表用于中低压系统智能化装置。它集数据采集和控制功能于一身，具有电力参数测量和电能计量的功能。它可以同时测量三相交流回路的每一相电压、电流、有功功率、无功功率、视在功率、功率因数、频率、有功电度、无功电度等参数。

（2）流量计

流量计是指示被测流量或在选定的时间间隔内流体总量的仪表。简单来说，就是用于测量管道或明渠中流体流量的一种仪表。流量可分为瞬时流量和累计流量。瞬时流量为单位时间内通过封闭管道或明渠的有效截面流量；累计流量为某一段时间间隔内（一天、一周、一月或一年）流体流过封闭管道或明渠的有效截面累计流量。流量计又分为有差压式流量计、转子流量计、节流式流量计、细缝流量计、容积流量计、电磁流量计、超声波流量计等。

（3）液位计

液位计是测量液位的仪表。按工作原理分为声学式、直读式、压差式、浮力式等多种形式。

（4）雨量计

雨量计是一种用来测量一段时间内某地区降雨量的仪器（降雪量的测量则需要使用雪量计）。雨量计的种类较多。常见的有虹吸式雨量计、称重式雨量计、翻斗式雨量计。雨量计由盛水器（漏斗）、储水筒（外筒）、储水瓶组成。

（5）压力表

压力表是指以弹性元件作为敏感元件，测量并指示高于环境压力的仪表。压力表按其显示方式，分为指针压力表、数字压力表。

3. 金属结构设备

金属结构设备主要包括闸门、阀门、机械格栅等。

4. 辅助设备

辅助设备包括水系统、通风设备、起重设备、监控系统。

(1) 水系统

泵站水系统包括供水系统和排水系统。供水系统用于生产用水、消防用水、生活用水的供给。排水系统主要用于排除机组检修期间进水流道内的存水、各种废水和检修闸门的漏水、机组运行时机械密封部位的部分漏水、机组检修期间水工建筑物渗漏水，以及室内积水等。

(2) 通风系统

泵站通风包括电动机的通风和泵房的通风。通风是借助换气稀释或通风排除等手段，使室内空气环境质量得到保障的一种建筑环境控制技术。通风系统用于实现通风这一功能，包括进风口、排风口、送风管道、风机、降温和供暖设备、过滤器、控制系统，以及其他附属设备在内的一整套装置。

(3) 起重设备

为了满足机组安装和检修的需要，泵房内应设置起重设备。泵站中常用的起重设备为梁式起重机。梁式起重机按起重滑车的形式，分为单滑轮梁式起重机和双滑轮梁式起重机；按起重机主梁形式分为单梁梁式起重机和双梁梁式起重机；按操作方式分为手动梁式起重机和电动梁式起重机。

(4) 监控系统

监控系统主要由调度中心、泵站监控中心、通信平台、计量测量设备和摄像设备等组成。其主要功能是监测各泵站水池水位或进、出水的压力、流量。监测水泵机组的工作状态、电流、电压、保护状态、工作模式。切换水泵机组的控制模式，控制水泵机组的开启和关停。支持视频在线监视泵站内部或桥区全景，以及电气控制室等重要部位。出现电流电压超限、水位超限、设备保护等状况时，可及时报警。实现各种监测信息、控制信息、报警信息、操作信息的存储和查询。生成各种数据报表及数据曲线。

4.2.3 运行管理

1. 一般规定

维护泵站设施时，必须先对有毒、有害、易燃易爆气体进行检测，并做好防护措施。排水泵站应采用二级负荷供电，特别重要地区的泵站，应采用一级负荷供电。当不能满足上述要求时，应设置备用供电设施。水泵维修后，流量不应低于原设计流量的 90%；机组效率不应低于原机组效率的 90%；汛期雨水泵站除备用机组外，可运行率应为 100%。泵站设施、机电设备和管配件等表面应整洁、无锈蚀。气、液临界部位应加强检查，并应进行防腐蚀处理。除锈、防腐蚀处理维护周期，雨水泵站宜 1 次 / 年，污水泵站宜 1 次 / 年。泵站起重设备，压力容器，易燃、易爆、有毒有害气体监测装置必须定期检测，合格后方可使用。围墙、道路、泵房等泵站附属设施应保持完好，宜每月检查维护 1 次。每年汛期前，应检查和维护泵站的自身防汛设施及器材。应做好泵站的环境卫生和绿化养护工作。泵站应做好运行与维护记录、安全用具检验保养记录，相关记录应定期纳入档案管理。宜采用计算机系统进行泵站的监控管理，相关数据应及时传至泵站控制中心，并应做好数据备份。

2. 测量

泵站测量的主要数据有抽升水量、栅前液位、水泵电机电流等。部分泵站安装有雨量计的，需要记录雨量计数据。

3. 运行

（1）运行模式

城镇排水泵站运行模式主要分为 3 种：即排模式、流量调节模式、流量液位调节模式。

1）即排模式

即排模式是指迅速并及时地将水体排除，以避免低洼、下凹等易积水地区产生积滞水情况，且适用于排除洪涝渍水，降低地下或地面道路水位的泵站。排水泵站的主要组成部分是泵房和集水池。泵房中设置由水泵和动力设备组成的机组。合流泵站配泵时要顾及雨天流量和晴天流量的巨大变化，可采用不同类型及不同流量的泵组组合以适应泵站正常运转。排水泵站须及时将水排除。

2）流量调节模式

流量调节模式指根据水量需求经过存蓄或加压再排除水体的运行模式。应用该模式运行的泵站有加压泵站。

由于城市再生水管网的供水面积较大，且输配水管线较长，当用户所在地的地势较高、建筑物较高、要求的水压较大，以及城市内的地形起伏较大时，仅依靠送水泵站满足用户对水压和水量的要求，必然要增大水泵的扬程。这样不仅能耗大，且造成送水泵站附近管网的压力过高，管道漏水量增大，管道和卫生器具易损坏。这时可通过技术经济比较，在管网中增设加压泵站。加压泵站一般有以下两种形式，一是采用在输水管线上直接串联水泵加压的方式。这种加压方式，送水泵站和加压泵站中的水泵同步运行。它适用于输水距离较长、加压面积较大场合。二是采用水池和泵站加压的方式。送水泵站将水通过管网输送至蓄水池，加压泵站中的水泵从蓄水池中吸水并将水输送至管网，这种加压方式，由于设置了蓄水池（或称水库），将对城镇中的用水负荷起一定的调节作用，有利于送水泵站均衡安排工作制度和水泵机组的调度管理。这种加压方式较适合城镇住宅小区的加压供水，在夜间用水低峰时进行蓄水，在用水高峰时从蓄水池中抽水以满足用户的要求。

3）流量及液位调节模式

流量及液位调节模式是指根据水量需求调节流量并使之达到规定液位。应用该模式运行的有提升泵站。

提升泵站在运行工艺流程中一般采用重力流的方法通过各个构筑物和设备。但由于厂区地形和地质的限制，必须在前期处理后，且提升泵站将污水提到某一高度时，才能按重力流方法运行。污水提升泵站的作用就是将上游来的污水提升至后续处理单元所要求的高度，即提高水头，使其实现重力流运行，以保证污水可以通过重力的作用流过后续建在地面上的各个处理构筑物。提升泵站一般由水泵、集水池和泵房组成。

（2）雨水泵站运行要求

雨水泵站是分流制排水系统中负责抽排雨水的泵站。此类泵站运行受当地气候影响较大。以北京地区气候为例，全年降雨时间可分为汛期（5月~9月）和非汛期（10月~次年4月）。汛期和非汛期的泵站运行制度和标准有所不同。

1）雨水泵站的汛期运行

汛期泵站应安排值班人员24h值守，做好设备、设施维修保养工作。对设备、设施坚持每天巡视、每周点检，发现故障及时维修，遇到降雨天气按照泵站运行方案启动运行。汛期所有运行人员保持24h通信畅通。

遇到各类突发事件，值班人员要及时上报，说明事件缘由、现场目前状况。不得出现迟报、缓报、瞒报、漏报现象。雨水泵站在每次降雨结束后对泵站、调蓄池格栅间栅渣进行清理。每年汛期后，进行格栅间、调蓄池的检查和清淤工作。

2）雨水泵站汛期运行标准

泵站各类节门、拍门和闸阀门应运行灵敏可靠，正常运转时应保持在100%开启状态，关闭时确保100%处于闭合状态，指示装置准确、完好。

水泵各部位的螺栓无缺损、无松动。水泵运转时，无异响、无异常振动；水泵轴承温度不得超过70℃。水泵停车时，不应有骤然停车现象。

3）雨水泵站非汛期运行制度

进入非汛期后，雨水泵站不再有雨水抽升任务。此阶段可不安排值班人员在现场值班。可以利用泵站安防系统，定期巡视点检，结合泵站自控系统，完成非汛期运行工作。

非汛期，应每周巡视1次泵站，对泵站环境卫生进行清洁，消除各类安全隐患。每隔15d对所有泵站各类设备进行1次点检试运行。非汛期巡视时，每次下泵房巡视前，应提前进行通风。还应充分利用安防视频系统，每天对无人值守泵站进行6次视频巡视。并将巡视结果记录在监控中心电脑中留存备查。视频巡视发现异常情况应及时通知泵站所在班组到现场处置。泵站非汛期巡视具体内容和标准见表4.2–2。

泵站非汛期巡视具体内容和标准　表 4.2-2

项目	检查内容	巡视标准
泵站设施	站内院墙和围栏	室外墙面应完好，无裂缝、渗水等现象
	泵站室外墙体	墙体完好，无裂缝、无渗水、无下沉
	泵站门窗	门窗完好，无破损
	泵站室内顶棚和墙面	室内墙面应完好，无裂缝、渗水等现象
	给水排水和供暖管道	管道接口及其坡度、支架等应完好，符合相关规定
	泵站存放物品	物品完整，无损坏
消防	消防设施	消防设施定点摆放，定期检查维护，确保性能良好
	安全标识	警示标志应齐全、清楚、醒目
环境卫生	泵站院内	干净、整洁、卫生
泵站电气	高压室	高压进出线柜外观完好，室内风机运转正常，变压器声响、温度、气体含量均符合标准
	低压配电	高压进出线柜外观完整，各项仪表正常无缺陷，各触点无发热、无变色，配电柜内无异味、无明显烧灼痕迹
	各种插座	插座或开关应完整无损、便于操作使用、接头安全可靠
	各项仪表	表盘玻璃完好无损，刻度清晰，运行正常，各项指示灯显示正确
	电缆沟	高低压电缆沟无渗水现象
	进户线	101 倒闸分界开关闭合、进户线架空线路及进户电缆情况完好无树木影响，跌落保险杆上设备完好
可视系统	PLC 控制柜	柜体完好，各接触点无烧灼痕迹及异味，屏幕显示正常
	监控柜	柜体完好，各接触点无烧灼痕迹及异味，不间断电源设备工作正常
	可视探头	探头转动灵活、图像清晰
泵站设备	水泵	无“跑、冒、滴、漏”现象，运转时无异常振动、无异响，填料涵处滴水符合规定值，各部位螺丝无缺损松动，润滑油、润滑脂符合要求
	天车	钢丝挂钩安全可靠，电气部分和防护保险装置应完好、灵敏可靠
	地漏泵	运行正常，管道接口无锈蚀
	格栅间	未检测出有毒有害气体，无异常来水
	格栅机及其耙	无卡滞、无异常声响，各润滑系统正常，链条与栅齿间无异物
	阀门	阀门开闭度表完好，指示准确，可正常操作
	发电机	外观完整，电缆接触完好，无油渗漏，蓄电池电量充足
	通风设备	无异响、无振动
	出水井	无占压，拍门开闭正常
其他	雨量计、液位计、排风扇、除臭设备等	完好

（3）要求

1）污水泵站特点

污水泵站是在分流制排水系统中，负责抽升城市中排放的生活污水和工业废水的排水设施。按照泵站在排水系统中的作用，可分为中途泵站和终点泵站。中途提升泵站是为解决污水干管埋设过深、污水跨流域间调水问题而建设的。终点泵站是为将整个服务区域的污水抽送到污水处理厂而建设的。

污水泵站有如下特点：连续进水，日均进水量变化幅度较大；水中污染物含量多。受上游排水特点决定，污水泵站全年连续进水，泵站运行采取恒定液位运行模式，即通过开启、关停水泵，始终使集水池水位处于最低水位和最高水位之间的区域。泵站集水池液位高于最高水位时无法满足上游服务区域的排放需要，服务区域将发生“堵、冒”事件，同时污水将通过安全溢流设施直接排入下游河道，造成水体污染。泵站集水池水位低于最低液位时，水泵将发生气蚀、振动等现象，直接影响设备运行状况。

污水泵站运行时，应定时开启机械格栅打捞栅渣，运行人员应及时清理栅渣。进水量和栅渣量较大的污水泵站，可采用机械格栅连续运行方式，既能够避免栅渣堵塞进水，也能够避免机械格栅卡阻问题。

2）污水泵站运行制度

污水泵站运行采取全年24h值班制度。每班定时对设备运行状况进行巡视，清理栅渣，填写抽升记录。定期开展设备维护保养、点检工作。污水泵站运行时，应定时开启机械格栅，每班对机械格栅进行不少于2次的巡视、清渣作业。运行人员应每天对泵站环境卫生进行打扫，保持泵站环境整齐美观。

3）污水泵站运行标准

污水泵站运行标准涉及水泵、供配电设备、闸门、格栅、起重机、设施巡查、人员、环境等多方面。具体标准如下：

①进水闸运行标准

正常运转状态下，进水闸开启度应符合抽升要求。凡遇水泵检测、维修或泵站其他设备检修时，泵站值班人员有责任配合工作，适时开启、关闭闸门。遇到特殊情况时，进水闸的开启程度由上级生产管理部门确定。

②机械格栅运行标准

机械格栅应运行平稳，不得有异响、异动。

链条、耙齿上的脏物应及时清理，不得因清理不及时而卡住，造成设备损坏。

减速器中润滑油应适中，不得过多或过少。

以交接班时间为准，污水泵站每班根据进水量、栅渣量，至少清理2次，并将清理栅渣量记录在“泵站值班记录”上。

泵站各类节门、拍门和闸阀门应运行灵敏可靠，正常运转时应保持在 100% 开启状态，关闭时确保 100% 处于闭合状态，指示装置应准确、完好。

③泵站水泵运行标准

水泵各部位的螺栓无缺损、无松动。

水泵运转时，无异响、无异常振动。

水泵运转时，填料密封应有水陆续滴出，一般以 15 滴 /min 左右为宜，填料槽应保持整洁、无污物，排水通畅。机械密封应无异常漏水现象。

水泵运转时，水泵轴承温度不得超过 70℃（手触摸轴承盒外部，以不烫手为宜）。

水泵停车时，不应有骤然停车现象。

④潜水泵运行标准

潜水泵运转时，无异响、无振动，各项保护装置工作状态正常，各类指示灯、仪表指示正常。

油室内油位应与油孔持平，不得过低或过高，不得有乳化变质或水沉淀等现象。

水泵电缆不得沾有油脂和污物；避免电缆缠绕出现“死节”情况；电缆不能用于起重、搬运等其他用途。

定期遥测绝缘，并注意冬季防冻。

⑤污水泵站巡视要求

污水泵站运行期间，至少每 2h 巡视 1 次。

污水泵站运行期间，每次巡视应增加对集水池液位、机械格栅运行状况、栅渣清理情况、水泵运行参数的巡视。

当进水量增加时，集水池水位高于泵站最高运行水位时，应增加对泵站安全溢流口溢流情况的巡视。

（4）再生水泵站运行要求

1）再生水泵站供水方式

①再生水供水泵站恒压供水

恒压供水即设定固定的压力数值后，无论外网用户用水量如何变化，水泵的供应压力都保持在所设定压力数值。恒压供水模式一般应用于用户对水压有要求的情况，如对工业、市政杂用的供水须应用恒压供水模式。

②再生水供水泵站恒流供水

恒流供水即设定固定的流量数值后，无论外网闸门如何变化，水泵的供应流量都保持所设定流量数值。恒流供水模式一般应用于专线单一供水情况，即能持续接受固定流量且对水压无特殊要求的用户，如河湖景观专线供水可应用恒流供水模式。

③供水方式的基本要求

两种运行模式均须在自控程序条件下运行。通过设定流量、压力目标值，改变变频器输出频率，自动调节水泵运行以满足需求。此外，恒压与恒流模式不能同时使用，并且在手动控制方式下无法使用恒压、恒流模式供水。

2）再生水泵站的运行标准

由于工业用户和景观用水均需要稳定持续的供水，故再生水泵站的运行要求同污水泵站，要求人员 24h 值守。其设备运行维护同污水泵站。

（5）排涝泵站运行要求

排涝泵站的建设目的是排除设计标准下不能自流排至下游，并且不能被滞洪区容纳的来水量。因此其规模需要根据设计标准下最不利情况的调洪分析来计算确定。

排涝泵站一般分布在较大的明渠或河道入江（河）附近。

1）主要参数

排涝泵站主要有 3 个特征参数，即排涝流量、特征扬程、特征水位。这些参数均根据相关规范中的特定原则来确定。

2）运行

排涝泵站运行工艺流程如图 4.2-1 所示。

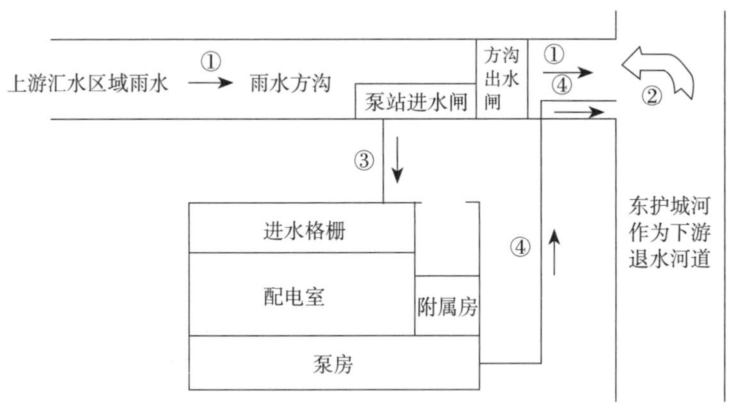

图 4.2-1　排涝泵站运行工艺流程图

遇到降雨时，上游道路和下凹桥区的汇水通过雨水方沟排入东护城河。此时，东护城河方向的闸门常开，排涝泵站进水闸门常闭。遇到极端天气时，当下游河道和方沟闸前液位达到设计水位时，为避免下游河道由于水位上涨对方沟造成倒灌，以及确保方沟上游雨水能够顺利排出，此时关闭方沟闸门，打开排涝泵站进水方沟闸门，雨水通过进水渠道进入泵站，水泵开启进行抽升。上游雨水经排涝泵站通过方沟闸门后排入河中。

3）运行标准

排涝泵站的运行标准同雨水泵站。需注意当区域排涝泵站出现突发状况导致泵站停运时，泵站管理单位应及时开展应急处置，通过周边泵站联动、临时围堰、临泵抽排、应急抢修等手段减缓地区积水。

①水泵

水泵运行前的例行检查应符合下列规定：运行前宜盘车，盘车时水泵叶轮、电机转子不得有碰擦和轻重不均；应检查水泵的地脚螺栓及所有紧固件是否紧固；检查弹性圆柱销联轴器的轴向间隙；检查机组的轴承润滑情况；检查泵体轴封机构的密封情况；涡壳式水泵泵壳内的空气应排尽；机械密封的冷却方式采用水冷，供水压力宜为 0.1 ~ 0.3MPa。集水池水位应符合水泵启动前最低水位的要求；进出水管路应畅通，止回阀开启、关闭应灵活；电动阀应正常工作，闸阀门状态、位置应正确；仪器仪表显示应正常；电气连接须可靠，电气桩头接触面不得烧伤，接地装置应有效。

运行中的巡视检查包括：水泵机组转向正确，运转平稳，无异常振动和噪声；水泵机组应在规定的电压、电流范围内运行。电流、电压超过允许偏差 ±10% 时，均应及时停机检查；水泵机组轴承润滑状态应良好；滚动轴承温度不应超过 80℃，滑动轴承温度不应超过 60℃，温升不应大于 35℃；轴封机构不应过热，机械密封不得有渗漏，填料密封渗漏不得滴水成线，以不超过 15 滴 /min 为宜；水泵机座螺栓应紧固，泵体连接管道不得发生渗漏；水泵轴封机构、联轴器、电机、电气器件等运行时，应无异常；集水池水位应符合水泵运行的要求；格栅前后水位差应小于 200mm；水泵冷却系统应保持正常运行。

水泵日常养护应符合下列规定：轴承润滑应良好；联轴器的轴向间隙应符合标准；轴封处无积水和污垢，机械密封应无渗漏，填料密封应完好有效；电机、水泵及管道连接螺栓应紧固；水泵机组外表面应无灰尘、油垢和锈迹，铭牌应完整、清晰；冰冻期间水泵停止使用时，应排放泵体、管道和阀门内的积水；水泵冷却水、润滑水系统的供水压力和流量应保持在规定范围内；抽真空系统不得发生泄漏；潜水泵温度传感器、泄漏传感器及湿度传感器应完好，显示值准确；电缆密封装置应完好。

潜水泵定期维护应符合下列规定：每年或累计运行 2000h，应检测电机线圈的绝缘电阻；每年应至少 1 次吊起潜水泵，检查潜水电机引入电缆和密封圈；每年或累计运行 4000h 后，应检查温度传感器、湿度传感器和泄漏传感器；间隙过大或损坏的叶轮、减漏环应及时修理或更换；轴承或电机温度超过规定值或漏油密封损坏时，应解体维修；井内的电缆应加装定位保护装置，宜每半年检查 1 次电缆和保护装置是否完好。

②进水管渠与集水池

进水管渠与集水池的维护应符合下列规定：定期抽低水位，冲洗池壁，池面无大块浮渣；定期校验水位标尺和液位计，保持标尺和液位计整洁；每年定期检查进水渠与集水池淤积情况，确保集水池池底沉积物厚度不超过 20cm，进水管渠沉积物厚度不超过管径（渠高）的 20%；池壁混凝土无严重剥落、裂缝、腐蚀。

③检测仪表

超声波、雷达液位仪表传感器清洗每半年不应少于 1 次，投入式液位仪表传感器清洗每月不应少于 1 次；在线水质分析仪表传感器清洗每周不应少于 1 次；在线水质分析仪表传感器自动清洗装置检查每月不应少于 1 次。

④监控视频设备

摄像机防护罩人工清洗每半年不应少于 1 次，电缆进线密封应符合防护等级要求。

摄像机旋转、变焦、夜视功能每月应至少检查 1 次。

摄像系统供电系统每年应检查和维护 1 次。

摄像系统的接地、接零和防雷设施每年应检查和维护 1 次。

视频显示装置的显示清晰度、流畅度每年应检查和维护 1 次。

硬盘录像机或视频存储装置的视频保存周期应根据运行管理要求确定，并应每月检查 1 次。

4.2.4 监测预警

进入提升泵站的地下部分时，应进行气体监测。应及时清除机油和油脂，保持地板没有积水或其他液体。应定期维护泵站集水池的液位计，及时清除沉积的污泥、杂物等。潜水泵安装后应固定电缆，定期检查电缆、导杆及附属装置；多台水泵由同一台变压器供电时，不应同时启动，应由大到小逐台间隔启动；泵的启动次数按说明书进行。泵运行时应执行巡回检查制度，确保各项参数在正常范围、运转平稳、无异常振动和噪声。水泵运行中出现异常情况时应立即停机，分析故障原因，不应盲目恢复运行。当泵站突然断电或设备发生重大事故时，应立刻上报，并启动应急预案。分析泵站主要危险源，详见表 4.2–3。泵站监控预警指标主要有进水液位、有毒有害气体含量（如硫化氢、氨气、可燃气体等）。

泵站主要危险源分析　　表 4.2–3

序号	工序 / 设备 / 人员	危险源（危害）	有害因素类型	危险（风险）
1	进水泵运行	电器漏电	物的因素	触电伤害
		臭气排放	环境因素	诱发职业病
		噪声排放	物的因素	听力损伤
		误操作	人的因素	人员伤害
		违章操作	人的因素	人员伤害
		污水泄漏	物的因素	人员溺水伤害

续表

序号	工序 / 设备 / 人员	危险源（危害）	有害因素类型	危险（风险）
2	人员巡视	违章操作	人的因素	人员伤害
		地面湿滑	物的因素	人员绊倒、跌落
		安全防护栏失修	管理因素	人员溺水伤害
3	设备维护	电器漏电	物的因素	触电伤害
		违章操作	人的因素	人员伤害

4.3　格栅间

4.3.1　分类

格栅间是污水处理厂、再生污水处理厂的第一道处理设施。格栅上的拦截物质称为栅渣，其中包括各种生活、工业、建筑垃圾。

格栅的种类较多。按栅条的形式分为直棒式栅条格栅、弧形格栅、辐射式格栅、转筒式格栅、活动栅条格栅等，最常见的是直棒式栅条格栅。

按栅条间的距离（即栅距）分，栅距大于 40mm 称为粗格栅，栅距在 15～25mm 称为中格栅，栅距在 4～10mm 称为细格栅。栅距如何设置，取决于上游排水系统的情况及污水处理厂后继处理单元的要求。如污水处理厂上游排水系统为合流制，污水处理厂内有大量的易堵塞的设备和工艺管线，则尽量设置粗、中、细格栅各一道。

栅渣清除方式有多种。粗格栅的栅渣一般采用人工清除。中格栅和细格栅的栅渣采用机械清除。按照除污的基本结构，格栅除污机分为齿耙式和旋转链斗式等。格栅除污机的控制方式一般有三种：手动现场控制、时间程序控制和栅前后液位差控制。

栅渣量与很多因素有关，首先是上游排水系统的状况。排水系统是采用分流制还是合流制，排水系统的服务人口以及居民的生活习惯，工业废水的种类及预处理程度等都影响栅渣量。另外，格栅种类也影响栅渣量。栅距越小，拦截的栅渣也就越多。

栅渣的密度约 960kg/m^3，含水率 80%，有机物成分达 85%，极易腐败，污染环境。污水处理厂一般设置有格栅压榨机，将栅渣压榨降低其含水率，然后打包转运至垃圾处理厂。寒冷地区的污水处理厂，一般将格栅设置在室内，并采取强制通风除臭设施。

此外，格栅内还设置有吊运设备，以方便格栅及其他设备的检修、栅渣的日常清除。

4.3.2 运行管理

1. 一般规定

进入渠道进行格栅作业前，应关闭前后闸门。进入格栅渠道时应采取安全措施，防止高处坠落、溺水、中毒和窒息事故的发生，不应攀爬格栅上下渠道。

检修格栅应至少 2 人。需进入渠道、密闭空间等设施、设备进行操作的属于有限空间作业，应执行有限空间作业要求。

在螺旋输送或带式输送机等设备运行时，设备上方不应站人。

清理或检修作业前应对螺旋等转动设备的动力系统进行断电隔离。不应对转动的或正在运行的设备进行清理或检修作业。

2. 测量

主要测量栅前水位和记录栅渣量。

3. 运行

格栅间的运行管理主要有机械格栅开启和关停操作、栅渣的清除、渠道沉砂情况的巡视检查、格栅除污机的巡视检查、栅渣的清运、通风设备的巡视检查等。若设置有除臭系统的，需增加对除臭系统的巡视检查。

格栅间采用过栅流速控制粗细、格栅的开启台数。过栅流速应控制在 0.6 ~ 1.0m/s。首先利用投入的格栅台数计算过栅流速，当发现过栅流速超过污水处理厂所要求的最高值时，应增加投入工作的格栅台数，使过栅流速降至所要求的范围内，反之亦然。日常巡视可通过观察格栅前后液位差来辅助控制格栅运行台数。栅渣的处理或处置的时间间隔不超过 1d。

4. 维护

在机械清渣周期内，运行人员加强巡查，并关注设备有无异响、栅条有无磨损、电机驱动设备是否有不规则振动以及栅渣积累情况等。孔板式格栅与转鼓式格栅应保持冲洗水系统运行正常，无泄漏，泄水闸门运行可靠。抓斗式格栅操作手柄及电缆绝缘效果良好，无破损，使用操作手柄时，应防止电缆拖拽和扭曲。抓斗式格栅运行过程中钢丝绳应无断股、无杂物缠绕，液压油管应无杂物缠绕。

4.3.3 监测预警

进入格栅渠道时应采取安全措施，防止高处坠落、溺水、中毒和窒息事故的发生，不应攀爬格栅上、下渠道。格栅间常见的危险源见表 4.3–1。格栅间的监控预警指标主要有进水液位、有毒有害气体含量（如硫化氢、氨气、可燃气体等）。

格栅间常见的危险源　表 4.3-1

序号	工序 / 设备 / 人员	危险源（危害）	有害因素类型	危险（风险）
1	粗格栅运行	电器漏电	物的因素	触电伤害
		臭气排放	环境因素	诱发职业病
		抓斗操作	物的因素	机械伤害
		违章操作	人的因素	人员伤害
2	中格栅运行	电器漏电	物的因素	触电伤害
		臭气排放	环境因素	诱发职业病
		违章操作	人的因素	人员伤害
3	细格栅运行	电器漏电	物的因素	触电伤害
		臭气排放	环境因素	诱发职业病
		违章操作	人的因素	人员伤害
4	格栅压榨机运行	电器漏电	物的因素	人员伤害
		臭气排放	环境因素	诱发职业病
		违章操作	人的因素	人员伤害
5	起重机操作	电器漏电	物的因素	人员伤害
		违章操作	人的因素	人员伤害
		吊装操作	人的因素	人员伤害
6	人员巡视	照明故障	物的因素	人员绊倒、跌落
		地面湿滑	环境因素	人员绊倒、跌落
		安全防护栏失修	管理因素	人员溺水伤害

4.4　沉砂池

4.4.1　分类

砂是指城市污水中密度较大、易沉淀分离下来的一些颗粒物质，主要包括无机性的砂粒、砾石和少量较重的有机性的颗粒，如果核皮、种粒等。在上述颗粒物质的表面还附着着一些黏性有机物质，这些黏性有机物质是极易腐败的污泥。污水中的砂如果不去除，会在后续处理单位或渠道内沉积，并使设备过度磨损。

沉砂池是采用物理原理将砂从污水中分离出来的一个预处理单元。按照物理原理及结构形式的差别，可分为平流沉砂池、竖流沉砂池、曝气沉砂池和涡流沉砂池。过去建设的污水处理厂大多采用平流沉砂池，新建的处理厂大部分采用曝气沉砂池，涡流沉砂池的应用也有增多趋势，竖流沉砂池一般很少被采用。

在沉淀池沉下来的沉砂需要及时清除。沉砂中的有机物较多，需要进行有效的清洗，并进一步进行砂水分离。除砂与洗砂设备种类较多，目前通常采用的是用砂泵排砂。将砂泵安装在行车上，将池底积砂渠内的沉砂排走。这种方式可在设备后串联洗砂设备，对沉砂进行有效的清洗，使有机物与砂粒进一步分离。常用的洗砂设备有旋流砂水分离器和螺旋洗砂器，经清洗分离出来的沉砂有机物较低且基本为固态，可直接装车外运。此外，气提排砂也是应用较多的排砂方式。

沉砂池上的浮渣应定期清除。沉砂池也是污水处理厂臭气排放较严重的一个单元，尤其是曝气沉砂池。曝气会使污水中的硫化氢和硫醇类物质加速释放进入空气中。尤其需注意寒冷地区建在室内的沉砂池，应注意通风。

洗砂间的沉砂应及时处置，不能存放时间较长，否则将产生臭气。

4.4.2 运行管理

1. 一般规定

沉砂池的运行管理主要有调整投入运行的沉砂池组数、排砂时间和排砂频率。对沉砂池排出的砂粒和清捞出的浮渣应及时处理。

2. 测量

需要记录除砂量。

3. 运行

应根据进水量的变化调节曝气沉砂池的空气量。巡视检查池面浮渣情况、砂泵排砂情况和洗砂设备运转情况。采用机械除砂时，除砂机械应每日至少运行 1 次；操作人员应现场监督，发现故障，及时处理。

4. 维护

采用旋流沉砂池，应巡视查看搅拌器运转情况。当搅拌器发生故障时，应立即停止向该池进水。采用气提式排砂的沉砂池，应定期检查储气罐安全阀、鼓风机过滤芯、气提泵管、电磁阀，严禁出现失灵、饱和及堵塞的问题。

4.4.3 监测预警

应及时清理处置渣砂及清洗地面，以避免出现人员伤害。如果在砂水分离间内设有跌水井，应对跌水井进行密封除臭处理。吸砂机在运行时，同时位于桥架上的人数，不得超过允许的重量荷载。此外，还应做好有毒有害气体监测工作。沉砂池常见的危险源见表 4.4–1。沉砂池的监控预警指标有除砂量、区域中臭气浓度。

沉砂池常见的危险源　表 4.4-1

序号	工艺过程工序 / 设备 / 人员	危险源（危害）	有害因素类型	危险（风险）
1	沉砂池运行	电器漏电	物的因素	触电伤害
		臭气排放	环境因素	诱发职业病
		违章操作	人的因素	人员伤害
2	洗砂设备运行	电器漏电	物的因素	触电伤害
		臭气排放	环境因素	诱发职业病
3	人员巡视	违章操作	人的因素	人员伤害
		地面湿滑	环境因素	人员绊倒、跌落
		安全防护栏失修	管理因素	人员溺水伤害
4	设备维护	设备漏电	物的因素	人员伤害
		违章操作	人的因素	人员伤害

4.5　初次沉淀池

4.5.1　分类

初次沉淀池（简称初沉池）是污水处理中进行第一次沉淀的构筑物。初次沉淀池与二次沉淀池的区别在于初次沉淀池一般设置在污水处理厂的沉沙池之后、曝气池之前，而二次沉淀池一般设置在曝气池之后、深度处理或排放之前。初次沉淀池是一级污水处理厂的主体构筑物，或作为二级污水处理厂的预处理构筑物，设置在生物处理构筑物的前面。

污水在初沉池内进行初次沉淀，去除部分 SS 和 BOD；沉降于池底的污泥通过刮泥机的往复运行，被刮至泥斗中，再经螺杆泵排至浓缩池等后续处理设施。

初沉池的工艺控制主要通过改变水力表面负荷、水力停留时间和出水堰板溢流负荷。当水量发生变化时，投入运行的初沉池数量相应进行调整，以达到工艺的优化调控和节能增效。

初沉池配套的设备有刮泥机、排泥泵等。

4.5.2　运行管理

1. 一般规定

初沉池的运行管理包括取水样、调配水、撇浮渣、排泥、巡视池面和检查设备运转情况等。

2. 测量

具有共用配水井（槽、渠）和集泥井（槽、渠）的初沉池，且采用静压排泥的，应平均分配水量，并应按相应的排泥时间和频率排泥。观察沉淀池的出水堰口是否出水均匀，以及是否有污泥溢出。

3. 运行

操作人员应根据池组设置、进水量变化，调节各池进水量，使各池配水均匀。对沉淀池的沉淀效果，应定期观察，根据污泥沉降性能、污泥界面高度、污泥量等确定排泥的频率和时间。

每日巡视出水三角堰板是否有被浮渣堵塞的情况，如有此情况，应及时清理。三角堰板每个出水口流量要均匀，如不均匀，应及时通过调节装置调整堰板的水平度，保证出流均匀。观察各池上的溢流量是否相同，如有差别，可调节初沉池的进水闸门，使进入每个池的流量分配均匀。如有个别池组运行状态有差别，可根据不同池组的运行状态和出水水质进行差异化调整。

巡视初沉池池面有无大量浮泥，特别是夏季，如发现池面有大量浮泥且有大量气泡产生，说明污泥腐败严重，应及时排泥。

经常巡视初沉池进水、出水水质，若出水水质变黑或恶化，应及时调整，防止影响后续工艺。经常从排泥管上取样口取样观察污泥的颜色。当颜色变黑或者已呈黑色，说明污泥已腐败，应加速排泥。应经常观察设备是否有异响，是否有部件松动，如有，则及时处理，以免影响正常运行。发现初沉池排泥中颜色或者气味异常时，注意检查进水是否含有有毒有害物质，如有，则应将污泥跨越热水解、硝化等环节进行直接脱水，以免发生微生物中毒。如现场发现初沉池个别池组运行状态不佳，或者各个池组运行状态差距较大，可适当调整初沉池进水负荷，以免发生跑泥现象。

刮泥机运行时，不得多人同时在刮泥机走道上滞留。初沉池运行参数应符合设计要求，可按照表 4.5–1 中的规定确定。

初沉池运行参数 表 4.5–1

池型	表面负荷［m^3/（m^2·h）］	停留时间（h）	含水率（%）
平流式沉淀池	0.8 ~ 2.0	1.0 ~ 2.5	95 ~ 97
辐流式沉淀池	1.5 ~ 3.0	1.0 ~ 2.0	95 ~ 97

4. 维护

检查浮渣斗和排渣管道的排渣情况。维护频次应符合以下要求。初沉池浮渣清理频次应每周 1 次。排出的浮渣应及时处理。初沉池应每年泄空 1 次，进行彻底的检查清理工作，确认水下部分的锈蚀程度，判断是否需要重新进行防腐；池底是否有积砂，池内是否有死泥；刮板与池底是否密合；排泥斗和排泥管线是否有积砂；池壁或池底的混凝土抹面是否有脱落。当初沉池泄空时，大量易腐败污泥进入提升泵房集水池，会产生硫化氢等有毒有害气体，泵房应适当增加抽升量，将排空水抽升走。没有投入运行的初沉池应及时清空并注满清水。辐流式初沉池刮泥机长时间待修或停用时，应将池内污泥放空。根据运行情况应定期对斜板（管）和池体进行冲刷，并应经常检查刮泥机电机的电刷、行走装置、浮渣刮板、刮泥板等易磨损件，发现损坏应及时更换。采用非金属链条刮泥机时，应定期对链条的松紧度进行检查调整。对斜板（管）及附属设备应定期进行检修。

4.5.3 监测预警

初沉池的监测预警指标有水量、排泥量等。初沉池常见危险源分析见表 4.5–2。

初沉池常见危险源分析　　表 4.5–2

序号	工序 / 设备 / 人员	危险源（危害）	有害因素类型	危险（风险）
1	初沉池系统运行	电器漏电	物的因素	触电伤害
		臭气排放	环境因素	诱发职业病
		违章操作	人的因素	人员伤害
2	取样	防护栏缺损	管理因素	人员跌落
		不良天气作业	环境因素	滑倒跌伤
3	人员巡视	臭气排放	环境因素	诱发职业病
		电器漏电	物的因素	触电伤害
		地面湿滑	环境因素	人员伤害

4.6 生物池

4.6.1 分类

用于城市污水处理的活性污泥系统主要由曝气池、曝气系统、二次沉淀池、回流污泥系统和剩余污泥排放系统组成。传统的活性污泥处理工艺流程如图 4.6–1 所示。

曝气池是活性污泥工艺的核心。曝气系统的作用是向曝气池提供微生物增长及分解有机污染物所需要的氧气，并起混合搅拌作用，使活性污泥与有机污染物充分混合。曝气系统

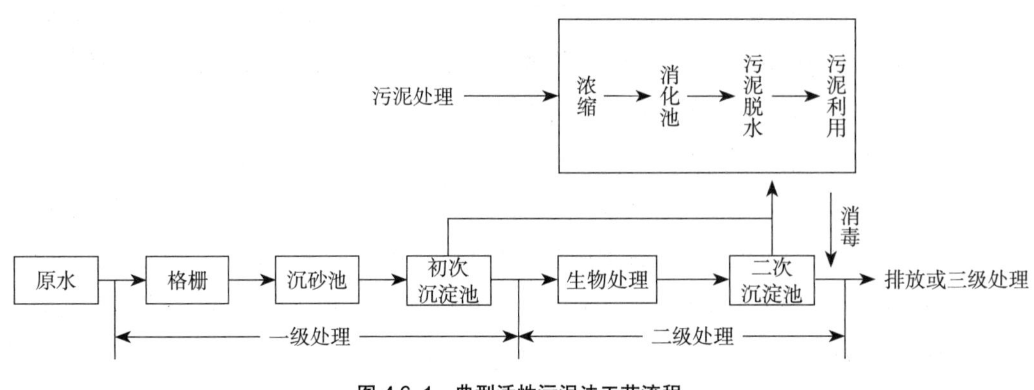

图 4.6-1　典型活性污泥法工艺流程

总体上可分为鼓风曝气和机械曝气两类。鼓风曝气系统主要由空气净化系统、鼓风机、自控系统和空气扩散器组成。城市污水处理厂采用的鼓风机有多种，如罗茨风机和离心风机。机械曝气则是利用装设在曝气池内的叶轮转动，剧烈地搅动水面，使液体循环流动并“跃起”，从而使空气中的氧与水滴界面充分接触，增大液体含氧量。因此，机械曝气也称为表面曝气。机械曝气机分为竖轴表面曝气和卧轴表面曝气两种形式。竖轴表面曝气机多用于完全混合式的曝气池。卧轴表面曝气机一般用于氧化沟工艺，称为曝气转刷。

近年来，随着处理标准的提高，活性污泥方法由很多工艺过程组成，如碳化（去除污水中所有可以生物降解的含碳有机物）、硝化（去除污水中的氨氮）、反硝化（去除污水中总氮）、生物除磷（去除污水中的总磷）工艺等。

4.6.2　运行管理

1. 一般规定

传统活性污泥工艺采用的是好氧过程，因此必须供给活性污泥充足的氧气。另外，曝气系统还应充分起到混合搅拌的作用，保证活性污泥与污水中的有机污染物充分混合接触，并保持悬浮状态。不同种类的曝气系统控制方式不同。鼓风曝气系统的控制参数是曝气池污泥混合液的溶解氧（Dissolved Oxygen，DO）浓度，控制变量是鼓入气池内的空气量。空气量越大，即曝气量越多，混合液的 DO 值也越高。

2. 测量

曝气池的工艺参数，包括曝气池水力停留时间、曝气池内活性污泥浓度和活性污泥的有机负荷。调节各池进水量，应根据设计能力及进水水量，按池组设置数量及运行方式确定，使各池配水均匀；对于多点进水的曝气池，应合理分配进水量。污泥负荷、污泥龄或污泥浓度可通过剩余污泥排放量进行调整。

根据不同工艺的要求，应对溶解氧进行控制。好氧池溶解氧浓度宜为 2～4mg/L；缺氧池溶解氧浓度宜小于 0.5mg/L；厌氧池溶解氧浓度宜小于 0.2mg/L。生物反应池内的营养物质应保持平衡。

运行管理人员应每天掌握生物反应池的 pH、DO、悬浮固体浓度（Mixed Liquor Suspended Solids，MLSS）、挥发性悬浮固体浓度（Mixed Liquor Volatile Suspended Solid，MLVSS）、污泥沉降比（Sludge Settling Velocity，SV）、污泥指数（Sludge Volume Index，SVI）、水温等工艺控制指标。

通过显微镜观察生物相了解活性污泥菌胶团、原生动物及丝状菌状况。

3. 运行

当发现污泥膨胀、污泥上浮等不正常的状况时，应分析原因，针对具体情况调整系统运行工况，应采取有效措施使其恢复正常。当生物反应池水温较低时，应适当延长曝气时间、提高污泥浓度、增加泥龄或采取其他方法，保证污水的处理效果。根据出水水质的要求及不同运行工况的变化，应对不同工艺流程生物反应池的回流比进行调整与控制。当生物池中出现泡沫、浮泥等异常现象时，应根据感观指标和理化指标进行分析，并应采取相应的调控措施。采用除磷脱氮工艺时，应根据水质要求及工况变化及时调整溶解氧浓度、碳氮比及污泥回流比等。

4. 维护

操作人员应经常排放曝气系统空气管路中的冷凝水，并应及时关闭冷凝水排放阀。定期观测曝气池的扩散器堵塞情况，如有堵塞，应及时清理。最常用的清理方式是将曝气池泄空停运，但不拆除扩散器，在池内进行冲洗；应定期对金属材质的空气管、挡墙、法兰接口或丝网进行检查，发现腐蚀或磨损，应及时处理。较长时间不用的橡胶材质曝气器，应采取相应措施避免太阳暴晒。对生物反应池上的浮渣、附着物，以及溢到走道上的泡沫和浮渣，应及时清除，并应采取防滑措施。

应定期检查曝气装置和水下推动（搅拌）器的运行和固定情况，发现问题应及时停用修复，应重点检查搅拌器导链、导杆、电缆及报警装置。

采用序批式活性污泥法（Sequencing Batch Reactor Activated Sludge Process，SBR）工艺时，应合理调整和控制运行周期，并应按照设备要求定期对滗水器进行检查、清洁和维护，对虹吸式滗水器还应进行漏气检查。

应严格遵照操作规程进行生物池泄空、调控、取样操作。

4.6.3 监测预警

生物池的运行监控主要指标是 DO。部分采用脱氮除磷工艺的控制指标是氨氮。生物池存在的危险源见表 4.6–1。

生物池危险源分析 表 4.6-1

序号	工序 / 设备 / 人员	危险源（危害）	有害因素类型	危险（风险）
1	生物池运行	电器漏电	物的因素	触电伤害
		臭气排放	环境因素	诱发职业病
		违章操作	人的因素	人员伤害
		盖板腐蚀	物的因素	人员伤害
2	电拖动鼓风机运行	电器漏电	物的因素	触电伤害
		违章操作	人的因素	人员伤害
		高温烫伤	物的因素	人员伤害
		噪声排放	物的因素	听力损伤
3	沼气拖动鼓风机运行	电器漏电	物的因素	触电伤害
		违章操作	人的因素	人员伤害
		高温烫伤	物的因素	人员伤害
		噪声排放	物的因素	听力损伤
		沼气泄漏潜在火灾爆炸	环境因素	人员伤害
		高温烫伤	物的因素	人员伤害
		尾气排放	环境因素	人员中毒
4	取样	防护栏缺损	管理因素	人员跌落
		不良天气作业	环境因素	滑倒跌伤
		臭气排放	环境因素	诱发职业病
5	人员巡视	臭气排放	环境因素	诱发职业病
		电器漏电	物的因素	触电伤害
		防护栏缺损	管理因素	人员跌落
		照明故障	物的因素	人员绊倒 / 跌落
		地面湿滑	管理因素	人员绊倒 / 跌落
		安全防护栏失修	管理因素	人员溺水伤害
		恶劣天气	环境因素	人员绊倒 / 跌落

4.7 二次沉淀池

4.7.1 分类

二次沉淀池（简称二沉池）。二沉池的作用是使活性污泥与净化完的污水分离，并使污泥得到一定程度的浓缩。二沉池的结构形式同初沉池一样，可分为平流式沉淀池、竖流式沉淀池和辐流式沉淀池。目前国内的绝大多数城市污水处理厂的二沉池都采用辐流式，有些中、小型污水处理厂采用平流式二沉池，竖流式二沉池较少见。需说明的是二沉池的排泥方式与初沉池有较大区别。二沉池一般直接用吸泥机将污泥连续排除。

二沉池的主要设备是吸泥机。平流式二沉池一般采用行车式吸泥机。辐流式二沉池采用回转式吸泥机。常用的排泥方式有静压排泥、气提排泥、虹吸排泥或直接泵吸。

4.7.2　运行管理

1. 一般规定

调节各池进水量，应根据池组设置、进水量变化，保证各池配水均匀。

定期检查并调整二沉池进水闸门，确保各二沉池进水量均衡，避免造成个别池组水量太大，引起二沉池跑泥现象，如有异常须停运池组，应及时将其他运行池组投入使用并均衡进水量。

应定期检查并调节二沉池排泥阀，二沉池污泥排放量可根据生物反应池的水温、污泥沉降比、混合液污泥浓度、污泥回流比、污泥龄及二沉池污泥界面高度确定，应观察排泥情况是否通畅，如堵塞应及时疏通。并通过泥位测量结果及时调整运行。定期检查二沉池吸泥机，观察吸泥机是否正常运行、吸泥管是否堵塞，了解排泥是否有异常情况。如果吸泥机故障则及时维修，当二沉池出水出现浮泥等异常情况时，应查明原因并及时处理。

检查二沉池出水侧转刷是否有脱落或者故障现象，现场巡视发现问题后及时处理，以免影响后续工艺。若出水堰或出水集水槽内附着大量藻类，操作运行人员应及时清除藻类。

2. 测量

定期测量二沉池泥位。

3. 运行

二沉池的工艺参数主要包括混合液在二沉池内的停留时间、二沉池的表面负荷、出水堰板溢流负荷、二沉池内污泥层深度等。

4. 维护

巡视各池组水量和回流污泥分配是否均匀，液位是否正常，观察各组出水口水量变化，发现配水不均时，及时调整进水闸、回流污泥闸。

巡视池面浮渣、浮萍、漂泥及杂物情况，并及时清捞，清捞过程中应注意操作安全，防止出现溺水事故。对设有积泥槽的刮、吸泥机，应定期清除槽内污物。

操作人员应经常检查刮、吸泥机以及排泥闸阀，应保证吸泥管、排泥管管路畅通，并保证各池均衡运行。

应经常检查与调整出水堰板的平整度，防止短流；应保持堰板与池壁之间密合，不漏水；及时排除浮渣，并经常用水冲洗浮渣斗，防止浮渣斗堵塞；夏季出水槽上易产生生物膜或水藻，运行人员须及时清理；二沉池每年应排空 1 次，进行彻底的检查清理工作，确认水下部分的锈蚀程度，判断是否需要重新进行防腐，池底是否有积泥，池壁或池底的混凝土抹面是否有脱落，静压排泥管线是否堵塞等。

4.7.3 监测预警

二沉池吸泥机在运行时，同时位于桥架上的人数，不得超过允许的重量荷载。二沉池的风险主要是人员在池上巡视时容易因防护栏缺失存在跌落池内的风险。二沉池危险源详见表 4.7–1。

二沉池危险源 表 4.7–1

序号	工序 / 设备 / 人员	危险源（危害）	有害因素类型	危险（风险）
1	二沉池运行	电器漏电	物的因素	触电伤害
		违章操作	人的因素	人员伤害
2	取样	防护栏缺损	管理因素	人员跌落
		不良天气作业	环境因素	滑倒跌伤
		盖板腐蚀	物的因素	人员伤害
3	巡视	防护栏缺损	管理因素	人员跌落
		盖板腐蚀	物的因素	人员伤害

4.8 生物滤池

4.8.1 分类

生物滤池是以土壤自净原理为依据，在污水灌溉的实践基础上，经较原始的间歇砂滤池和接触滤池而发展起来的人工生物处理技术。滤池用于碳氧化和硝化时，多称为曝气生物滤池。滤池用于硝化和反硝化脱氮时，分别称为硝化滤池和反硝化滤池。生物滤池系统一般由提升泵、过滤系统和反冲洗系统组成。

4.8.2　运行管理

1. 一般规定

巡视滤池进出水情况，观察进出水水质颜色是否有明显黄褐色悬浊物，滤池池面是否有大片悬浮污泥、浮渣、漂浮垃圾，避免影响出水 SS 指标。

巡视滤池反冲洗状态是否正常，包括液位变化是否正常，排除液位计、阀门等故障；气洗过程的气体分布是否均匀，排除滤杆堵塞脱落等问题。

检查滤池上各项仪表显示是否正常，溶解氧参数应大于 5mg/L，保障出水氨氮的达标排放，如遇故障及时进行维修。

巡视检查滤池排渣管是否正常。

附属设备（如反冲洗泵、风机）工作时无异常噪声、振动，电压、电流等无异常。

2. 测量

生物滤池的主要测量值是溶解氧和氨氮。

3. 运行

应根据滤池水头损失或过滤时间进行反冲洗。

冲洗前应检查排水槽、排水管道是否畅通。

进行气、水冲洗时，气压必须恒定，严禁超压。

应定期对滤层做抽样检查，含泥量大于 3% 时应进行滤料清洗或更换。

对于新装滤料或刚刚更换滤料的滤池，应进行清洗处理后方可使用。

长期停用的滤池，应定期检查进、出水阀门。

4. 维护

巡视滤池反冲洗状态是否正常，包括液位变化是否正常，排除液位计、阀门等故障；气洗过程的气体分布是否均匀，排除滤杆堵塞脱落等问题。

检查滤池上各项仪表显示是否正常，保障出水硝酸盐氮的达标排放，如遇故障及时维修。

巡视检查滤池排渣管是否按正常状态开启。

巡视管廊内管线是否存在滴漏现象。

4.8.3　监测预警

滤池进行气、水冲洗时，气压应恒定，不应超压。

滤池布水、布气系统，以及反冲洗废水池检维修时，应按有限空间作业要求执行。

更换或清理滤池滤料时，应采取措施妥善运输、储存、处理滤料，防止遗撒，防止人员滑倒。

冲洗滤池时，排水槽、排水管道应通畅，不应有壅水现象。

应定期检查鼓风机止回阀，避免返水进入鼓风机，造成设备损坏。

滤池设备间设置在地面以下的，应采取防淹泡措施。滤池系统危险源见表 4.8–1。

滤池系统危险源 表 4.8–1

序号	工序 / 设备 / 人员	危险源（危害）	有害因素类型	危险（风险）
1	滤池运行	电器漏电	物的因素	触电伤害
		违章操作	人的因素	人员伤害
		污水泄漏	物的因素	人员伤害
		气体泄漏	物的因素	人员伤害
		药剂泄漏	物的因素	人员伤害
		臭气排放	环境因素	人员伤害
		压力罐爆炸	物的因素	人员伤害
2	取样	防护栏缺损	管理因素	人员跌落
		不良天气作业	环境因素	滑倒跌伤
		臭气排放	环境因素	人员伤害
3	巡视	防护栏缺损	管理因素	人员跌落
		不良天气作业	环境因素	滑倒跌伤
		臭气排放	环境因素	人员伤害

4.9 膜池

4.9.1 分类

膜生物反应器（Membrane Bio-Reactor，MBR），是一种采用活性污泥与膜分离技术相结合的新型环保水处理技术。目前市面上的 MBR 膜主要有：中空纤维帘式膜、MBR 平板膜、陶瓷膜、管式膜等。中空纤维帘式膜和 MBR 平板膜一起称为“有机膜”，其主要的材料是聚偏氟乙烯（PVDF）。还有采用聚四氟乙烯（PTFE）材质的膜。陶瓷膜是近些年新研发出来的，陶瓷膜和目前市场上常用的平板膜相比，其化学稳定性较好，具有耐酸、耐碱、耐有机溶剂、耐高温等优点。管式膜适用于超滤、纳滤等膜分离技术。流道宽，滤液在管内流动，对滤液的处理精度要求较低。管式膜易于清洗，除清洗剂以外，还可以用物理擦拭的方法清洗，管式膜组件的压力损失小，效率高。

4.9.2　运行管理

1. 一般规定

膜系统启动前，应先检查粗过滤器是否处于自动状态；应每日检查进出口压力表，检查自清洗是否彻底。否则，应增加自清洗时间或手动清洗时间。

检查吹扫空气量是否为标准量，以及是否均匀。发现异常时，应采取必要的措施，如清洗吹扫气管，检查鼓风机，以及调整气量等。

检查膜生物反应器的水位是否在正常范围内，不得低于膜组件。

污泥浓度控制在合理范围，过高时，会造成膜丝表面积泥现象。应定时排放压缩空气储罐内的冷凝水。

当单元的过滤阻力值超出规定值时，应及时进行化学清洗。

当设备停机超过 24h，应将膜厂商指定的专用药液注入膜压力容器内将膜浸润。

应定期巡查管道及膜压力容器，发现漏水时，应及时处理。

2. 测量

系统主要测量指标是跨膜压差。

3. 运行

运行需要监控膜系统运行参数、水质、膜清洗情况，并对涉及的设备仪表等进行维护。膜系统运行参数，包括原水进水流量、各操作单元的产水流量、产水管压力、吹扫空气量、空气出口压力、跨膜压差、膜池液位、污泥浓度、剩余污泥排除量、污泥沉降性能等。水质包括原水与产水水质，具体指标有 BOD、COD、浊度、TN、TP 等。记录维护性清洗及恢复性清洗的频率，为更好地管理膜系统，宜采用 PLC 控制，进行在线数据监控，定期提取在线数据进行分析，观察膜系统的流量压力变化曲线。每次进行离线化学清洗时，记录清洗期间及清洗后的各项参数变化。

4. 维护

定期对膜系统设备（进水泵、产水泵、反洗泵、加药泵等）进行维护和保养。

定期检查流量、压力、pH、温度、ORP 等在线仪表，如有需要，进行更换。

定期检查膜系统管道、垫片，以防止渗漏。如有需要，进行更换。

4.9.3　监测预警

膜系统反洗排水池应安装高液位报警装置。

进行化学清洗时，应保证设备处于停止状态。清洗后，应重新安装拆卸的管道，并应确认其牢固性。

应定期巡查膜系统的管道及附属压力容器，发现漏水及时处理，并做好记录。

在对膜系统进行化学清洗时，不应将单元内水长时间排空；设备维修时应将单元内水排空。

膜系统危险源见表 4.9–1。

膜系统危险源 表 4.9–1

序号	工序 / 设备 / 人员	危险源（危害）	有害因素类型	危险（风险）
1	膜系统运行	电器漏电	物的因素	触电伤害
		违章操作	人的因素	人员伤害
		药剂泄漏	物的因素	设备腐蚀 / 人员伤害
		噪声排放	环境因素	听力损伤
		压力容器爆炸	物的因素	人员伤害
2	药剂配置	防护用品佩戴不齐全	人的因素	人员伤害
3	人员巡视	照明故障	物的因素	人员绊倒 / 跌落
		地面湿滑	环境因素	人员绊倒 / 跌落
		安全防护栏失修	人的因素	人员溺水伤害
		恶劣天气	环境因素	人员绊倒 / 跌落
4	取样	地面湿滑	环境因素	人员绊倒 / 跌落

4.10 浓缩池

4.10.1 分类

污泥浓缩一般分为重力浓缩、气浮浓缩、转鼓浓缩、带式浓缩、离心浓缩等。

4.10.2 运行管理

1. 一般规定

应及时清捞出水堰的浮渣，并清除刮、吸泥机走道上的杂物。应保证上清液清澈。

重力浓缩池刮泥机宜连续运行；可采用间歇排泥方式，并应控制浓缩池排泥周期和时间；刮泥机不得长时间停机和超负荷运行；当长期停用时，应将污泥排空。

气浮浓缩池包括其配套的加压溶气水系统应 24h 连续运行。气浮浓缩池宜采用连续排泥；当采用间歇排泥时，其间歇时间可为 2～4h。应保持压缩空气的压力稳定，宜通过恒压阀控制溶气水罐的进气压力。应保证气浮池池面污泥密实；当刮泥机在长时间停机后再开启时，应先点动、后启动。当冬季有结冰时，应先破坏冰层、再启动。应观察贮泥池液位，不得出现漫溢现象；应经常清理池体堰口、刮泥机搅拌栅及溶气水罐内的杂物。应经常检查压缩空气系统畅通情况，并及时排放压缩空气系统内的冷凝水。

2. 测量

浓缩池的运行控制目标，就是获得较好的浓缩效果。一般采用浓缩比、分离率和固体回收率三个指标进行综合评价。生产中运行控制指标，主要是浓缩后污泥含水率。

3. 运行

重力浓缩池工艺控制要点，主要包括浓缩池进泥量、排泥量和浮渣排放操作。气浮系统的运行调控参数主要有进泥量、加药量、气固比（或溶气比）、悬浮液的浓度、排泥量等。

4. 维护

行走轮为钢轮时运行应无啃轨现象，且地脚螺栓紧固；行走轮为胶轮时运行轨道应平整。应定期检查浓缩机电机的电刷、行走装置、浮渣刮板、刮泥板等易磨损件，发现损坏应及时更换。

4.10.3　监测预警

浓缩机行走轨线应采取安全防护措施，应在巡视路线设置防护栏杆或其他防坠落措施。周边传动设备电机更换时，应同时更新，确保多台传动设备同步。对浮渣斗和排渣管道的排渣情况，应经常检查，排出的浮渣应及时处理和处置。浓缩机运行时，不应多人同时在刮泥机走道上滞留。浓缩机检修时采取安全措施，避免工具、施工材料、施工垃圾掉入构筑物内，损坏其他设备。

浓缩池危险源见表 4.10–1。

浓缩池危险源　　表 4.10–1

序号	工序 / 设备 / 人员	危险源（危害）	有害因素	危险（风险）
1	浓缩机运行	臭气排放	环境因素	诱发职业病
		噪声排放	环境因素	听力损伤
		违章操作	人的因素	人员伤害
2	取样与巡视	恶劣天气	环境因素	人员跌落
		防护措施不当	人的因素	人员中毒

4.11 消化池

4.11.1 分类

污泥厌氧消化一般分为传统厌氧消化工艺、两级厌氧消化工艺、两相厌氧消化工艺等。根据是否采用热水解、热碱、超声波等预处理技术，污泥厌氧消化可分为传统厌氧消化和高级厌氧消化。污泥厌氧消化还可分为单级消化和两级消化。单级消化，是指污泥消化和沉降在一座消化池内进行。在一级消化池内，设有集气、加热、搅拌等设备，不排上清液。两级消化是指将污泥消化过程分为两池串联进行，将消化和沉降分为两个池子进行，污泥消化反应主要在一级消化池完成，在此期间产气活跃；在二级消化池中设有集气设备、撇除上清液装置，但不再加热和搅拌，污泥在二级消化池内完成最后消化。根据消化产酸第一阶段、产碱第二阶段与产甲烷第三阶段的安排，可将污泥分为单相消化和两相消化等。

厌氧消化系统主要由消化池、进排泥系统、搅拌系统、排浮渣系统、沼气收集系统、污泥换热系统和药剂投配系统等组成。消化池厌氧消化的主要构筑为消化池。消化池按照外形可分为矩形、方形、圆柱形、卵形等。国内比较普遍的是圆柱形和卵形。圆柱形消化池，一般为钢筋混凝土结构。近年来，随着施工和材料技术发展，目前也较多采用钢制罐。柱形消化池底部有适当的坡度，顶部气相空间较大。卵形消化池，基本采用混凝土结构。底部呈圆锥形，顶部气相空间较小。消化池池体包括罐体本身、保温层和附属管道。罐体基本分为混凝土和钢制材质，外衬保温层，保温层一般为发泡材料，外涂层为铝质或瓷砖的装饰板。附属管道包括污泥管、排上清液管、溢流管、取样管等。污泥管包括进泥管、排泥管、循环搅拌管。

4.11.2 运行管理

1. 一般规定

应按一定投配率依次均匀投加新鲜污泥，并应定时排放消化污泥。

新鲜污泥投加到消化池，应充分搅拌、保证池内污泥浓度混合均匀，并应保持消化温度稳定。

对池外加温且为循环搅拌的消化池，投泥和循环搅拌宜同时进行。

对采用沼气搅拌的消化池，在产气量不足或在消化池启动期间，应采取辅助措施进行搅拌。

对采用机械搅拌的消化池，在运行期间，应监控搅拌器电机的电流变化。

应定期检测池内污泥的 pH、脂肪酸、总碱度，进行沼气成分的测定，并应根据监测数据调整消化池运行工况。

应保持消化池单池的进、排泥的泥量平衡。

应定期检查静压排泥管的通畅情况。

宜定期排放二级消化池的上清液。

应定期检查二级消化池上清液管的通畅情况。

应每日巡视并记录池内的温度、压力和液位。

应定期检查沼气管线冷凝水排放情况。

应定期检查消化池及其附属沼气管线的气体密闭情况，并应及时处理发现的问题。

应定期检查消化池污泥的安全溢流装置。

应定期校核消化池内监测温度、压力和液位等的各种仪表。

应定期检查和校验沼气系统中的压力安全阀。

当消化池热交换器长期停止使用时，应关闭通往消化池的相关闸阀，放空热交换器中的污泥并进行清洗。螺旋板式热交换器宜每 6 个月清洗 1 次，套管式热交换器宜每年清洗 1 次。

连续运行的消化池，宜 3 ~ 5 年进行清池、检修 1 次。

投泥泵房、阀室应设置可燃气体报警装置，并应定期维修和校验。

池顶部应设置避雷针，并应定期检查遥测。

空池投泥前，气相空间应进行氮气置换。

2. 测量

采用压力计测量厌氧消化池气相空间的压力；采用温度计测量厌氧消化池内污泥温度和换热器的介质温度；采用在线气体分析仪测量沼气中的气体成分；采用流量计记录沼气产量。采用液位计测量厌氧消化池的液位。取泥样，测量厌氧消化前后污泥的含水率、挥发性脂肪酸（VFA）、总碱度（ALK）、氨氮、pH。取水样，测量消化池上清液的 SS、COD、总磷、TN、氨氮。取气样，测量沼气的成分，如甲烷、硫化氢含量等。

3. 运行

消化池运行控制指标分为两类，运行监控指标和生产指标。运行监控指标主要有温度、pH、VFA 和 ALK 等。生产指标主要有产气量、甲烷含量等。

传统中温消化，控制温度范围为 35 ~ 38℃。传统高温消化，控制温度在 52 ~ 55℃。高级厌氧消化，中温消化控制温度范围为 38 ~ 40℃。

消化池 pH 控制在 6.0 ~ 8.0。传统厌氧消化池 ALK 范围为 1500 ~ 5000mg/L。高级厌氧消化 ALK 范围为 3000 ~ 12000mg/L。

传统消化 VFA 控制在 3000mg/L 以下。高级厌氧消化 VFA 控制在 5000mg/L 以下。

生产指标主要为产气量和沼气中甲烷含量等。一般情况，产气量大于 230m^3/tDS。沼气中甲烷含量应大于 50%。

4. 维护

消化池设施维护的主要内容是泄空消化池，清除底部沉砂和淤泥，以及对消化池进行内部防腐检查。消化池清淤的频率取决于进泥预处理效果、除砂效率、搅拌系统和消化池构造。清淤前还要考虑到机械、电力、仪表测量系统的故障分析和检修。应制定严密的消化池泄空作业指导书，并严格执行。

一般消化池泄空操作步骤如下：确认消化池进泥泵、中部污泥循环泵、搅拌器（沼气压缩机）均为停止状态，并挂牌注明未经允许严禁开启；进行消化池气相空间和沼气压缩、搅拌系统的放气操作；进行倒闸操作，使污泥通过底部排泥管线由循环污泥泵抽升进入排泥环管，继而进入污泥储泥池达到消化池泄空目的；开启消化池循环污泥泵进行泄空。根据消化污泥储泥池承受能力和循环污泥泵流量，控制每日排泥时间；排泥过程中随时观察并记录液位，当下降到最低液位时，关闭循环污泥泵停止排泥，并关闭与消化池连通的所有污泥管线；确保泄空后的消化池，其液位低于消化池人孔的最低点，以便人孔的打开。持续进行有毒有害气体监测并架设通风机进行通风处理；在确定安全后，在消化池人孔处安装潜水泵进行污泥抽升完成消化池的泄空作业，必要时须向消化池打入清水对消化池底部存泥（或沉渣）进行稀释。

消化池日常设备、设施检查包括：应每日查看消化池进出泥管线渗漏情况；每日巡视查看附属设备（泵及压缩机）的运行情况；每日巡视查看消化池换热器的运行情况；每日查看消化池浮渣情况；每日从消化池顶部观察窗查看消化池内泡沫情况；每日检查消化池搅拌器；每日重点查看叶轮（桨叶）、连接螺栓、主轴与轴套、连锁系统、轴承、密封件和填料；每日检查消化池附属沼气压缩机；每日重点查看过滤器、润滑油油温和油压，以及设备有无异常振动和噪声等。

部分消化池采用气体搅拌，通常采用压缩机作为搅拌供气设备。沼气压缩机的维护内容与周期具体见表 4.11-1。

沼气压缩机的维护内容与周期　　表 4.11-1

序号	位置	维护内容	周期
1	油位	检查油位	每月 1 次
2	油压	检查油压	每月 1 次
3	油温	包括油冷却器前后油的温差	每月 1 次
4	各段气体压力	进气压力、工作压力、除油后压力、出气压力	每月 1 次
5	排气管温度	检查排气温度	每月 1 次
6	泄压管温度	检查管路密闭情况	每月 1 次
7	进、出口疏水器	检查冷凝水排放情况	每月 1 次
8	纸滤	检查滤网堵塞情况	每月 1 次

续表

序号	位置	维护内容	周期
9	法兰	无变形、松动	每月 1 次
10	系统	清洁设备系统	每 3 月 1 次
11	换油	清洁油罐，注入 60L 润滑油	每 3 月 1 次
12	油过滤器	更换油过滤器	每 3 月 1 次
13	油、气分离装置	检查或更换油、气分离装置（工作压力与除油后压力之差大于 0.6kg）	每 3 月 1 次
14	安全阀	检查有无破损、泄漏情况	每 3 月 1 次
15	螺栓	紧固连接部位螺栓	每 3 月 1 次
16	软管及连接部位	检查软管及其连接	每 3 月 1 次
17	油位开关	检查油位开关	每 3 月 1 次
18	压力控制器	检查压力控制器	每 3 月 1 次
19	油加热器	检查 / 清洁油加热器	每年 1 次
20	油冷却器	检查 / 清洁油冷却器	每年 1 次
21	压力先导阀	检查泄漏情况	每年 1 次
22	进口止回阀	检查 / 清洁进口止回阀	每年 1 次
23	最小压力阀	检查 / 清洁最小压力阀	每年 1 次
24	泄压阀	检查 / 清洁泄压阀	每年 1 次
25	电机	润滑电机轴承	每年 1 次
26	联轴器	检查联轴器	每年 1 次

有部分消化池采用机械搅拌，搅拌方式为立轴搅拌。立轴搅拌器的维护内容与周期具体见表 4.11–2。

搅拌器的维护内容与周期　　表 4.11–2

序号	维护对象	维护内容	维护周期
1	电动机	检查是否有损坏、裂缝、松动部件，以及是否有泄漏现象	每月 1 次
2	减速箱	检查是否有损坏、裂缝、松动部件，以及是否有泄漏现象	每月 1 次
3	轴承	清扫、润滑、更换	每 6 月 1 次（清扫、润滑） 每 4 年 1 次（更换）
4	轴封	检查是否有损坏、裂缝、松动部件，以及是否有泄漏现象	每日 1 次
5	主轴 / 连接法兰	检查是否有损坏 / 裂缝、松动部件，以及是否有泄漏现象	每 6 月 1 次
6	叶轮 / 桨叶	检查是否有损坏 / 裂缝、松动部件，以及是否有泄漏现象	每 6 月 1 次
7	护盖 / 保护装置	检查是否有损坏 / 裂缝、松动部件，以及是否有泄漏现象	每 6 月 1 次
8	连接螺栓 / 接头	检查是否有损坏 / 裂缝、松动部件，以及是否有泄漏现象	每年 1 次
9	电气设备	检查是否有损坏 / 裂缝、松动部件，以及是否有泄漏现象	每年 1 次

4.11.3 监测预警

消化池应设置防雷设施，并定期进行防雷检测。

消化池区域入口应设置人体静电释放装置。

消化池附属泵房、阀室等区域应设置易燃易爆和有毒有害气体在线监测系统，现场设置声光报警器。

应在消化池的出气管上设置阻火器。

应定期检查池顶的呼吸阀，保证可靠有效。

人员进入消化池顶巡视和操作，应携带便携式气体检测仪。

消化区域维修作业，应选用防爆工具。

消化区域严禁烟火，确定需要动火作业的应严格按照要求审批和作业。

进入消化池内，应严格按照有限空间作业要求审批和作业。

消化系统因为有沼气产生，在监测测量上应多关注沼气泄漏、消化池超压报警等。消化系统常见危险源见表 4.11–3。

消化系统常见危险源 表 4.11–3

序号	工序 / 设备 / 人员	危险源（危害）	有害因素	危险（风险）
1	系统运行	沼气泄漏	物的因素	人员伤害
		设备漏电	物的因素	人员伤害
		污泥泄漏	物的因素	人员伤害
		安全装置失稳	物的因素	人员伤害
		违章操作	人的因素	人员伤害
		噪声排放	环境因素	听力受损
2	污泥输送	机械伤害	物的因素	人员伤害
		臭气排放	物的因素	人员中毒
		噪声排放	环境因素	听力损伤
		设备漏电	物的因素	人员伤害

4.12 脱水机房

4.12.1 分类

污泥脱水分为自然干化脱水和机械脱水两类。自然干化脱水，是将污泥摊置到由不同级配砂石铺垫的干化场，通过蒸发、渗透和清液溢流等方式，实现脱水。这种方式由于产生恶臭气体，现在很少采用。机械脱水，是利用机械设备进行污泥脱水。按照脱水原理可分为真空过滤脱水、压滤脱水和离心脱水 3 类，新型的有螺旋压榨脱水等。

污泥在机械脱水前，一般应进行预处理。预处理也称污泥调质。就是通过对污泥预处理，改善其脱水性能，提高脱水设备的生产能力。通常来说，污泥调质方法有物理调质和化学调质两大类。物理调质有淘洗法、冷冻法及热调质法。化学调质则主要指向污泥中投加化学药剂，改善其脱水性能，俗称“加药”。两种调质方法比较，化学调质在实际中应用较多。

4.12.2　运行管理

1. 一般规定

应根据污泥的理化性质，通过试验，选择合适的絮凝剂，并应确定最佳投加量。带式脱水机还应选择合适的滤布。

应及时调整带式浓缩机、带式脱水机的絮凝剂投加量、进泥量、带速、滤布张力和污泥分布板，使滤布上的污泥分布均匀，控制污泥含水率，并使滤液含固率小于 10%。

应巡视检查带式脱水机反冲洗水系统、滤布纠偏系统和投药系统，当发现异常时，应及时维修。

应及时调整离心浓缩机、离心脱水机的絮凝剂投加量、进泥量、扭矩和差速，控制污泥含水率，使滤液含固率小于 5%。

停机前应先关闭进泥泵、加药泵；停机后应间隔 30min 方可再次启动。

应定期清理破碎机清淘系统，经常检查破碎机刀片磨损程度并及时更换。

各种污泥浓缩、脱水设备脱水工作完成后，都应立即将设备冲洗干净，带式脱水机应将滤布冲洗干净。

污泥脱水机械带负荷运行前，应空载运转数分钟。

应经常清洗溶药系统，防止药液堵塞；在溶药池旁边工作时，应注意防滑，同时应将掉落在池边、地面的药剂清理干净。

应保持机房内通风良好。

2. 测量

测量脱水后污泥的含水率，并与目标值进行对比，数值一致则运行良好；反之，则运行异常。

通常，带式脱水机和离心脱水机脱水后泥饼含水率应小于 80%；板框脱水机脱水后泥饼含水率宜小于 60%。

3. 运行

一般用两个主要的指标衡量污泥脱水效果的好坏：污泥含水率、固体回收率。脱水后污泥含水率应小于 80%。固体回收率应大于 90%。此外脱水机投药量（干药 / 干泥）应控制在 3 ~ 5kg/tDS。具体运行调控中，应根据泥质的情况，进行脱水药剂的筛选。要充分考虑季节、温度的不同。要根据处理泥量的情况，调整脱水设备的开启台数，保障设备的运行负荷均匀。要根据设备的运行效果，及时进行冲洗等操作。根据生产实际情况，可考虑调整压榨、反冲洗等过程的时间。

4. 维护

脱水机类型不同，维护内容略有差异。

（1）离心脱水机

离心脱水机重点维护项目详见表 4.12–1。

离心脱水机重点维护项目 表 4.12–1

序号	维护对象	维护内容	维护周期	备注
1	预脱水阀门	螺丝紧固，阀门螺杆抹油	每月 1 次	每周巡检，发现问题及时对设备进行维护保养
2	电机	检查电机轴承，注油清扫	每月 1 次	
3	齿轮箱变速器	检查油封、油液位，检查有无异响，清扫	每 3 月 1 次	
4	预脱水机进泥泵	检查运行是否平稳，检查油液情况，查看地脚螺栓有无松动	每月 1 次	
5	预脱水螺旋	检查螺旋、衬板有无损坏磨损，电机注油保养，查看油液	每月 1 次	
6	预脱水机	检查电机、皮带、润滑油，电机注油，清理机体、滚轴	每月 1 次	
7	气动阀	检查气管、气动阀门开关，以及脱水机出泥闸阀	每月 1 次	

（2）带式压滤机

带式脱水机重点维护项目详见表 4.12–2。

带式脱水机重点维护项目 表 4.12–2

序号	维护对象	维护内容	维护周期	备注
1	压滤系统	巡回检查	每班 1 次	主要检查：检查压滤机上的絮团情况，是否需调整加药量；清除进泥口和污泥分布区的多余污泥；检查滤带、清洗系统的运行情况；观察辊子表面堆积的污泥情况；检查滤液，观察泥饼的质量
2	压滤机	清洗	每周 1 次	压滤机每周彻底清洗 1 次
3	刮板	检查刮板清洁状况	每班 1 次	如有需要，抬起刮板进行清洗

续表

序号	维护对象	维护内容	维护周期	备注
4	液压装置	活塞杆	每日 1 次	如有需要，进行清洗
5	滤带	检查滤带缝线	每日 1 次	如有需要，缝补或更换
6	液压装置及驱动装置	检查液压装置及驱动装置的油位，检查是否应换油	每月 1 次（检查） 每年 1 次（换油）	每月检查液压装置及驱动装置的油位，每年换油
7	轴承	检查轴承涂油情况或中央上油装置功能	每 2 月 1 次	检查润滑情况

（3）板框压滤机

板框脱水机重点维护项目详见表 4.12–3。

板框脱水机重点维护项目　表 4.12–3

序号	维护对象	维护内容	维护周期
1	阀门及管路	检查阀门及管路是否存在泄漏	每日 1 次
2	拉板小车油盒	加注润滑油	每周 1 次
3	链轮、链条	加注润滑油	每月 1 次
4	电机	电机轴承，注油清扫	每月 1 次
5	轴承座	加注润滑脂	每 6 月 1 次
6	拉板电机减速机	加注齿轮油	每年 1 次

4.12.3 监测预警

应设置易燃易爆和有毒有害气体在线监测系统，现场设置声光警报器。

应经常冲洗地沟，避免易燃易爆和有毒有害气体聚集。

安装离心脱水机的，应配置听力防护用品。

各种污泥脱水设备脱水完毕后，应立即将设备冲洗干净，带式脱水机应将滤布冲洗干净。

及时清理掉落的絮凝剂，在工作通道、溶药系统周围地面应有防滑措施。

工作时，板框脱水机液压油缸的压力不应超过额定值，液压站周围不应站人。

板框脱水机压紧或拉板时，不应将手伸入滤板之间整理滤布。

脱水机常见危险源见表 4.12–4。

脱水机常见危险源 表 4.12-4

序号	工序 / 设备 / 人员	危险源（危害）	有害因素	危险（风险）
1	脱水机运行	臭气排放	环境因素	诱发职业病
		噪声排放	环境因素	听力损伤
		违章操作	人的因素	人员伤害
		压力容器失稳	物的因素	人员伤害
2	取样与巡视	恶劣天气	环境因素	人员跌落
		防护措施不当	人的因素	人员中毒
3	污泥输送	臭气排放	环境因素	诱发职业病
		污泥泄漏、散落	物的因素	人员伤害
		设备漏电	物的因素	人员伤害
4	絮凝剂制备	药剂散落	物的因素	人员伤害

4.13 污泥干化设施

4.13.1 分类

污泥干化就是利用蒸发以及扩散作用，将污泥中的水分去除。按照能耗分类，污泥干化分为自然干化和机械干化。自然干化指通过渗滤或蒸发等作用，从污泥中去除大部分水分的过程，一般指污泥干化场（床）等自蒸发设施。目前，基本不采用自然干化方式。污泥干化，通常是指机械干化。按照干化机的运转方式，干化分为桨叶式干化、流化床干化、回转炉干化等。按照热源与污泥的接触方式，干化可分为直接接触式干化和间接接触式干化。其中，直接干化有烘干设备喷雾干化机。间接干化设备有刀片式干粉机、盘式干化机、薄层干粉机、转筒式干化机等。直接与间接加热相结合的设备有混合带污泥干化机、流化床污泥干化机等。

除了传统的干化技术，一些新兴技术正逐渐应用于污泥干化过程，例如太阳能温室污泥干化、电渗析深度污泥脱水、污泥热水解 + 脱水干化等。但受污泥的特征、干化程度，以及能源效率等条件限制，传统的热干化技术仍为污泥干化的主流技术。

1. 流化床干化

流化床干化系统中污泥颗粒温度一般为 40～85℃，系统氧含量小于 3%，热媒温度为 180～220℃。推荐采用间接加热方式，热媒常采用导热油，可利用天然气、燃油、蒸气等各种热源。流化床干化工艺既可对污泥进行全干化处理，也可进行半干化处理，最终产品的污泥颗粒分布较均匀，直径为 1～5mm。流化床干化工艺设备单机蒸发水量一般在 1000～20000kg/h，单机污泥处理能力 30～600t/d（含水率以 80% 计）。可用于各种规模的污泥处理与处置，尤其适用于大规模和特大规模的污泥处理与处置。干化效果好，处理量大；国内有成功工程经验可以借鉴。但投资和维修成本较高；当污泥含砂量高时应注意设置除砂预处理工序和提高机械材质耐磨等级。

2. 带式干化

带式干化的工作温度为 40～65℃，系统氧含量小于 10%；可直接加料，无需干泥返混。

带式干化工艺设备既适用于污泥全干化，也适用于污泥半干化。出泥含水率可自由设置，便于使用。部分干化时，出泥颗粒的含水率一般在 15%～40%，出泥颗粒中灰尘含量很少；全干化时，含水率小于 15%，粉碎后颗粒粒径范围为 3～5mm。

带式干化工艺设备可采用直接或间接加热方式，可利用各种热源，如天然气、燃油、蒸汽、热水、导热油、来自于气体发动机的冷却水及排放气体等。

带式干化有低温和中温两种方式。低温干化装置单机蒸发水量一般小于 1000kg/h，单机污泥处理能力一般小于 30t/d（含水率以 80% 计），只适用于小规模的污泥处理与处置；中温干化装置单机蒸发水量可达 5000kg/h，全干化时，单机污泥处理能力最高可达 150t/d（含水率以 80% 计），可用于大、中规模的污泥处理与处置。由于主体设备为低速运行，磨损部件少，设备维护成本很低；运行过程中不产生高温和高浓度粉尘，安全性好；便于使用，可利用多种热源。但单位蒸发量下设备体积比较大，循环风量大，导致热能消耗较大。

3. 桨叶式干化

桨叶式干化通过采用中空桨叶和带中空夹层的外壳，具有较高的热传递面积和物料体积比。污泥颗粒温度小于 80℃，系统氧含量小于 10%，热媒温度为 150～220℃。一般采用间接加热，热媒首选蒸汽，也可采用导热油（通过燃烧沼气、天然气、煤等进行加热）。干污泥不需返混，出口污泥的含水率可以通过轴的转动速度进行调节，既可全干化，也可半干化。全干化污泥的颗粒粒径小于 10mm，半干化污泥为疏松团状。

桨叶式干化工艺设备单机蒸发水量最高可达 8000kg/h，单机污泥处理能力达 240t/d（含水率以 80% 计），适用于各种规模的污泥处理与处置。结构简单、紧凑；运行过程中不产生高温和高浓度粉尘，安全性高；国内有成功的工程经验可以借鉴。但污泥易粘结在桨叶上影响传热，导致热效率下降，需对桨叶进行针对性设计。

4. 卧式转盘式干化

卧式转盘式干化既可全干化，也可半干化。全干化工艺颗粒温度为 105℃，半干化工艺颗粒温度为 100℃；系统氧含量小于 10%；热媒温度为 200～300℃。采用间接加热，热媒首选饱和蒸汽，其次为导热油（通过燃烧沼气、天然气、煤等进行加热），也可以采用高压热水进行加热。污泥需返混，返混污泥含水率一般需低于 30%。全干化污泥为粒径分布不均匀的颗粒，半干化污泥为疏松团状。

卧式转盘式干化工艺设备单机蒸发水量为1000～7500kg/h，单机污泥处理能力30～225t/d（含水率以80%计），适用于各种规模的污泥处理与处置。其结构紧凑，传热面积大，设备占地面积较小。

5. 立式圆盘式干化

立式圆盘式干化又被称为珍珠造粒工艺，仅适用于污泥全干化处理，颗粒温度40～100℃，系统氧含量小于5%，热媒温度为250～300℃。采用间接加热，热媒一般只采用导热油（通过燃烧沼气、天然气、煤等进行加热）。返混的干污泥颗粒与机械脱水污泥混合，并将干颗粒涂覆上一层薄的湿污泥，使含水率降至30%～40%。干化污泥颗粒粒径分布均匀，平均直径在1～5mm之间，无须特殊的粒度分配设备。

立式圆盘式干化工艺设备的单机蒸发水量一般为3000～10000kg/h，单机污泥处理能力90～300t/d（含水率以80%计），适用于大、中规模的污泥处理与处置。结构紧凑，传热面积大，设备占地面积较小；污泥干化颗粒均匀，综合利用途径广泛。仅适用于全干化，对导热油的要求较高。

6. 喷雾干化

喷雾干化系统是利用雾化器将原料液分散为雾滴，并用热气体（空气、氮气、过热蒸汽或烟气）干燥雾滴。原料液可以是溶液、乳浊液、悬浮液或膏糊液。干燥产品根据需要可制成粉状、颗粒状、空心球或团粒状。喷雾干化采用并流式直接加热，既可用于污泥半干化，也可用于全干化，且无须污泥返混。脱水污泥经雾化器雾化后，雾化液滴粒径在30～150μm。热媒首选污泥焚烧高温烟气，其次为热空气（通过燃烧沼气、天然气、煤等产生），也可采用高压过热蒸汽。采用污泥焚烧高温烟气时，进塔温度为400～500℃，排气温度为70～90℃，污泥颗粒温度低于70℃，干化污泥颗粒粒径分布均匀，平均粒径在20～120μm。

喷雾干化工艺设备的单机蒸发能力一般为5～12000kg/h，单机处理能力最高可达360t/d（含水率以80%计），适用于各种规模的污泥处理与处置。该设备干燥时间短（以秒计），传热效率高，干燥强度大，采用污泥焚烧高温烟气时，干燥强度可达12～15kg/（m^3·h），干化污泥颗粒温度低，结构简单，便于操作使用，安全性高，易实现机械化和自动化，占地面积小。但干燥系统排出的尾气中粉尘含量高，且气体具有臭味，需经两级除尘和脱臭处理。

4.13.2 运行管理

1. 一般规定

应确保干化物料均匀，无大块杂质。一般应根据进泥的含水率调整热源供给量。

应定期对干化系统传感器、仪器仪表进行检测校验。

干化系统管路、阀门密封性应达到完全密封的要求。

干化系统应设置除臭装置，且除臭风机应有独立的供电系统。干化系统运行中或暂停时，不得停止排气风机的运转。

干化系统中的所有阀门应设计为气动阀门，干化系统气密性应良好。

干化系统应设置与温度、氧含量、一氧化碳含量等指标相关的报警停机程序。

干化系统所有设备及管路都应设置高温标志，做好保温处理。

干化系统所有管道设备应进行等电位连接。

干化系统应安装惰性气体补充装置。

粉尘分离装置（旋风分离器）应内设防磨损材料。

干化车间每层应有急停按钮。

污泥热干化尾气应处理达标后排放。

应定期对热交换器、风帽、旋风分离器、高水位报警点、风室挡板等进行全面检查、清理，应对所有的密封处磨损情况进行详细的检查，并做好记录。

停机检修时应清空干燥器（流化床）内的干泥。

当流化床式污泥干化机运行时，应连续监测气体回路中的氧含量浓度，严禁在高氧量下连续运行。

停机检修前应对流化床进行降温、卸料及空气置换处理；检修期间，应按照有限空间作业要求进行作业；检修结束后，应关闭所有舱门。

2. 测量

测量干化后污泥的含水率，并与目标值进行对比，数值一致则运行良好；反之，则运行异常。

3. 运行

干化系统应严格实施自动运行模式，运行中密切监控温度和污泥的干化状态，观察干化后污泥的性状。

对于流化床干化工艺来说，干污泥颗粒粒径大小对流化床干化工艺有着重要影响。干污泥颗粒粒径过大，会导致整个系统的换热效率降低，从而降低处理脱水泥饼的能力；干污泥颗粒粒径过小，又容易使系统中产生大量的粉尘，加大混合器的运行压力。粉尘量过大会造成系统中的一系列问题：容易在鼓风机叶轮上附着并导致动平衡失效，影响风机的运行状态；容易堵塞喷淋系统的喷嘴；加剧流化床内部换热器的磨损等。因此需要对干污泥颗粒粒径进行实时的监控，出现问题时及时处理。

带式干化机应定期检查污泥在干化带上的布料效果，出现异常工况，应停机并及时调整。

干化后污泥含水率应小于 40%。

4. 维护

（1）流化床干化机

流化床式污泥干化机的运行管理、安全操作、维护保养等应符合下列规定：

污泥泵启动运行必须在自动模式下进行。

分配器的启动必须在自动模式下进行。

湿污泥的破碎尺度应以易被干燥机分配流化而定。

可根据干化系统污泥的需要量调节分配器。

分配器在运行中，应注意观察油杯的自动加油状况。

分配器转速应保持平稳，发现振动或电压、电流异常波动且不能排除时，应立即停机。

干化系统的设备及各部件间的连接口、检查孔应保持良好的密封性。

应控制循环气体回路的流量在一定范围内，并应保持良好的流化状态。

干化机每运行3个月应对热交换器、风帽、气水分离器、高水位报警点、风室挡板等进行全面检查、清理，并应对所有的密封磨损情况进行详细的检查和记录。

应定期检查旋风分离器内壁的磨损、变形、积灰、漏点及浸没管的浸没深度等情况。

应调节冷凝换热器的进水量，保证气体回路中冷凝后的气体温度满足工艺要求。

（2）带式干化机

带式污泥干化机的运行管理、安全操作、维护保养等应符合下列规定：

应防止干化机污泥进泥系统的污泥搭桥和堵塞。

应定期检查污泥在干化带上的布泥均匀情况，出现异常工况，应停机及时调整。

应每年对干化机的干化带、风道系统等进行一次清理。

应定期检查干化带的接头是否牢固并调整干化带的张力。

干化机的风道系统严禁短路漏风，装置内部应处在微负压工况运行。

每运行3个月应对热交换器的密封处、压力表、排水帽等进行全面检查、清理，并对所有的密封磨损情况进行详细的记录和跟踪。

应定期检查干化机系统配套的电气、仪表和控制柜，当出现不稳定和不安全因素时，应及时维修或更换。

应根据实际运转时间和磨损件损坏程度修理或更换轴承、干化带、切割刀等磨损件。

4.13.3 监测预警

运行中应监视干化机的流化状态和床体的温度等各类参数值的变化；干化设备运行应平稳，无明显振动和噪声；热介质、烟气处理、附属系统等运转良好，无渗漏，设备应采用防爆设计。

与干化设备爆炸有关的 3 个主要因素是氧气、粉尘，以及颗粒的温度。不同的工艺会有差异，但总的来说必须控制的安全要素是：流化床式和立式圆盘式的氧气含量小于 5%，带式、桨叶式和卧式转盘式的氧气含量小于 10%；粉尘浓度小于 60g/m^3；颗粒温度小于 110℃。

此外，湿污泥仓中甲烷浓度控制在 1% 以下；干泥仓中干泥颗粒的温度控制在 50℃ 以下。干化系统危险源详见表 4.13–1。

干化系统危险源 表 4.13–1

序号	工序 / 设备 / 人员	危险源（危害）	有害因素	危险（风险）
1	流化床干化机	污泥闷燃	物的因素	人员伤害
		导热油泄漏	物的因素	人员伤害
		污泥泄漏	环境因素	人员伤害
		臭气排放	环境因素	诱发职业病
		氧气含量超标	物的因素	人员伤害
2	带式干化机	臭气排放	环境因素	诱发职业病
		污泥泄漏	环境因素	人员伤害

4.14 污泥焚烧设施

4.14.1 分类

污泥焚烧作为一项解决城市污泥的处理技术，具有减容率高、处理速度快、无害化较彻底、余热可用于发电或供热等优点，符合污泥减量化、无害化、资源化的处置要求。污泥焚烧包括单独焚烧，以及与工业窑炉的协同焚烧。污泥焚烧炉包括流化床焚烧炉、回转窑式焚烧炉和立式多膛焚烧炉。立式多膛焚烧炉的焚烧能力低、污染物排放较难控制；回转窑式焚烧炉的炉温控制困难、对污泥发热量要求较高；流化床焚烧炉结构简单、操作方便、运行可靠、燃烧彻底、有机物去除率高，目前是主要的污泥焚烧设备。

4.14.2 运行管理

1. 一般规定

焚烧产生的炉渣与飞灰应分别收集、贮存、运输，并妥善处置。符合要求的炉渣可进行综合利用。飞灰应按《生活垃圾焚烧飞灰污染控制技术规范（试行）》HJ 1134—2020 的规定进行妥善处置。

焚烧设备各部件及管道接口应安装牢固，连接紧密。焚烧设备应运行平稳，温度压力正常，自动给料及出灰系统应操作方便，运行顺畅，无停滞、无卡阻；尾气处理、余热利用系统应严密无泄漏。高温设备及管线应设置隔热保温措施。

2. 测量

采用在线温度计测量焚烧炉内温度；采用在线压力计测量炉膛压力；采用流量计记录流化风量。

污泥在焚烧炉内得到充分燃烧，焚烧炉渣热灼减量应小于5%。

取泥样，对污泥的含水率、有机份进行测量。

取气样，对焚烧烟气中的氧气浓度、氮氧化物、硫化物等进行分析。取水样，对焚烧系统废水中的COD、BOD、SS等指标进行检测。

3. 运行

应确保焚烧前物料的含水率稳定，一般应根据进泥的含水率调整热源供给量。

按照预定的进泥量进泥，观察焚烧炉内物料、温度、压力变化。一般应尽量降低进入焚烧炉的污泥含水率，进而减少辅助燃料的使用量。

及时监控焚烧炉配套除尘系统、烟气回收系统的运行情况。

应确保焚烧炉出口烟气中氧气含量达到6%~10%（干气）；焚烧炉密相区温度宜为850~950℃；由于污泥焚烧烟气中含湿量较大，为有效防止积灰和腐蚀，焚烧炉排烟温度宜高于180℃。

污泥单独焚烧时，干化段污泥的含水率小于45%，最佳干化段污泥含水率小于40%，减少辅助热源的使用量。

当污泥与垃圾协同焚烧时，污泥掺混比宜小于7%。污泥干化段含水率宜降低至与垃圾含水率相接近。若污泥回转窑与煤协同焚烧时，应尽可能地降低干化段污泥含水率，一般含水率应低于40%。

4. 维护

每日巡视查看焚烧炉附属管线是否有渗漏情况。

每日巡视查看焚烧炉灰仓系统是否运转正常。

每日检查焚烧炉烟气回收系统是否运转正常。

4.14.3 监测预警

在系统运行过程中监控炉温、灰仓、臭气、烟气中的氧气含量等。应根据炉温，关注辅助燃料的使用情况，避免炉温升温过快。污泥焚烧经常出现的问题有焚烧炉床面结焦（床面温度过高），此时应减少燃料量或者增加通风量，若已经不能正常流化，应立即停炉处理。若出现炉膛温度急剧增加、氧气含量急剧下降等情况，应立即停炉检查管线的密闭性。若炉膛内压力急剧增加且从观察孔处发现有烟火，应立即停炉检查。焚烧系统危险源详见表 4.14–1。

焚烧系统危险源　表 4.14–1

序号	工序 / 设备 / 人员	危险源（危害）	有害因素	危险（风险）
1	焚烧炉运行	焚烧炉床面结焦	物的因素	人员伤害
		臭气排放	物的因素	人员中毒
		压力超高	物的因素	人员伤害
		高温排放	环境因素	人员伤害
		违章操作	人的因素	人员伤害
2	污泥输送系统	污泥泄漏	物的因素	人员伤害
3	空气鼓风系统	气体泄漏	物的因素	人员伤害
4	飞灰收集	飞灰爆炸	人的因素	人员伤害

4.15　污泥沼气设施

4.15.1　分类

厌氧消化过程中产生的气体是一种混合气体，俗称沼气。沼气成分比较复杂，其中最主要成分为甲烷和二氧化碳，还含有少量其他气体，如氢气、硫化氢、一氧化碳、氮气和氧气等。一般甲烷含量为 50%～70%，二氧化碳为 30%～38%，氢气一般为 0～2%，氮气为 0～6%，硫化氢为 0.005%～1%。

沼气利用系统包括沼气的收集、输送、净化、存储、利用及安全阀等附属设备。

1. 沼气收集

沼气收集，一般是从消化池顶部的集气罩的最高处用管道引出。顶部的集气罩应有足够尺寸和高度。对于大型消化池，其直径最小为 4～5m，高度为 2～3m。气体的出气口，至少应高于最高污泥面 1.5m。气管上应安装有闸门，同时在集气罩顶部设有排气管、进气管、取样管、测压管、测温管等。有的考虑到冲洗，还有自来水管等。

集气罩可采用固定或浮动的方式。一般与集气罩连接的沼气管上设有阻火器。

此外，集气罩上还有安全阀，同时具备正压和负压应急启动的功能，防止消化池因气相空间压力急剧变化而损坏消化池顶部设施，从而出现安全事故。

2. 沼气输送

沼气输送，一般采用输送气管，沼气管线的材质为不锈钢 316。沼气在管道内的流速，最大为 7~8m/s，平均流速为 5m/s。沼气管道坡度应与气流方向相同，坡段一般在 0.5%；应将冷凝水收集罐设在低点，要求冷凝水能够排出。

在重要设备如沼气压缩机、沼气锅炉、沼气发电机、废气燃烧器、脱硫塔等设备沼气管线入口处，在干式气柜的进口处和湿式气柜的进出口处都设置冷凝水去除罐。有时在某些设备如有密封水系统的沼气压缩机出口处还需要设置装有高压排水阀的去除罐。一般采用人工定期检查冷凝水排放功能，加强保障。

为安全起见，消化池的气相空间（集气罩）和管道要确保在正压情况下运行。通常运行压力为 200~300mmH_2O。在实际运行中，要考虑沼气管路的压力损失。沼气管道的压力损失包括沿程阻力损失和局部阻力损失。局部阻力损失比较大的环节是水封灌、阻火器、脱硫装置等。在沼气系统压力异常时，须进行检查，并用 U 形压力计检测具体阻力数值。

3. 沼气净化

沼气中通常含有一些杂质，如污泥中的一些无机的小颗粒随沼气进入输送气管中，严重时会堵塞输送气管中的阻火器等。沼气净化就是采用砾石过滤器或水封装置等，将这些杂质去除。此外，考虑到沼气中含有硫化氢气体，对后继管线和沼气利用设备产生腐蚀，需实施沼气脱硫，去除硫化氢。对于有些特殊的设备，还要考虑到沼气的除湿，一般采用活性炭或专门的过滤器去除。

脱硫装置通常设置在气柜前，主要分为两类，干式脱硫和湿式脱硫。近年来，生物脱硫等也得到较广泛应用。

（1）干式脱硫

干式脱硫，一般采用常压氧化铁脱硫。即利用氧化铁屑（或粉）和木屑制成的脱硫剂，或经氧化处理的铸铁屑做脱硫剂，填充于脱硫装置中。有时，还需要添加木屑作为疏松剂。当沼气通过时，通过脱硫剂的氧化作用，硫化氢被吸收，沼气得到净化。脱硫剂失效后，可再生使用，也可更换新料。再生时，将含硫化铁的脱硫剂取出，洒上水，接触空气，使其氧化，即可再生利用。

（2）湿式脱硫

湿式脱硫，是指利用水或碱液洗涤沼气，通常使用碱液比较多。碱液可使用氢氧化钠溶液或碳酸氢钠溶液，一般根据沼气中硫化氢含量选择合适的碱液浓度及种类。近年，湿式脱硫中也有采用生物脱硫的。湿式脱硫装置由吸收塔与再生塔组成。用浓度为 2%~3% 的碳酸钠溶液作为吸收剂，吸收沼气中的硫化氢。碳酸钠溶液从吸收塔顶部喷淋向下与沼气进行逆流吸收。然后再通过吸收塔，氧化成单体硫而得到再生，使碳酸钠溶液得到反复使用。

4. 沼气存储

由于沼气产气量与用气量之间可能存在波动，经常存在沼气产气量与用气量相比有富余的情况，所以，在污水处理厂通常设置储气设施，来调节产气量和用气量之间的波动，稳定消化系统的压力。通常储气设施称为气柜，是存储沼气的容器。为了防止腐蚀，储气柜内部必须进行防腐处理，一般涂以防腐涂料。为了减少太阳照射、气体受热引起的容积增加，储气柜外侧一般涂反射性材料，如银灰色涂料等。储气柜从外形看，有圆柱体或球体。气柜以压力分类，分为低压（2000～4000Pa）和中压（200000～400000Pa）两种形式。以气柜的存储介质分类，又分为干式气柜和湿式气柜。其中，干式气柜，是指气体存储在胆囊内；湿式气柜，由水封池和浮罩组成，沼气进入时，浮罩上升；当沼气排出时，浮罩下降。为了保持浮罩垂直升降，通常还设有导轨。目前，干式气柜因其运行和维护简单，在国内得到较广泛的应用，已经在污泥处理设施的升级改造中替代原有的湿式气柜。

5. 沼气利用

沼气的用途可以作为燃料、化工原料、动力能源使用等。沼气作为燃料，可以烧茶炉、烧锅炉等。沼气作为化工原料时，加氨及氧合成氢氰酸，再经醇化及酯化，可合成有机玻璃树脂。沼气经氧化可制取甲醛及甲醇。利用沼气中的二氧化碳可制作纯碱或干冰。甲烷在高温及纯氧作用下，碳与氢分离，可得炭黑。沼气作为动力能源，主要利用设备包括沼气拖动鼓风机、沼气发电机、沼气汽轮机、沼气锅炉等。

4.15.2 运行管理

1. 一般规定

沼气利用的基本操作包括排放冷凝水、除杂质、脱硫等。

消化系统产生的沼气应优先用于消化池加热，在有余量的情况，用于沼气利用设备。多余的沼气应通过废气燃烧器消耗。沼气柜存储沼气应设置存储上下限值。沼气管线上应设置沼气除水、除尘、沼气脱硫等净化装置。沼气系统应设置安全阀（包括正压和负压安全装置）、阻火罐（或阻火器）等安全装置。

2. 测量

采用压力计测量沼气管线的压力；采用流量计记录沼气管线的流量；采用物位计测量沼气柜内的沼气存储量；采用甲烷计测量沼气柜外的沼气泄漏量。

取气样，测量沼气中的成分，如甲烷、硫化氢等。

取水样，测量湿式气柜水槽中的 pH。

3. 运行

影响干式脱硫剂脱硫效果及再生效果的主要因素有运行温度、沼气湿度等。一般来说，干式脱硫的运行温度不宜超过 50℃。沼气脱硫液一般采用氢氧化钠、碳酸钠、水等。

湿式气柜中的水封 pH 大于 6.5。

沼气输送系统：沼气输送系统的压降小于 2000Pa。

经脱硫处理后的沼气中的硫化氢含量小于 100ppm。

沼气利用率（沼气利用量与沼气产气量的比值）超过 90%。

沼气利用设备均为专门设备，均应自动运行。根据沼气利用设备的情况和沼气柜存储情况，合理调整废气燃烧器的开启台数，确保沼气系统安全。

在实际运行中应确保气柜有一定的沼气存储量。根据脱硫前后沼气中的硫化氢含量变化，调整脱硫装置的投运情况。

4. 维护

应定期检查沼气管线是否有明显异味；沼气管线冷凝水井或冷凝水罐水位情况；沼气脱硫系统的温度是否异常；查看沼气柜的液位或者容积是否异常；沼气安全阀或安全水封的情况。常见的干式柔膜气柜的维护见表 4.15-1。其他专用沼气利用设备详见专门要求，本书不再叙述。

干式柔膜气柜的维护　表 4.15-1

序号	部位	周期	检查目的
1	膜	每年 1 次	由制造商的专家检查内膜和外膜
2	内、外膜之间的空气层	每周 1 次	沼气是否泄漏
3	锚定钢圈	每 6 月 1 次	检查紧固螺丝是否紧固，如有松脱必须重新拧紧。腐蚀性检查，遭锈蚀的地方必须维修
4	支撑鼓风机	每半年 1 次	维护保养
5	安全阀	每周 1 次	必须检查填充液（安全水封）水平。填充液体的水平必须等于或略高于水封高度要求。在气温降低时，必须定期检查（约两周）填充液或更换为防冻液以防结霜。填充液必须有防结霜及抗寒能力（-30℃）
6	附属压缩机	每日 1 次	检查压缩机有无异响；压缩机与气柜的连接管是否有泄漏

4.15.3 监测预警

沼气系统的监测预警指标主要有温度、压力、液位等。具体表现为沼气输送管线压力较高、沼气脱硫装置运行故障、沼气存储设备故障、沼气利用设备故障以及废气燃烧器故障等。沼气输送管线压力较高，主要是沼气管线上的冷凝水较多，且现况冷凝水罐的水因管路堵塞无法排出，导致冷凝水积存在沼气管线中。沼气脱硫的运行故障主要有沼气脱硫效率下降、脱硫装置温度和压力异常等，沼气脱硫的碱液管线出现堵塞等。除气柜出现漏气外，对于干式气柜来说，常见的故障是料位计故障、气柜的进气阀门故障。在双膜气柜中，气柜的支撑鼓风机也会出现故障。对于湿式气柜来说，常见的故障是气柜料位计故障。有时，湿式气柜的导轨出现卡轨故障。沼气利用的运行故障主要有沼气进气管线冷凝水堵塞，导致压力过低，一般通过定期排放冷凝水来处理。此外，经常出现的故障是沼气发动机或沼气拖动鼓风机设备故障，需要请专门的设备厂家维修。通常废气燃烧器的故障为进气压力过低，一般通过及时排放沼气管线的冷凝水来处理。沼气利用系统危险源详见表 4.15–2。

沼气利用系统危险源　　表 4.15–2

序号	工序 / 设备 / 人员	危险源（危害）	有害因素	危险（风险）
1	沼气输送	沼气泄漏	物的因素	人员中毒
2	沼气脱硫	脱硫剂自燃	物的因素	人员伤害
		碱液泄漏	物的因素	人员伤害
		生物脱硫臭气排放	物的因素	职业病伤害
3	沼气存储	沼气泄漏	物的因素	人员中毒
4	沼气利用	设备漏电	物的因素	人员伤害
		噪声排放	环境因素	听力损伤
		高温排放	环境因素	人员伤害
		沼气泄漏	物的因素	人员伤害

4.16　通沟污泥处理设施

4.16.1　分类

从排水管道内掏挖清理出的沉积物一般称为通沟污泥，又叫“清疏污泥”。不同城市的通沟污泥含水率差距较大，主要受清淤方式影响。采用水力冲洗清捞时，通沟污泥含水率为 80%～95%；采用机械清捞时，通沟污泥含水率为 40%～60%。为避免通沟污泥运输过程中对环境造成二次污染，运输车辆应采用抓斗车、封闭泥罐车、特种封闭作业车等，如图 4.16–1～图 4.16–3 所示。目前，通沟污泥的典型处理工艺为“淘洗 + 筛分”。如图 4.16–4 所示。核心设备包括砂水分离器、转鼓格栅、旋流分离器等。

图 4.16-1 抓斗车

图 4.16-2 封闭泥罐车

图 4.16-3 联合疏通车

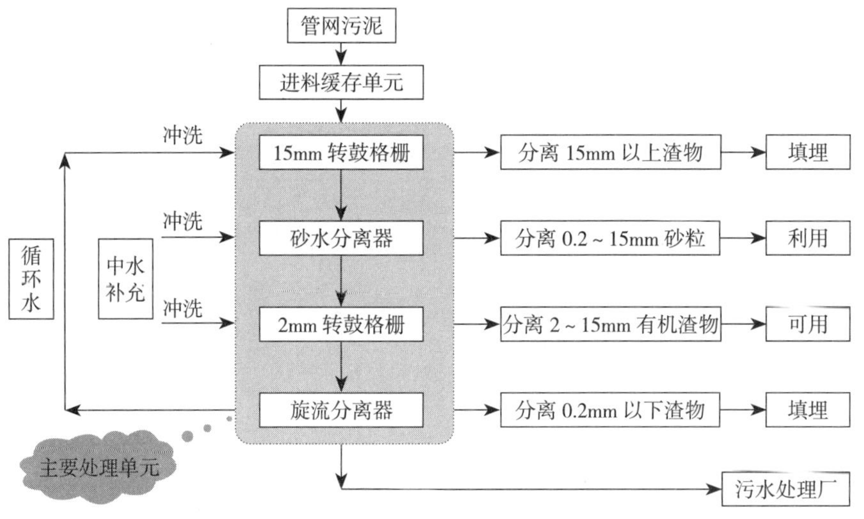

图 4.16-4 通沟污泥处置流程示意图

4.16.2 运行管理

1. 一般规定

通沟污泥设备、电气、仪表应根据原产品技术要求配备相应的易损零配件。

应对通沟污泥设备、管件外表面进行防腐蚀处理，通沟污泥设备宜每 2 年进行 1 次，污水泵宜每年进行 1 次，对气 – 液临界部位应加强检查，及时进行防腐蚀处理。

通沟污泥设备配置的高压配电设备，起重设备，易燃、易爆、有毒有害气体监测装置，参与结算的流量装置必须定期由相关专业部门进行检测，出具合格证书后方可使用。

通沟污泥设备的运行分为汛期运行和非汛期运行，汛期为每年的 5 ~ 9 月，非汛期为每年的 10 月 ~ 次年的 4 月。每年汛期前和汛期后应对涉及防汛相关的附属设施和设备进行检查。

通沟污泥设备应做好运行与维护记录，以及安全用具检验保养记录，采用计算机监控系统运行的，须在本单位和上级单位保存完整记录。

2. 测量

污泥含水率≤ 40%，便于装载运输。

有机质含量≤ 10%，便于填埋处理。

3. 运行

运行同前述格栅、除砂系统运行。

4. 维护

砂水分离器和旋流除砂器的维护保养见表 4.16–1。

砂水分离器和旋流除砂器的维护保养 表 4.16–1

序号	周期	项目
1	每周 1 次	检查油杯内润滑油脂，并及时补加
2	每周 1 次	清洁机体表面，无灰尘、油污
3	每月 1 次	检查旋流除砂器槽体耐磨层磨损情况
4		检查衬板磨损情况
5		检查螺旋磨损情况，磨损量达到原直径 10% 时应更换螺旋
6		检查螺旋驱动端有无裂纹
7	每 2 月 1 次	检查旋流除砂器内衬磨损情况，及时更换备用件
8	每 6 月 1 次	检查各部位连接螺栓是否有松动，并及时紧固
9		检查减速机齿轮箱油位和油质
10		更换衬板
11	每年 1 次	电机减速机齿轮箱换油

4.16.3 监测预警

监测预警同前述格栅、除砂系统运行。通沟污泥危险源见表 4.16–2。

通沟污泥危险源 表 4.16-2

序号	工序/设备/人员	危险源（危害）	有害因素	危险（风险）
1	系统运行	臭气排放	环境因素	人员中毒
		污泥泄漏	物的因素	人员伤害
		设备漏电	物的因素	人员伤害
		违章操作	人的因素	人员伤害
2	污泥输送	污泥遗撒	物的因素	人员伤害

4.17 堆肥设施

4.17.1 分类

堆肥，一般指好氧堆肥。好氧堆肥，通常采用专门的设备设施实现规模化堆肥。如利用大型机械设备开展物料运输、混合、翻抛、进出料、筛分、包装等环节。考虑降雨、冬季低温对堆肥过程的影响，一般在封闭或半封闭的室内进行。

污泥堆肥处理工艺过程包括：预处理、主发酵、后腐熟、深加工等工序。基本工艺流程包括：物料混合、成垛（槽）、翻抛、出垛（槽）、筛分、包装等，其工艺流程如图 4.17-1 所示。

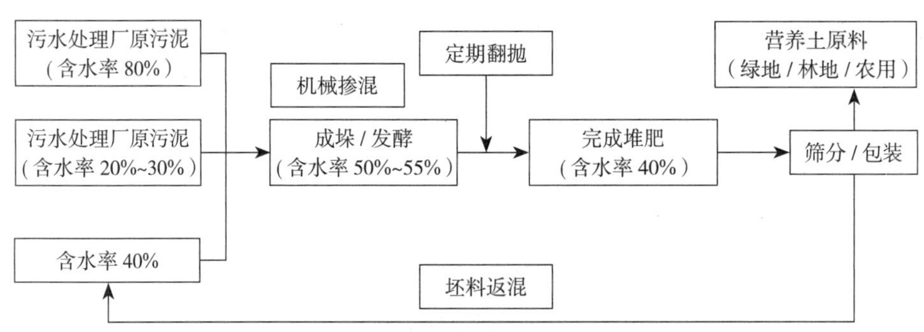

图 4.17-1 污泥堆肥处理工艺流程图

4.17.2 运行管理

1. 一般规定

当用锯末、秸杆、稻壳等有机物做调理剂时，污泥、调理剂和返混干污泥等物料经混合后，其含水率应小于 65%；当无调理剂时，污泥与返混干污泥等物料经混合后，其含水率应小于 55%；调理剂颗粒应保持均匀；在快速堆肥阶段中，垛体温度在 55℃ 以上的天数不得少于 3d；强制供气时，宜采用均匀间断供气方式；垛体高度不宜超过设计高度；应定期检查供气管路并保证管路畅通；在翻垛过程中，应及时排除仓内水蒸气，当遇低温时，仓内应留有排气口；翻垛周期宜为每周 3 次或 4 次。污泥稳定熟化期宜为 30～60d；稳定熟化期间可采用自然通气或强制供气；翻堆周期宜控制在 7～14d；污泥稳定熟化后，有机物分解率应为 25%～40%；含水率不宜高于 35%。

2. 测量

污泥堆肥，应每天监测 1 或 2 次垛体温度；应定期测定污泥、返混干污泥、调理剂、混合物及垛体的有机物含量和含水率。

3. 运行管理

污泥堆肥在预处理阶段应控制污泥、发酵产物和调理剂的混合比例。一般三者混合后质量比为 100：（60～100）：（15～30）。冬季应适当提高调理剂投加比例。混料后物料含水率应控制在 50%～60%，碳氮比以 20～40 为宜，堆密度应不高于 780kg/m^3，pH 应不高于 8.5。

主发酵阶段，一般应通过控制堆体高度和宽度、溶解氧、堆体温度和含水率等，确保堆肥反应稳定进行。条垛堆肥的条垛高度以 1.5～1.8m 为宜，底部宽度以 3.5～4m 为宜。槽式堆肥物料高度不宜超过 3m。冬季运行，应尽可能增大堆体容积，减少车间空气对流，以利于保温。布料前应保证曝气孔畅通，并在管道上方铺垫陶粒和 15～30cm 调理剂或返混物料以防止混合物料堵塞曝气孔。堆体中氧气浓度宜控制在 5%～15%（按体积计）。快速发酵起垛温度宜高于 20℃，1～2d 之内开始升温，1 周内上升至 55℃，堆体温度在 55℃ 以上至少保持 5～7d，起垛温度较低时，可在快速发酵阶段采用添加生物菌剂等方法，提高好氧发酵效率。快速发酵阶段应以条垛含水率降至 40% 为终点，周期 15～20d。且发酵后产物应进行筛分，筛上物为返混料，筛下物进入深度发酵系统。

污泥经堆肥处理后，通常将腐熟度作为后继污泥土地利用的重要指标。通常将污泥腐熟度指标分为物理、化学和生物三类。物理指标，通常指温度、气味和颜色。堆肥腐熟后，堆体温度与环境温度趋于一致，一般不再明显变化。堆肥结束和翻堆后，堆体内无臭气产生，并检测不到低分子脂肪酸，堆肥产品具有潮湿泥土的气息。堆肥过程中堆料逐渐发黑，腐熟后的堆肥产品呈黑褐色或黑色。化学指标包括有机质变化指标、氨氮指标、腐殖化指标、碳氮比和有机酸等。生物学指标包括种子发芽率等。

在实际生产中，污泥堆肥工程通常控制污泥堆肥稳定熟化期在 30～60d；污泥翻堆周期宜控制在 7～14d；污泥稳定熟化后，有机物分解率应在 25%～40%；含水率不宜高于 35%。

4. 维护

堆肥系统核心设备是鼓风机。详见前述曝气系统。

4.17.3 监测预警

堆肥过程产生的恶臭气体可能影响到职工生产、生活，需注意特别防护。堆肥过程中可能遇到的安全突发事件主要为：机械伤害、毒气中毒、触电等方面。

堆肥混合机在运行中严禁人工搅拌；清理混合机残留物料时，应断开混合机电源。

翻垛机在运行中，应随时巡查，发现问题应及时处理；应定期对翻垛机进行保养和防腐；翻垛机工作时，非操作人员不得进入；在堆肥发酵车间工作时，工作人员应戴防尘保护用品。堆肥过程危险源见表 4.17–1。

堆肥过程危险源 表 4.17–1

序号	工序 / 设备 / 人员	危险源（危害）	有害因素	危险（风险）
1	系统运行	臭气排放	物的因素	人员中毒
		设备漏电	物的因素	人员伤害
		污泥遗撒	物的因素	人员伤害
		粉尘排放	环境因素	人员伤害
2	污泥 / 物料输送	机械伤害	物的因素	人员伤害
		臭气排放	物的因素	人员中毒
		噪声排放	环境因素	听力损伤

4.18 热水解设施

4.18.1 分类

污泥水解是限制污泥厌氧消化速率和效率的瓶颈之一。热水解技术能够促进微生物细胞的裂解，适用温度为 70～170℃。热水解亦能促进木质纤维素的水解，适用温度 200℃，比细胞破壁应用温度高。实际工程中，热水解处理技术一般是采用较高温度（155～170℃）和较高压力蒸汽（6bar）对污泥进行蒸煮和瞬时卸压汽爆闪蒸的工艺，实现污泥中的细胞破壁，胞外聚合物水解，进而提高污泥流动性。国际上采用挪威康碧公司热水解技术的案例较多。国内如北京的小红门、高碑店、高安屯等 5 座污泥处理中心也采用挪威康碧公司热水解技术。国内湖南（长沙）、湖北（襄阳）、山东等地有一些自主研发的热水解装置。图 4.18-1 为以挪威康碧公司工艺为代表的典型热水解工艺流程图。

热水解系统主要由污泥料仓、浆化罐、反应罐和闪蒸罐组成。辅助系统包括工艺气收集、蒸汽锅炉加热、压缩空气系统、换热器、稀释水等。核心设备是浆化罐、反应罐和闪蒸罐。

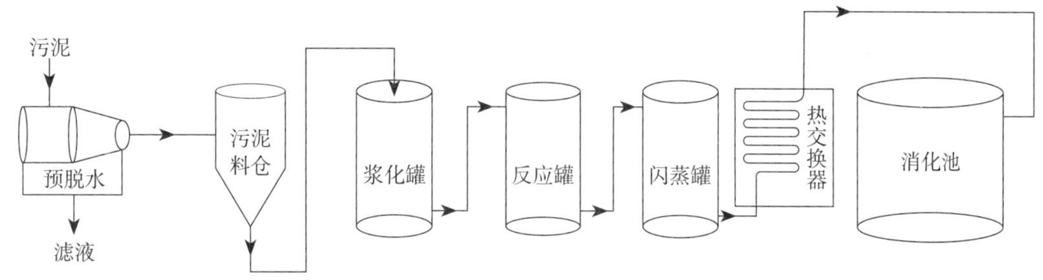

图 4.18-1　典型热水解工艺流程图

4.18.2　运行管理

1. 一般规定

热水解的基本操作包括进泥、预热、加压、反应、释压、换热等环节。

应通过调整预脱水机的进泥量、加药量、差速度等运行参数，保证热水解进泥含固率稳定在 16%～18%。

应确保热水解反应罐保压压力为 6bar（165～170℃），30min，确保水解效果。

应通过控制一次稀释投加比例控制闪蒸后出泥温度在 80～90℃；通过控制一次冷却水温度、流量控制一次换热后污泥温度在 60～65℃，再经二次稀释后，保障出泥含固率稳定在 8%～10%。对于热水解后面采用中温压氧消化的，确保热水解出泥经二次换热进入消化池的温度在 40～42℃。

要确保至少一个浆化罐循环泵可用；至少有一个反应罐可用；要确保浆化罐和闪蒸罐的最低液位运行要求。

热水解系统的启动必须全部在自动状态下运行，不得手动操作运行。

2. 测量

采用压力计测量浆化罐、反应罐和闪蒸罐的压力；采用流量计记录浆化罐和闪蒸罐的排泥量；采用温度计测量浆化罐、反应罐和闪蒸罐的温度。

取泥样，测量热水解前后污泥的含水率、有机物含量、挥发性脂肪酸、碱度等。

3. 运行

热水解工艺控制要点为运行温度、压力、稀释水的用量。在运行过程中，需要重点监控热水解的蒸汽压力、泵的运行压力、浆化罐的液位、一次和二次稀释水的添加比例等。

热水解的运行控制目标有污泥处理量、处理后污泥的含水率。热水解处理后的污泥含水率应小于 91%，热水解蒸汽耗量应小于 1.1t/t DS。

4. 维护

热水解系统换热器主要有泥水、水 – 水换热器。泥水换热器常采用管腔式换热器，以实现污泥冷却。水 – 水换热器常采用板式换热器。应确保换热器的水质稳定。

换热器的主要维护操作为清理，详见表 4.18–1。

热水解换热器的维护内容与周期　　表 4.18–1

序号	维护对象	维护内容	维护周期	备注
1	换热器进出泥管及阀门	巡视检查	每日 1 次	检查是否有泄漏
2	换热器进出水管及阀门	巡视检查	每日 1 次	检查是否有泄漏
3	温度传感器	巡视检查	每日 1 次	检查数据显示是否异常
4	换热器所有连接点	巡视检查及紧固	每月 1 次	对换热器连接点进行检查紧固，如地脚螺栓等
5	换热器	清理	每 6 月 1 次	包括装置外部污物以及污泥盘管、板片的清理。也可根据实际换热情况进行清理
6	密封垫	检查更换	每 6 月 1 次	每日对换热器进行巡视检查，了解密封垫是否有泄漏，每半年进行清理时更换密封垫片

4.18.3 监测测量

热水解运行中主要监控温度、压力和液位。运行故障主要有温度异常、压力异常和液位异常等。

热水解温度异常主要包括浆化罐和闪蒸罐内污泥的温度异常。浆化罐温度异常，主要是浆化罐污泥温度低而报警，分析原因是来泥温度较低，污泥循环搅拌不均匀等导致的。解决措施是检查污泥循环泵，确保搅拌正常；通过前期污泥管线保温，确保一定的进泥温度；检查回流蒸汽的阀门是否正常启闭。闪蒸罐内污泥温度异常，主要是闪蒸罐后污泥温度高，分析原因是稀释水的添加量异常导致的。稀释水添加量较少时，可导致闪蒸罐出泥温度异常高。还有一种温度报警是热水解工艺气温度高报警。需检查工艺气冷却水系统。温度异常值是相对设置温度值而言。热水解压力异常，主要表现为热水解浆化罐压力异常。主要是工艺气管线是否出现故障，导致浆化罐压力升高，进而导致整个系统自动退出的情况。一般是检查工艺气管线，及时排放工艺气管线的冷凝水。此外，热水解压力异常多表现为污泥管线堵塞或排泥不畅，导致排泥泵或搅拌循环泵压力异常高而报警。热水解系统料位报警，多表现在浆化罐、闪蒸罐、反应罐料位过高或过低。料位过高，会导致罐体压力增加；料位过低，易导致罐体出现负压。料位异常多为罐体相关的管线堵塞，进、排泥不匹配导致，应检查附属进、排泥泵及管线。

热水解的附属系统包括污泥冷却换热系统、稀释水系统、工艺气处理系统等。污泥冷却换热系统常见的故障是换热量降低，污泥经换热后温度较高，超过消化池设定的进泥温度范围。一般这种情况，需检查换热器堵塞情况，及时清理管腔等。稀释水系统异常多为管线压力不足，需检查管路破损情况；工艺气处理系统异常，多为冷凝水无法排除或出现管线腐蚀渗漏等，需及时维修或通过反冲等方式，排除积存的冷凝水。

热水解系统的危险源见表 4.18–2。

热水解系统的危险源　表 4.18–2

序号	工序 / 设备 / 人员	危险源（危害）	有害因素	危险（风险）
1	系统运行	臭气排放	物的因素	人员中毒
		设备漏电	物的因素	人员伤害
		污泥泄漏	物的因素	人员伤害
		蒸汽泄漏	物的因素	人员伤害
		高压容器失稳	物的因素	人员伤害
		稀释水泄漏	物的因素	人员伤害
		违章操作	人的因素	人员伤害
		噪声排放	环境因素	听力受损
2	污泥 / 物料输送	机械伤害	物的因素	人员伤害
		臭气排放	物的因素	人员中毒
		噪声排放	环境因素	听力损伤
		设备漏电	物的因素	人员伤害

第5章 城市排水管渠

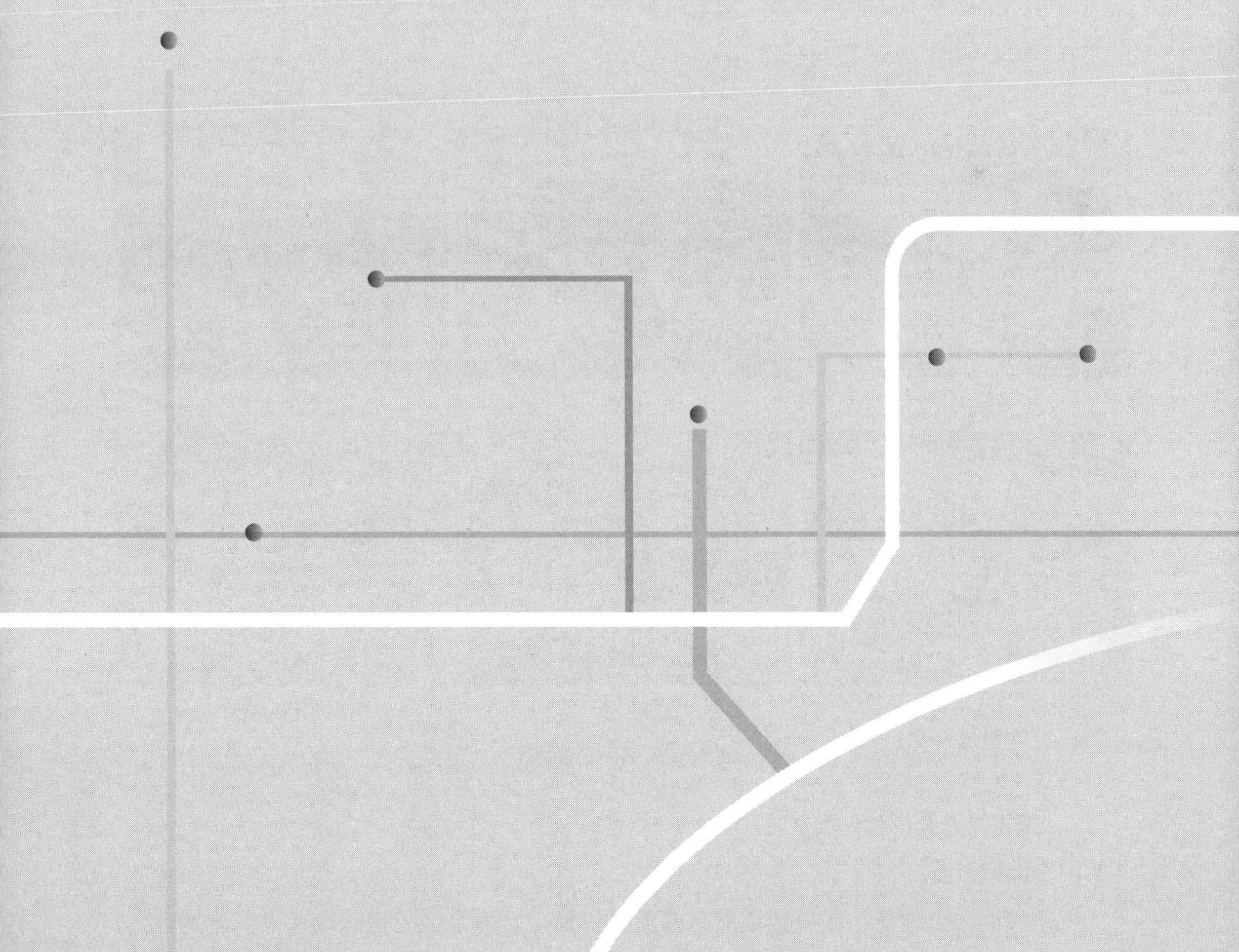

在城市排水系统中，排水管渠通常位于地下，形成网络状分布。排水管渠承接来自各个排水源头的污水和雨水。对于生活污水，它收集来自住宅、商业建筑、公共设施等的排水；对于雨水，它接收地面径流。排水管渠如同排水系统的“血管”，污水管渠将生活污水输送至污水处理厂，雨水管渠将城市降雨输送到河湖水系。排水管渠在排水系统中起着至关重要的连接和输送作用，是实现排水功能的关键组成部分。

5.1 分类与分级

5.1.1 分类

1. 按管线材质分类

按管线材质分为球墨铸铁管、钢管与镀锌钢管、混凝土管、塑料管、复合管、新型材料管几大类，如图 5.1–1 所示。

球墨铸铁管

钢管

混凝土管

HDPE 管

PE 管

玻璃钢夹砂管

图 5.1–1 各种管道材质

2. 按管线断面形状分类

（1）圆形断面

有较好的水力性能，在一定坡度下断面具有最大水力半径，因此流速大，流量也大。

圆形断面便于预制、抗外荷载能力强、施工养护方便。一般断面直径小于 2m。上、中游排水干管和户线均可采用圆形断面，如图 5.1–2 所示。

（2）拱形断面

能承受较大外荷载力，适用于过水断面大的主干沟道，能够承担较大流量的雨水与合流排水系统内的污水，如图 5.1–3 所示。

（3）矩形断面

可以就地浇制或砌筑，其断面宽度与深度可根据排水量大小而变化。除圆形断面外，矩形断面是最常采用的一种断面形式，如图 5.1–4 所示。

（4）梯形断面

适用于明渠排水，能适应水量大、水量集中的地面雨水排除，如图 5.1–5 所示。

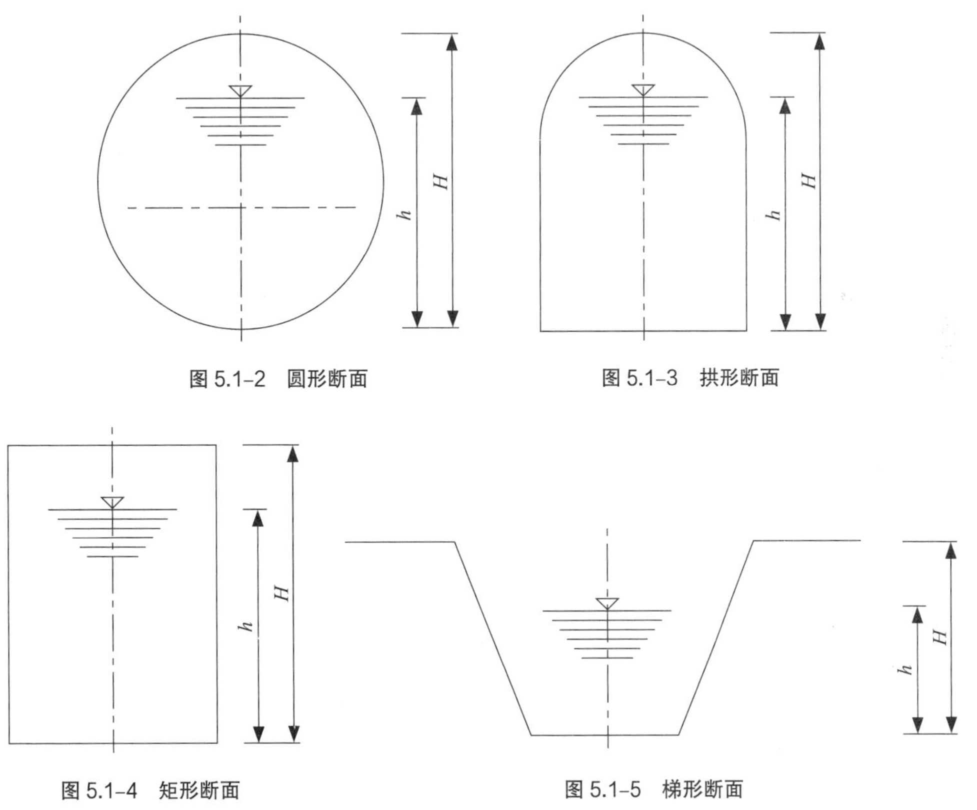

图 5.1–2　圆形断面

图 5.1–3　拱形断面

图 5.1–4　矩形断面

图 5.1–5　梯形断面

5.1.2　分级

1. 按管径分级

排水管线按管径分级可分为小型管、中型管、大型管、特大型管，见表 5.1–1。

排水管道的管径划分 表 5.1–1

类型	小型管	中型管	大型管	特大型管
管径（mm）	$D < 600$	$600 \leqslant D \leqslant 1000$	$1000 < D \leqslant 1500$	$D > 1500$
方形管道横截面积（m^2）	$S < 0.3$	$0.3 \leqslant S \leqslant 0.8$	$0.8 < S \leqslant 1.8$	$S > 1.8$

2. 按功能分级

通过对辖区内排水管网的运行状况进行系统性的梳理，掌握其具体的运行脉络，并根据设施承载的排水功能将管道划分为户线－支线－次干线－干线（按上下游关系排列）四个功能级别。

户线：连接排水户与支管或次干管的排水管道。

支线：收集沿线排水户来水，并将来水输送至下游次干线的排水管道。

次干线：接纳支线来水及输送上游管段来水，下游接入干线的排水管道。

干线：接纳流域内来水，并将来水直接输送至河道或污水处理厂的雨污水管道。

根据以上四种管道的功能级别，沿次干线向上游直至户线进行梳理，进而从整个排水系统中分离出另一个服务范围较小的、相对独立的、新的排水系统。这些相对独立的排水系统称为子系统或小流域。小流域管理便于更有针对性的开展管网养护运营工作，实现排水管网生产运行的系统化管理、设施评估和成本管控的精细化管理、作业班组和生产设备物资的标准化配置以及养护生产作业的规范化管控。小流域的划分如图 5.1–6、图 5.1–7 所示。

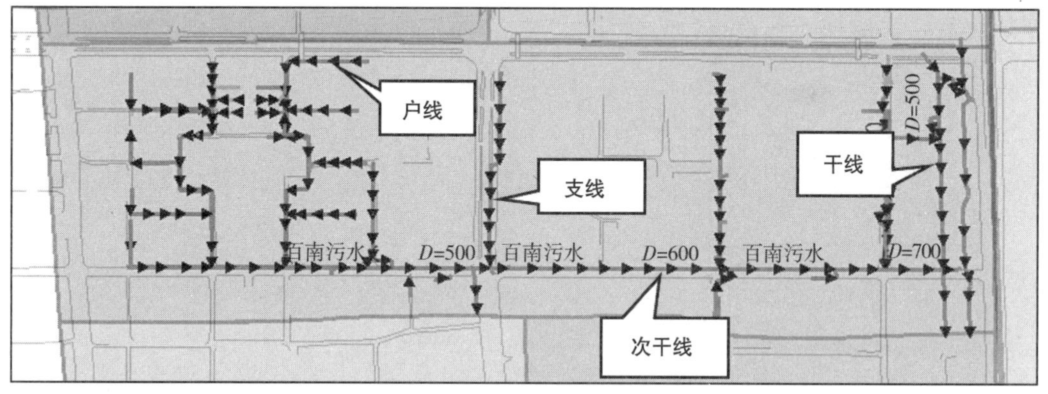

图 5.1–6 百万庄污水小流域范围

图 5.1-7　北京中心城区污水小流域示意图

5.2　组成与构造

5.2.1　材料

1. 要求

排水管渠必须具有足够的强度，以承受外部的荷载和内部的水压，外部荷载包括土壤的重量，即静荷载，以及由于车辆运行所造成的动荷载。压力管及倒虹吸管一般要考虑内部水压。自流管道发生淤塞时或雨水管渠系统的检查井内充水时，也可能引起内部水压增大。此外，为了保证排水管道在运输和施工中不破裂，必须使管道具有足够的强度。

排水管渠应具有能抵抗污水中杂质的冲刷和磨损的作用，应该具有抗腐蚀的性能，以避免在污水或地下水的侵蚀作用（酸、碱或其他）下加快损坏。

污水管渠应不透水，以防止污水渗出或地下水渗入。如污水从管渠渗出进入土壤，将污染地下水或邻近水体，或破坏管道及附近房屋。地下水渗入管渠，不但降低管渠的排水能力，而且将增大污水泵站及污水处理厂的运行负荷。

排水管渠的内壁应整齐光滑，使水流阻力尽量减小。

排水管渠应就地取材，并考虑到预制管件及快速施工的可能，以便尽量降低管渠的造价、运输和施工的费用。

2. 常用管材

（1）混凝土管和钢筋混凝土管

混凝土管和钢筋混凝土管适用于排除雨水、生活污水、工业废水的无压力流管道，此外，钢筋混凝土管及预应力钢筋混凝土管亦可用作泵站的压力管及倒虹吸管。按材料与所承受的荷载不同可分为混凝土管、轻型钢筋混凝土管、重型钢筋混凝土管三种。管口通常有承插式、企口式、平口式，如图 5.2-1 所示。

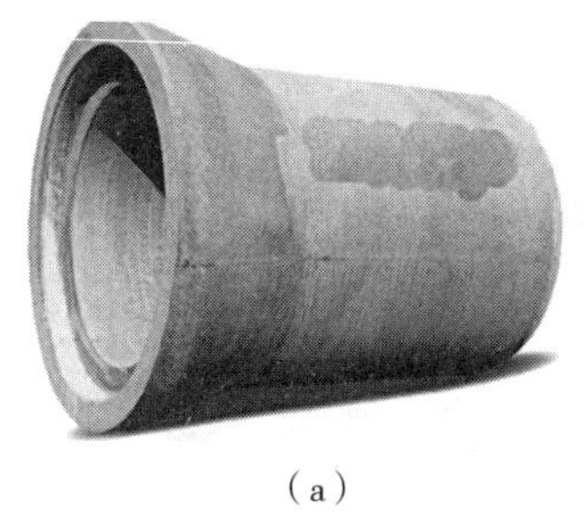
（a）

（b）

（c）

图 5.2-1 常见混凝土管接口

（a）承插式；（b）企口式；（c）平口式

混凝土管的管径一般小于 300mm，长度多为 1m，适用于管径较小的无压管。当管径大于 300mm，管道埋深较大或敷设在土质条件不良地段，为抗外压，通常采用钢筋混凝土管。混凝土排水管、轻型钢筋混凝土排水管、重型混凝土排水管的技术条件及标准规格应符合《混凝土和钢筋混凝土排水管》GB/T 11836—2023 的要求，分别见表 5.2-1 ~ 表 5.2-3。

混凝土排水管技术条件及标准规格 表 5.2-1

公称内径（mm）	管体尺寸（mm）		外压试验（kg/m）	
	最小管长	最小壁厚	安全载荷	破坏载荷
75	1000	25	2000	2400
100	1000	25	1600	1900
150	1000	25	1200	1400

续表

公称内径（mm）	管体尺寸（mm）		外压试验（kg/m）	
	最小管长	最小壁厚	安全载荷	破坏载荷
200	1000	27	1000	1200
250	1000	33	1200	1500
300	1000	40	1500	1800
350	1000	50	1900	2200
400	1000	60	2300	2700
450	1000	67	2700	3200

轻型钢筋混凝土排水管技术条件及标准规格　表 5.2-2

公称内径（mm）	管体尺寸（mm）		套环（mm）			外压试验（kg/m）		
	最小管长	最小壁厚	填缝宽度	最小壁厚	最小管长	安全载荷	裂缝荷载	破坏载荷
100	2000	25	15	25	150	1900	2300	2700
150	2000	25	15	25	150	1400	1700	2200
200	2000	27	15	27	150	1200	1500	2000
250	2000	28	15	28	150	1100	1300	1800
300	2000	30	15	30	150	1100	1400	1800
250	2000	33	15	33	150	1100	1500	2100
400	2000	35	15	35	150	1100	1800	2400
450	2000	40	15	40	200	1200	1900	2500
500	2000	42	15	42	200	1200	2000	2900
600	2000	50	15	50	200	1500	2100	3200
700	2000	55	15	55	200	1500	2300	3800
800	2000	65	15	65	200	1800	2700	4400
900	2000	70	15	70	200	1900	2900	4800
1000	2000	75	18	75	250	2000	3300	5900
1100	2000	85	18	85	250	2300	3500	6300
1200	2000	90	18	90	250	2400	3800	6900
1350	2000	100	18	100	250	2600	4400	8000
1500	2000	115	22	115	250	3100	4900	9000
1650	2000	125	22	125	250	3300	5400	9900
1800	2000	140	22	140	250	3800	6100	11100

重型混凝土排水管技术条件及标准规格 表 5.2-3

公称内径（mm）	管体尺寸（mm）		套环（mm）			外压试验（kg/m）		
	最小管长	最小壁厚	填缝宽度	最小壁厚	最小管长	安全载荷	裂缝荷载	破坏载荷
300	2000	58	15	58	150	3400	3600	4000
350	2000	60	15	60	150	3400	3600	4400
400	2000	65	15	65	150	3400	3800	4900
450	2000	67	15	67	200	3400	4000	5200
550	2000	75	15	75	200	3400	4200	6100
650	2000	80	15	80	200	3400	4300	6300
750	2000	90	15	90	200	3600	5000	8200
850	2000	95	15	95	200	3600	5500	9100
950	2000	100	18	100	250	3600	6100	11200
1050	2000	110	18	110	250	4000	6600	12100
1300	2000	125	18	125	250	4100	8400	13200
1550	2000	175	18	175	250	6700	10400	18700

混凝土和钢筋混凝土管便于就地取材，可以在专门的工厂预制，也可在现场浇筑，便于制造。而且可根据抗压的不同要求，制成无压管、低压管、预应力管等，因此在排水管道系统中得到普遍应用。

混凝土管和钢筋混凝土管的主要缺点是抵抗酸、碱侵蚀及抗渗性能较差，管节短，接头多，施工复杂。在地震烈度大于 8 度的地区，以及饱和松砂、淤泥和淤泥土质、冲填土、杂填土的地区不宜敷设。另外大管径混凝土管的自重大，不便搬运。

（2）陶土管

陶土管又称缸瓦管，是由塑性黏土制成的。为了防止在焙烧过程中产生裂缝，通常按一定比例加入耐火黏土及石英砂，经过研细、调和、制坯、烘干、焙烧等过程制成。根据需要可制成无釉、单面釉、双面釉的陶土管，如图 5.2–2 所示。若采用耐酸黏土和耐酸填充物，还可以制成特种耐酸陶土管。一般制成圆形断面，有承插式和平口式两种形式。

普通陶土排水管最大内径可达 300mm，有效长度 800mm，适用于居民区室外排水管。耐酸陶瓷管内径一般在 400mm 以内，最大可达 800mm，管节长度包括 300mm、500mm、700mm、1000mm。

带釉的陶土管内外壁光滑，水流阻力小，不透水性好，耐磨损，抗腐蚀。但陶土管质脆易碎，不宜远途运输，不能受内压，抗弯抗拉强度低，不宜敷设在松土中或埋深较大的地方。此外，陶土管管节短，需要较多的接口，增加施工步骤和费用。由于陶土管耐酸抗腐蚀性好，适用于排除酸性废水或管外有侵蚀性地下水的污水管道。

图 5.2-2　带釉陶土管

（3）金属管

常用的金属管有铸铁管及钢管。室外重力流排水管道一般很少用金属管，只有当排水管道承受高内压、高外压，以及对渗漏要求特别高的地方，如排水泵站的进出水管、穿越铁路、河道的倒虹吸管或靠近给水管道和房屋基础时，才采用金属管。在地震烈度大于 8 度或地下水位高，流砂严重的地区也采用金属管。金属管质地坚固，抗压，抗震，抗渗性能好；内壁光滑，水流阻力小；管道每节长度大，接头少。但钢管价格昂贵，抵抗酸、碱腐蚀及地下水侵蚀的能力差。因此，在采用钢管时必须涂刷耐腐蚀的涂料并注意绝缘。

（4）浆砌砖、石或钢筋混凝土大型管渠

排水管道的预制管管径一般小于 2m，实际上当管道设计断面大于 1.5m 时，通常就在现场建造大型排水渠道。建造大型排水渠道常用的建筑材料有砖、石、陶土块、混凝土块、钢筋混凝土块和钢筋混凝土等。采用钢筋混凝土时，要在施工现场支模浇制，采用其他几种材料时在施工现场主要是铺砌或安装。

渠道的上部称作渠顶，下部称作渠底，常和基础做在一起，两壁称作渠身。矩形大型排水渠道，由混凝土和砖两种材料建成。渠的基础用 C15 混凝土浇筑，渠身用 M7.5 水泥砂浆和 MU10 砖进行砌筑，渠顶采用钢筋混凝土盖板，内壁用 1∶3 水泥砂浆抹面 20mm 厚。这种渠道的跨度可达 3m，施工也较方便。

砖砌渠道在国内、外排水工程中应用较早。常用的断面形式有圆形、矩形、半椭圆形等。可用普通砖或特制的楔形砖砌筑。当砖的质地良好时，砖砌渠道能抵抗污水或地下水的腐蚀作用，很耐用。因此能用于排放有腐蚀性的废水。

在石料丰富的地区，常采用条石、方石或毛石砌筑渠道。通常将渠顶砌成拱形，渠底和渠身扁光、勾缝，以使水力性能良好。

（5）高密度聚乙烯（HDPE）双壁波纹管

高密度聚乙烯（HDPE）双壁波纹管，是一种具有环状结构外壁和平滑内壁的新型管材，20 世纪 80 年代初在德国首先研制成功。排水用 HDPE 双壁波纹管材是以聚乙烯树脂为主要原料，加入适量辅材，挤压后成型。具有重量轻、排水阻力小、耐腐蚀、施工方便等优点。

5.2.2 接口

1. 形式

排水管道的不透水性和耐久性，在很大程度上取决于敷设管道时接口的质量。管道接口应具有足够的强度、不透水、能抵抗污水或地下水的侵蚀并有一定的弹性。根据接口的弹性，一般分为柔性、刚性和半柔半刚性 3 种接口形式。

柔性接口允许管道纵向轴线交错 3～5mm 或交错一个较小的角度，而不致引起渗漏。常用的柔性接口有沥青卷材接口及橡胶圈接口。沥青卷材接口用在无地下水，地基软硬不一，沿管道轴向沉陷不均匀的无压管道上。橡胶圈接口使用范围广泛，特别是在地震区，对管道抗震有显著作用。柔性接口施工复杂，造价较高。在地震区使用有它独特的优越性。

刚性接口不允许管道有轴向的交错。但比柔性接口施工简单、造价较低，常用的刚性接口有水泥砂浆抹带接口、钢丝网水泥砂浆抹带接口。刚性接口抗震性能差，用在地基比较良好，有带型基础的无压管道上。

半柔半刚性接口介于上述两种接口形式之间，使用条件与柔性接口类似。常用的是预制套环石棉水泥接口。

2. 方法

（1）水泥砂浆抹带接口

属于刚性接口，如图 5.2-3 所示。在管道接口处用 1∶3 水泥砂浆抹成半椭圆形或其他形状的砂浆带，带宽 120～150mm。一般适用于地基土质较好的雨水管道，或用于地下水位以上的污水支线上。企口管、平口管、承插管均可采用此种接口。

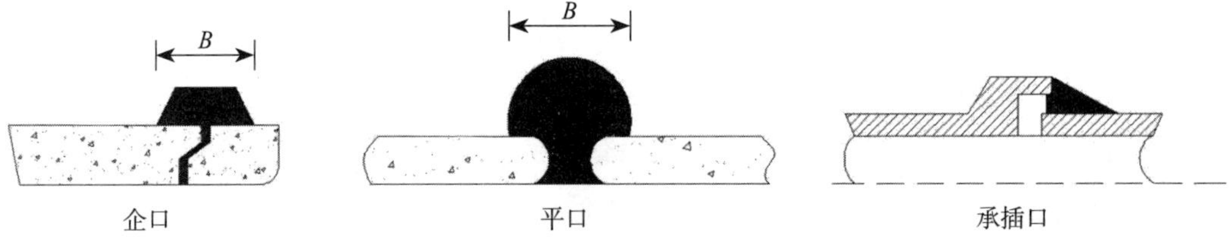

图 5.2-3 水泥砂浆抹带接口

（2）钢丝网水泥砂浆抹带接口

属于刚性接口，如图 5.2–4 所示。将抹带范围的管外壁凿毛，抹 1∶3 水泥砂浆（一层厚，15mm），中间采用一层 20 号（10mm × 10mm）钢丝网，两端插入基础混凝土中，上面再抹砂浆（一层厚，10mm）。适用于地基土质较好且具有带形基础的雨水、污水管道上。

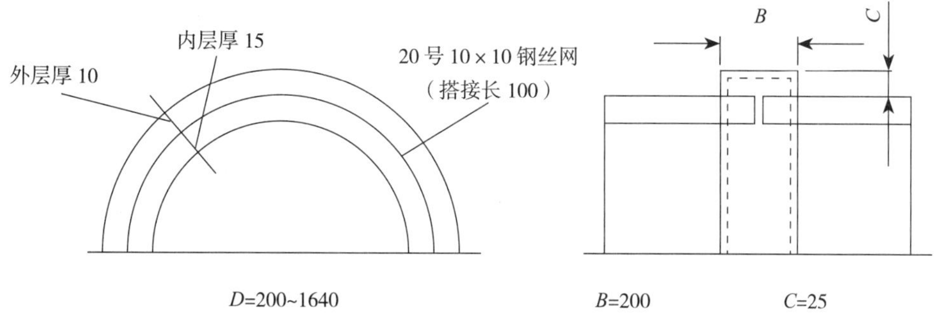

图 5.2–4　钢丝网水泥砂浆抹带接口

（3）石棉沥青卷材接口

属于柔性接口，如图 5.2–5 所示。石棉沥青卷材为工厂加工，沥青玛琋脂重量配比为沥青∶石棉∶细砂 =7.5∶1∶1.5。先将接口处管壁刷净烤干，涂上一层冷底子油，再刷 3mm 厚的沥青玛琋脂，包上石棉沥青卷材，再涂 3mm 厚的沥青砂玛琋脂，称为“三层做法”。若再加卷材和沥青砂玛琋脂各一层，则称为“五层做法”。一般适用于地基沿管道轴向沉陷不均匀地区。

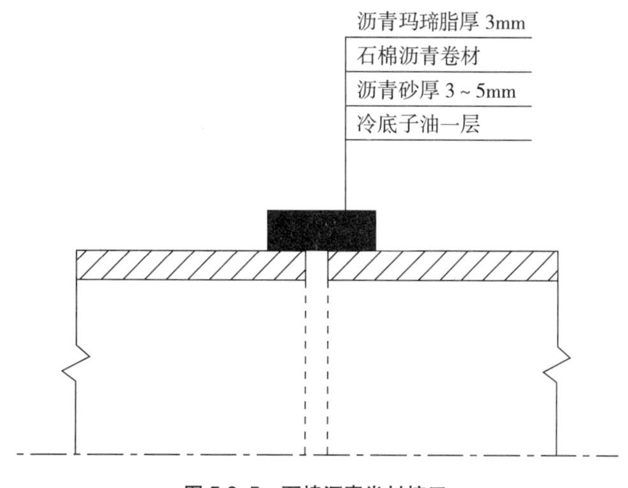

图 5.2–5　石棉沥青卷材接口

（4）橡胶圈接口

属柔性接口，如图 5.2–6 所示。接口结构简单，施工方便，适用于施工地段土质较差，地基硬度不均匀或地震地区。

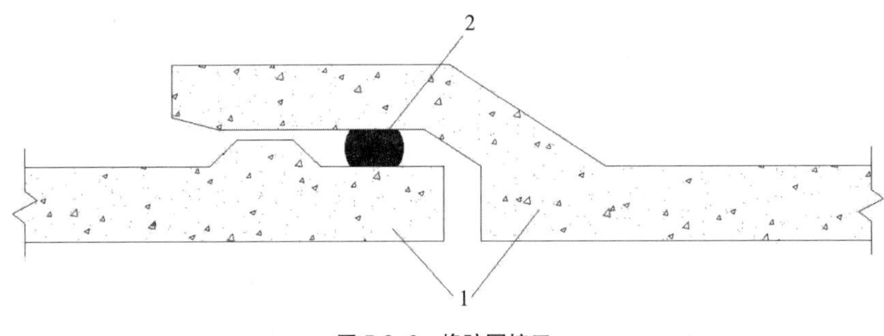

图 5.2–6 橡胶圈接口

1– 橡胶圈；2– 管壁

（5）预制套环石棉水泥（或沥青砂）接口

属于半刚半柔接口，如图 5.2–7 所示。石棉水泥重量比为水：石棉：水泥 =1：3：7（沥青砂配比为沥青：石棉：砂 =1：0.67：0.67）。适用于地基不均匀地段，或地基经过处理后管道可能产生不均匀沉陷且位于地下水位以下，内压低于 10m 的管道上。

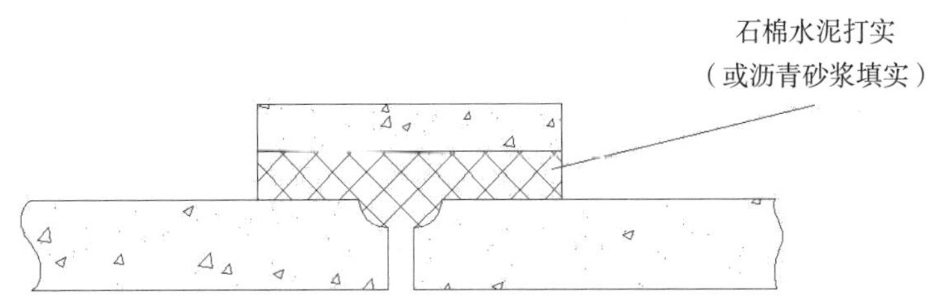

图 5.2–7 预制套环石棉水泥（或沥青砂）接口

（6）顶管施工常用的接口形式

混凝土（或铸铁）内套环石棉水泥接口，如图 5.2–8 所示，一般只用于污水管道。沥青油毡、石棉水泥接口，如图 5.2–9 所示。麻辫（或塑料圈）石棉水泥接口，如图 5.2–10 所示，一般只用于雨水管道。

除上述常用的管道接口外，在化工、石油、冶金等工业的酸性废水管道上，需要采用耐酸的接口材料。目前可使用环氧树脂浸石棉绳的防腐蚀接口材料，使用效果良好。也有使用玻璃布和煤焦油、高分子材料配制的柔性接口材料等。国内外目前主要采用承插口加橡皮圈及高分子材料的柔性接口。

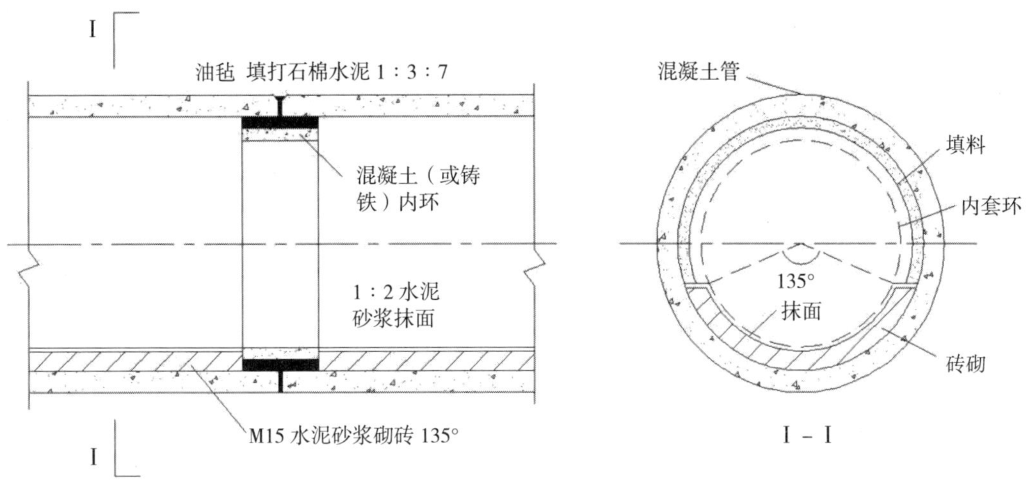

图 5.2-8　混凝土（或铸铁）内套环石棉水泥接口

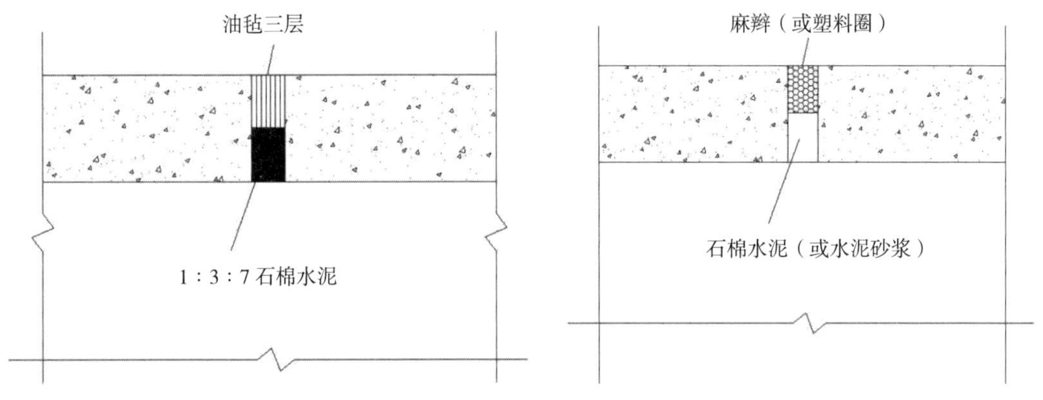

图 5.2-9　沥青油毡、石棉水泥接口

图 5.2-10　麻辫（或塑料圈）石棉水泥接口

5.2.3　基础

排水管道的基础一般由地基、基础和管座 3 个部分组成，如图 5.2-11 所示。

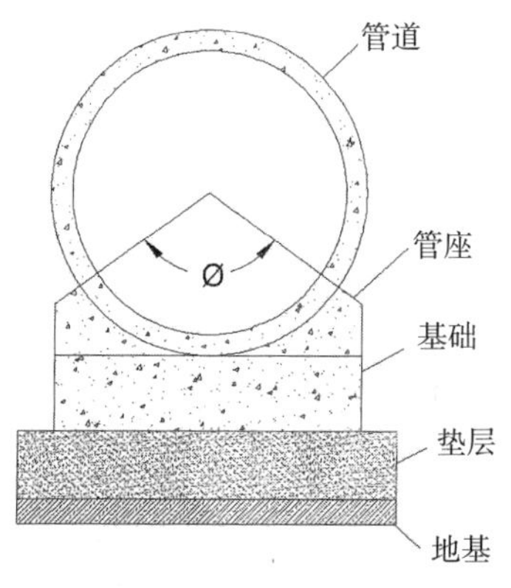

图 5.2-11　管道基础断面

地基是指沟槽底的土壤部分。它承受管道和基础的重量、管内水重、管上土压力和地面上的荷载。基础是指管道与地基间经人工处理过的或专门建造的设施，其作用是将管道较为集中的荷载均匀分布，以减少对地基单位面积的压力，或由于土的特殊性质的需要，为使管道安全稳定地运行而采取的一种技术措施，如原土夯实、混凝土基础等。管座是管道下侧与基础之间的部分，设置管座的目的在于它使管道与基础连成一个整体，以减少对地基的压力和对管道的反作用力。管座包角的中心角越大，基础所受单位面积的压力和地基对管道作用的单位面积的反作用力越小。

为保证排水管道系统能安全正常运行，除管道工艺本身设计施工应正确外，管道的地基与基础要有足够的承受荷载的能力和可靠的稳定性。否则排水管道可能产生不均匀沉陷，造成管道错口、断裂、渗漏等现象，导致对附近地下水产生污染，甚至影响附近建筑物的基础。目前常用的管道基础有 3 种。

1. 砂土基础

砂土基础包括弧形素土基础及砂垫层基础，如图 5.2–12 所示。弧形素土基础是在原土上挖一弧形管槽（通常采用 90° 弧形），管道落在弧形管槽里。这种基础适用于无地下水、原土能挖成弧形的干燥土壤，管道直径小于 600mm 的混凝土管、钢筋混凝土管、陶土管，管顶覆土厚度在 0.7 ~ 2.0m 的污水管道，不在车行道下的次要管道及临时性管道。

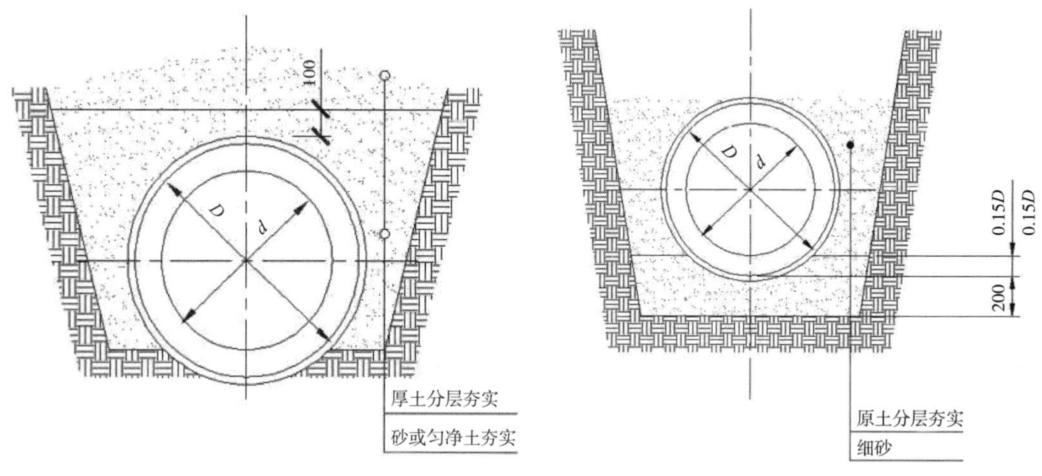

图 5.2–12　砂土基础

砂垫层基础是在挖好的弧形管槽上，用带棱角的粗砂填 10 ~ 15cm 厚的砂垫层。这种基础适用于无地下水，岩石或多石土壤，管道直径小于 600mm 的混凝土管、钢筋混凝土管及陶土管，管顶覆土厚度 0.7 ~ 2m 的排水管道。

2. 混凝土枕基

混凝土枕基是只在管道接口处才设置的管道局部基础，如图 5.2-13 所示。通常在管道接口下用 C8 混凝土做成枕状垫块。此种基础适用于干燥土壤中的雨水管道及不太重要的污水支管。常与素土基础或砂垫层基础同时使用。

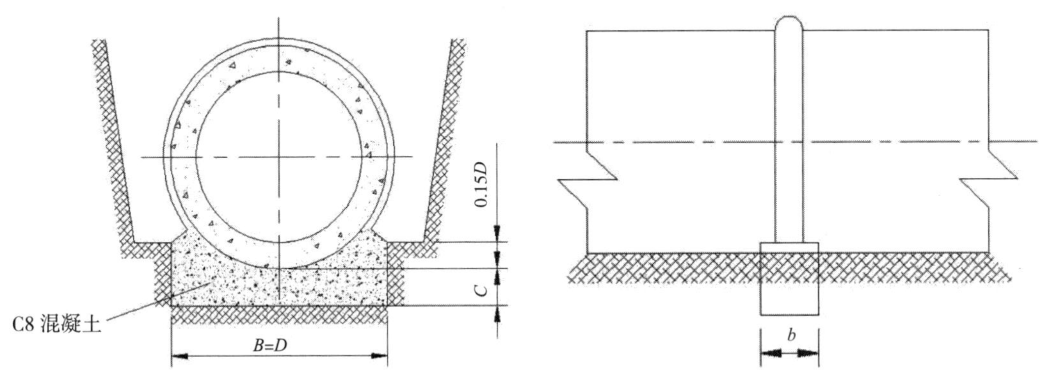

图 5.2-13　混凝土枕基

3. 混凝土带形基础

混凝土带形基础是沿管道全长铺设的基础。按管座的形式不同可分为 90°、135°、180° 三种管座基础，如图 5.2-14 所示。

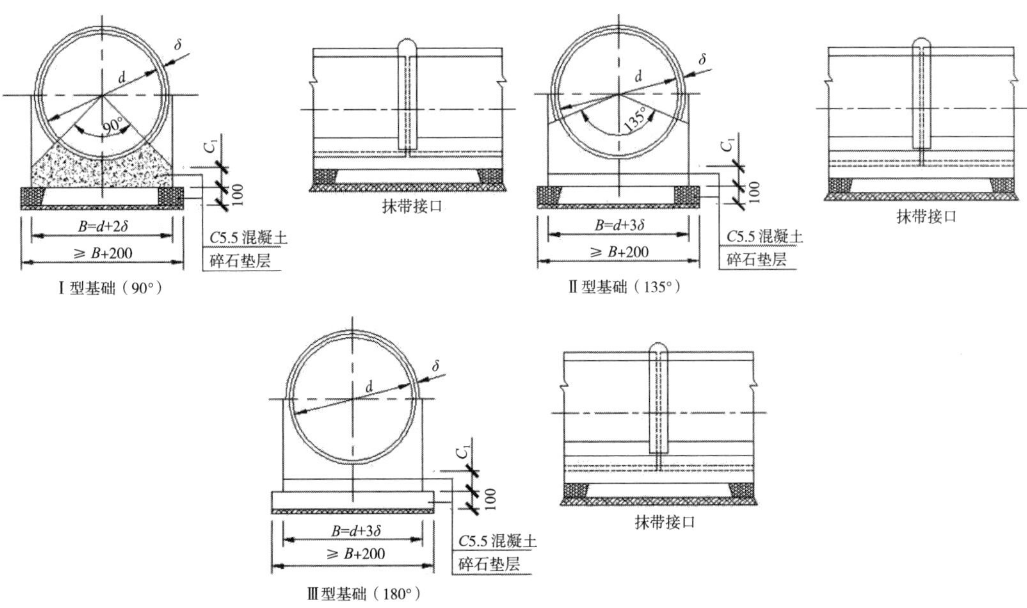

图 5.2-14　混凝土带型基础

这种基础适用于各种潮湿土壤，以及地基软硬不均匀的排水管道，适用管径为200～2000mm，无地下水时在槽底原土上直接浇筑混凝土基础。有地下水时常在槽底铺10～15cm厚的卵石或碎石垫层，然后才在上面浇筑混凝土基础，一般采用强度等级为C15的混凝土。当管顶覆土厚度在0.7～2.5m时采用90°管座基础；管顶覆土厚度为2.6～4m时采用135°管座基础；管顶覆土厚度在4.1～6m时采用180°管座基础。在地震区或土质特别松软、不均匀沉陷严重地段，最好采用钢筋混凝土带形基础。

对地基松软或不均匀沉降地段，为增强管道强度，保证使用效果，北京、天津等地的施工经验是对管道基础或地基采取加固措施，接口采用柔性接口。

5.3 巡查

5.3.1 一般要求

城镇排水设施的巡查工作是设施保护的第一道防线，需要专业的巡查管理队伍，完善的巡管体制，全面的设施巡查技能，在设施保护过程中通过对排水设施管理事件的有效掌握和高效处置，为排水设施的管控打好基础。

排水管道检查应包括外部巡视、内部检测、运行监测、专项检查等。

现场检查时，应避免对管道结构造成损伤。

管道检查作业宜与卫星定位系统和地理信息系统配合使用，将检查成果通过坐标与排水设施进行关联。

针对掩埋的井盖，当具有准确坐标数据时，宜利用卫星定位系统或测量技术进行现场定位，将井盖设施恢复至正常。

在进行路面作业时，维护作业人员应穿戴有反光标志的安全警示服并正确佩戴和使用劳动防护用品；未按规定穿戴安全警示服及佩戴和使用劳动防护用品的人员，不得上岗作业。

维护作业人员在作业中有权拒绝违章指挥，当发现安全隐患应立即停止作业并向上级报告。维护作业中所使用的设备和用品必须符合国家现行有关标准，并应具有相应的质量合格证书。

维护作业中使用的设备、安全防护用品必须按有关规定定期进行检验和检测，并应建档管理。

维护作业区域应采取设置安全警示标志等防护措施；夜间作业时，应在作业区域周边明显处设置警示灯；作业完毕，应及时清除障碍物。

维护作业现场严禁吸烟，未经许可严禁动用明火。

当维护作业人员进入排水管道内部检查、维护作业时，必须同时符合下列各项要求：

管径不得小于 0.8m。

管内流速不得大于 0.5m/s。

水深不得大于 0.5m。

充满度不得大于 50%。

管道维护作业宜采用机动绞车、高压射水车、真空吸泥车、淤泥抓斗车、联合疏通车等设备。

5.3.2　巡查

管渠巡视每周不应少于 1 次，并应包括下列内容：管道是否塌陷；是否存在违章占压；是否存在违章排放；是否存在私自接管；建设工地及周边排水设施巡视检查；是否有污水冒溢、雨水口积水，以及合流制排水口在晴天是否有污水溢流情况等。

明渠的巡查每周不应少于 1 次，并应包括下列内容：块石、混凝土砌块渠岸的护坡、挡土墙和压顶有无裂缝、沉陷、倾斜、缺损、风化、勾缝脱落等；护栏、里程碑、警告牌、步道等明渠附属设施是否完整；明渠控制范围内的污水管是否有溢流或倒灌情况。

5.3.3　检查

检查管道内部情况时，宜采用电视检查、声纳检查。主要是针对排水管道积泥、树根，油脂、砖块异物、坍塌、严重错口等进行检查。

水位较低的排水管道采用电视检查；水位较高、水深超过 300mm 的排水管采用声纳检查。采用潜水检查的管道，其管径不得小于 1.2m，管内流速不得大于 0.5m/s。

排水管道上设置有液位计、流量计、可燃气体报警仪表的，应定期对液位计、流量计和可燃气体报警仪表进行检查。

可通过查看污水管道上设置的液位计的液位变化进行管道坍塌预警。通过查看雨水管道上的液位计液位变化进行防汛应急预警。

可通过查看排水管道上的可燃气体报警仪表，进行相关管段的水力冲洗和清掏工作。

排水管道的检测指标主要有流速、流量和充满度。流速、流量可通过管道上的流量计查看。管道充满度可通过测量管道水深计算得到。

1. 雨污混接排查

排水管网的雨污混接是指在城镇分流制排水系统中，雨水和生产生活所排放的污水，通过不同的方式混接到一起进行输送和排放，造成混流现象。其一般表现为两种现象：一种是污水进入雨水管网，进而排入自然水体；另外一种为雨水进入污水管网，与污水一起进入污水处理厂。

雨污混接调查的内容就是通过综合运用人工调查、仪器探查、水质检测、烟雾检测、染色试验、泵站运行配合等方法，查明调查区域内混接点空间位置、混接点流量、混接点水质等要素，在有条件时，还应查明混接源的空间位置、水量以及水质，进而对调查结果进行分析和判断，得出雨污混接程度的评估结论。在雨污混接调查时，有时将排水管道结构性缺陷也纳入调查的内容，虽然不存在错误的连接，但有时结构性的缺陷所造成的雨污混流影响亦不可忽视。

雨污混接调查的常见模式是按照点 – 面 – 线 – 点的工作顺序。首先观察和测定整个封闭收集区内的污水处理厂、排水口、主管网及泵站等地点的水质和水量情况，得到对整个区域是否存在雨污混接的初步判断，如果判断为“无”，那就表明该范围内不存在雨污混接或混接现象非常轻，不值得进行雨污混接调查工作，但最终的工作报告必须要编写，阐明不需要开展雨污混接调查工作的理由以及支撑这些理由的技术依据。如果判断为“有”，则表明该区域存在雨污混接，整个区域就是一个工作面，在此面上，根据排水管网图，选取主要干管的有代表性的节点（一般都为不同街道干管之间相连的检查井）作为观察和测定对象，找到存在混接现象的管线段。最后，采用视频、声纳或直接开井等方法找出存在于该管线段和支管中的混接点或混接源，如图 5.3–1 所示。

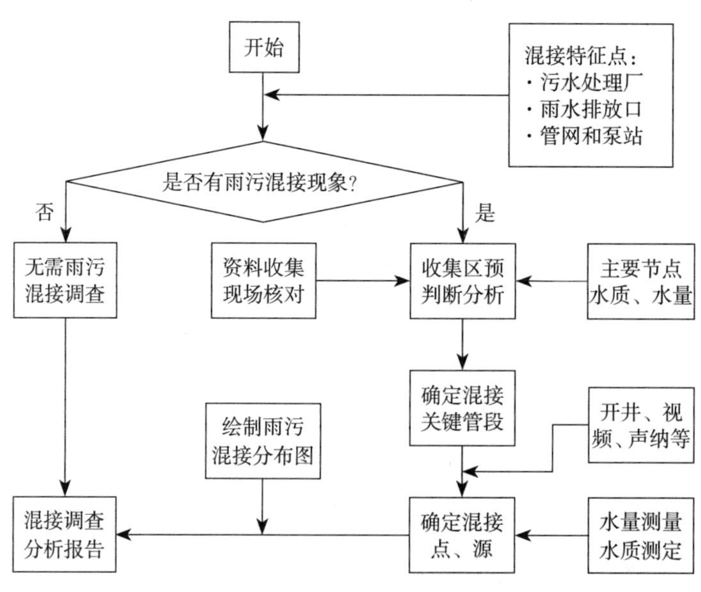

图 5.3–1　雨污混接调查模式

2. 超排溯源排查

《城镇污水排入排水管网许可管理办法》中明确：凡从事工业、建筑、餐饮、医疗等活动的企业事业单位、个体工商户，未取得排水许可证，不得向城镇排水设施排放污水。此外，污水处理厂进水水质超标或者水质大范围波动均会对出水水质指标有较大影响，因此排水管线的水质超排溯源排查非常重要。

城市排水管网一般分为一、二、三级干线，其中一级干线即为流入最终下游污水处理厂进厂干线，二级干线为汇入一级干线的污水干线，三级干线为所有汇入二级干线的污水管线，三级干线的服务面积一般较小，便于管理。首先，在一、二、三级干线中选取关键节点，通过一级干线水质检测和该一级干线连带的二级干线节点和三级干线节点协同检测，快速确定若干超标小流域；其次，通过三级干线连带的小流域内重点用户排查，编制重点用户台账，从而可根据重点用户类型及行业用户超标特性进行针对性治理。

5.3.4 养护

排水管道的养护主要是冲洗、疏浚和清掏。当管渠中沉积物过多甚至造成堵塞时，需要实施清掏作业。排水管渠疏通养护可采用射水疏通、绞车疏通、推杆疏通、转杆疏通、水力疏通和人工铲挖等方式，排水管渠疏通方法及适用范围见表 5.3–1。对于管道中的积泥，实际工况中，雨水管是采用先冲稀释后，在下游用吸泥车将污泥抽走。污水管是采用吸泥车直接吸。对于雨水管来说，支管需要重点清掏、疏通。对于污水管来说，支管、户线因更容易堵塞，故应增加检查频次。

排水管渠的养护标准见表 5.3–2。排水管渠的养护频率见表 5.3–3。

排水管渠疏通方法及适用范围　表 5.3–1

疏通方法	小型管	中型管	大型管	特大型管	倒虹吸	压力管	盖板沟
射水疏通	√	√	√	×	√	×	√
绞车疏通	√	√	√	×	√	×	√
推杆疏通	√	×	×	×	×	×	×
转杆疏通	√	×	×	×	×	×	×
水力疏通	√	√	√	√	√	√	√
人力铲挖	×	×	√	√	×	×	√

注：表中“√”表示适用，“×”表示不适用。

排水管渠的养护标准 表 5.3-2

设施类别	允许积泥深度
检查井	管内径或渠净高度的 1/5

排水管渠的养护频次 表 5.3-3

管渠性质	小型	中型	大型	特大型
雨水、合流管渠（次 / 年）	2	1	0.5	0.3
污水（次 / 年）	2	1	0.3	0.2

排水管渠设施疏通清捞养护质量标准，见表 5.3-4。

排水管渠设施疏通清捞养护质量标准 表 5.3-4

<table>
<tr><th>检查项目</th><th>检查方法</th><th>质量要求</th></tr>
<tr><td rowspan="3">残余污泥</td><td>绞车检查</td><td>第一遍绞车检查，铁牛内厚泥不超过铁牛直径的 1/2；管道长度按 40m 计，超过或不足 40m 允许积泥按比例增减</td></tr>
<tr><td>电视检查</td><td>疏通后积泥深度不超过管径或渠净高的 1/8</td></tr>
<tr><td>声纳检查</td><td>疏通后积泥深度不超过管径或渠净高的 1/8</td></tr>
<tr><td>工作现场</td><td>目视检查</td><td>工作现场污泥、硬块不落地；作业面冲洗干净</td></tr>
</table>

5.3.5 维修

排水管理单位应根据管渠检查评估报告及时制定管渠修理计划，消除缺陷、恢复管渠原有功能，延长管渠使用寿命。

排水管渠应采用承插柔性接口的管道；大管径排水主管在适当距离的检查井内可设置闸槽。

排水管渠修理可分为开挖修理和非开挖修理。

5.4 检测

5.4.1 原则

由于施工和管道养护手段等原因，排水设施使用过程中会存在不同程度的破裂、渗漏、脱节、错位、侵蚀、积泥堵塞甚至变形塌陷等现象，直接影响排水管网系统的正常运行，甚至威胁到城市交通和人民生命财产的安全。为了能够最大限度地发挥管道的排水能力，延长管道的使用寿命，需要对排水管网系统管道及附属设施进行设施检测。

排水设施检测即为利用目测等传统的方法或专业管道检测设备对排水管道及其附属设施进行全面、直观、科学的检查、评估，其目的是基本掌握对排水设施的现况，为后续养护疏通及工程改造等提供科学的参考依据。

根据检测目的不同，排水设施检测分为功能性检测和结构性检测。

（1）功能项检测

功能性检测是以检查排水设施功能为目的的检测，一般检测排水设施的有效过水断面，并将排水设施实际通过流量与设计流量进行比较，以确定排水设施的功能性状况。这类检测病害一般可通过日常养护疏通等手段解决。

排水管道的建设或使用过程中，进入或残留在管道内的杂物以及水中泥沙沉淀、油脂附着等，使过水断面减小，影响其正常排水能力。包括积泥、洼水、结垢、树根、杂物、封堵等，见表 5.4–1。

城镇排水设施功能性病害　表 5.4–1

病害种类	病害定义	示意图
积泥	水中的泥沙及其他异物沉淀在排水管道底部形成的堆积物	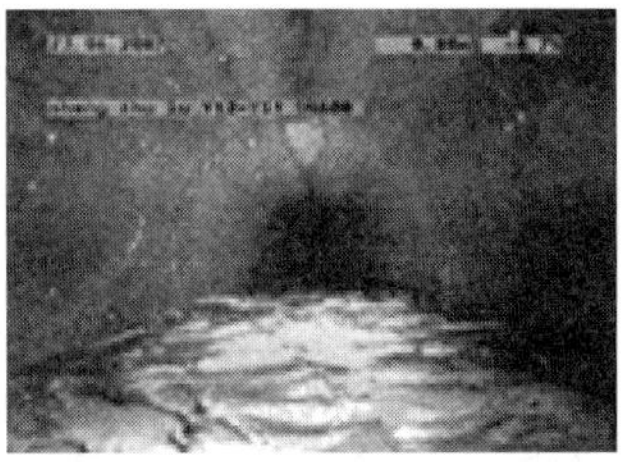
洼水	因地基不均匀沉降等因素在排水管道内形成的水洼	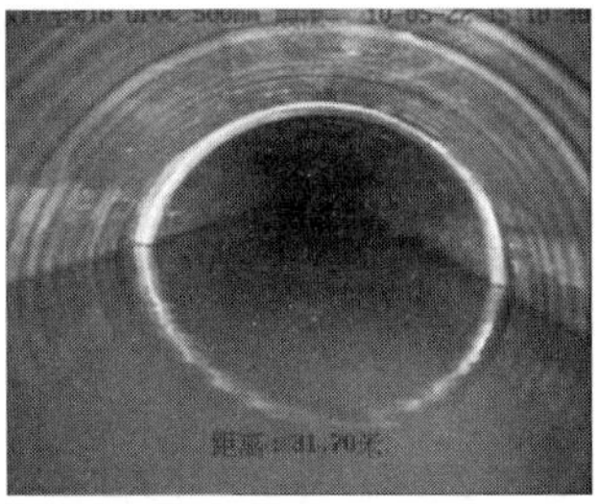
结垢	水中的油脂、铁盐、石灰质等附着或沉积于排水管道内表面形成的软质或硬质结垢	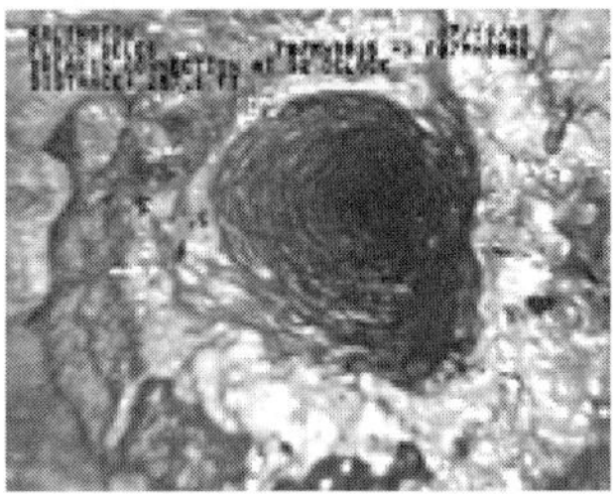

续表

病害种类	病害定义	示意图
树根	自然生长进入排水管道的树根（群）	
杂物	排水管道内的碎砖石、树枝、遗弃工具、破损管道碎片等坚硬杂物	
封堵	残留在排水管道内的封堵材料	

（2）结构性检测

主要是以检查排水设施结构现况为目的的检测，该类检测是为了解排水设施结构现况及连接状况，通过综合评估后确定排水设施对地下水资源及市政设施、城市道路安全等是否带来影响。这类检测病害一般可通过工程修复等手段解决。

排水管道的建设或使用过程中，由于外部扰动、地面沉降或水中有害物质的作用，使管道的结构外形或结构强度发生变化，影响其正常使用寿命。包括腐蚀、破裂、变形、错口、脱节、渗漏、侵入等，见表 5.4–2。

城镇排水设施结构性病害 表 5.4–2

病害种类	病害定义	示意图
腐蚀	排水管道内壁受到水中有害物质的腐蚀或磨损	

续表

病害种类	病害定义	示意图
破裂	外部作用力超过自身承受力使排水管道产生的裂缝或破损。破裂形式有纵向、环向和复合三种	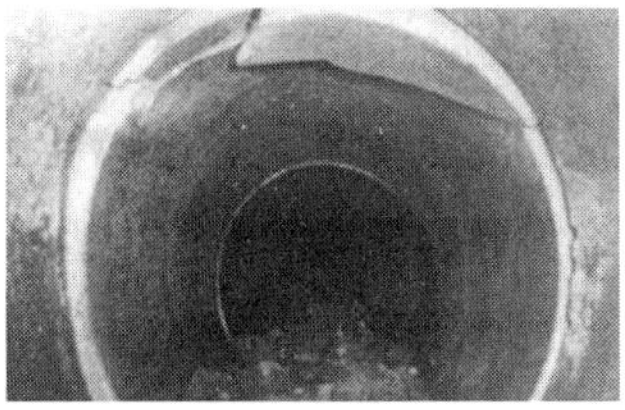
变形	排水管道的断面形状偏离原样。变形一般指柔性管	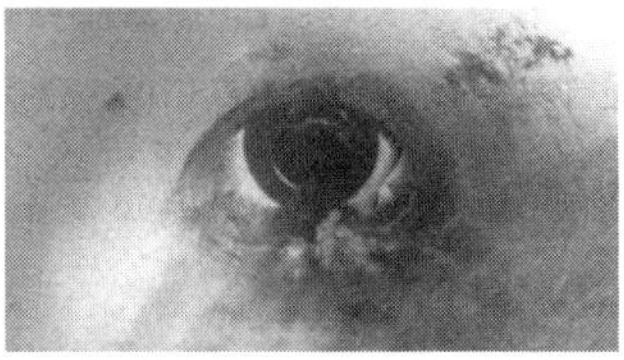
错口	两根同断面排水管道接口未对正	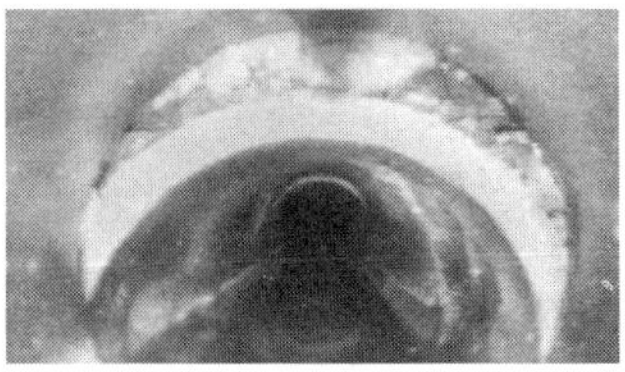
脱节	两根同断面排水管道接口未充分推进或脱离	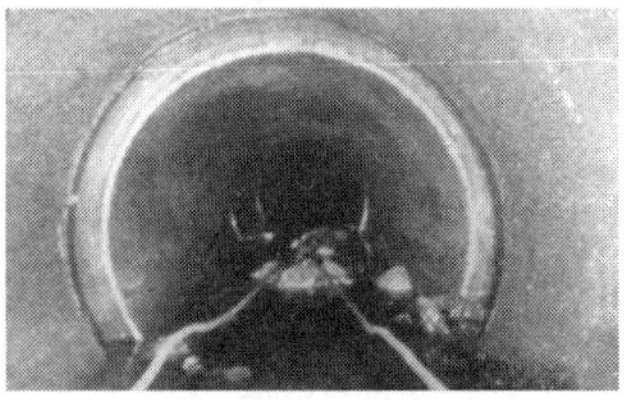
渗漏	外部土层中的水从排水管道壁（顶）、接口或检查井壁流入	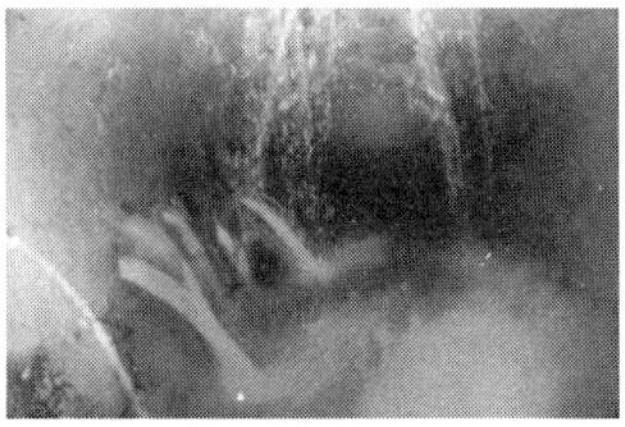
侵入	管道等物体非正常进入或穿过排水管道	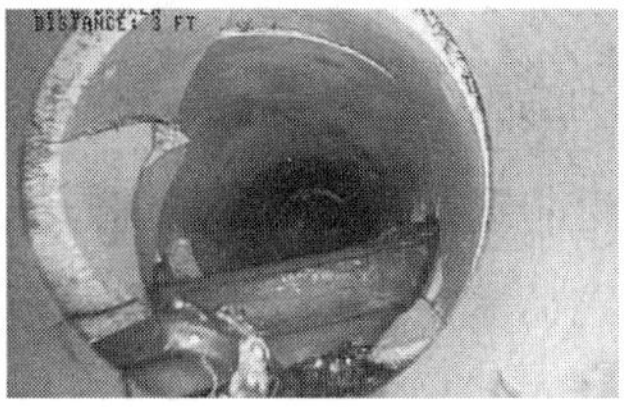

5.4.2　方法

排水设施检测技术分为传统检测法和现代检测法。传统检测法包括简单的目测法、量泥斗检测法、潜水检测法等。现代检测法指管道潜望镜等复杂专业检测方法。

1. 传统检测方法

传统检测方法是人员在地面巡视检查、进入管内检查、反光镜检查、量泥斗（或量泥杆）检查、潜水检查等检查方法的统称。传统检测方法简单、方便，但有局限性。

1）观察法

通过观察同条管道相间检查井内的水位，确定管道是否堵塞；观察窨井内的水质成分，如上游窨井中为正常的雨、污水，而下游窨井内流出的是黄泥浆水，说明管道中间有断裂或塌陷。检查人员自进入检查井开始，在管道内连续工作时间不得超过 1h。当进入管道的人员遇到难以穿越的障碍时，不得强行通过，应立即停止检测。该种检测方法直观，但检测条件较苛刻，安全性差，目前已不再使用。

2）量泥斗检测法

通过检测管口或检查井内的淤泥和积砂厚度，来判断管道排水功能是否正常。量泥斗用于检查井底或离管口 500mm 以内的管道内软性积泥量，当使用 Z 字形量泥斗检查管道时，应将全部泥斗伸入管口取样。量泥斗的取泥斗间隔宜为 25mm，量测积泥深度的误差应小于 50mm。该检测方法直观速度快，但无法测量管道内部情况，无法检测管道结构损坏情况，仅适用于管线管口淤积情况的检测。

3）反光镜法

通过反光镜把日光折射到管道内，观察管道的堵塞、错位等情况。该检测方法直观、快速，安全。但无法检测管道结构损坏情况，有垃圾堆积时，后面情况看不清，现基本不采用。

4）潜水检查法

用于人可进入的大口径管道，通过潜水员手摸管道内壁进行观察和判断管道是否堵塞、错位的一种方法。该检测方法较为安全，但无视像资料、准确性差，仅适用于设备无法检测等特殊情况。

2. 现代化检测方法

现代化排水管道检测技术相对于传统方法，在检测设备、工作原理、适用范围、检测评估等方面，都有创新。根据检测设备和工作原理，现代检测技术可分为管道外检测技术和管道内窥检测技术。管道外检测技术，均是通过仪器对排水管道缺陷的检测，优点在于对管道无损性检测、避免了人工下井检查的危险，但存在检测内容单一、受环境影响大、采集的数据不直观，需要有丰富的经验才能准确判断等缺点。管道内窥检测技术主要就是利用闭路电视和声纳的技术以及各种设备，对管道内部的情况进行探测和定位。

1）管道外检测技术

①探地雷达法

探地雷达法的工作原理是根据电磁波在地下传播过程中遇到不同的物体时界面会发生反射进行反演可得到目标体的位置分布、埋深等信息。该法用于测量土壤层的孔隙深度和尺寸，混凝土管的层理和饱和水渗出的范围，以及管道下的基础。其输出图像比较复杂，需要有丰富的经验才能判读。探地雷达法适用于初步检测管道位置、管道及周边土层坍塌等，一般用于抢险抢修和工程施工，如图 5.4–1 所示。

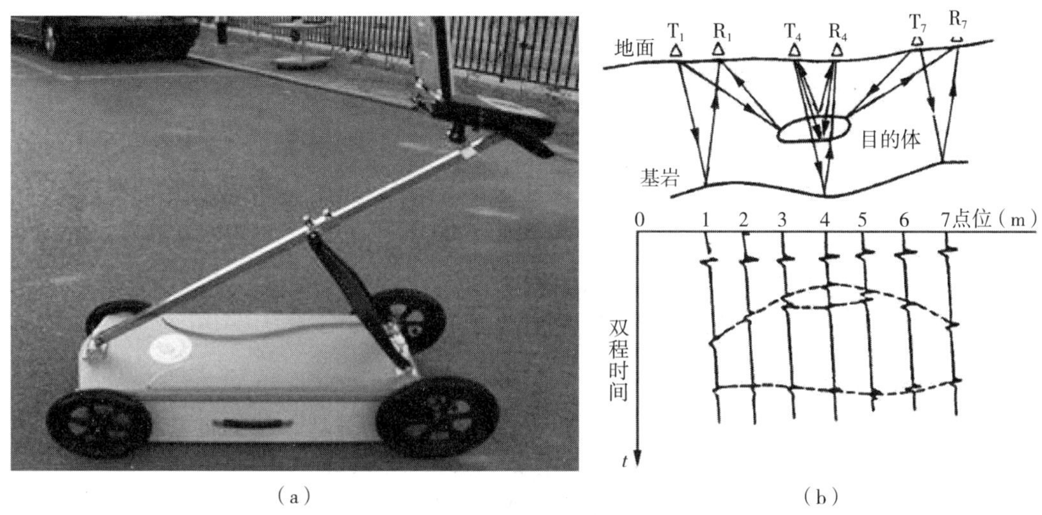

（a）　（b）

图 5.4–1　探地雷达法

（a）CAS–SCAN 探地雷达；（b）探地雷达原理

②撞击回声法

撞击回声法的工作原理是当重物或重锤撞击管壁后会产生应力波，应力波通过管道传播，由地下传音器可探测到管道内部裂痕和外表面产生的反射波。当波以不同速度传播，通过不同的路径散射到管外的土壤中去时，用表面波特殊分析仪将波分成不同频率的成分，便可得出管道结构和外部土壤的相关信息。撞击回声法仅适用于初步检测管道是否存在渗漏，但无法判断裂痕大小等。一般适用于管线调查等。

③表面波光谱分析法

表面波光谱分析法是利用一个有辅助功能的传感器以及能够对表面波进行分析的频谱分析仪，来对管壁和管壁四周的土壤进行分析，从而将土壤条件和管壁的位置检测出来。表面波光谱分析法仅适用于初步判断排水管道管壁裂痕及周边土壤坍塌等。

2）管道内窥检测技术

①闭路电视检测系统

闭路电视检测（Close Circuit Television，CCTV）系统的原理是采用闭路电视采集图像，通过有线传输方式，进行直观影像显示和记录来分析管道内部缺陷状况，如图 5.4–2 所示。可分为车载式和便携式两种。CCTV 检测系统适用于新建管线系统的竣工验收；排水系统管道改造或疏通的竣工验收；管道淤积、排水不畅的竣工验收；管道腐蚀、破损、接口错位、结垢等运行状况的检测；查找、确定非法排放污水的源头及接驳口；查找因排水系统或基建施工而找不到的检查井或去向不明管段，探测不明线路；检查市政排污系统是否需要维修或更换排水管道；可在非开挖铺设管道竣工后，对管道内部状况进行检查验收；人员无法进入的危险环境下的作业；根据其内部情况，及时进行清理和维修；保证管道在紧急状况下能正常发挥作用。适用管径范围为 200～3000mm。需注意，闭路电视检测不应带水作业。当现场条件无法满足时，应采取降低水位措施，确保管道内水位不大于管道直径的 20%；当管道内水位不符合要求时，检测前应对管道实施封堵、导流，使管内水位满足检测要求。

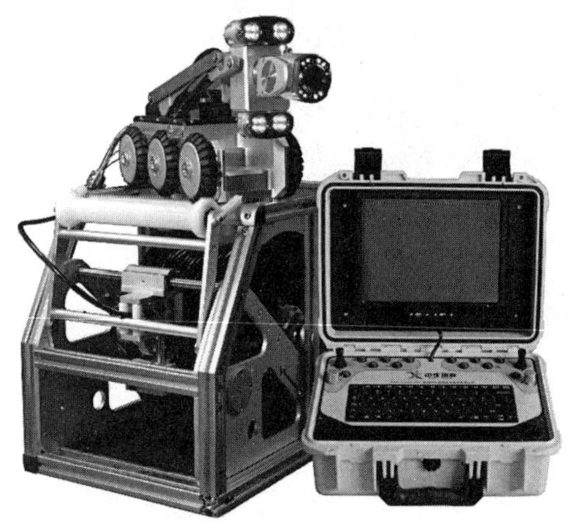

图 5.4-2 闭路电视检测系统

②管道声纳检测

管道声纳检测是采用声波反射技术对管道及其他设施内的水中物体进行探测和定位，并能够提供准确的量化数据，从而检测和鉴定管道的破损情况，如图 5.4-3 所示。用于管道内污水充满度高、流量大，以及因生产排放等原因无法停水，无法进行 CCTV 检测的污水管道的淤积、结垢、泄漏故障检测，适用于直径（断面尺寸）125～3000mm 范围内各种材质的管道。

图 5.4-3 声纳检测设备

③管道潜望镜检测

管道潜望镜是管道快速检测设备，配备了强力光源，它通过可调节长度的手柄将高放大倍数的摄像头放入检查井或管道中，通过控制盒来调节摄像头和照明以获取清晰的录像或图像，如图 5.4–4 所示。适用于管径为 150 ~ 3000mm 的管道检测，因管道潜望镜自身缺陷，探测距离较闭路电视检测系统短，因此井段较长等情况下，以及缺陷位置位于管道较深处时，与闭路电视检测系统相较而言易出现检测清晰度不够等现象，故管道潜望镜适用于水位不影响检测的情况，对排水管道内部进行缺陷检测。

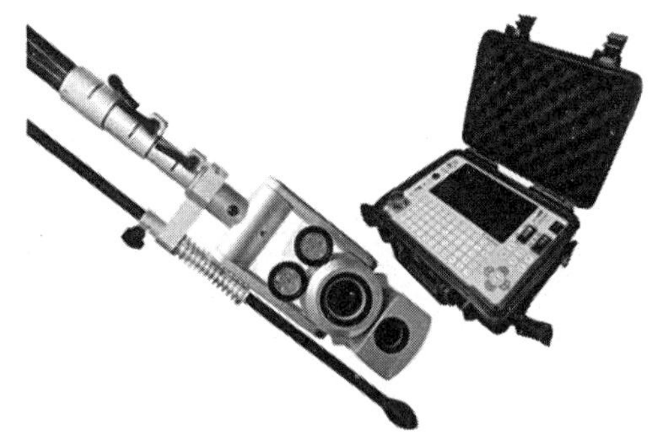

图 5.4–4　管道潜望镜

④激光检测

激光检测是采用专用激光发生器、影像测量评估软件和闭路电视系统进行管道内窥定量检测的一种方法，如图 5.4–5 所示。激光检测系统一般与闭路电视系统同步使用，激光发生器与电视检测系统完全兼容，可快速、牢固地安装在电视检测系统摄像头的前方，方便拆卸。通过激光扫描数据和图像记录，利用软件进行管道截面积 δ 分析，变形 q 值分析，X、Y 轴 δ 分析，以及管道内壁腐蚀磨损度计算，进而对管道内部结构状况进行精确评估。适用于在非带水作业的前提下，进行管道非接触、高精度、定量检测。

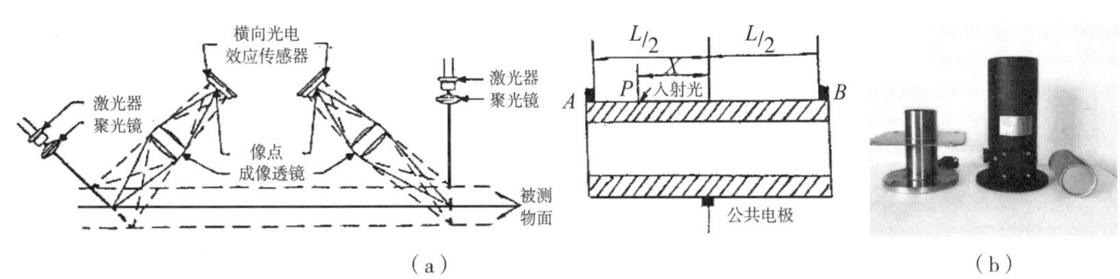

图 5.4–5　管道激光检测

（a）激光检测原理；（b）激光检测设备

5.4.3 评估

管道评估的基本程序包括：收集相关资料，现场踏勘，制定检测方案，检测前的准备，现场检测，内业资料整理、缺陷判读、管道评估，编写检测评估报告。管道评估方法包括功能性评估和结构性评估。

1. 功能性评估

排水管道功能性缺陷等级划分见表 5.4-3。

排水管道功能性缺陷等级划分　　表 5.4-3

序号	缺陷名称	缺陷代码	缺陷程度分级	说明	分值	样图
1	积泥	JN	轻度	深度小于断面尺寸的 15%	0.05	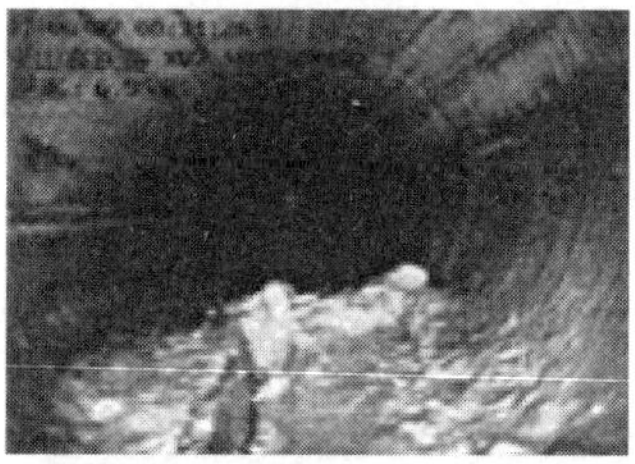
			中度	深度为断面尺寸的 15% ~ 30%	0.25	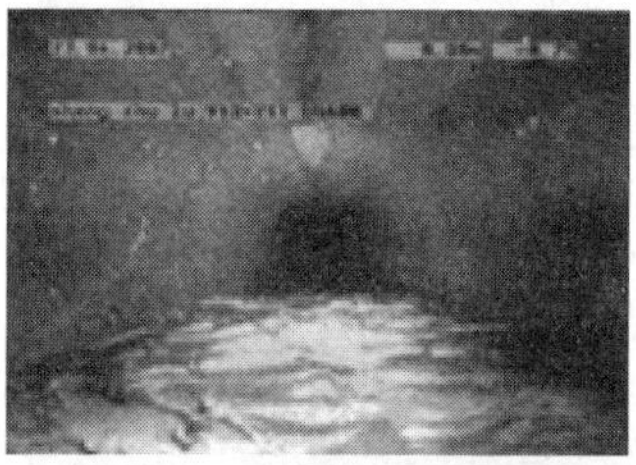
			重度	深度大于断面尺寸的 30%	1.00	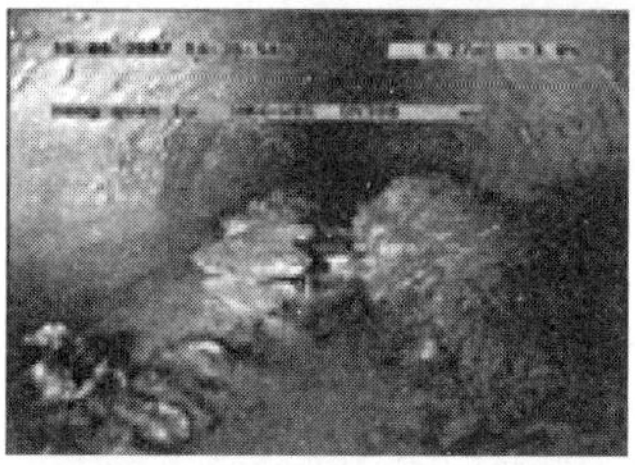
2	洼水	WS	轻度	深度小于断面尺寸的 20%	0.05	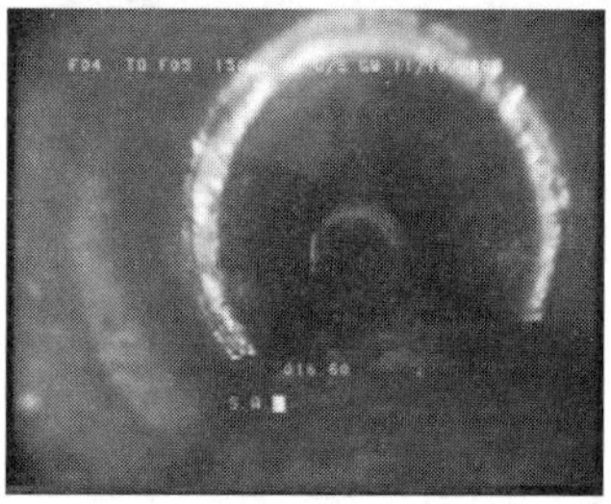

续表

序号	缺陷名称	缺陷代码	缺陷程度分级	说明	分值	样图
2	洼水	WS	中度	深度为断面尺寸的 20% ~ 40%	0.25	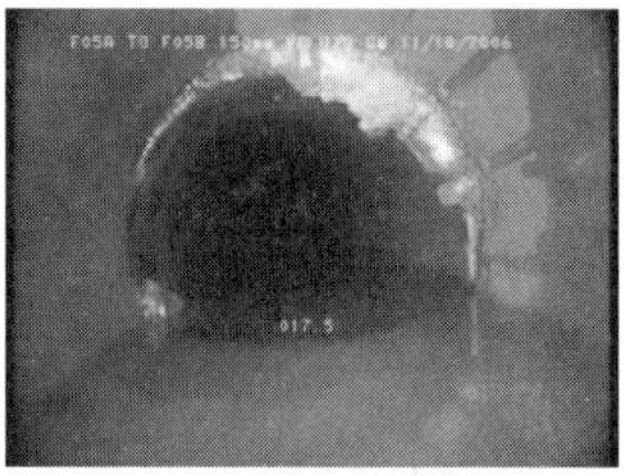
			重度	深度大于断面尺寸的 40%	1.00	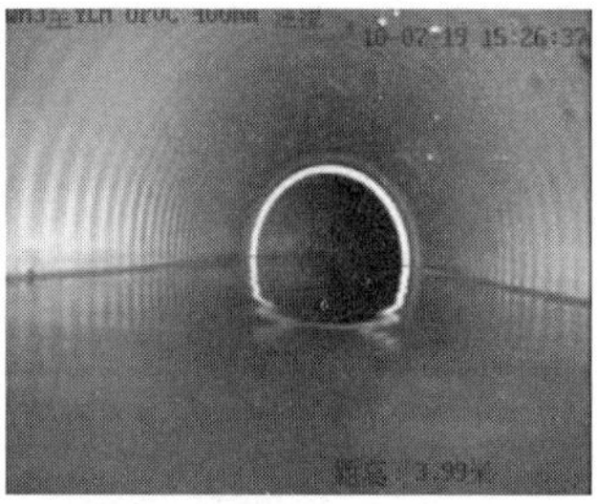
3	结垢	JG	轻度	过水断面面积损失小于 10%	0.15	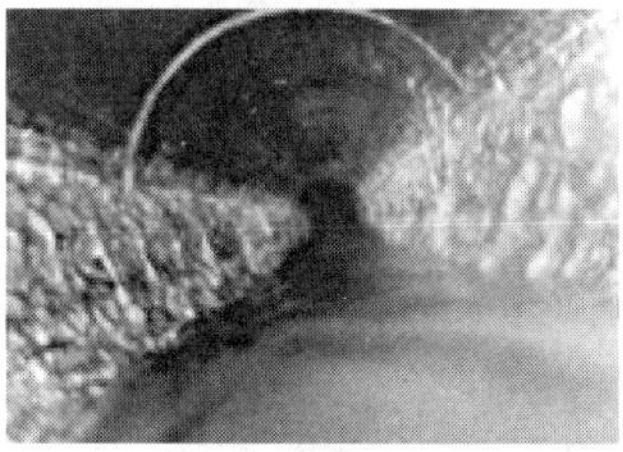
			中度	过水断面面积损失为 10% ~ 25%	0.75	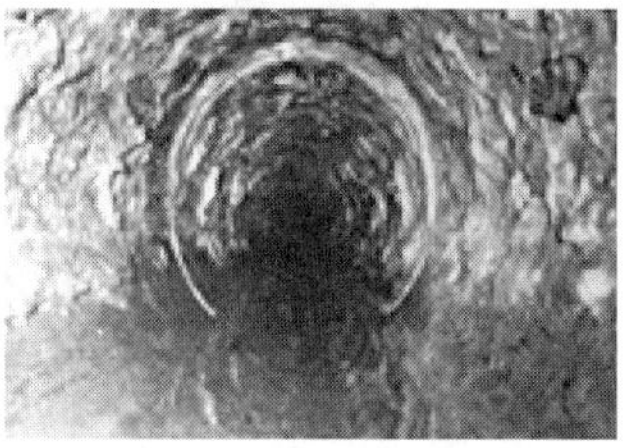
			重度	过水断面面积损失大于 25%	3.00	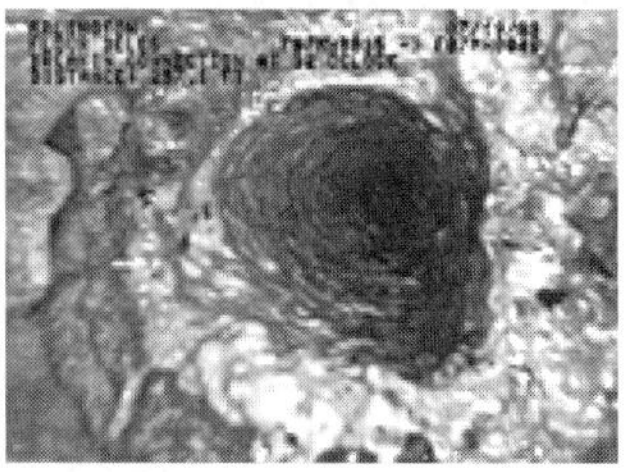
4	树根	SG	轻度	过水断面面积损失小于 10%	0.15	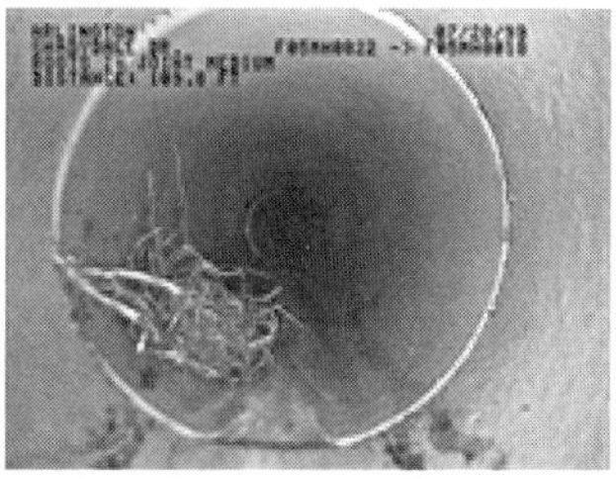

续表

序号	缺陷名称	缺陷代码	缺陷程度分级	说明	分值	样图
4	树根	SG	中度	过水断面面积损失为 10% ~ 25%	0.75	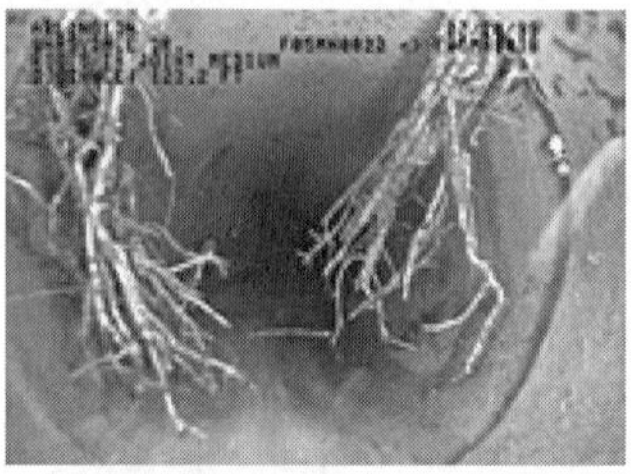
			重度	过水断面面积损失大于 25%	3.00	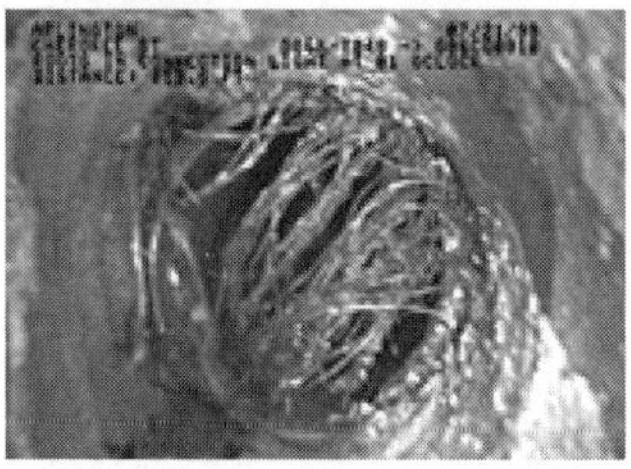
5	杂物	ZW	轻度	过水断面面积损失小于 5%	0.50	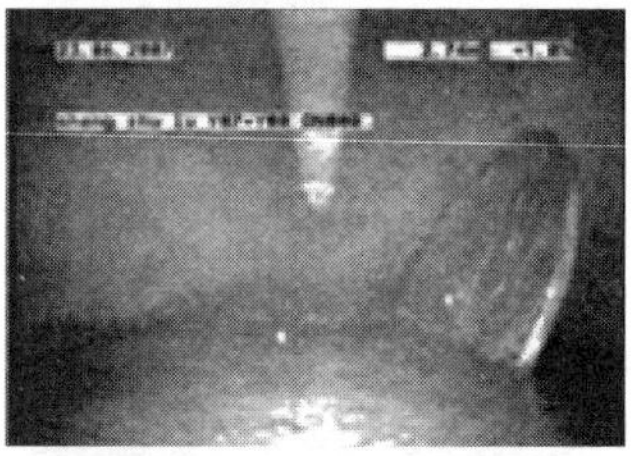
			中度	过水断面面积损失为 5% ~ 15%	3.00	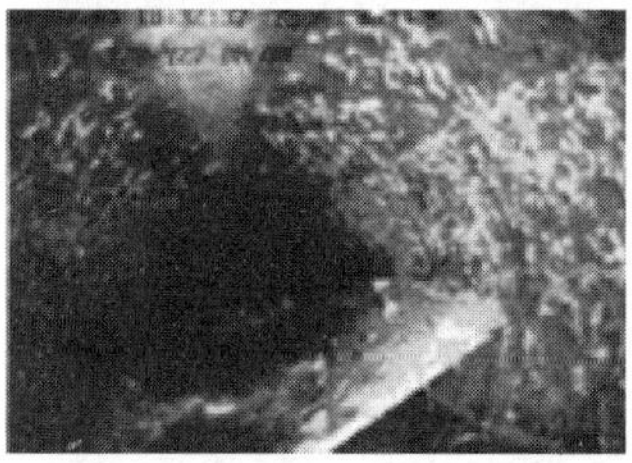
			重度	过水断面面积损失大于 15%	6.00	
6	残堵	CD	轻度	过水断面面积损失小于 5%	0.50	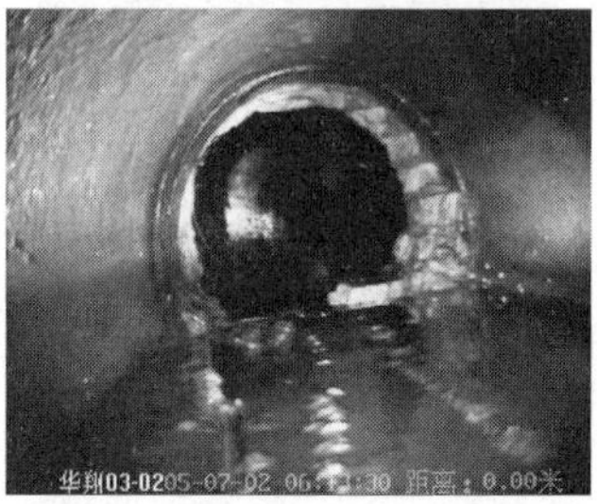

续表

序号	缺陷名称	缺陷代码	缺陷程度分级	说明	分值	样图
6	残堵	CD	中度	过水断面面积损失为 5%~15%	3.00	
			重度	过水断面面积损失大于 15%	6.00	

排水管道的功能等级以井段为最小评定单位，以排水管线为最大评定单位。评定排水管线的功能等级至少应检测下列井段：排水管线的首尾井段；水力坡降异常的井段；充满度超过最大允许值的井段；截留井或溢流井的上游井段；有管线接入的检查井的下游井段；有水流跌落的检查井的下游井段；有功能缺陷尚未养护完成的井段。

排水管道的功能等级根据式（5.4–1）计算的养护指数 MI 按表 5.4–4 进行评定。

$$MI = 85G + 5E + 10K \tag{5.4–1}$$

式中　G——评定段的功能性缺陷参数，按式（5.4–2）计算；

E——评定段的管道重要性参数，按表 5.4–5 确定；

K——评定段的地区重要性参数，按表 5.4–6 确定。

$$\begin{array}{ll} Y > 1 & G = 1 \\ F < Y \leqslant 1 & G = Y \\ Y \leqslant F & G = F \end{array} \tag{5.4–2}$$

式中　Y——评定段的淤积状况系数，按式（5.4–3）计算；

F——评定段的负荷状况系数，按表 5.4–7 确定。

$$\begin{array}{ll} Y_a > Y_m & Y = Y_a \\ Y_a \leqslant Y_m & Y = Y_m \end{array} \tag{5.4–3}$$

式中　Y_a——评定段的沿程平均淤积状况系数，按式（5.4–4）计算；

Y_m——评定段的局部最大淤积状况系数，按式（5.4–5）计算。

$$Y_a = \frac{1}{\alpha L}\sum_{i=1}^{n} P_i L_i \tag{5.4-4}$$

$$Y_m = \frac{1}{\beta}\max\{P_i\} \tag{5.4-5}$$

式中 α——沿程平均淤积程度临界值，取 0.4；

β——局部最大淤积程度临界值，取 1.0；

L——评定段所检测的管道长度，m；

n——评定段检测出的功能缺陷个数，个；

L_i——第 i 个（处）缺陷纵向长度，m，以个为计量单位时，1 个相当于纵向长度 1m；

P_i——第 i 个（处）缺陷权重，按表 5.4-8 确定；在同一处出现一种以上缺陷时，权重叠加。

管道功能等级评定 表 5.4-4

管道养护指数	$MI < 25$	$25 \leqslant MI < 50$	$50 \leqslant MI < 75$	$MI \geqslant 75$
管道功能等级	一级	二级	三级	四级
功能状况评价	没有功能缺陷或仅个别轻度缺陷，管道功能状况良好	少量轻度缺陷或仅个别中度缺陷，管道功能状况较好	轻度缺陷较多或有少量中度缺陷，管道功能状况较差	中度缺陷较多或已出现重度缺陷，管道功能状况很差
管道养护方案	不需养护	列计划养护	需尽快养护	紧急养护或扩建

注：引自北京市地方标准《排水管道功能等级评定》DB11/T 1277—2015。

管道重要性参数 表 5.4-5

管道断面尺寸（mm）	< 600	600 ~ 1000	> 1000 且 ≤ 1500	> 1500
管道重要性参数 E	0	0.3	0.6	1

注：引自北京市地方标准《排水管道功能等级评定》DB11/T 1277—2015。

地区重要性参数 表 5.4-6

管道集水地区属性	中心政治、商业及旅游区	交通干道和其他商业区	其他机动车道路	其他区域
地区重要性参数 K	1	0.6	0.3	0

注：引自北京市地方标准《排水管道功能等级评定》DB11/T 1277—2015。

负荷状况系数 表 5.4-7

污水	管道高峰充满度	< 0.7	≥ 0.7 且 < 0.8	≥ 0.8 且 < 0.9	≥ 0.9
雨水合流	保证降雨重现期（年）	≥ 5	≥ 3 且 < 5	≥ 2 且 < 3	< 2
管道负荷状况系数 F		0	0.3	0.6	1

注：引自北京市地方标准《排水管道功能等级评定》DB11/T 1277—2015。

功能缺陷权重表　　表 5.4-8

序号	缺陷名称（代码）	功能缺陷权重 P			计量单位
		轻度	中度	重度	
1	积泥（JN）	0.05	0.25	1.00	m
2	洼水（WS）	0.05	0.25	1.00	m
3	结垢（JG）	0.15	0.75	3.00	m（纵向）或个（环向）
4	树根（SG）	0.15	0.75	3.00	个
5	杂物（ZW）	0.50	3.00	6.00	个
6	封堵（FD）	0.50	3.00	6.00	个

注：引自北京市地方标准《排水管道功能等级评定》DB11/T 1277—2015。

2. 结构性评估

排水管道结构性缺陷等级划分及相关参数见表 5.4-9。

排水管道结构性缺陷等级划分及相关参数　　表 5.4-9

序号	缺陷名称	缺陷代码	缺陷程度分级	说明	分值	样图
1	腐蚀	FS	轻度	出现凹凸面；勾缝明显脱落	0.15	
			中度	显露粗骨料；砌块失去棱角	4.50	
			重度	已显露钢筋；砌块明显脱落	9.00	

续表

序号	缺陷名称	缺陷代码	缺陷程度分级	说明	分值	样图
2	破裂	PL	轻度	出现裂痕（裂缝宽度＜2mm）	0.30	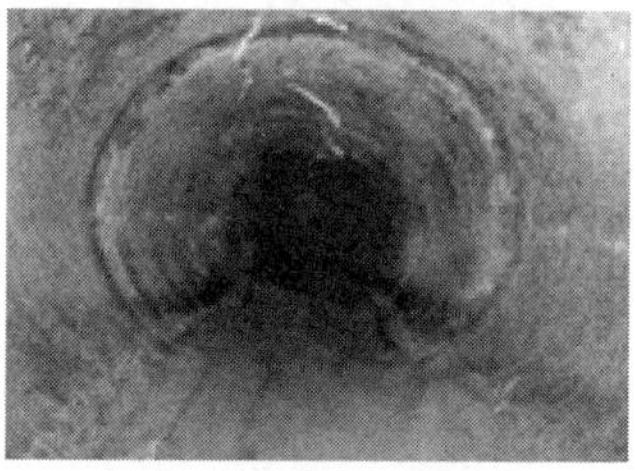
			中度	明显裂口，但破裂处无脱落	1.50	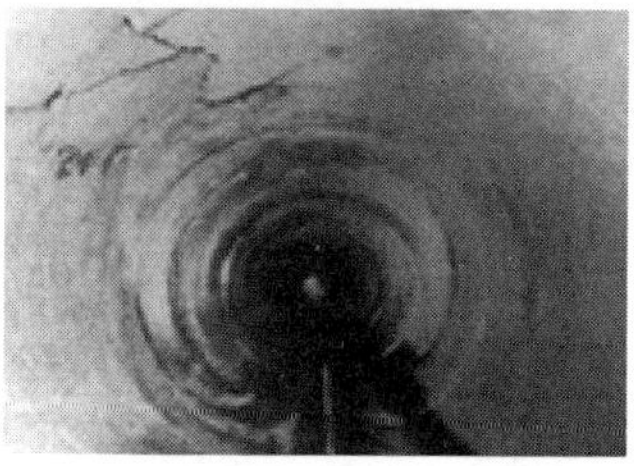
			重度	破裂处有明显脱落（破碎）	7.50	
3	变形	BX	轻度	小于管道断面尺寸的 5%	0.10	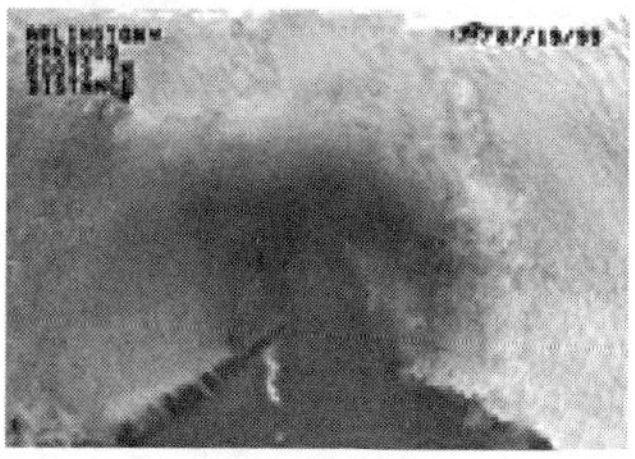
			中度	缺陷尺寸为管道断面尺寸的 5%～15%	0.50	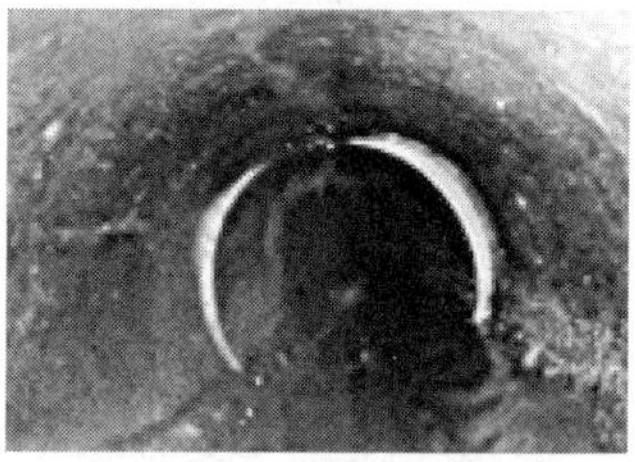
			重度	大于管道断面尺寸的 15%	2.50	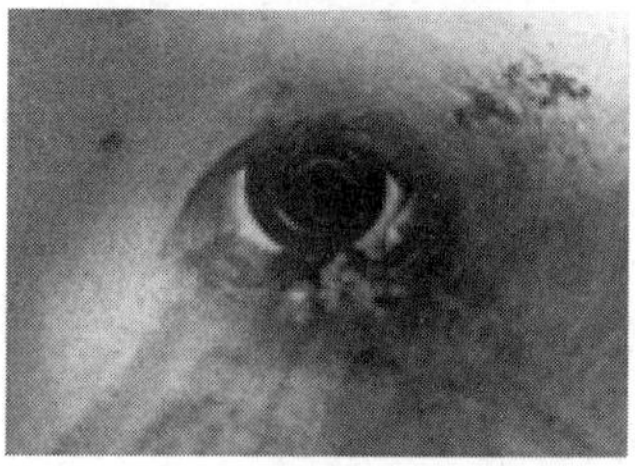

续表

序号	缺陷名称	缺陷代码	缺陷程度分级	说明	分值	样图
4	错口	CK	轻度	小于管道壁厚的1/2	0.15	
			中度	缺陷尺寸为管道壁厚的 1/2 ~ 1	0.75	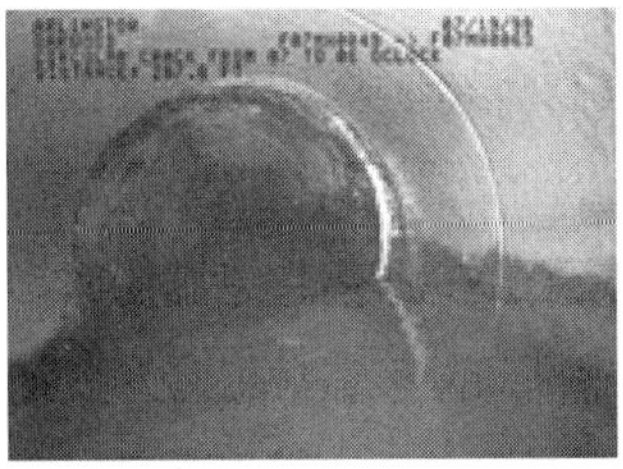
			重度	大于管道壁厚	3.00	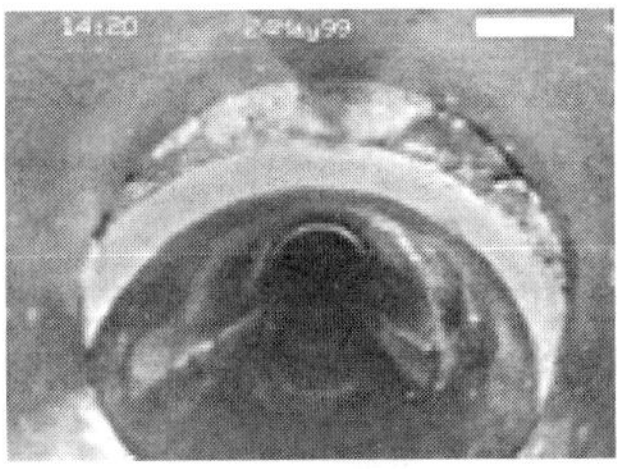
5	脱节	TJ	轻度	小于管道壁厚的1/2	0.15	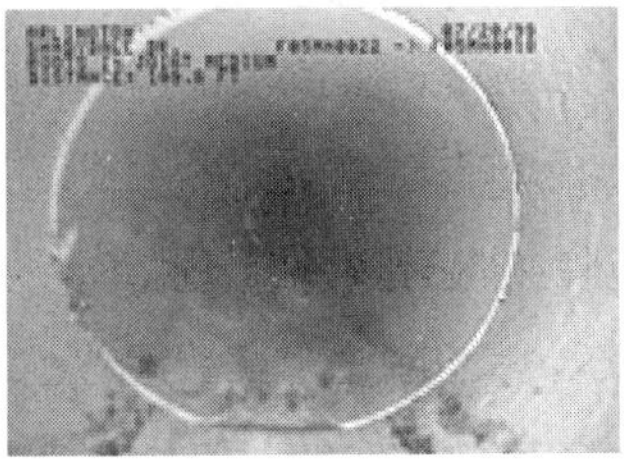
			中度	缺陷尺寸为管道壁厚的 1/2 ~ 1	0.75	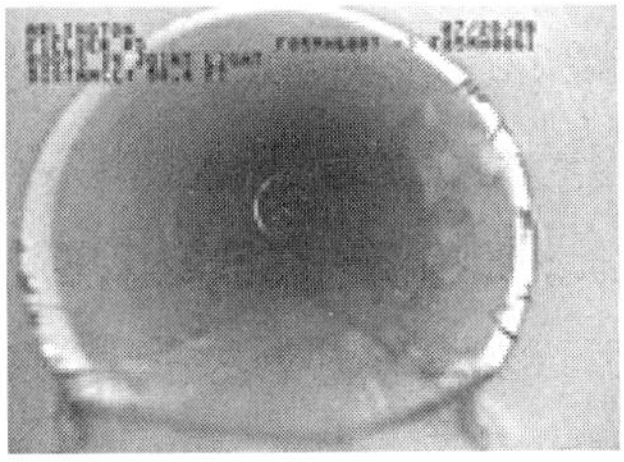
			重度	大于管道壁厚	3.00	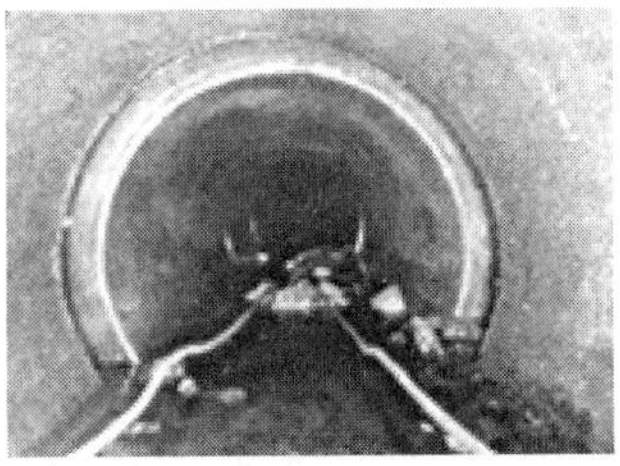

续表

序号	缺陷名称	缺陷代码	缺陷程度分级	说明	分值	样图
6	渗漏	SL	轻度	水从缺陷点间断滴出	0.75	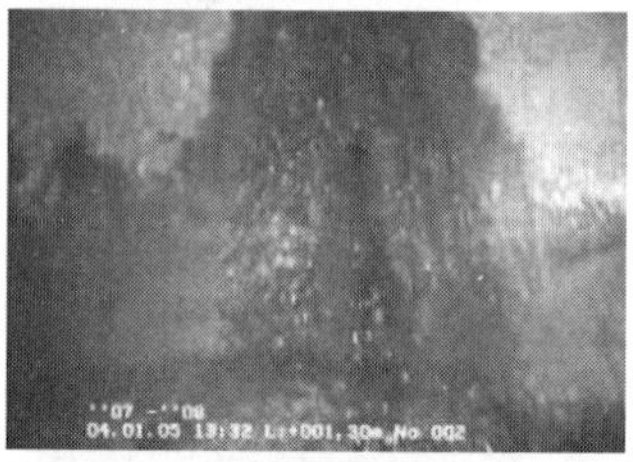
			中度	水从缺陷点以线状持续流出	3.00	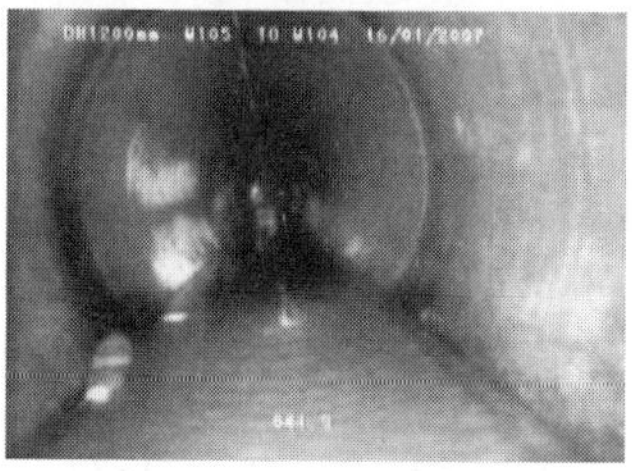
			重度	水从缺陷点大量涌出或喷出	7.50	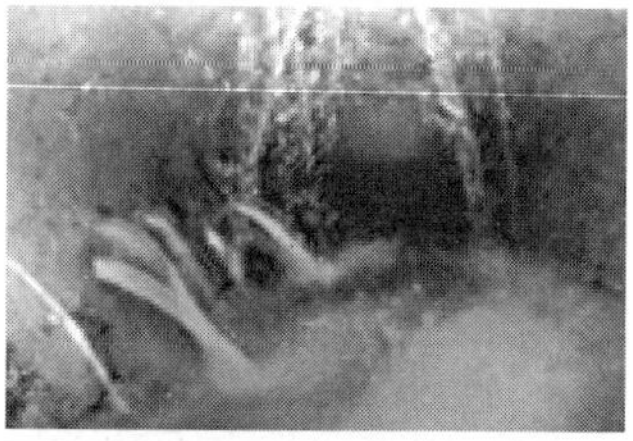
7	侵入	QR	轻度	缺陷占过水断面面积小于10%	0.75	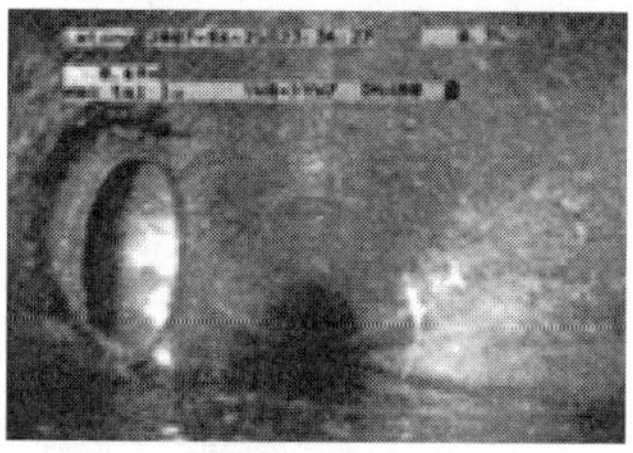
			中度	缺陷占过水断面面积为10%~25%	3.00	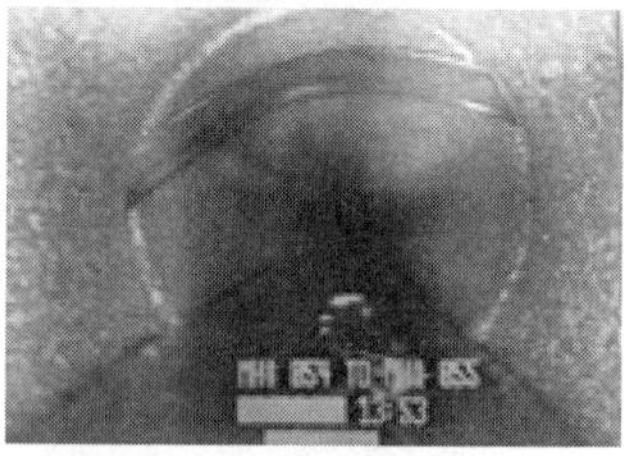
			重度	缺陷占过水断面面积大于25%	7.50	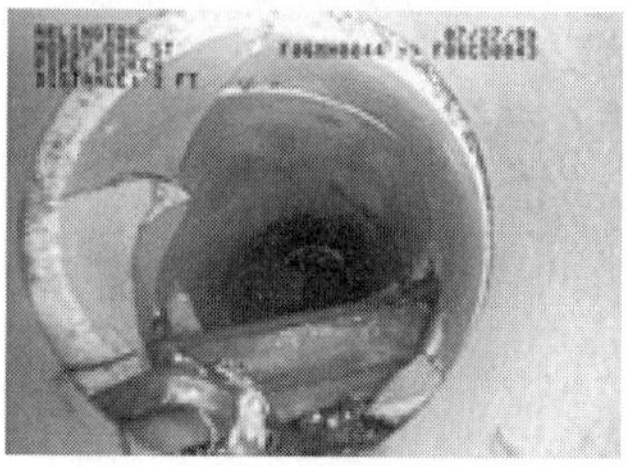

注：引自北京市地方标准《排水管道功能等级评定》DB11/T 1277—2015。

评定排水管线的结构等级至少应检测下列井段：排水管线的首尾井段，水力坡降异常的井段，横跨交通干道的井段，有结构缺陷尚未修复完成的井段，已检测出结构缺陷的上、下游井段，在保护范围内有新建地下工程的井段，位于粉砂土、湿陷性土等不稳定土层的井段。

排水管道的结构等级以井段为最小评定单位，以排水管线为最大评定单位。同一管段上的多个连续井段，当检测出的结构缺陷类型及程度基本相同时，可进行整体评定。

排水管道的结构等级根据式（5.4–6）计算的修复指数 RI 按表 5.4–10 进行评定。

$$RI = 70J + 5E + 10K + 15T \tag{5.4–6}$$

式中 J——评定段的结构性缺陷参数，按式（5.4–7）计算；

E——评定段的管道重要性参数，按表 5.4–11 确定；

K——评定段的地区重要性参数，按表 5.4–12 确定；

T——评定段的土质重要性参数，按表 5.4–13 确定。

$$\begin{aligned} &\text{当 } S > 1 \text{ 时，} J = 1 \\ &\text{当 } A < S \leqslant 1 \text{ 时，} J = S \\ &\text{当 } S \leqslant A \text{ 时，} J = A \end{aligned} \tag{5.4–7}$$

式中 S——评定段的损坏状况系数，按式（5.4–8）计算；

A——评定段的老化状况系数，按表 5.4–14 确定。

$$\begin{aligned} &\text{当 } S_a > S_m \text{ 时} \quad S = S_a \\ &\text{当 } S_a \leqslant S_m \text{ 时} \quad S = S_m \end{aligned} \tag{5.4–8}$$

式中 S_a——评定段的沿程平均损坏状况系数，按式（5.4–9）计算；

S_m——评定段的局部最大损坏状况系数，按式（5.4–10）计算。

$$S_a = \frac{1}{\alpha L}\sum_{i=1}^{n} P_i L_i \tag{5.4–9}$$

$$S_m = \frac{1}{\beta}\max\{P_i\} \tag{5.4–10}$$

式中 α——沿程平均损坏程度临界值，取 0.4；

β——局部最大损坏程度临界值，取 3.0；

L——评定段所检测的管道长度，m；

n——评定段检测出的结构缺陷个数，个；

L_i——第 i 个（处）缺陷纵向长度，m，以个为计量单位时，1 个相当于纵向长度 1m；

P_i——第 i 个（处）缺陷权重，按表 5.4–15 确定；在同一处出现一种以上缺陷时，权重叠加。

管道结构等级评定 表 5.4-10

管道修复指数	$RI < 25$	$25 \leqslant RI < 50$	$50 \leqslant RI < 75$	$RI \geqslant 75$
管道结构等级	一级	二级	三级	四级
结构状况评价	结构状况良好	短期内无安全隐患	有较大安全隐患	有重大安全隐患
管道修复方案	不需修复	加强监测	列计划尽快修复	紧急修复或翻新

管道重要性参数 表 5.4-11

管道断面尺寸（mm）	≤ 600	＞ 600 且≤ 1000	＞ 1000 且≤ 1500	＞ 1500
管道重要性参数 E	0	0.3	0.6	1

地区重要性参数 表 5.4-12

管道所在地区属性	中心政治、商业及旅游区	交通干道和其他商业区	其他机动车道路	其他区域
地区重要性参数 K	1	0.6	0.3	0

土质重要性参数 表 5.4-13

管道所在土层类型	粉砂土、湿陷性土	膨胀土、淤泥质土	杂填土、粉质黏土	其他土层
土质重要性参数 T	1	0.6	0.3	0

老化状况系数 表 5.4-14

管道使用年限（年）	＜ 25	≥ 25 且＜ 40	≥ 40 且＜ 50	≥ 50
管道老化状况系数 A	0	0.3	0.6	1

结构缺陷权重 表 5.4-15

序号	缺陷名称（代码）	结构缺陷权重 P_i			计量单位
		轻度	中度	重度	
1	腐蚀（FS）	0.30	4.50	9.00	m
2	破裂（PL）	0.20	1.00	6.00	m（纵向）或个（环向）
3	变形（BX）	0.10	0.50	3.00	m（纵向）或个（环向）
4	错口（CK）	0.15	0.75	4.50	个
5	脱节（TJ）	0.15	0.75	4.50	个
6	渗漏（SL）	0.75	3.00	9.00	个
7	侵入（QR）	0.75	3.00	9.00	个

5.5 养护

5.5.1 病害成因

城镇排水管网及其附属构筑物，在使用过程中因沉积淤塞、水流冲刷、腐蚀、外荷载等原因造成损坏，影响管网正常使用功能，称之为排水管网病害。常见的排水管网病害成因如下。

1. 沉积淤塞

排水管网输送的雨、污水含有各种固体悬浮物，在这些物质中相对密度大于 1 的固体物质，属于可沉降固体杂质，如颗粒较大的泥砂、有机残渣、金属粉末等物质，固体颗粒的相对密度与粒径大小、水流流速与流量的大小决定了其沉降速度与沉降量。流速小、流量大而颗粒相对密度与粒径大的可沉降固体，沉降速度及沉降量大，管道污泥沉积快。

在管道运行过程中，当管道及其附属构筑物中存在局部阻力变化，如管道汇集、管道转向、管径断面突变等情况时，局部阻力越大，局部水头损失越大，对流速流量的影响也越大，此时流速不能保持一个不变的理想自净流速或设计流速，管道易产生沉积和淤塞。同时，管道内输送的雨、污水水质不同，产生沉积的过程和程度也有较大的不同，水流中易沉降固体悬浮物浓度越大，越容易产生沉积和淤塞。

另外，在排水管网使用中，一些超标排放、违规排放等因素也是造成管道沉积和淤塞的重要原因。如排入污水中油脂类物质超标造成积聚、凝结、硬化后淤塞管道，违章倾倒建筑垃圾、泥浆、粪便等情况，也会造成管道非正常沉积和淤塞。

2. 水流冲刷

水流的流动，将不断地冲刷排水构筑物，而一般排水工程设计水流是以稳定均匀无压流为基础的，但有时管道或某部位出现压力流动，如雨水管道瞬时出现不稳定压力流动，水头变化处的水流及养护作业时的水流都将改变原有形态，尤其是在高速紊流情况下，水流中又会有较大悬浮物，对排水沟道及构筑物冲刷磨损更为严重。这种水动压力作用结果，使构筑物表层松动脱落而损坏，这种损坏一般从构筑物的薄弱处开始（如接缝），受水流冲击损坏且逐渐扩大。

3. 腐蚀作用

污水中各种有机物经微生物分解，会有有机酸产生，即酸性发酵阶段，污水呈酸性。随着 CO_2、NH_3、N_2、H_2S 产生，并在甲烷细菌作用下 CO_2 与 H_2O 作用生成 CH_4，此时污水酸度下降，此阶段称为碱性发酵阶段。这种酸、碱度变化及其所产生的有害气体，腐蚀以混凝土为主要材料的排水沟道及构筑物。

4. 外荷载作用

排水沟道及构筑物强度不足、外荷载变化（如地基强度降低、排水构筑物中水动压力变化而产生的水击、外部荷载的增大而引起的土压力变化），使构筑物产生变形并受到挤压而出现裂缝、松动、断裂、错口、下沉、位移等损坏现象。

5.5.2 养护内容

为了使排水管网及附属构筑物经常处于完好状态，保持排水通畅，更加充分的发挥排水系统的排水能力，必须对排水系统进行日常维护。排水管网运行维护工作范围包括雨、污水管道，合流制管道，检查井，雨水口，雨水口支管，截流井，倒虹吸，排河口，机闸等设施的日常清理、维护、维修等。排水管网运行维护的作用是通过合理的维护保证排水管网的使用功能，保障城市公共排水的安全稳定运行及安全度过汛期。主要工作内容如下。

1. 管道疏通

管道疏通是指通过水力疏通、机械疏通、人力掏挖等方法清除管道内的淤泥，保持管道的正常使用功能。

水力疏通方法是使用冲洗池、高压射流车或管道拦蓄等方式，利用水流对管道进行冲洗，将上游管道中的污泥排入下游检查井，再采用吸泥车抽吸、清运。这种方法操作简单，安全风险低且功效较高，目前已得到广泛应用。

当管道淤堵严重，淤泥已粘结密实，水力冲洗的效果不好时，需要采用机械疏通或人力掏挖。

2. 日常巡查

管网设施日常巡查是指，定期对排水管渠井盖、附属构筑物及管道运行情况进行巡视和检查；定期通过强制通风等手段，对排水管渠内有毒有害气体进行释放。

5.5.3 清淤疏通

1. 管道水力清淤疏通

（1）水力清淤疏通

管道水力清淤疏通，就是用人为的方法，提高管道中的水头差，增加水流压力、加大流速和流量来清洗管道中的沉积物，也就是用较大流速来分散或冲刷管道中可推移的沉积物，用较大流量挟带输送污水中可沉淀的悬浮物质。而人为加大的流速流量，必须超过管道的设计流速流量，才有实际意义。各种粒径的泥砂在水中产生移动时所需要的最小流速见表 5.5–1。

各种粒径的泥砂在水中产生移动时所需要的最小流速　　表 5.5-1

泥砂情况	产生移动最小流速（m/s）
粉砂	0.07
细砂	0.2
中砂	0.3
粗砂（< 5mm）	0.7
砾石（10 ~ 30mm）	0.9

按水力清淤疏通原理，管道的水力条件应满足水量充足，如自来水、再生水、河水、污水等，水量、管道断面与积泥情况要相互适应，管道要具有良好的坡度等条件。一般情况下，管径为 200 ~ 1200mm 的管道断面，具有较好的冲洗效果。

在单条管道上冲洗应从管道上游开始，在一个排水系统上冲洗应由支线开始，有条件的可在几条支线上同时冲洗，以支线水量汇集冲洗干线，并使用吸泥车配合吸泥。

（2）冲洗井冲洗

在排水管道上游，建设专用冲洗井，依靠地形高差，使冲洗井底高程高于管道底高程，并通过制造水头差来加大冲洗井水流流速，对下游管道进行冲洗。冲洗井一般修建在管道上游段，常用于自身坡度较小，不能保证自净流速的小管径管道。冲洗井可利用自来水，雨、污水，再生水，河湖水等作为水源，定期冲洗管道，如图 5.5-1 所示。

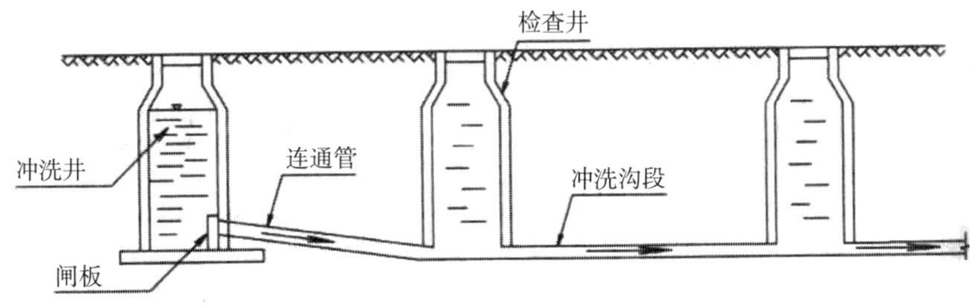

图 5.5-1　冲洗井冲洗

（3）拦蓄冲洗

1）人工拦蓄冲洗

在某一管段上，根据管内存泥情况，选择合适的检查井为临时集水井，使用管塞或橡胶气堵等工具堵塞下游管道口，并设置绳索固定和牵引管塞或橡胶气堵。当上游管道水位上涨到要求高度后，拔出管塞或气堵，让大量污水利用水头压力，以高流速冲洗下游管道。这种冲洗方法，由于切断了水流，可能使上游沟段产生新的沉积物；但在打开管塞放水时，由于积水而增加了上游沟段的水力坡度，也使得上游沟段的流速增大，从而带走一些上游沟段中的沉积物，如图 5.5–2 所示。

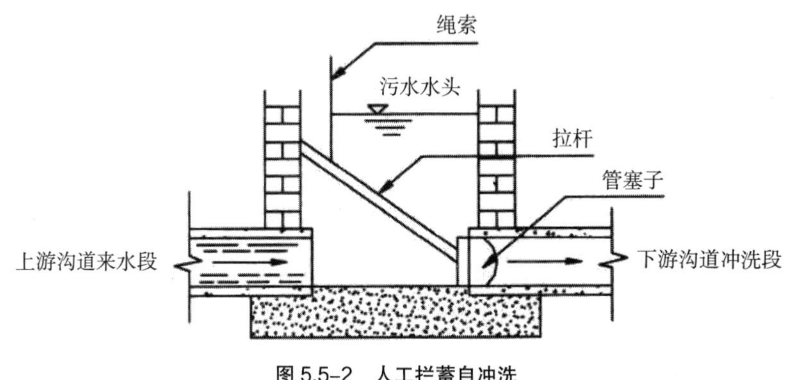

图 5.5–2 人工拦蓄自冲洗

2）机械拦蓄自冲洗

在排水管道通过安装拦蓄机械，拦蓄管道上游来水，当拦蓄水量达到一定高度时，自动或手动控制打开拦蓄盾，对下游一定距离的管道进行水力冲洗，达到管道疏通清淤的目的。一般情况下，可以清理设备安装点以上 150m 及以下 150m 管线。机械拦蓄自冲洗的特点是，利用小流量雨、污水即可实现频繁的管道冲洗，有效防止了管道中污染物的沉积。

2. 管道机械清淤疏通

当管道淤积沉淀物较多时，一般的水力疏通方法无法解决，需使用机械对管道内的积泥和堵塞物进行清理疏通。常用的机械清淤疏通方法有人力绞车疏通、机械绞车疏通、高压射流车疏通和吸污车疏通等。

（1）人力绞车疏通

人力绞车被广泛应用于清理排水管道中的淤泥及杂物，具有操作简单、便于运输及维护保养、不需要电力及燃油（气）、节能环保等优点，是排水管道清淤的常用机械，适用于管道内淤泥沉泥物较多，作业环境狭窄受限且对作业噪声要求比较低的情况，适用管径 200 ~ 600mm。人力绞车作业组配置一般为 5 名作业人员、1 辆工具运输车和 1 辆污泥运输车。5 名作业人员包括：1 名主操作员，2 名辅助操作员，2 名配合操作员，如图 5.5–3 所示。

作业时，一般在目标管段上、下游检查井位置，分别设置一台绞车，利用钢丝绳将管道内的疏通工具与地面两台绞车进行连接，通过人力转动绞车绞盘，以达到牵引管道内的疏通工具对管道进行清理的目的。上、下游两台绞车中，一台为牵引绞车，另一台为复位绞车，牵引绞车和复位绞车除传动比不同外，其余结构均完全相同，如图 5.5–4 所示。

图 5.5-3　人力绞车

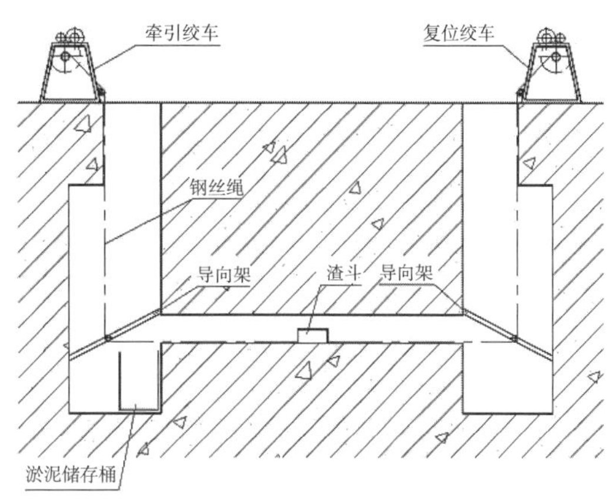

图 5.5-4　人力绞车疏通工法示意图

（2）机械绞车疏通

机械绞车疏通原理与人力绞车疏通原理基本相同，区别在于由电力、液压站等机械代替人力提供动力，通过控制面板进行操作，减少了人力劳动，操作简单轻便。同时机械绞车在使用中，复位端以井口导向轮替代复位绞车，利用卷筒缠绕钢丝绳牵引管道内疏通工具，并使换向机构实现往复运动，清淤更彻底、快捷。适用管径为 200～600mm。作业组配置一般为 3 名作业人员、1 辆工具运输车和 1 辆污泥运输车。3 名作业人员包括：1 名主操作员，2 名辅助操作员，如图 5.5-5 和图 5.5-6 所示。

图 5.5-5　机械绞车

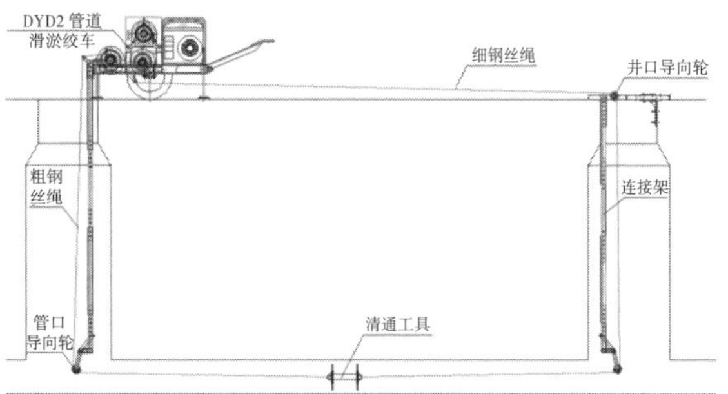

图 5.5-6　机械绞车疏通工作方法示意图

（3）高压射流车疏通

高压射流车是目前最为常用的机械疏通设备（图 5.5-7），一般由汽车底盘改装，由水罐、机动卷管器、高压水泵、高压冲洗胶管、射水喷头（图 5.5-8）和冲洗工具等部分组成。其工作原理是用汽车引擎供给动力，驱动高压水泵，将水加压通过胶管到达喷头。高压喷头头部和尾部设有射水喷嘴（一般为 6～8 个），高压水流由喷嘴射出，在管道内产生与喷头

图 5.5–7 高压射流车

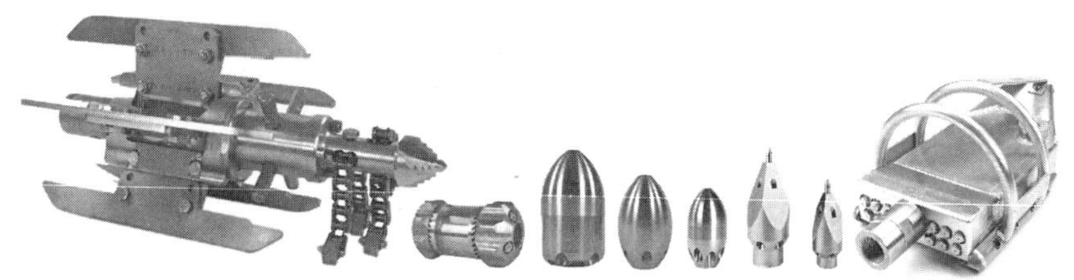

图 5.5–8 射水喷头

前进方向相反的强力水柱，借助所产生的反作用力，带动喷头与胶管向前推进。当水泵压力达到 6MPa 时，喷头前进推力可达 190～200N，喷出的水柱使管道内沉积物松动，成为可移动的悬浮物质流向下游检查井或沉泥井。当喷头到达上游管口时，应减少射水压力，卷管器自动将胶管抽回，同时边卷管边射水，将残存的沉淀物全部冲刷到检查井或沉泥井内。射流疏通作业组至少由 2 名操作手组成。通常设置 4 人，包括 1 名主操作手兼司机，1 名副操作手，2 名清掏人员。

通过重复上述流程进行反复冲洗，直到目标管段冲洗干净后，再转移到下一管段作业。一般情况下，高压射流车作业时，应在目标管段下游检查井或沉泥井内，配合使用吸泥车将沉积物清理排出管道。

一般情况下，高压射流车作业应从管道起始端开始，逐个检查井向下进行疏通，当管道处于完全阻塞状态时，应从管道最末端开始，逐个检查井向上进行疏通，并应根据管道的结构状况、管径大小、淤塞状况、沉积物特点等因素选用适当的喷头，合理使用射水压力。通常来说，高压射流疏浚适用于小型管、中型管。需注意，管道结构严重腐蚀时不宜采用射流疏通；当气温在 0℃ 以下时，应选择带加热装置的射流车进行疏通作业。

（4）吸泥车使用

吸泥车一般用于配合高压射流车使用，通过抽吸排出管道内的淤泥和杂物，在清理沉泥井和旋流沉砂装置等特定条件下也可独立使用。大断面管道、方沟宜选用吸污车疏通。常用的吸泥车有风机式和真空式两种类型，均是利用汽车自身动力，一种方式是带动离心高压风机旋转，使吸污管口处产生高压高速气流，污泥在其作用下被送入储泥罐内；另一种方式是带动真空泵，通过气路系统把罐内空气抽出形成一定真空度，应用真空负压原理将管道或沉泥井中污泥吸入储泥罐内。吸污作业应在吸污车的有效吸程范围内。一般情况下，吸泥车的有效吸程为 6～7m。仅在井上就可以完成吸污疏通作业的，作业组至少由 2 名操作手配合完成。需要下井作业时，作业组至少设置 4 人，包括 1 名操作手兼司机，2 名现场监护人员，1 名清掏人员。吸泥车作业如图 5.5–9 所示。

图 5.5–9　吸泥车

3. 管道人工清淤疏通

当管道清淤疏通受到作业环境等因素影响，无法使用水力疏通或机械疏通时，可采用人工清淤疏通。人工清淤疏通时，必须严格按照有限空间作业相关安全要求执行。一般人工清淤疏通适用于管径大于 1000mm 的管线，如图 5.5–10 所示。

图 5.5–10　人工清淤

在开展人工清淤前，应充分了解作业现场环境及清淤管道的断面尺寸、充满度、流速、沉积深度、户线接入等情况，并编制详细的清淤作业方案及应急预案，保障清淤作业的安全、高效开展。

5.5.4 清淤污泥处理与处置

分析清淤污泥中的沉积物，这些沉积物既有随生活污水和工业废水进入管道中的颗粒物和杂质，也有随道路降尘、垃圾清扫以及建设工地排放进入管道中的物质，还有例如树枝、塑料袋、布片、石块、纤维、动物尸体、泥砂、饮料瓶、包装盒等其他杂物，其特性复杂，是生活垃圾、渣土、砂石、有机污泥、污水的混合物。

通沟污泥运输或处置不当将对环境造成二次污染。因成分复杂，含水率变化大，垃圾填埋逐步拒绝接收通沟污泥，通沟污泥只能晾晒后临时处置，对环境造成二次污染。随着城市管网的不断建设和运行维护水平的提升，通沟污泥量将逐步增加，应加大对通沟污泥的处理处置设施投入，确保通沟污泥安全、规范化处置。

5.6 监测

近年来，随着城市信息化的进程，城市排水系统管理领域已逐步开展数字化管理技术的研究和应用。监测技术可用于排水管网关键节点水力负荷和污染特征的获取，结合排水管网模型和大数据分析等技术，可对管网运行状况、运行风险、溢流污染等事件进行预测分析和预报预警。常用的排水管网运行监测包括降雨量、管道液位、流量、水质等。

5.6.1 雨量监测

雨量监测的内容包括降雨量和降雨强度。降雨量是指降雨的绝对值，即降雨深度，用 H 表示，单位以 mm 计。降雨强度是指某一段时段内的平均降雨量，是描述降雨特征的重要指标，用 i 表示，即：

$$i = \frac{H}{t}(\mathrm{mm/min}) \tag{5.6-1}$$

该式中，t 为降雨历时，指场次降雨时间，或其中的一部分连续时段，一般可用 5min、10min、30min、60min、120min 等不同历时计算。用于水力模型的降雨历时资料应该小于或

图 5.6-1　翻斗式雨量计

等于 5min。

雨量测量主要采用翻斗式雨量计，如图 5.6-1 所示。翻斗式雨量计是一种自动测量、自动采集、自动存储降水资料的测量仪器，可分为单翻斗雨量计和双翻斗雨量计。翻斗式雨量计由外筒、集水器、调节螺钉、计数翻斗、弹簧管、安装支架等组成，在测量过程中，当翻斗盛满 0.2mm 或 0.5mm 的降雨时，由于重心外移而发生倾斜，并将斗中的雨水倒出，同时另一个翻斗对准集水器，随着翻斗间歇翻转，翻斗交替的翻转次数会自动记录下来，并发出脉冲信号，通过该仪器的数据采集仪可快速显示出当日的雨量值和时段雨量值。

5.6.2　流量监测

流量测量的方法和仪器种类繁多，其分类方法也多。测量对象包括封闭管道和明渠两类。按测量设备的结构原理来分，可把流量计分为三大类：堰槽式流量计、容积式流量计和推理式流量计，推理式流量计主要包括差压式流量计、电磁式流量计、流体振荡型流量计等。在排水系统中常用的流量计主要有以下几种：测量明渠流量时，一般采用堰式流量计或槽式流量计；测量排水管道流量一般采用电磁流量计、超声波流量计、转子流量计。

5.7　修复更新

5.7.1　封堵

1. 一般原则

封堵管道应经排水主管部门批准，封堵前应做好临时排水措施。封堵管道应先封堵上游，再封堵下游；必要时应在封堵位置设置两道封堵。拆除封堵时，应先拆下游管堵，再拆上游管堵。

排水管道废除前应保证原有功能被替代。

2. 方法

封堵管道可采用充气管塞、机械管塞、止水板、木塞、黏土麻袋或墙体等方式。管道封堵方法及适用范围应符合表 5.7–1 的规定。

管道封堵方法及适用范围 表 5.7–1

封堵方法	小型管	中型管	大型管	特大型管	渠道
充气管塞	√	√	√	—	—
机械管塞	√	—	—	—	—
止水板	√	√	√	√	√
木塞	√	—	—	—	—
黏土麻袋	√	—	—	—	—
墙体	√	√	√	√	√

注："√" 表中表示适用，"—" 表示不适用。
引自安徽省地方标准《城镇排水管渠与泵站运行维护安全技术规程》DB34/T 4292—2022。

（1）充气管封堵

使用充气管塞封堵管道应选用合格的充气管塞；管塞所承受的水压不应大于该管塞的最大允许压力；安放管塞的部位不应留有石子等杂物；应按产品技术说明的压力充气，在使用期间应有专人每天检查气压状况，发现低于产品技术说明的气压时应及时补气；应做好防滑动支撑措施；拆除管塞时应缓慢放气，并在下游安放拦截设备；放气时，井下操作人员严禁在井内停留。

（2）机械封堵

已变形的管应采用机械管塞或木塞封堵。

（3）止水板封堵

带流槽的管道不得采用止水板封堵。

（4）墙体封堵

采用墙体封堵管道应根据水压和管径选择墙体的安全厚度，必要时应加设支撑；在流水的管道中封堵时，宜在墙体中预埋一个或多个小口径短管维持流水，等墙体达到使用强度后，再将预留孔封堵；拆除墙体前，应先拆除预埋短管的管堵，放水降低上游水位，放水过程中人员严禁在井内停留，待墙体两侧水位平衡后方可开始拆除；管道内墙体封拆应采用潜水作业；作业完成后墙体应彻底拆除并清理干净。

3. 废除

排水管道的废除和迁移应报上级排水主管部门。

4. 处置

被废除的排水管道应及时拆除，对不能拆除的，应填实处理；检查井或雨水口废除后，应填实处理，并应拆除井框等上部结构；旧管道废除后应及时更新设施档案。进行管道维护作业时涉及有限空间作业的应符合相关规程要求。

5.7.2 喷涂修复

1. 一般规定

管体结构完好或含有轻微结构性缺陷的原有管道，适合采用管道内喷涂修复；利用原有管道结构进行半结构性喷涂修复的管道，其设计使用年限应不低于原有管道结构的剩余设计使用期限。对于混凝土管道，半结构性喷涂修复后的最长设计使用年限不宜超过 30 年。管道内喷涂修复可采用局部喷涂修复，当管段缺陷为整体缺陷时，应采用整体修复。

2. 工艺

排水管道内喷涂修复工艺宜按表 5.7-2 所示进行选择。

排水管道内喷涂修复工艺选择　表 5.7-2

喷涂工艺名称	适用范围及使用条件			
	修复适用管内径（mm）	适用喷涂的底材	修复类型	非结构性喷涂厚度（mm）
无机防腐砂浆、聚合物砂浆手工喷涂	≥ 800	混凝土、钢、铸铁	非结构性	6 ~ 50
无机防腐砂浆、聚合物砂浆离心喷涂	≥ 300	混凝土、钢、铸铁	非结构性	6 ~ 24
高强度聚氨酯人工喷涂	≥ 1000	混凝土、钢、铸铁	非结构性、半结构性	3 ~ 8（半结构性修复时按计算确定）

3. 施工

（1）无机防腐砂浆喷涂施工

表面准备应符合喷涂前预处理要求。

大面积修复时，可增设一层玻璃纤维网格布或者钢筋网。

喷涂的水泥砂浆达到终凝后，应立即进行保湿养护，保持涂层湿润状态时间应在 7d 以上；达到设计规定的养护期限后，应及时投入使用。

用无机防腐砂浆喷涂修复排水管道时，其性能应符合表 5.7-3 的规定。

排水管道喷涂无机防腐砂浆产品性能要求 表 5.7-3

项目	性能要求	检测方法
无机材料成分（%）	≥ 97	GB/T 29756—2013
凝结时间（初凝）(min)	≥ 45	JGJ/T 70—2009
凝结时间（终凝）(h)	≤ 6	
1d 抗压强度（MPa）	≥ 12	GB/T 17671—2021
28d 抗压强度（MPa）	≥ 25	
1d 抗折强度（MPa）	≥ 2.5	
28d 抗折强度（MPa）	≥ 4	
28d 抗渗压力（MPa）	≥ 1.5	JCJ/T 70—2009

注：引自《给水排水管道内喷涂修复工程技术规程》T/CECS 602—2019。

（2）聚合物水泥砂浆喷涂施工

聚合物水泥砂浆施工环境宜为 10～30℃，当低于 5℃ 时，应采取加热保温措施，不宜在大风天气、雨天，或阳光直射的高温环境下施工，不应在养护期小于 3d 的砂浆面和混凝土基层上施工。

喷涂聚合物水泥砂浆前，底层应先刷涂一遍聚合物水泥净浆，宜薄而均匀，然后喷涂聚合物水泥砂浆。喷涂完毕后，宜人工一次抹平，不宜反复抹压，遇有气泡时应刺破，使表面密实。

使用聚合物水泥砂浆喷涂修复排水管道时，其性能应满足表 5.7-4。

排水管道喷涂聚合物水泥砂浆产品性能要求 表 5.7-4

项目	性能要求	检测方法
凝结时间（初凝）(min)	≥ 45	JGJ/T 70—2009
凝结时间（终凝）(h)	≤ 12	
7d 抗压强度（MPa）	≥ 18	GB/T 17671—2021
28d 抗压强度（MPa）	≥ 35	
7d 抗折强度（MPa）	≥ 6	
28d 抗折强度（MPa）	≥ 10	
7d（浸水）拉伸粘结强度（MPa）	≥ 1.0	JCJ/T 70—2009
28d 收缩率（%）	≤ 0.1	

注：引自《给水排水管道内喷涂修复工程技术规程》T/CECS 602—2019。

（3）高强度聚氨酯喷涂施工

表面准备应符合喷涂前预处理要求。

直径大于或等于 1500mm 的管道，需要沿轴线和环向进行切槽处理。

喷涂施工前应使环境温度保持在 5℃ 及以上、相对湿度小于 85%，基层表面温度不低于 15℃。必要时可利用间接式加热器对基层进行烘干。

喷涂料混配应符合产品供应商的要求。

喷涂施工前，材料需进行热处理至设计温度。

喷涂作业施工应符合高强度聚氨酯喷涂工艺要求。

涂层修补应符合涂层厚度及缺陷处理要求。

5.7.3 注浆法修复

1. 一般规定

排水管道注浆修复工程可适用于如下情况：渗漏等级不满足修复工程的设计要求，需要进行管道堵漏处置；病害缺陷造成管道或检查井周围土体扰动，需要进行加固处置；土体与外壁之间存在空洞，以及管道起伏、接口脱节现象，需要进行填充处置；管道或检查井结构破裂或接口性能不能满足正常使用，结构需要进行加固处置。

当采用注浆法对管道或检查井周围土体进行填充、堵漏、土体和结构加固时，可采用颗粒注浆材料或化学注浆材料，通过压力注浆、喷射注浆等施工工艺进行处置。

注浆法可按注浆位置分为内部注浆法和外部注浆法。外部注浆法可用于各类管径的排水管道和检查井，内部注浆法可用于管径不小于 1000mm 的排水管道和各类检查井。

2. 工艺

注浆法是指在压力作用下将注浆材料通过管路注入管道或检查井的病害区域，经固化满足管道或检查井周围土体填充、堵漏、土体和结构加固修复工程要求的施工方法，又称灌浆法。

注浆材料分为两类，颗粒注浆材料和化学注浆材料。颗粒注浆材料包括水泥浆液和水泥－水玻璃双浆液。水泥浆液以水泥为主剂，水泥－水玻璃双浆液以水泥和水玻璃溶液为主剂。颗粒注浆材料的浆液可按材料配合比规定，添加黏土、膨润土、粉煤灰、矿渣粉等掺和料，与水、外加剂等材料，经拌合制成悬浊液注浆材料。化学注浆材料可采用聚氨酯、环氧树脂、丙烯酸盐为主剂，加入固化剂、稀释剂、增韧剂等材料，制成溶液注浆材料。非水反应类高聚物注浆材料应采用浆液制品。

3. 施工

（1）流程

施工工艺流程图如图 5.7-1 所示。

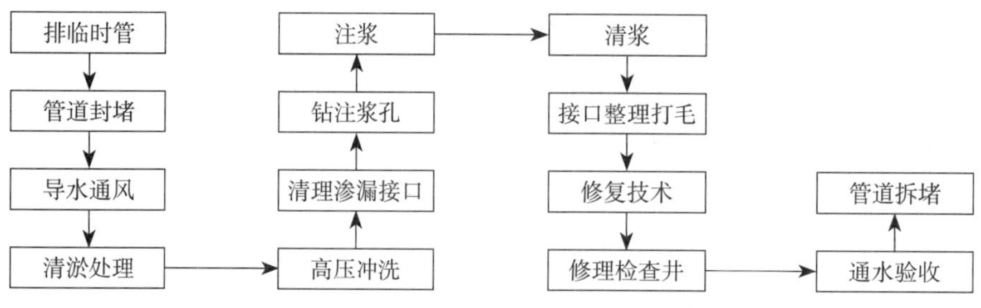

图 5.7-1 施工流程图

（2）具体操作

注浆管插入深度应分层进行。先插底层，缓缓提升注浆管，注浆第二层，两层间隔厚度 1m。

注浆操作过程中对注浆压力应作由深到浅地逐渐调整，砂性土宜控制在 0.2～0.5MPa 幅度内，黏性土宜控制在 0.2～0.3MPa 幅度内。如采用水泥－水玻璃双液快凝浆液，则注浆压力宜小于 1MPa。在保证可注入的前提下应尽量减小注浆压力，浆液流量也不宜过大，一般控制在 10～20L/min 范围。注浆管可使用直径 19～25mm 的钢管，遇强渗漏水时，则采用直径 50～70mm 的钢管。

如遇特大型管道两注浆孔间距过大，应适当增补 1～2 个注浆孔，以保障注浆固结土体的断面不产生空缺断档现象，提高阻水隔水的效果。

检查井底部开设注浆孔，应视井底部尺寸大小不同，控制在 1～2 个。

开设注浆孔必须用钻孔机打洞，严禁用榔头开凿和使用空压机枪头冲击，不得损坏管道原体结构。

在冬季，当日平均温度低于 5℃ 或最低温度低于 –3℃ 的条件下注浆时，应在施工现场采取适当措施，以保证不使浆体冻结。在夏季炎热条件下注浆时，用水温度不得超过 35℃，并应避免将盛浆桶和注浆管路在注浆体静止状态暴露于阳光下，以免加速浆体凝固。

（3）材料

主要施工材料见表 5.7-5。

主要施工材料明细表 表 5.7-5

序号	材料名称	规格	主要用途
1	普通硅酸盐水泥	42.5 级	用于钻孔注浆
2	特细粉煤灰	—	用于钻孔注浆
3	水玻璃	—	用于钻孔注浆
4	注浆管	25～50mm	用于钻孔注浆

（4）设备

常用的设备见表 5.7–6。

主要施工设备　表 5.7–6

序号	机械或设备名称	数量	主要用途
1	电视检测系统	1 套	用于施工前后管道内部的情况确认
2	钻孔机	1 台	用于管内外钻孔
3	400L 灰浆搅拌机	1 台	用于注浆液搅拌
4	注浆泵	1 台	用于钻孔注浆
5	手钦泵	1 台	用于钻孔注浆
6	发电机	1 台	用于施工现场的电源供应
7	鼓风机	1 台	用于管道内部的通风和散热

5.7.4　局部缺陷修复

1. 不锈钢双胀圈修复

（1）一般规定

不锈钢双胀圈局部修复技术适用于修复发生破裂、变形、错位、脱节、渗漏、腐蚀等情况的管道，特别适用于修复较大口径（管径≥ 800mm）且接口错位较大（5cm ≤错位≤ 25cm）、脱节严重的排水管道；同时也适用于修复管道内壁存在局部沙眼、露石、剥落等情况的排水管道，还适用于管道接口处在渗漏预兆期或临界状态时的预防性修复等。一般不适用于修复小口径排水管道。

（2）方法

不锈钢双胀管圈法局部修复技术是根据管道直径大小以及管道损伤情况选择合适的橡胶密封圈和不锈钢压板，将橡胶密封圈润滑装入管道出现错位、脱节、渗漏等待修复部位，通过不锈钢压板卡紧作用以及橡胶密封圈边缘特制的止水槽达到止水目的，从而完成修复。

（3）施工

1）流程

确定作业段→管道堵水排水→管道通风清洗→CCTV 内窥检测→待修复部位内壁处理→安装橡胶密封圈和不锈钢压板→施工后管内 CCTV 检测→闭水试验及验收→检查井路面恢复。

2）操作

不锈钢双胀圈安装步骤如下：

①橡胶密封圈定位：安装橡胶密封圈之前对管道与橡胶密封圈接触部位进行相应处理以保证橡胶密封圈与管道可以紧密贴合，然后将橡胶密封圈外表面以及管道内表面润滑，并将橡胶密封圈送入待修复区域的中心。

②不锈钢压板定位：橡胶密封圈定位完成后，将不锈钢压板和橡胶密封圈的定位槽润滑，然后将 2 个不锈钢压板装入定位槽内，在 2 个压板管道连接处分别安装 1 块不锈钢薄片（不锈钢薄片可以防止不锈钢压板在液压扩张器扩张过程中压板接头挤压橡胶密封圈，从而导致橡胶密封圈损坏）。

③不锈钢压板固定：不锈钢压板定位完成后，用液压扩张器顶住不锈钢压板的 2 个支撑托，加压使 2 个不锈钢压板的工字槽距离增大，在工字槽插入 1 块更大的锁定插片，然后使用液压扩张器在另一个工字槽也插入 1 个更大的锁定插片。

④密封检验：用薄片在橡胶密封圈和管道内壁处测试是否还有泄漏点，如果有泄漏点，则重复步骤③重新扩张工字槽距离并插入更大的锁定插片。然后再次进行密封检验。

⑤试压验收：进行严密性试验，整个不锈钢双胀圈安装完成后，静止 1d 重新检查不锈钢双胀圈是否有漏水现象。如果有漏水，则重新扩张插入更大的锁定插片确保密封。

3）材料

主要为不锈钢环（预制环）和环状橡胶止水密封带。环状橡胶止水密封带需采用耐腐蚀的橡胶，紧贴管道的一面需做成齿状，以便更好地贴紧管壁。

4）设备

主要施工设备见表 5.7-7。

主要施工设备 **表 5.7-7**

序号	机械或设备名称	数量	主要用途
1	闭路电视检测系统	1 套	用于施工前后管道内部的情况确认
2	发电机	1 台	用于施工现场的电源供应
3	鼓风机	1 台	用于管道内部的通风和散热
4	空气压缩机	1 台	用于施工时压缩空气的供应
5	卷扬机	1 台	用于管道内部牵引
6	液压千斤顶	1 台	用于对不锈钢胀环进行施压
7	管道封堵气囊	1 套	用于临时管道封堵
8	疏通设备	1 台	用于修复前管道疏通
9	其他设备	1 套	用于施工时的材料切割等

2. 不锈钢发泡钢筒修复

（1）一般规定

不锈钢发泡钢筒工艺产自加拿大。针对不开挖就地修复的管道破裂、漏水、漏泥等专业方法。能有效强化，避免泥浆密封；耐用，不会脱落对截面造成影响；不锈钢泡沫钢筒的宽度在 400～600mm，适用于直径在 300～1500mm 轻度、中度管道泄漏，不适用于严重损坏的管道。直径小于 800mm 时，需要管道专用 TV 内窥镜检测设备辅助；当直径大于 800mm 时，需要人工辅助修复。

（2）方法

该方法将不锈钢发泡钢筒套在专用修补器外面，在最外面的海绵层均匀涂抹发泡胶，利用 CCTV 设备配合，牵引至需要修复处。对专用修补器加压使其膨胀带动卷筒胀开并与管壁贴合，直至定位卡将卷筒锁住。逐步减压收回修补器，待发泡胶固化后即可实现修复功能。

（3）施工

1）流程

安装不锈钢发泡筒工艺流程如下：在海绵上均匀涂上发泡胶。往气囊少量充气以固定卷筒。连接所有的线缆，将电视摄像机、卷筒及气囊串联起来放入检查井，拖动至管道内的修复部位进行安装。调节气压安装。膨胀到位放气。取出所有设备。

2）操作

在地面将不锈钢发泡筒套在带轮子的橡胶气囊外面，最里面是气囊，中间一层是不锈钢卷筒，最外层是涂满发泡胶的海绵卷筒。在发泡卷筒最外面的海绵层用油漆滚筒均匀涂上发泡胶。有 2 种浆液可供选择：G–101 为双组分浆，101–A 和 101–B 混合后 18min 开始发泡，体积膨胀 3 倍；G–200 为单一组分浆，遇水后 20min 发泡，体积膨胀 7 倍。将 CCTV、橡胶气囊及不锈钢发泡卷筒串联起来，在线缆的牵引下，带轮子的气囊、卷筒从窨井进入管道。在 CCTV 的指引下使卷筒在所需要修理的接口处就位。开动气泵对橡胶气囊进行充气，气囊的膨胀使卷缩的卷筒胀开，并紧贴水泥管的管壁，φ150（mm）～φ380（mm）卷筒的充气压力为 2kg/cm^2，φ450（mm）～φ600（mm）卷筒的充气压力为 1.75kg/cm^2。当卷筒膨胀到位时，不锈钢卷筒的定位卡会将卷筒锁住，使之在气囊放气缩小后不会回弹。就这样，不锈钢套环、海绵发泡胶和水泥管粘在一起，几小时后发泡胶固结，接口就完成修复。

3）材料

发泡剂采用多异氰酸酯和聚醚等进行聚合化学反应生成的高分子化学注浆堵漏材料，尤其对混凝土结构体的渗漏水有立即止漏的效果。

4）设备

主要施工设备见表 5.7–8。

主要施工设备 表 5.7-8

序号	机械或设备名称	数量	主要用途
1	闭路电视检测系统	1 套	用于施工前后管道内部的情况确认
2	发电机	1 台	用于施工现场的电源供应
3	鼓风机	1 台	用于管道内部的通风和散热
4	橡胶气囊	1 套	将不锈钢发泡卷筒套在带轮子的橡胶气囊外面
5	空气压缩机	1 台	用于施工时压缩空气的供应
6	卷扬机	1 台	用于管道内部牵引
7	油漆滚筒	1 套	用于在发泡胶均匀涂上浆液
8	手动气压表及带快速接头的软管	1 套	用于橡胶气囊充气气压表
9	其他设备	1 套	用于施工时的材料切割等

3. 局部现场固化修复

（1）一般规定

适用于管径为 100～3000mm，各类不同形状和不同尺寸的管道进行修复。

（2）方法

就地固化法最初只是作为一种常见的管道施工方法，在不破坏土壤的情况下对管道进行养护。随着社会的发展，这项技术成为最常用的管道维修方法。

就地固化法工作原理主要是在旧管壁上涂上一层液体热固性树脂，利用热固化剂与旧管壁形成一层紧密结合的黏膜，进行封闭修复，增强管道过流。

（3）施工

1）流程

将毡筒用适合的树脂浸透。将上述毡筒缠绕于气囊上，在 CCTV 引导下到达修复的地点。向气囊充气、蒸汽或水使毡筒“补丁”被压覆在管道上，保持压力待树脂固化。气囊泄压缩小并拉出管道。最后进行 CCTV 检视，进行施工质量检测。

2）操作

毡布剪裁：剪裁长度约为气囊直径的 3.5 倍，以保证毡布在气囊上部分重叠；毡布的剪裁宽度应使其前后均超出管道缺陷 10cm 以上，以保证毡布能与母管紧贴。

树脂固化剂混合：根据修复管道情况，配制树脂和固化剂混合液，并用搅拌装置混合均匀，使混合液均色、无泡沫。记录混合温度。

树脂浸透：使用适当的抹刀将树脂混合液均匀涂抹于玻璃纤维毡布之上。通过折叠使毡布厚度达到设计值。为避免挟带空气，应使用滚筒将树脂压入毡布之中。

筒定位安装：经树脂浸透的毡筒通过气囊进行安装。气囊在送入修复管段时，应连接空气管，并防止毡筒接触管道内壁。气囊就位以后，使用空气压缩机加压使气囊膨胀，毡筒紧贴管壁。保压一段时间直至毡布完全固化。最后，释放气囊压力，将其拖出管道。

3）材料

局部现场固化修复施工材料主要为树脂、固化剂和玻璃纤维。

4）设备

主要施工设备见表 5.7–9。

主要施工设备 表 5.7–9

序号	机械或设备名称	数量	主要用途
1	闭路电视检测系统	1 套	用于施工前后管道内部的情况确认
2	发电机	1 台	用于施工现场的电源供应
3	鼓风机	1 台	用于管道内部的通风和散热
4	空气压缩机	1 套	用于施工时压缩空气的供应
5	固化设备	1 套	用于树脂固化
6	气管	1 根	用于输气
7	其他设备	1 套	用于施工时的材料切割等

5.7.5 整体修复更新

1. 现场固化内衬修复

具体方法及操作同前述 5.7.4 节中的局部现场固化修复。

2. 机械制螺旋管内衬修复

（1）一般规定

机械制螺旋管法适用管道的直径应为 150～2500mm，管道的长度在 300m 左右，对于各种类型的污水管道都可以进行修复。

（2）方法

机械制螺旋管内修复主要是用聚氯乙烯（PVC）设置母棒材和 t 形棒材的边。然后将管机做成螺旋状，放入管件内嵌锁，并用硅胶密封。在混凝土与螺旋管之间需要注入水泥浆，此操作需要在管后进行。

（3）施工

1）流程

缠绕法的具体操作流程为：准备 → 清理管道 →CCTV 检测绕线机到位 → 加润滑剂 → 管子绕线到位 → 张紧钢丝 → 缝浆 → 支管 →CCTV 检测。

2）操作

①扩张法管道成形过程

管道的初步缠绕成形阶段：在机器的驱动下，PVC 型材被不断地卷入缠绕机，通过螺旋旋转，使型材两边的主次锁扣互锁，从而形成一条比原管道小的、连续的无缝新管。当新管到达另一人孔井（接受井）后，缠绕停止。

管道的扩张最后成形阶段：缠绕初步成形完成后，缠绕机停止工作。然后在终点处新管上钻两个洞并插入钢筋以防新管在接下来的扩张中旋转。一切就绪后，启动拉钢线设备和缠绕机，随着预埋钢止线的缓缓拉出，在缠绕成形过程中互锁的次扣被割断，从而在缠绕机的驱动下使型材沿着的主锁的轨迹滑动并不断地沿径向扩张，直到非固定端（缠绕机端）的新管也紧紧地贴在原管道管壁。在新管扩张完成后，对新管两端进行密封。

②固定口径法管道成形过程

固定口径法新管的缠绕过程与扩张法类似，也是当新管到达另一人孔井后，缠绕成形过程停止。但是，用于螺旋缠绕固定口径管的聚氯乙烯型材可以通过电熔机进行电熔对焊，这样每次缠绕管的长度可以更长。按固定尺寸缠绕新管完成后，在母管和新管之间可能会留有一定的间隙（环面），如果必要的话，这一间隙可以用水泥浆来填满。

3）材料

主要材料为带状型材（如 PVC 等）、密封胶粘剂和注浆材料。

4）设备

主要施工设备见表 5.7-10。

主要施工设备 表 5.7-10

序号	机械或设备名称	数量	主要用途
1	闭路电视检测系统	1 套	用于施工前后管道内部的情况确认
2	发电机	1 台	用于施工现场的电源供应
3	鼓风机	1 台	用于管道内部的通风和散热
4	空气压缩机	1 台	用于施工时压缩空气的供应
5	液压动力装置	1 台	用于驱动缠绕机的液压动力装置
6	密封剂泵	1 台	用于将润滑密封剂注入主锁的母扣中
7	特殊缠绕机	1 台	用于在人孔井中制作新管施工时的专用机械
8	缠绕头	多头	用于不同口径的缠绕头
9	电子自动控制设备	1 台	用于设备控制
10	输送型材装置	1 台	用于输送型材
11	拉钢线设备	1 台	用于卷入高抗拉的预埋钢线
12	滚筒和支架	1 台	用于放置型材的滚筒和支架
13	其他设备	1 套	用于施工时的材料切割等

3. 短管焊接内衬修复技术

（1）一般规定

这种修复方法通常在水流量较低的情况下适用。

（2）方法

用工作坑将HDPE管道输送到管道内，焊接成内衬管，再一节一节地向旧管道内推进，最后在新旧管道的空隙中注入水泥浆进行固定，这种复合结构的内衬管就是在旧管道内形成一个“管中管”，这样可以使修补后的管道具有加固结构的性能，延长寿命。需注意管道修复后过流断面损失比较大。

（3）施工

1）流程

现场勘探→管道污水导流→管道疏通清淤、清洗→CCTV内窥检查→施工设备安装→短管安装（含加工）→管道闭气试验→新、旧管道间隙注浆填充→CCTV内窥检测→管头及支线处理、检查井修补→清理验收。

2）操作

①工作坑开挖施工

工作坑的开挖位置应综合考虑对管道和交通影响较小的位置。如果在开挖工作坑时，发现原混凝土管道有破损、渗漏的情况，则需要在原管道外壁的范围内，先进行密压注浆，确保原管道的密封性，待注浆稳定后再施工，这样才能保证原管道的密封性。

②短管推进、焊接施工

根据混凝土管道外径的不同，确定HDPE短管外径。2m / 节的HDPE短管用汽车起重机吊入工作坑。先在原管道内推第一节（1m），再继续下一节，外包热熔带热熔焊与第一节对接后再进行。将牵引装置下放到另一侧检查井中，在完成焊接后，按一定速度将HDPE焊接短管在牵引力的作用下拉入主管道。重复前面的步骤，这样就形成了一个“管中管”的结构。

③注浆稳固

为了使两层管道更好地合二为一，在管道中部空隙处采用注浆的处理方法进行填补。

④工作坑恢复

对已具备回填条件的工坑，要抓紧时间落实回填工作，工作坑底部必须清除干净，坑内不能有积水，方可回填覆土。回填时要均匀，层层递进，应用沙土或黏土将回填土逐层夯实。回填土应符合相关规范要求，密实度要达到要求。回填工作坑必须回填至支撑底端300mm处方可拆除支撑。

3）材料

主要施工材料为HDPE缠绕管短管。

4）设备

主要施工设备见表 5.7–11。

主要施工设备 表 5.7–11

序号	设备名称	数量	主要用途	备注
1	闭路电视检测系统	1 套	用于施工前后管道内部的情况确认	—
2	发电机	1 台	用于施工现场的电源供应	现场无电源才使用
3	鼓风机	1 台	用于管道内部的通风和散热	—
4	空气压缩机	1 台	用于施工时压缩空气的供应	—
5	泥浆泵、潜水泵	1 台	用于管道和检查井内排污排水	—
6	铁牛	1 套	用于 700mm 以下管道通过，确定最小管内径	—
7	链条锯、往复锯、切割机、倒角机	1 套	用于内衬管的切割、修整与开坡口	—
8	注浆机、搅拌机	1 套	内衬与原管道间隙的密实注浆	—
9	开孔机	1 把	开注浆孔	—
10	热熔枪	3 把	内衬的热熔焊接和连接	—
11	其他设备	1 套	用于施工时的材料切割等	—

4. 折叠管牵引内衬修复

（1）一般规定

不适用于管道基础断裂、管道破裂、管道脱节呈倒栽式状、管道接口严重错位、管道线形严重变形等结构性缺陷损坏的修理。不适用于严重沉降、与管道接口严重错位损坏的窨井。

（2）方法

牵引内衬采用牵引机，将整条塑料管由工作坑或检查井内引入旧管，复原成新的内衬管。按施工技术分为折叠牵引法、缩径牵引法、滑衬法、裂管法。常采用折叠管牵引内衬修复技术，通过变形设备将 HDPE 管压成 U 形，并暂时进行捆绑以减小直径，使用牵引机将 HDPE 管穿入旧管道，利用水压或气压打开外径比旧管道内径略小的 HDPE 管，使 HDPE 管胀贴到旧管道内壁上，新 HDPE 管防腐性能与原管道机械性能合二为一，形成管中管复合结构，该技术卫生性能良好、过流断面损失小、变形适用范围大且可进行长距离修复。需注意该施工可能引起结构破坏（破裂或走向偏离）。

（3）施工

1）流程

对内衬管进行预加热，软化内衬管并在内衬管的一头连上牵引头；使用牵引卷扬机将内衬管穿过待修复的管道；使用气囊堵住内衬管两头，用蒸汽对内衬管加热加压；将蒸汽切换成空气，保持压力，等待内衬管冷却成型。具体流程包括管道清理、穿管、胀管等。

2）操作

①管道清理

用管道内窥器对旧管道内部进行窥视，确定旧管道中有无其他零件和检查管道内部清洁度，然后选用机械清理或高压水清理。如果管道内清洁度较高，则可使用机械清理。如果管道内清洁度较差，则采用高压水清理。

②穿管

在 U 形 PE 折叠管管端开好两个孔径约 20mm 孔洞，并用缆绳系于其中以利于拉管；缆绳穿过旧管的另一端接牵引机；在旧管的管端要放置一个穿管导向设备，以防 PE 管在穿管过程中被旧管管口割伤；启动牵引机对 U 形 PE 折叠管进行拉管，直至 PE 管穿出旧管另一端。

③胀管

在穿出旧管的 PE 折叠管两端采用热熔焊接焊上盲板，并在 PE 管管端钻 2 个孔，一个孔用于输送蒸汽和打压，另一个孔用于释放蒸汽。利用固定装置和管道将这两个孔分别连接锅炉和过滤器。过滤器的主要作用是过滤从管道里释放的蒸汽，控制对环境的污染。开启锅炉，当锅炉蒸汽温度达到 85℃ 即可向管道内输送蒸汽，直至温度达到 115℃ 左右时，不再提高温度，而另一端则经过过滤装置排放蒸汽。根据管道的长度可确定蒸汽加热的时间，在加热完毕后利用空压机向管道内进行打压。在中压管中，一般将压力打到 0.6MPa，并进行保压。在保压 24h 后即可将管头割下，此时的 U 形 PE 折叠管经过涨管这道工序之后已变成圆形的 PE 管了。

④检测

对打压后的 U 形折叠管用管道内窥器检查并录像，以 PE 管没有塌陷为合格。

3）材料

主要采用 PE 管。

4）设备

主要施工设备见表 5.7-12。

主要施工设备　　表 5.7-12

序号	机械或设备名称	数量	主要用途	备注
1	闭路电视检测系统	1 套	用于施工前后管道内部的情况确认	—
2	发电机	1 台	用于施工现场的电源供应	适用现场无电源情况
3	鼓风机	1 台	用于管道内部的通风和散热	—

续表

序号	机械或设备名称	数量	主要用途	备注
4	空气压缩机	1台	用于施工时压缩空气的供应	—
5	泥浆泵、潜水泵	1台	用于管道和检查井内排污排水	—
6	卷扬机	1台	用于修理材料和设备拖入管道内	—
7	热熔机、电焊机	1台	用于内衬的热熔和焊接连接	—
8	电锯	1套	用于截管材	—
9	其他设备	1套	用于施工时的材料切割等需要	—

5. 水泥基聚合物涂层修复

（1）一般规定

适用于管径大于或等于800mm的排水管道、检查井井壁和拱圈开裂的局部和整体修理。

（2）方法

水泥基聚合物涂层修复技术是一种排水管道非开挖涂层内衬修理方法，采用高分子聚合物乳液与无机粉料构成的双组份复合型防水涂层材料，当两个组份混合后可形成高强坚韧的防水膜，该涂膜既有有机材料的高弹性、又有无机材料耐久性好的双重优点。不适用于对塑料材质管道、检查井损坏的修理。不适用于水泥混凝土管材管道基础断裂、管道破碎、管节脱口呈倒栽状、管道接口严重错位、管道线形严重变形等结构性缺陷损坏的修理。不适用于严重沉降、与管道接口严重错位所损坏的检查井。

（3）施工

1）流程

修复前应对管周土体进行注浆加固。对接口裂缝及轻度错口进行处理。进行接口表面处理，底批施工、铺设玻璃纤维网格布、进行面批施工，用无溶剂环氧树脂封边。

2）操作

①底批施工

将底批干粉加水（水：干粉≈1：4），采用专用电动搅拌工具不断搅拌成糊状，用泥板满批在打毛处表面，宽度以接口为中心两侧各30cm，厚度不少于2mm，底批干硬时间为5～6h，干粉用量约2.5kg/m^2。

②铺设玻璃纤维网格布

面批施工前在已干硬的底批上铺一层拉力不低于1600N，宽度58cm的中碱涂塑玻璃纤维网格布。网格布周长搭接不小于10cm，网格布铺设必须平顺紧贴在底批上，不能有翘角、拱起、折皱等现象，管顶部位的网格布需用木架临时支撑稳固，防止下垂跌落。

③面批施工

网格布铺设完成后即进行防水膜面批施工。将液料倒入粉料 [液料 : 粉料 =4 : 5 (重量比)]，采用专用电动搅拌工具不断搅拌成均匀的砂浆状，砂浆状中不得含有粉团、粒块。每次装料必须将桶内余料杂物清除干净。用泥板分三道批刮在底批上，将纤维网格布罩没。待上一道防水膜表面干后再进行第二道、第三道批刮，这层复合弹性网格防水膜面批内衬厚度应不小于 4.5mm，底批加面批总厚度约 6.5mm，两条边口做成小削角 (俗称：坍拔型)。

④封边

用无溶剂环氧树脂对防水膜内衬两边口封边，以增加边口粘结力与密封性。

3) 材料

主要材料为干粉、乳液、玻璃纤维网格布、水泥、粉煤灰、快凝剂等。

4) 设备

主要施工设备见表 5.7-13。

主要施工设备　表 5.7-13

序号	机械或设备名称	数量	主要用途	备注
1	闭路电视检测系统	1 套	用于施工前后管道内部的情况确认	—
2	发电机	1 台	用于施工现场的电源供应	适用现场无电源
3	鼓风机	1 台	用于管道内部的通风和散热	—
4	空气压缩机	1 台	用于施工时压缩空气的供应	—
5	泥浆泵、潜水泵	1 台	用于管道和检查井内排污排水	—
6	注浆机、搅拌机	1 套	用于原管道间隙的密实注浆	—
7	注浆管、连接管、钻孔机、开孔机	1 把	用于开孔注浆	—
8	手提电动砂轮机	1 台	用于打毛	—
9	其他设备	1 套	用于施工时需要	—

5.8 扩建改造

排水管道扩建改造主要有两种方法：开挖法与非开挖法。开挖法是传统技术，即使用挖掘器械开挖沟渠，在管道安装、修复或置换完成后再回填沟槽，适用于人口密度不高、施工场地宽阔、对交通的影响相对不重要的场地。然而在人口稠密的城市建成区，需考虑开槽施工对社会及环境造成的不利影响。非开挖法包括现场固化法、螺旋制螺旋管法、短管焊接法等，由于降低了道路开挖量，甚至可以完全不开挖，故工程工期短，在社会和环境成本方面具有明显的优越性。在繁华市区或管道的埋深较大时，非开挖法是开挖法的较好替代方法。

5.8.1 开槽法施工

1. 测量放线

在确定沟道埋设方法之后，现场施工即可开始。首先是进行测量放线。测量的主要任务是在沟道沿线设置水准点和控制桩，定窨井的中心位置。放线是指为土方的开挖放灰线。

（1）设置水准点

根据设计图纸设置临时施工用水准点，为排水管线定高程做准备。临时水准点应设置在不受施工影响的固定构筑物或建筑物上，并详细记录在测量手册上。工程范围比较大的，要设两个以上临时水准点。临时水准点高程的测定以工地邻近的永久性水准点为准。测定后应进行校核，防止高程发生错误。一般用闭合法校核。

（2）设置辅助桩

根据施工图，按照图上选定的定位用现有固定物（如房屋、电杆、树木、道路边线、建筑红线等）和注明的系线尺寸，在地面上用木桩、铁桩或油漆标出附属构筑物中心位置。附属构筑物中心位置的标志，在沟槽开挖后不再存在；但这些中心位置在排管时仍需要，可选择其中的两个配置辅助桩，根据它们将仍可确定附属构筑物中心位置。辅助桩的位置设在选定中心的两侧，且在沟槽之外。桩心与选定中心在同一直线上，并记下桩心与中心间的两个距离。这样，在需要时可用细绳连接桩心，定出窨井中心位置，并用垂球将这位置移到沟槽底面上。

（3）划定沟槽边线或工作坑开挖线

在沟道中心线两侧，用石灰标示沟槽边线，线与中心线间距为槽宽的一半。用顶管法或盾构法施工时，则需用灰线标示工作坑开挖线。

2. 沟槽断面

根据管径、挖深、地下水位、土质、地上及地下建筑物状况确定挖槽断面时，既要考虑到施工便利与安全，又要以尽量少挖土方与少占地为原则，一般有三种常用的基本沟槽断面形式，直槽、大开槽和多层槽。

（1）直槽

直槽常用于土层坚实，土质良好，挖深较浅，管径较小的户支线管道，如图 5.8–1 所示。图中 $B=D+2T$，其中 B 为槽底宽度（m）；D 为管外径（m）；T 为工作宽度（m），取值 0.4～0.8m，按管径大小和管材种类具体状况而定。

（2）大开槽

多用于施工环境条件好，一般支次干线管道的开挖断面，如图 5.8–2 所示。

（3）多层槽

通常用于挖深较大，埋设主次干线管道的深槽断面，如图 5.8–3 所示。

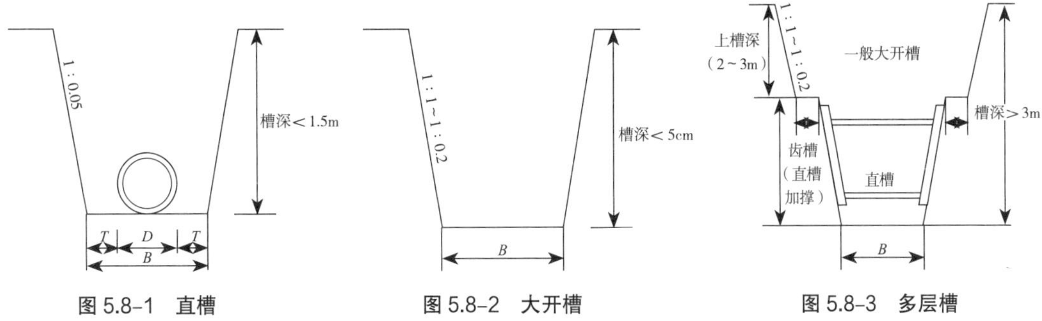

图 5.8–1　直槽　　图 5.8–2　大开槽　　图 5.8–3　多层槽

关于开槽槽帮坡度，一般情况下，按土质状况规定出大开槽的槽帮坡度值，见表 5.8–1，此表适宜在土质良好，无地下水的条件下采用。

土质状况与开槽放坡关系表　表 5.8–1

土质状况	槽帮坡度（高：宽）	
	槽深＜ 3m	槽深 3～5m
砂土	1：0.75	1：1
亚砂土	1：0.5	1：0.67
亚黏土	1：0.33	1：0.5
轱土	1：0.25	1：0.33
干黄土	1：0.20	1：0.25

3. 挖槽施工

（1）准备工作

事先了解清楚地上、地下建筑物情况，做到位置准确，构造清楚，加固防范措施详细且完备。同时做好现场施工组织工作，如堆土、堆料、行人车辆行驶、施工作业场地范围等。

（2）沟槽开挖

一般自下游开始，向上游推进，其挖槽方法可分为机械挖槽（如挖槽机、反铲等机械）和人工挖槽。无论何种挖槽，都应严格掌握槽底高程，防止超挖；雨季做好排水工作，防止泡槽；冬季做好槽底保温工作，防止受冻；避免槽底原土层结构被扰动破坏。

（3）沟槽支撑

1）支撑的目的与要求

支撑是在土方作业中保持槽坡稳定或加固槽帮后有利于以后工序安全施工的一种方法。它为临时性挡土结构，由木材或钢材做成，一般是在以下条件下需要考虑采用支撑办法：

受场地限制挖槽不能放坡，或管道埋设较深，放坡开槽土方量很大；

遇到软弱土质土层或地下水位高，容易引起坍方地段；

采用明沟排水施工，土质为粉砂土，遇水形成流砂，没有撑板加固槽帮，无法挖槽地段；

沟槽附近有地上、地下建筑物和较重车辆行驶的情况，应予保护的部位。

支撑的沟槽应满足牢固可靠、用料节省、便于支设与拆除、不影响以后工序的安全操作要求。

2）沟槽支撑结构形式

单板撑：通常用于土质状况良好，土体较稳定的单槽，如图 5.8–4 所示。

井字撑：一般情况下土质较好，土体也稳定，但外界影响土体的不稳定因素较大，如施工时处于雨季或融冻季节，施工期间晾槽时间较长，施工工作面要求较大沟槽，单槽开挖较深等，多用于大开槽情况下需要加固沟槽的一种形式。如图 5.8–5 所示。

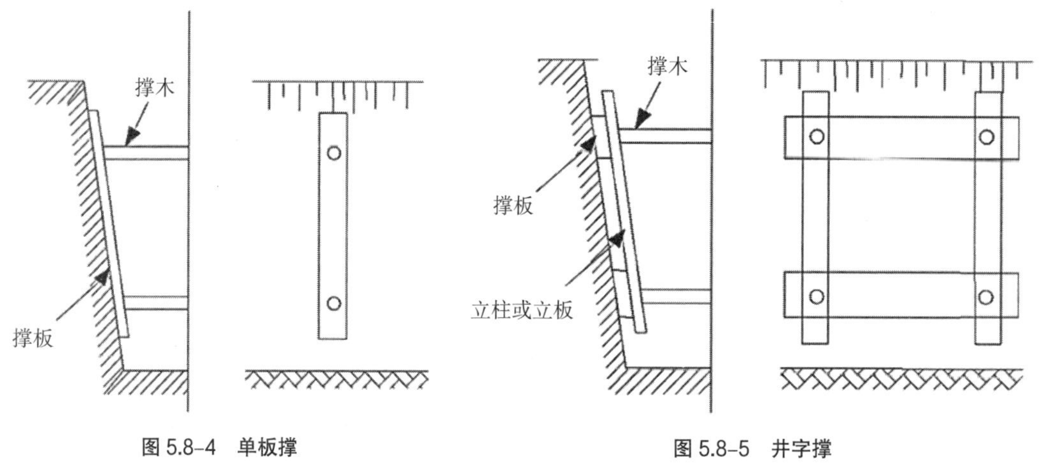

图 5.8–4　单板撑

图 5.8–5　井字撑

4. 管道基础

管道基础种类有多种形式，各种类型选择必须依照对管道渗塌要求、管径大小、管道埋深、管道位置、地下水位和地基土质土层状况而定。详见 5.2.3 节所述。

5. 下管

下管一般有两种方法，即吊车下管和人工下管。采用吊车下管时，事先应勘察现场，根据沟槽深度、土质、环境情况，确定吊车停放位置、地面上管材存放地点与沟槽内管材运输方式等。在人工下管方法中，有大绳和吊链下管两种，大绳下管方式中还有许多下管办法，小于 600mm 管径的浅槽通常采用压绳法下管，大管径的深槽下管应修筑马道。下管方法的选用应根据施工现场条件、管径大小、槽深浅程度和施工设备情况来决定。

6. 管道敷设

（1）敷设管道方法

1）“四合一”施工法

即平基、稳管、管座、抹带四道工序合在一起连续不间断的施工方法。如图 5.8-6 所示。一般雨水合流管支线为加速施工进度，多采用“四合一”施工法。

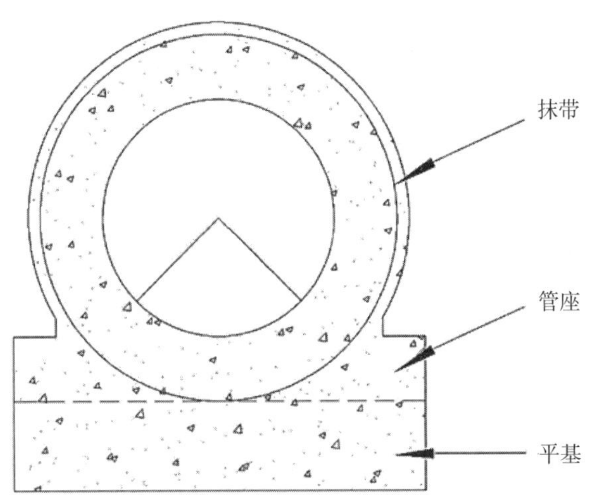

图 5.8-6 “四合一”施工法

2）垫块法

即先在垫块上稳管后，然后灌筑混凝土基础及抹管带。

3）平基法

先浇筑好平基，达到一定强度后（5MPa）再稳管，浇灌混凝土管座，最后抹管带。

（2）稳管

稳管的目的是把各节管道都稳定在设计中心线位置上，对管道中心线的控制可采用边线法或中线法：

1）边线法

在管道边缘外侧挂线，边线高度与管中心高度一致，其位置距管壁外皮 10mm 为宜。

2）中线法

在管端部，应以水平尺将中心板放平，然后用中垂线测量中心位置，如图 5.8-7 所示。

（3）管道接口处理

无论是渗入还是渗出，管道接口应当严密不漏水。如果渗入则降低了原管道排水能力，如果渗出将污染邻近水源，破坏了土层结构，降低了土壤承载力，造成管道或附近建筑物的下沉。管道渗漏情况，决定于接口方式方法、操作质量、牢固严密程度等因素。

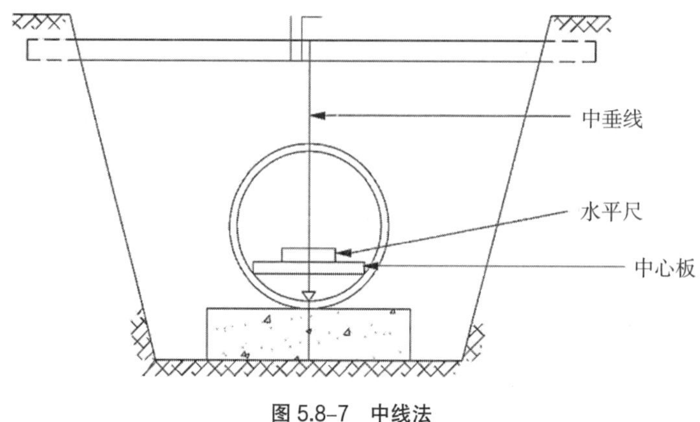

图 5.8-7 中线法

7. 管道接口

（1）刚性接口

刚性接口又称水泥砂浆接口。适用于地基土质较好，强度一致的地段。施工顺序为：将沟管接口处洗刷干净并湿润。然后抹上接口材料；一般要求分两次成形，第一皮为“刮糙”，即毛坯，第二皮为“粉光”，即整形抹光。必须做到外光内实，与管壁粘结良好。接口施工完成后应用麻袋、草包覆盖进行湿治养护，防止开裂。对于企口或平口式沟管还须打内接口。

对于水泥砂浆抹带接口，抹带前将管口及管带处的管外皮洗刷干净，刷一道水泥浆。抹头遍水泥砂浆，在表面刻划线槽，初凝后再抹两遍水泥砂浆，用弧形抹子压光。带基相接处凿毛洗净，刷水泥浆，三角灰要紧实。

对于钢丝网水泥砂浆抹带接口，施工顺序为：管口凿毛洗净 → 浇筑管座混凝土 → 将加工好的钢丝网片插入管座内 10 ~ 15cm 使抹带砂浆填充肩角 → 勾捻管内下部管缝 → 勾上部内缝支托架 → 抹带 → 勾捻管内上部管缝 → 养护。事先凿毛管口，洗刷干净并刷一道水泥浆，在带两侧安装弧形边模。抹头遍水泥砂浆（厚度为 15mm），然后铺设两层钢丝网包拢，待头遍水泥砂浆初凝后再抹两遍水泥砂浆，并与边模板齐平压光。

对于现浇套环接口，先浇筑 180° 管基 → 相接管基面凿毛刷净 → 支搭接口模板 → 浇筑套环上面的混凝土 → 捻管内缝 → 养护。

承插管水泥砂浆接口，一般适合管径小于或等于 600mm 的接口，工作程序为：清洗管口 → 安装头节管并在承口下部注满水泥砂浆→安装二节管、接口缝隙填满水泥砂浆→清管内缝→接口养护。

（2）柔性接口

柔性接口又称沥青玛蒂脂接口。适用于地基较弱，沉陷不均匀的地段。常用的有石棉沥青卷材接口和沥青砂接口两种。

（3）半刚性接口

半刚性接口有套环和环氧树脂接口等。适用于软弱地基地段，可预防管道产生的纵向弯曲和错口。

（4）管道接口的操作

沟管接口处必须清洗干净。必要时应凿毛。

接口完成后，及时进行质量检查。发现情况必须及时处理。情况严重时应凿除重打。

用沥青麻丝嵌实缝隙时，如有污染管口和管壁的情况应予以清除。

建议钢筋混凝土承插管采用“O”形橡胶圈接口，钢筋混凝土企口管采用“q”形橡胶圈接口。有利于耐酸、耐碱、耐油。

8. 管道闭水试验

（1）一般规定

污水管道，雨、污水合流管道，倒虹吸管，设计要求的其他排水管道，必须进行闭水试（检）验。其频率及水位见表 5.8–2。接口为水泥砂浆的管道完成后，要在接缝材料达到一定强度，方可进行闭水检验。接口为橡胶密封止水圈柔性接口的管道完成后，在橡胶密封止水圈正确就位后方可进行闭水检验。管道直径小于或等于 800mm 的管道，采用磅筒进行闭水试验。管道直径大于或等于 1000mm 的管道，采用窨井进行闭水检验。试验前加水试闭 20min，待水位下降稳定后，正式进行闭水试验。加水至标准高度，观察水位下降值，计算 30min 水位下降平均值。排水管道闭水试验允许渗水量见表 5.8–3。

排水管道闭水试验允许偏差　表 5.8–2

序号	项目		允许偏差（mm）	检验频率		检验方法
				范围	点数	
1	倒虹吸管		不大于表 5.8–3 的规定	两井之间	1	灌水
2	其他管道	$\Delta D<700$mm		两井之间	1	计算渗水量
		ΔD=700 ~ 1500mm		每 3 个井段抽验 1 段	1	
		$\Delta D>1500$mm		每道直管	1	

排水管道闭水试验允许渗水量　表 5.8–3

管径（mm）	允许渗水量			
	陶土管		混凝土管、钢筋混凝土管和石棉水泥管	
	m^3/（d · km）	L/（h · m）	m^3/（d · km）	L/（h · m）
150 以下	7	0.3	7	0.3
200	12	0.5	20	0.8
250	15	0.6	24	1.0
300	18	0.7	28	1.1
350	20	0.8	30	1.2

续表

管径（mm）	允许渗水量			
	陶土管		混凝土管、钢筋混凝土管和石棉水泥管	
	m^3/（d·km）	L/（h·m）	m^3/（d·km）	L/（h·m）
400	21	0.9	32	1.3
450	22	0.9	34	1.4
500	23	1.0	36	1.5
600	24	1.0	40	1.7
700	—	—	44	1.8
800	—	—	48	2.0
900	—	—	53	2.2
1000	—	—	58	2.4
1100	—	—	64	2.7
1200	—	—	70	2.9
1300	—	—	77	3.2
1400	—	—	85	3.5
1500	—	—	93	3.9
1600	—	—	102	4.3
1700	—	—	112	4.7
1800	—	—	123	5.1
1900	—	—	135	5.6
2000	—	—	148	6.2
2100	—	—	163	6.8
2200	—	—	179	7.5
2300	—	—	197	8.2
2400	—	—	217	9.0

注：闭水试验应在管道填土前进行。闭水试验应在管道灌满水后经 24h 后再进行。闭水试验的水位，应为试验段上游管道内顶以上 2m。如上游管内顶至检查口的高度小于 2m 时，闭水试验水位口至井口为止。对渗水量的测定时间不少于 30min。

（2）操作

主要分为磅筒闭水试验和窨井闭水试验。此处不再详述。

9. 护管

立模与浇筑混凝土前，必须严格清除混凝土基础表面和沟管壁的污泥及垃圾，混凝土基础面层不得积水。

企口沟管采用有筋细石混凝土接口。在浇筑混凝土前，应先按设计要求放置钢筋网，做钢筋混凝土护管时，其立模和钢筋配置均应正确无误，并控制好保护层。

护管模板应沿混凝土基础边垂直支立，模板应具有一定的强度和刚度，以便于装拆和多次使用。拼装后应缝隙紧密，支撑牢固，并符合结构尺寸要求。

沟槽较深时，应采用串筒卸运混凝土，并用插入式振动器振实，管道两侧混凝土应同步振捣密实，防止沟管由于单面受力而发生移动。

护管高度大于 30cm 时，混凝土要分层浇捣，每层厚度不得大于 30cm，以提高混凝土密实度，使混凝土强度达到设计要求。

护管混凝土的斜角表面应拍平抹光。

10. 拆除支撑

（1）横撑式木质和钢围囹支护的拆除

拆除撑板时应与回填土夯实工作紧密配合，交替进行，自下而上地逐段分层拆除，分层填夯。做到随拆随覆土。

在拆板层距过大时，应经过替换板的工艺，边替边拆。

拆除管顶以上的横撑板时，每次不得超过两块，管顶以下不得超过三块。

替板中，铁撑柱应该绞紧不能松动，并把拆板、填土和夯实三者密切结合起来。切不可只拆不填或只填不夯。

拆除支护时应注意保护沟管，避免损坏。

遇到支护邻近有建筑物时，接近路面的 2 或 3 块横板应留撑一段时间，待沟槽内土体基本沉实稳定后再予拆除。以免过早拆除造成地面开裂，影响建筑物。

（2）竖撑式支护的拆除

虽然不需要拆撑板，但在回填土夯实的同时应与支撑杆的拆除紧密配合，交替进行，自下而上地逐段分层填夯，依次拆除。做到随覆土随拆除。

对于竖撑式中需要回收的支护，如钢板桩、钢管桩等，不能在拆填完成后，急于拔起竖撑支护材料，待沟槽内土体基本沉实稳定后再予拔起。以免过早拆除造成地面开裂、下沉等。

11. 沟槽回填土夯实

沟槽回填土分人工和机械两种操作，无论采取哪种方法，填土前必须清除槽底杂物、沟槽内积水。严禁带水覆土。不得将淤泥、腐殖土、冻土及有机物质进行回填。

管壁两侧部位填土时，应对称填筑。每层填筑高度应在 15～20cm，分层夯实。两边高差不得超过 30cm，以防管道位移。

卸土不得直接卸在管道接口上。在管顶以上 50cm 范围以内，每层厚度不宜超过 30cm（松厚），同样必须分层夯实整平，宜用小型夯土设备进行夯实，以防损坏管道接口。

当回填土高度超过管顶以上 1.5m 时，方可使用碾压机械设备进行碾压。

经水压检验，施工质量符合要求，并经主管单位审查同意后沟槽应立即覆土。

覆土前必须清理槽内杂物，并会同有关单位检视有关管线。

槽内若有积水必须排除。严禁带水覆土。

所用回填土应采用去除硬块后的原挖土。不得回填劣质土壤。

若路面需随即修复，则在沟身两侧及沟顶以上 50cm 范围内，均匀回填粗砂，洒水振实拍平。

砂面以上用砾石砂层与原土层轮替回填，即土层厚 20cm、砾石砂层厚 10cm，分层平整，分层夯实。

若沟槽采用横撑，则拆板和复土应分层进行，每次拆板一般不超过三块，随即填土夯实。

沟槽采用钢板桩支护的，应在填土完成后方可拔桩。拔桩时应减少桩身带土。通常板桩间隔拔除，并立即回灌砂土，填充桩身留下的空隙。为保证质量，有时以注浆代替灌砂。

5.8.2 非开槽施工

排水管道非开挖修复方法很多。按照技术种类可分为土体注浆法、嵌补法、套环法、局部内衬、现场固化内衬、螺旋管内衬、短管及管片内衬、牵引内衬、涂层法和裂管法等；按修复目的可分为防渗漏型、防腐蚀型和加强结构型三类；按修复范围可分为辅助修复、局部修复和整体修复三大类。表 5.8–4 为排水管道非开槽技术分类一览表。按照施工方法分为顶管法、盾构法、定向钻法、夯管法等。

非开槽技术分类一览表 表 5.8–4

项目	修复范围	技术种类
修复技术	辅助修复	土体注浆法
	局部修复	嵌补法
		套环法
		局部内衬
		裂管法
	整体修复	现场固化内衬
		螺旋管内衬
		短管及管片内衬
		牵引内衬
		涂层内衬

1. 顶管法

（1）概述

顶管法是一种不开挖或者少开挖的管道埋设施工技术。顶管法施工就是在工作坑内借助于顶进设备产生的顶力，克服管道与周围土壤的摩擦力，将管道按设计的坡度顶入土中，并将土方运走。一节管子完成顶入土层之后，再下第二节管子继续顶进。其原理是借助于主顶油缸及管道间、中继间等推力，把工具管或掘进机从工作坑内穿过土层一直推进到接收坑内吊起。管道紧随工具管或掘进机，埋设在两坑之间。顶管法特别适用于修建穿过已成建筑物、交通线下面的涵管或河流、湖泊。如图 5.8–8 所示。顶管按挖土方式的不同分为机械开挖顶进、挤压顶进、水力机械开挖和人工开挖顶进等。

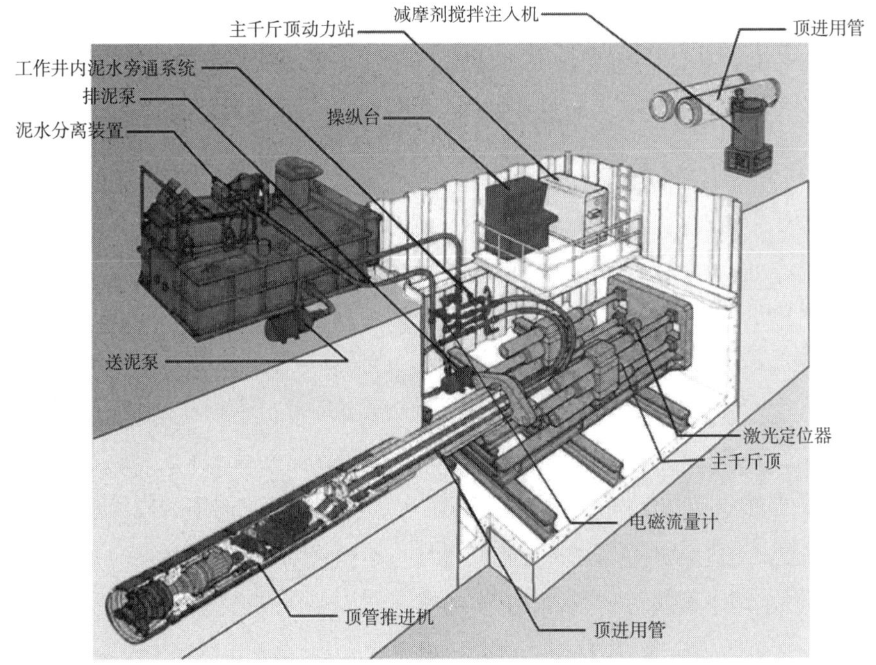

图 5.8–8　顶管法施工示意图

（2）施工程序

顶管施工的基本程序为：施工前的调查 → 施工组织设计的制订 → 工作坑和接收坑的构筑 → 顶距的确定 → 工作坑的布置 → 初始顶进 → 正常顶进及偏差纠正 → 贯通 → 接口处理 → 收坑。

1）施工前的调查

调查的主要内容有：道路状况、土质条件、工作坑和接收坑周围情况、地面建筑物及地下构筑物情况、老河道和老管道及老驳岸情况，以及与施工有关的各项调查。

2）施工组织设计的制订

计划内容有：工程概况、现场组织网络、临时设施及施工现场平面布置、施工程序及技术措施、突发事故的处理对策、工程进度表、劳动力一览表、工作坑及接收坑、与顶进有关的计算、主要设备及使用情况一览表、供电与照明、安全管理及质量管理体系、各种辅助施工等。

3）工作坑和接收坑的构筑

根据管道的口径、覆土深度、土质状况、顶力大小以及周围情况等确定工作坑和接收坑的构筑方式，有的是设计已确定了的。如采用钢板桩、沉井，或是采用其他哪一种方式构筑，而后制定相应的施工组织设计，给予实施构筑。其中还应考虑安全等方面的因素。

4）顶距的确定

顶距的确定并非是相邻井位间的顶进距离，而是根据设计井位间的距离长短、土质状况、管材抗压强度、承受能力以及采取的辅助措施、地下各种管线和构筑物及地面建筑物的情况、支管接入的部位和方式，地面交通状况等，确定首次顶进距离，即需要确定第一个中继间位置的顶距。

5）工作坑的布置

主要内容为工作井构筑好以后的坑与坑间中线的放样，坑内设备、电源、照明的布置，坑周围地面设备和设施的安排，安全护栏和上、下扶梯的落实等。

坑内设备包括基坑导轨的安装。安装时应注意：基坑导轨是管子出发的基准。不仅要求导轨本身要直，两轨导间要平行；而且要求导轨安放时要符合标准中的要求，即中线在全长内与管子中心线的误差不得大于3mm。两轨道的平面应在同一水平面上且这个平面的高程应与设计要求的混凝土管的管内沟底标高相一致。基坑导轨的前端应尽量贴近出洞的洞口。基坑导轨的轨枕下应用硬质木板垫实。基坑导轨绝对不能让它产生任何细小的位移。可以在其左右用支撑牢固地撑住，前端也应支撑在前座墙上，或把整个基坑导轨预埋在基坑底板上予以固定油缸（千斤顶），在工作坑内布置方式常为单列、并列和双层并列式等。当采用单列布置时，应使千斤顶中心与管中心的垂线对称；采用多台并列时，顶力合力作用点与管壁反作用力合力作用点应在同一轴线上，防止产生顶进力偶，造成顶进偏差。根据施工经验，采用人工挖土，管上半部管壁与土壁有间隙时，千斤顶的着力点作用在垂直直径的1/4～1/5为宜。

6）初始顶进

把工具管或掘进机和第一节管顶入土中的这一顶进过程称为初始顶进，它是整个顶管过程中最为重要的一个环节。

7）正常顶进及偏差纠正

进入正常顶进时，必须严格遵守顶管操作规程进行操作。通过初始顶进将偏差控制在合理或最小范围内，但顶进一定距离后仍会出现偏差，此时需要时时测量并加以纠正。

8）贯通

贯通是指工具管或掘进机从土中进入接收坑的过程。在离进入接收坑前一定距离时，即贯通前，应仔细测量一下工具管真正所处的位置，看看是否接近工作坑。当工具管接近接收坑洞口时，最好用钢筋戳穿土层，量一下工具管离井壁的距离，准确测出工具管的位置所在。并在此之前，除去洞口的封堵墙，作好进坑的准备工作。

9）接口处理

接口处理是每一根管子相接时必须要进行的工作。处理方式要针对不同管子而不同，有的需要做内接口，有的需要嵌各种填料等。

10）收坑

是指管子全线贯通以后工作坑内设备的拆除，工作坑或接收坑内流槽的浇制，以及支管的连接等一系列土建收尾工作的全过程。如果是要求很高的顶管工程，还应包括有充填浆的灌注等特别措施，一直到路面的恢复为止这一全过程。只有这样，一个完整的顶管过程才能算结束。

（3）材料和设备

1）顶管工具管

顶管工具管主要用在人工掘进顶管中，它不能称为掘进机，应称为手掘式工具管。顶管工具管由刃口、管身、管尾、纠偏油缸和网格五大部分组成。刃口部分有时会安装网格。若把刃口部位用挤压口替代，则就成了挤压式工具管。

2）掘进机

①半机械式掘进机

半机械式掘进机是在顶管工具管的基础上发展而来的。在顶管工具管内安装一个可上、下、左、右移动的机械臂替代了人工挖土。它是由电动机带动减速装置驱动或由液压驱动。

②水力顶管掘进机

利用高压水枪的射流方式进行冲土，达到水力切削掘进效果的顶管机械为水力顶管掘进机。使用这种掘进机将顶进前方的土冲成泥浆，再通过泥浆管输送到地面储泥场的顶管作业，称为水力掘进顶管。水力掘进顶管有无泥水平衡顶管施工和泥水平衡顶管施工之分。

③机械顶管掘进机

采用机械切削土体的形式进行挖土，并将切削下来的土由螺旋输送机排出的顶管掘进机为机械顶管掘进机。通过掘进机土仓内的压力与所处土层的主动土压力取得平衡的为土压平衡掘进机。

④气压式顶管掘进机

将气压式顶管施工限定在局部气压式顶管施工范围内，则就需要使用气压式顶管掘进机。它相对于全气压式顶管施工，用气要求低、施工成本少。由于使用了气压式顶管掘进机，使操作人员都在常压下工作。其安全性、可靠性、高效性明显提高。气压式顶管掘进机可由半机械式的掘进机改造而成，也可专门制造一台气压式顶管掘进机，即在全密闭切削掘进机中安置一个可以向泥土仓内充气的装置。

3）主顶油缸（千斤顶）

主顶油缸（千斤顶）又称为“顶镐”，是掘进顶管的主要设备之一。有单作用和双作用的油缸，有柱塞式和活塞式两种。单作用油缸，其反向作用需借助外力，故施工中主要使用双作用油缸。用于顶管的双作用油缸有三个基本特点：工作行程长，可达 1500mm 左右；推力大，每只至少在 100～200t；主顶油缸的工作压力高，在 31～42MPa。

4）油泵

顶管所用的油泵大多采用轴向柱塞泵或径向柱塞泵。因为柱塞泵的压力较高，一般大于 31MPa，甚至高达 42MPa；同时它的使用寿命长、体积小。油泵主要给主顶油缸、中继间和纠偏油缸供油。一般情况下，供油给主顶油缸和中继间油缸的油泵流量比较大，在 10～25L/min；而供油给纠偏油缸的油泵流量就小许多，一般在 5L/min 以下。

油缸和油泵的液压附件有高压软管、安全阀、换向阀和油箱等。

5）基坑导轨

基坑导轨由铁路钢轨、型钢或型钢组合件等制成，与横梁、支座垫板共同布置在基坑内，为搁置机头（工具管或掘进机）和管子所用。它的长度至少要超过机头长度及管节长度的两倍以上。考虑到主顶油缸也架在基坑导轨上，还需增加长度。

6）顶铁

一般由铸铁整体浇铸或采用型钢焊接成型。设有吊装环，便于搬动。还备有锁定装置，避免受力时发生“崩铁”事故。它是传递顶力或弥补油缸行程不足的设备。根据顶铁的作用和安放的位置不同，可分为顺顶铁、横顶铁、U 形顶铁（马蹄形）及圆环形顶铁。由于顺顶铁、横顶铁容易发生安全事故，已不常使用。现在多数使用圆环形和 U 形顶铁两种。

7）管材

顶管所采用的管材包括钢筋混凝土管、钢管、塑料管、铸铁管、陶土管、玻璃纤维加强管等。但使用最多的是钢筋混凝土管，其次是钢管。

2. 盾构法

（1）概述

盾构法是非开挖施工中的一种全机械化施工方法。它是将盾构机械在地中推进，通过盾构机外壳和管片支承四周围岩防止隧道内发生坍塌，同时在开挖面前用切削装置进行土体开挖，通过出土机械运出洞外，靠千斤顶在后部加压顶进，并拼装预制混凝土管片，形成隧道结构的一种机械化施工方法。

（2）施工前准备

采用盾构法施工时，首先要在隧道的始端和终端开挖基坑或建造竖井，用作盾构机及其设备的拼装井（室）和拆卸井（室），特别长的隧道，还应设置中间检修工作井（室）。拼装和拆卸用的工作井，其建筑尺寸应根据盾构机装拆的施工要求来确定。拼装井的井壁上设有盾构机出洞口，井内设有盾构机基座和盾构机推进的后座。井的宽度一般应比盾构机直径大 1.6～2.0m，以满足铆、焊等操作的要求。当采用整体吊装的小盾构机时，则井宽可酌量减小。井的长度，除了满足盾构机内安装设备的要求外，还要考虑盾构机推进出洞时，拆除洞门封板和在盾构机后面设置后座，以及垂直运输所需的空间。中、小型盾构机的拼装井长度，还要注意设备车架转换是否方便。盾构机在拼装井内拼装就绪，经运转调试后，即可拆除出洞口封板，盾构机推出工作井后即开始隧道掘进施工。盾构机拆卸井设有盾构机进口，井的大小要便于盾构机的起吊和拆卸。

（3）施工步骤

首先在放置盾构机的地方打一个垂直井，再用混凝土墙进行加固；其次将盾构机安装到井底，并装配相应的千斤顶；然后用千斤顶驱动井底部的盾构机向水平方向前进，形成隧道；最后将开挖好的隧道边墙用事先制作好的混凝土衬砌加固，地压较高时可以采用浇筑的钢制衬砌加固来代替混凝土衬砌。

盾构法施工中，其隧道一般采用以预制管片拼装的圆形衬砌，也可采用挤压混凝土圆形衬砌，必要时可再浇筑一层内衬砌，形成防水功能更好的圆形双层衬砌。

3. 水平定向法

（1）概述

水平定向法是在不开挖地表的条件下，通过水平定向钻机敷设多种地下公用设施（管道、电缆等）的一种非开挖施工方法，它广泛应用于供水排水、电力、电信、天然气、石油等地下管线铺设施工中，适用于沙土、黏土、卵石等地况，我国大部分非硬岩地区都可施工。

排水管道使用水平定向法施工时，应根据设计要求选用聚乙烯管或钢管，钢管接口应焊接，聚乙烯管接口应熔接。钢管的焊缝等级应不低于Ⅱ级；钢管外防腐结构层及接口处的补口材质应满足设计要求，外防腐层不应被土体磨损或增设牺牲保护层。定向钻施工时，轴向最大回拖力和最小曲率半径的确定应满足管材力学性能要求。

（2）施工前准备

为保证管道穿越顺利进行，施工前需在现场对管道途经范围内的地质、水文、地形及地貌等进行全面且细致的勘察，以便掌握现场土层结构、地下管线分布及既有道路等的具体施工条件，并与管线及道路所属单位进行沟通，同时详细记录相关信息，为管道穿越设计及优化提供参考。

（3）施工步骤

水平定向钻施工流程包括管道穿越设计、测量放线、工作坑开挖、机械设备就位、导向钻进、扩孔、管道回拖、注浆、恢复现场等步骤。

1）管道穿越设计

根据要求进行设计。

2）测量放线

根据管道穿越设计图测量并放出管道的入土点、中心线、出土点、管道交叉位置、跌水井位置、检查井位置及相应的开挖边界线等，同时，顺着管道敷设方向的中心线在地面上按 2m 间距布置控制桩，并标注好高程。

3）工作坑开挖

按照“入土端 → 出土端 → 管道回拖斜道”的顺序依次挖好工作坑。入土端工作坑为楔形，尺寸为 2.0m × 1.5m × 1.0m，坑底为 20° ~ 30° 的斜面。出土端工作坑主要是用作检查井和跌水井，坑底尺寸是 3.0m × 4.0m，四周放坡依据实际深度及现场土质等来确定。

4）钻机选型及安装就位

根据现场施工条件、土层分布特点及管道施工要求等确定钻机型号并进行钻进施工。待现场三通一平做好之后，将钻进、导向仪及配套设备准备就位，并进行安装。安装好钻机及导向仪等设备后，试运行 15min，全面检查设备，没有问题后，准备进行钻进施工。

5）导向钻进

开启钻机，待钻头喷嘴位置有泥浆流出后开始进行钻进。首根钻杆进入土层时须轻压慢转，确保钻杆稳定入土，待钻杆达到设计入土角之后，正式持续钻进。在先导孔施工过程中，导向员须拿着信号接收设备在钻头上方接收信号并引导施工。同时，要严格控制入土点、地下管道交叉点及出土点等位置的导向精度，每 0.5m 测量计算一次，确保钻孔轨迹符合要求。直线段每 3.0m 测量计算一次钻进精度，以防钻杆发生偏离，否则须退杆重钻。

完成导向孔施工后，现场技术员将现场施工记录与设计资料进行对比，以检验导向孔施工质量。待导向孔满足质量要求后，拆下导向钻头，换上挤桶式扩孔器准备进行回拉扩孔。

6）扩孔

采用合适的扩孔器进行分级扩孔。扩孔前，须监测扩孔器喷嘴是否运行正常，没有问题后，开始扩孔。每扩完一次孔，洗孔一次，再进行下一级扩孔，直至完成所有扩孔作业。在扩孔过程中如果出现扭矩或拉力异常的情况，需要及时减缓进尺速度，查明原因并进行处理后再恢复正常钻进速度。

7）管道连接

热熔连接时，先将预连接的两节管道放于夹具上固定好，然后移动夹具使两节管道端面充分接触，并保持在同一轴线上。将热熔加热板加热到 200 ~ 235℃，待管道端面吸热时间满足要求后，及时将加热板撤出来，两端均匀用力将管道连接在一起，并使接触面形成均匀的对称翻边。待管道焊缝冷却至环境温度后，使用专业工具切掉连接位置的翻边。

8）管道回拖

回拖操作前，须全面检查钻机、泥浆泵等设备的性能，并做必要保养。管道吊装应提前就位。然后依次将扩孔器、分动器、管线拉头及待敷设管线等连接到钻杆上，并试喷泥浆。做好上述准备工作后，开始管道回拖施工，回拖施工必须保持良好的连续性，并匀速进行，特殊情况下施工中断时间应控制在4h内，回拖中须保持泥浆循环。同时，在管道回拖过程中，出土点和入土点要保持实时联系，保证管道回拖准确达到预定位置。另外，回拖施工中设置了托管架减阻措施，这样既能减小管道与地表之间的摩阻力，也能有效预防管道外部防腐层等发生损伤。

9）注浆

为了预防因扩孔直径和管道外径偏差过大而引起道路或地面沉降，因此采取孔内注浆方法对钻孔进行加固。即在回拖管道时，也把注浆管拖进孔内。注浆回拖过程中，每当回拖6m后，便拆下上节注浆管，再接着注浆，直至注浆管完全被拖出到孔外后，再对管道和扩孔孔壁间的空隙进行封堵。对导向钻斜孔也使用注浆方式将其填充密实。而注浆期间置换出的泥浆应排到沉淀池中进行沉淀处理。结束注浆施工后，依次进行检查井、跌水井施工。

10）现场泥浆处理及地貌恢复

在现场管道穿越施工中，为方便泥浆收集及处理，在入土点应设置泥浆池；同样，在出土点也设置泥浆池。在管道穿越施工结束后，使用泥浆泵将剩余的泥浆抽进专用的泥浆回收罐中；同时将地面上沾染的泥浆用人工的方式铲掉，也装入泥浆回收罐中，然后就地深埋。将现场施工所用的隔离物、警示牌、标识牌及施工设备等装车运走；将现场施工及生活留下的垃圾及杂物等运至指定的垃圾场；然后将现场地貌恢复原状。

4. 浅埋暗挖法

（1）概述

浅埋暗挖法是在距离地表较近的地下进行各种类型地下洞室暗挖施工的一种方法。在城镇软弱围岩地层中，在浅埋条件下修建地下工程，以改造地质条件为前提，以控制地表沉降为重点，以格栅（或其他钢结构）和喷锚作为初期支护手段，遵循“新奥法”大部分原理，按照十八字原则（即管超前、严注浆、短开挖、强支护、快封闭、勤量测）进行隧道的设计和施工，称为浅埋暗挖法。

（2）施工前准备

对复杂地质条件下的道路设计要进行全面勘探。根据岩土层勘测参数详细分析岩土层实际情况，查明场地地质构造及可能影响施工的不良地质作用，查清地下水位等现场情况。

（3）施工步骤

浅埋暗挖的基本程序包括工作井挖掘、测量定位、渠道人工掘进、喷射混凝土支护、钢筋安装绑扎、喷射渠壁混凝土、内壁抹灰修整和外壁灌浆等。

1）工作井挖掘

工作井的挖掘方法类似于人工挖孔桩，都是采用“随掘随浇筑侧壁”的方法，施工顺序也是逐级地从上到下开展。防止工作井中流入雨水，在地面沿工作井的井壁四周做好挡水沿（高度通常控制在 20cm），用竹搭移动式雨篷搭在工作井的井口顶。

护壁混凝土浇筑。

采用现场搅拌混凝土，将混凝土用吊斗将其吊到操作平台，然后再利用人工操作的方式铲入模板，使之均匀地浇筑到各个方向，为了避免机械振捣造成模板偏移，应将钢筋均匀插在混凝土中。

人工在井内挖土。挖孔土方人工装进吊斗，采用卷扬机吊出井内，提升至地面堆泥场后装车外运。

安装护壁模板。模板支撑采用交叉撑和内支撑，为了避免整套模板出现移动，可以将模板脚固定。

2）测量定位

测量定位之前，应该先将渠道中线用经纬仪从地面引到工作坑内，然后将中线控制桩埋在检查井两端的侧壁上，接下来就可以拉上线绳，挂两个线坠，挖进的方向是两垂线的连线处。在洞口引入渠的中轴线，为了便于标识，可以将木桩放置在洞口的上方。若需引用轴线，只需将一线坠挂在木桩上，即可将经纬仪引入洞内。在洞内，掘进方向的检查可以用带刻度的水平尺完成，将一个中心钉设置在水平尺上，通过水平尺的中心钉与拉入洞内的细线进行比较，就能够知道洞中心线是否存在偏移现象。洞渠管道偏向哪个方向，中心钉就会偏向哪个方向。高程测量方法则是基于比高法，按设计坡度，用水准仪来进行检测。值得注意的是，若采用两边双向掘进的方式，那么在最后掘进段为了预留一定的修正掘进方向，通常都要留置 2～3m。

3）人工掘进

排水渠施工中采用浅埋暗挖法的工程洞体通常都较小，最经济的方式就是人工掘进。

主要采用铲子、镐头、风镐等掘进工具，用手推车将洞内土方运至工作井，然后再统一吊运到工作井外，并进行堆放处理。

在掘进的过程中，为了确保断面尺寸、标高、轴线正确，要开展经常性的测量检查工作，为了防止出现盲目掘进，要做好随挖随做护壁的工作。

在人工掘进时，为了便于对掘进方案和支护方案进行及时准确调整，务必要将监测信息反馈工作和地质信息反馈工作做到位。

对于存在上层滞水、渗水，或者周边有生活用水的情况，可以采用小导管预注浆固结止水辅助施工措施，先稳定土质，然后再人工开挖。

4）喷射混凝土支护

喷射混凝土采用“湿喷作业法”，这样能够减少回弹量、降低粉尘。

应分片进行喷射作业，施喷顺序应该为“边墙—拱脚—拱顶”，喷射时应注意让喷出的混凝土层面做到光滑、平顺。

初喷厚度通常控制在 3～5cm，然后再分层喷射，直至达到设计厚度位置。

保护层厚度要大于 2cm、钢板网不外露、喷混凝土表面要圆顺平整。

要随时检查喷混凝土厚度，若厚度不平或者厚度不够，那么则需要进行补喷。

若出现了滑移、下坠和开裂等现象，要清除重喷。

5）钢筋安装绑扎

钢筋先在外部加工好，径级大于 12 的钢筋长度不能太长（约 3m），否则难以通过检查井运入洞内。

利用洞壁锚筋焊接架立钢筋，然后进行环向、纵向钢筋绑扎与焊接，同时安装固定好变形缝的止水带。

6）喷射洞壁混凝土

洞壁混凝土也采用喷射混凝土。按设计的变形缝分段喷射，先喷射拱部、边墙混凝土，然后再浇筑底部混凝土。

喷射混凝土拱部和边墙喷射混凝土施工工艺同喷射混凝土支护。

7）内壁抹灰修整

用 1∶2 的水泥砂浆在内壁面进行压光、浆面。抹面时务必要做到平整、光滑，洒水养护工作可以在混凝土凝结后进行，14d 为适宜的养护时间

8）外壁灌浆

为了提高洞壁与周边土体接触的密实度，减少地表的下沉，待拱涵混凝土全部完成、混凝土强度达设计强度的 70% 后，在不影响洞内施工的前提下，由外向内及时跟进灌浆施工。灌浆孔在拱顶部布设，每孔间距为 2m，在顶拱叶面喷射支护混凝土时按设计孔位埋设 φ25 塑料（钢）管。灌浆采用普通硅酸盐水泥（42.5 级），灌注水灰比为 1∶1，对空隙大的部位灌注水泥砂浆，相对密度大于水泥重量的 200%。注浆压力 P 为 0.3～0.5MPa。空隙较大部位（发现初灌注时注浆压力非常小时）应灌注水泥砂浆，掺砂量不大于水泥用量的 200%。在设计压力下，灌浆孔停止吸浆，延续灌注 5min 即可结束。

第6章 城市排水附属设施

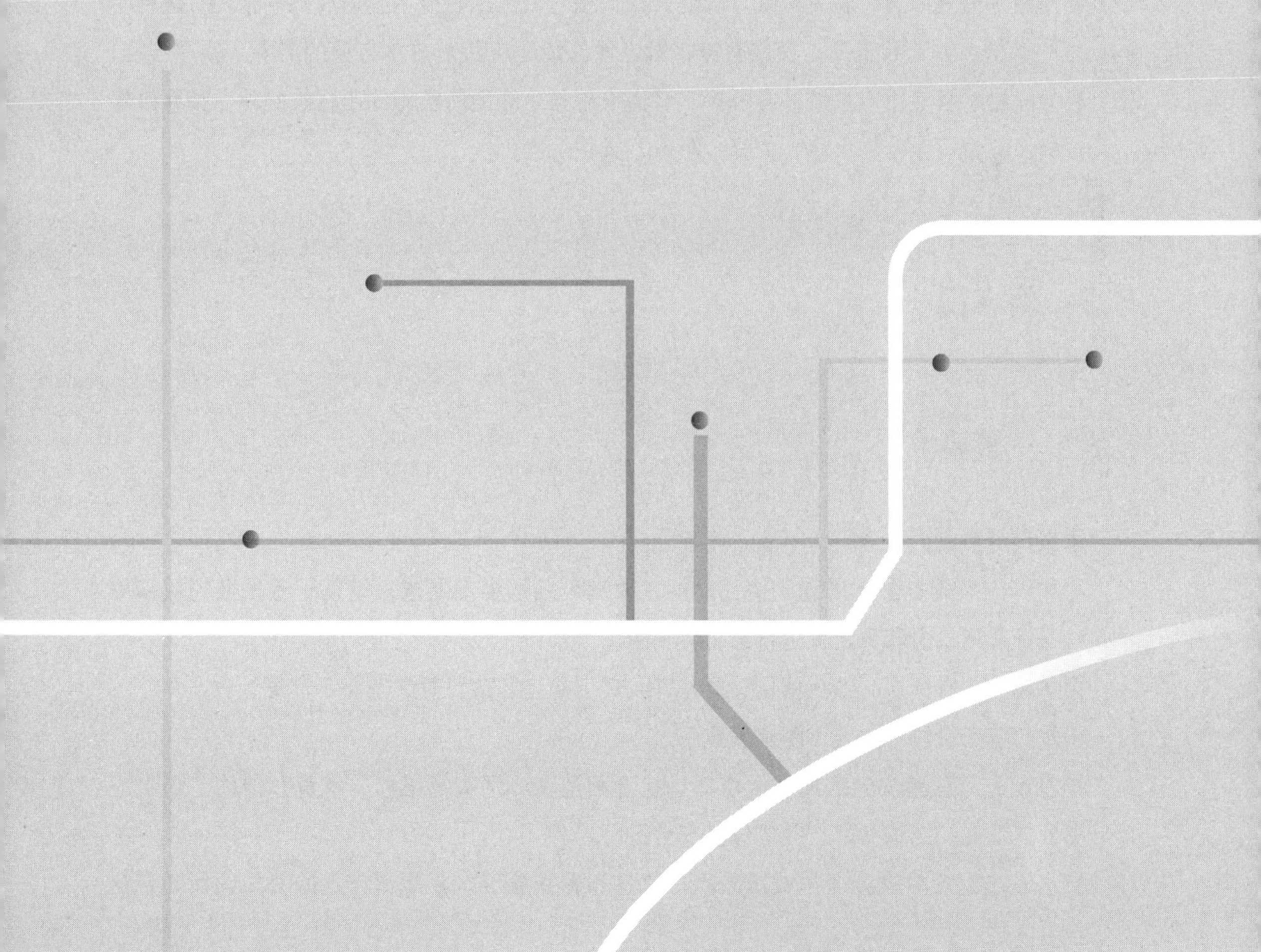

为了排除污水，除管渠本身外，还需在管渠系统上设置某些附属构筑物，这些构筑物包括雨水口、检查井、排水口、截流装置、倒虹吸管等。城市排水附属设施是城市排水系统中不可或缺的一部分，它们对于保障排水系统的正常运行、提高排水效率及维护城市环境起着重要作用。

6.1 原则

为保证排水管渠设施完好，应及时对各种损坏与不良情况进行维护与修理。根据设施损坏情况，将养护修理工程项目进行分类，分为整修、翻修、改建、新建等。整修工程，指原有排水管道设施，遭受到各种局部损坏，但主体结构完好，经过整修来恢复原设施完整性。翻修工程，指原有排水管道设施，遭受到彻底结构性破坏或主体结构完全损坏，必须经过重新修建来恢复原有设施完好性。改建工程，指对目前原有排水管道设施等级现状进行不同规模的保护、改造和提高，使原有排水管道设施能适应目前排水方面的需要。新建工程，指完善原有排水管道排水系统，发挥排水管道设施排水能力所实施的工程。此外，按照维修工程规模及投资可以分为大修、中修、小修、维护等类别。

6.2 雨水口

6.2.1 一般要求

雨水口养护宜白天进行，不宜夜间作业。

雨水箅应当具备防坠落和防盗窃功能，并满足结构强度要求。设置于道路上的城镇雨水口，保证其承载力和稳定性等符合相关要求。

雨水箅周边宜标识“禁止倾倒”“严禁压占”“防止坠落”等文明警示标语。

雨水口宜架设垃圾拦截、防臭装置。

排水设施运营单位应定期对雨水口进行全面巡查、清掏和维修、检查和评估、防汛应急，保证其功能和结构完好，并确保其安全运行。

排水设施运营单位应根据城镇雨水口数量和养护管理水平配备充足的养护设备及专业养护技术人员。

排水设施运营单位应制定本辖区的城镇雨水口养护管理办法，并依据道路养护等级和评估结果制定城镇雨水口养护目标及计划，建立养护档案。

养护作业前，应对作业人员进行质量、环境、职业健康安全培训教育和安全技术交底，告知作业内容、注意事项及应采取的保障措施，并应履行签认手续。

施工现场养护作业人员应配备安全和劳动保护用品并正确佩戴，应按照《道路交通标志和标线　第 4 部分：作业区》GB 5768.4—2017 要求设置安全警示标志。作业完毕后，应清理现场并及时撤离，保证人员、设施、设备安全。污泥的运输与处理处置应符合《城镇排水管渠与泵站运行、维护及安全技术规程》CJJ 68—2016 相关规定。

养护期间应设置围挡和安全标志加以保护。

6.2.2　巡查

城镇雨水口巡查分为外部巡查和内部巡查。雨水口外部巡查应按道路养护等级分别制定巡查周期，Ⅰ等道路雨水口宜每日 1 次，Ⅱ等道路雨水口宜两日 1 次，Ⅲ等道路雨水口宜三日 1 次；内部巡查每季度不应少于 1 次。如遇到汛期、突发事件、重点路段、重大活动等应增加巡查频率。

汛期前应对城镇雨水口进行巡查；小雨、中雨时宜每 12h 对城镇雨水口巡查 1 次；大雨、暴雨时宜每 6h 对城镇雨水口巡查 1 次，并应在易积水点配备专业人员监视城镇雨水口运行情况；突发事件、雨后宜在 4h 内对城镇雨水口巡查 1 次；重点路段宜每天巡查 1 次；遇重大活动需要封闭道路前，活动区域的城镇雨水口宜在活动前 48h 巡查 1 次。城镇雨水口外部巡查主要内容应包括：雨水口及周边路面是否沉降、积水；雨水箅及雨水口框是否缺失或破损，箅框差和箅框间隙是否超限；雨水箅孔眼是否堵塞；是否满井、外溢，是否散发异味；

雨水口框、箅是否凸出、凹陷、跳动或异响等。

城镇雨水口内部巡查主要内容应包括：雨水箅铰、链条是否损坏，防盗功能是否完好；井墙是否存在裂缝、渗漏、抹面剥落；是否存在积水、积泥或杂物；是否存在雨污混接、私接连管、井体倾斜、连管异常；截污装置是否破损；防臭装置是否有效。

在巡查中发现雨水箅缺失或损坏，冬季因城镇雨水口满井、外溢引起路面结冰等影响车辆和行人安全的情况时，应立即设置警示标志，并在 6h 内修补恢复；排水设施运营单位接到雨水箅缺失或损坏上报信息后，须在 2h 内安放护栏和警示标志，并应在 6h 内修补恢复。

城镇雨水口巡查应当日填写巡查记录表，当日汇总并及时维修，维修完成后，应及时闭合巡查记录表，整理归档。

城镇雨水口巡查宜使用信息化终端设备对巡查路线进行记录，生成巡查轨迹。城镇雨水口巡查宜使用信息化终端设备对巡查路线进行记录，生成巡查轨迹。

6.2.3 检查检测

雨水口检查检测应符合《城镇排水管道检测与评估技术规程》CJJ 181—2012 的相关规定。

城镇排水口检查检测包括功能状况检查与结构状况检测。功能状况检查的普查周期应为 1～2 年进行 1 次，易积水点应每年汛前进行功能状况检查。结构状况检测的普查周期应为 5～10 年进行 1 次。可根据实际需要进行调整。检查检测内容应符合表 6.2-1 的规定。

雨水口检查检测项目一览表　表 6.2-1

序号	类别	主要项目	检查方式
1	功能状况检查	树根、障碍物；箅、框缺损；积水；雨水口箅铰、链条缺损；防臭装置失效；截污装置松动、破损；井底积泥或杂物；雨污混接等	人巡、车巡
2	结构状况检测	井墙出现腐蚀、倾斜、缺失、塌帮等现象；井体倾斜、连管异常、异管穿入等；井壁存在泥垢、裂缝、渗漏、抹面剥落现象；异物侵入等	工具

6.2.4 养护

雨水口的养护主要是指对雨水口实施清掏和小的设施维修。清掏和维修应保留记录，并及时录入管理系统进行信息化管理。

城镇雨水口的清掏频率每季度不少于 1 次，遇汛期、突发事件、重点路段、重大活动等应增加清掏频率并加强应急保障。

重点路段宜在雨水口内加装截污、防臭等环保装置，但不应降低城镇雨水口原有泄水能力。城镇雨水口截污装置应定期清理。

雨水箅上严禁站人。

雨水口清掏可采用机械清掏或人工清掏，宜优先采用机械清掏。机械清掏可采用吸泥车、抓泥车等；人工清掏应有机械设备跟运。雨水口清掏时应采取隔离防护措施，确保污泥不落地。作业完成后，应及时清理现场，确保雨水箅安放稳固，做到“工完料尽场地清”。

雨水口养护频次不应少于 4 次 / 年。

雨水口内积泥深度应符合表 6.2-2 的规定。

雨水口内积泥深度设施　表 6.2-2

类别	允许积泥深度	
雨水口	有沉泥槽	管底以下 50mm
	无沉泥槽	管底以上 50mm

6.2.5 维修

1. 雨水口外部问题

针对雨水口外部存在的问题，具体维修措施见表 6.2–3。

雨水口外部维修措施　表 6.2–3

序号	雨水口外部存在问题	维修措施
1	雨水口沉降及其引起的路面沉降、积水	维修、翻建雨水口；雨水口周围路面的铣刨、加层
2	雨水箅及雨水口框缺失或破损，箅框差和箅框间隙超限	更换配套的雨水箅、雨水口框；调整箅框差、箅框间隙
3	雨水箅孔眼堵塞	清理雨水箅
4	满井、外溢、散发异味	清掏雨水口，疏通、清洗连接管
5	雨水口框、箅突出、凹陷、跳动或异响	调整或更换雨水口框、箅

2. 雨水口内部问题

针对雨水口内部存在的问题，具体维修措施见表 6.2–4。

雨水口内部维修措施　表 6.2–4

序号	雨水口内部存在问题	维修措施
1	雨水箅铰、链条损坏；防盗功能失效	修复雨水箅铰、链条功能；修复防盗功能
2	井墙裂缝、渗漏、抹面剥落	修复雨水口结构
3	积水、积泥或杂物	修复雨水口泄水功能
4	雨污混接、私接连管、井体倾斜、连管异常	封堵雨污混接、私接连管；修复井体结构；修复连管功能
5	截污装置破损	维修或更换截污装置
6	防臭装置失效	维修或更换防臭装置

3. 雨水口修补

（1）砌体雨水口

1）井墙腐蚀、损坏、塌帮等引起的雨水口沉降，应拆除到完好界面，并在界面处涂刷墙体用界面处理剂。

2）砌筑材料应采用与原雨水口结构材料一致或不小于原结构强度等级的材料。

3）整平、调整箅框高度时不得使用碎砖、卵石或土块支垫。

（2）预制装配式雨水口

1）应凿除损坏部位。

2）采用同类型材料进行局部修补。

3）修补后进行防水处理。

（3）一体式雨水口

1）应凿除损坏部位。

2）采用同类型材料进行局部修补。

3）如修补无法保证结构强度及防水功能，应整体更换。

4）回填应分层碾压夯实，其强度和稳定性不应低于该处道路结构层强度。

6.2.6 更新

雨水口井壁挤压损坏、深浅不适；或原雨水口位置不合理、类型数量不适宜；或原地面雨水口短缺，需要新增加雨水口时，应考虑雨水口翻修、改建和新建。

雨水口更新应符合下列规定：拆除原有雨水口时不得扰动、碰撞相连的管道。拆除的雨水口如基础发生沉降或破损，应先对基础进行加固。雨水口应位置正确，深度符合设计要求，安装不得歪斜。雨水箅应完整、无损，安装平稳、牢固。在整体翻建时宜采用预制装配式雨水口或一体式雨水口替代原有砌体雨水口。施工期间应设置围挡和安全标志加以保护。

6.3 检查井

6.3.1 一般要求

新建、改扩建管线工程的检查井井盖设施应与管线工程同步设计、同步施工、同步验收，验收合格后方可交付使用。

检查井翻新改造，应结合道路拓宽改造或路面大修同步进行。

各管线权属单位应加强检查井的巡查和养护，及时发现病害，及时维修，保持检查井功能完好和结构安全。

检查井的养护应与管线养护同步开展。

在车行道上养护、维修、应急处置时，应设置作业区，减少对交通的影响；在人行道上作业时，应设置行人隔离挡板，保证行人通行安全。

检查井维修时应采用防尘降噪措施，做到“工完料尽场地清”。

检查井档案应做到“一盖一编号，一井一档案”，逐步实现信息化，保证检查井管护信息数据的动态更新和管理。

检查井应具备防坠落功能，井盖应具备防盗窃功能。

检查井进行养护的同时，应同步检查雨水井和污水井内安装的液位计和有毒有害气体监测装置。

雨水管线上的检查井应安装防坠落装置。考虑到汛期过水能力，可考虑在桥区等低洼易积水地段，将雨水管线上的检查井井盖调整为旋流井盖。

污水管线上的检查井应考虑设置防顶托井盖。

6.3.2 巡查

井盖权属单位应按道路等级分别制定巡查周期。

巡查中发现井盖丢失或破损后，巡查人员应在 2h 内安装防护栏和警示标志并上报。相关应急处置单位应在 6h 内修补恢复。

检查井外部巡视每周不应少于 1 次。检查井内部检查每年不应少于 2 次。详见表 6.3–1。

检查井巡视检查一览表　　表 6.3–1

序号	位置	检查内容
1	检查井外部巡视	污水是否冒溢
		井框盖是否变形、破损或被埋没
		井盖和井框之间高差和间隙是否超限制
		井盖和井框之间是否凸出、凹陷、跳动或有声响
		井盖标识是否错误
		井盖周边道路是否有施工
2	内部检查	井盖链条和锁具是否缺损
		爬梯是否松动、锈蚀或缺损
		井壁是否存在泥垢、裂缝、渗漏或抹面脱落等
		井口和流槽是否破损
		井底是否存在积泥
		防坠落设施是否缺失、破损；是否存在垃圾、杂物
		井内水位和流向是否正常，是否存在雨污混接，是否存在违章排放、私自接管等

6.3.3 检查检测

日常巡查以目测为主，必要时可采用量泥斗等方式进行量测。检查井的内部检查，宜采用 CCTV 技术和电子潜望镜技术等进行检测。检查井日常巡查项目要求见表 6.3–2。

检查井日常巡视项目　　表 6.3–2

序号	检查项目	检查要求
1	雨水井	检查井积泥深度
2	雨水井井壁	井内是否清洁，四壁是否无结垢
3	雨水井井框	井框间隙是否小于 8mm
4	污水井	井内是否有异物
5	污水井井壁	四壁是否有明显结垢
6	污水井井框	盖框不摇动

6.3.4 养护

检查井的养护主要有清捞、井盖更换。清捞宜采用吸泥车、抓泥车等机械设备。

井框内或井内防坠落装置上的积渣、沙石等异物应及时清理，保证井盖闭合严密。

发现防坠落设施不牢固的，应及时维修或更换。

检查井养护频次不应少于 4 次 / 年。

检查井的防坠落装置宜每 2 年更换 1 次。

检查井内允许积泥深度应符合表 6.3–3 的规定。

检查井内允许积泥深度　　表 6.3–3

设施类别	允许积泥深度	
检查井	有沉泥槽	管底以下 50mm
	无沉泥槽	管径的 1/5

6.3.5 维修

1. 常见病害

检查井常见病害有井盖破损、井缺失、井盖异响、井盖标识错乱、井周路面破损、检查井倾斜、检查井位移等。

检查井常见病害等级按病害程度和影响行车的状况划分为轻度、中度、重度，相应的病害等级划分标准应符合表 6.3–4 的规定。

常见检查井病害等级划分标准　表 6.3-4

病害类型判定	标准	轻度	中度	重度
路框差（肚脐眼）	井盖顶面与路表面的相对高差小于规范限值 5mm	高差大于 5mm，小于或等于 20mm，影响行车舒适性	高差大于 20mm，小于或等于 50mm，影响行车速度和安全	高差大于 50mm，严重影响行车安全
井盖异响	车辆碾压井盖发出响动	井座减振胶条产生功能性衰减，井座和井盖之间形成小于 10mm 的高差	井盖和井座之间连接轴出现协同工作病害，车辆碾压时发出响声	井座减振胶条完全失效，井盖与井座之间的连接轴断裂，车辆碾压时产生较大响声
井盖标识错乱	井盖标识规范	检查井标识脱落	井盖表面标识不全或未按规定进行标识	井盖盖反、井盖和井座不配套
井周路面破损	井周病害程度	井边缘 0.5m 范围路面，产生裂缝、浅表破损等病害，影响行车舒适性	井边缘 1m 范围路面，产生坑槽、松散、孔洞等路面破损结构病害，影响行车舒适性和行车安全	井边缘 1.5m 范围路面，产生坑槽、孔洞、沉降等路面结构性病害，严重影响行车安全
检查井倾斜	井座及井盖产生倾斜	倾斜度大于 0°，小于或等于 2°，影响行车舒适性	倾斜度大于 2°，小于或等于 5°，影响行车速度和安全	倾斜度大于 5°，严重影响行车安全
检查井位移	井座产生位移	井座及井盖整体位移 20mm 以内，且不影响正常行车	井座伴随路基沉降产生位移，井周路面产生局部变形，影响行车安全	井座随路基沉降产生大于 20mm 的位移，井周路面出现病害，严重影响行车安全

2. 措施

轻度病害的检查井应加强日常养护；中度病害的检查井应进行维修整治；重度病害的检查井应立即采取应急处置措施。

对于踏步松动、缺损和锈蚀的，应整修并对踏步进行防腐蚀处理。

检查井井盖与井座之间出现翘曲、位移、不能正常开启和关闭的，应立即进行维修。

对于检查井来说，发现检查井井盖胶条减震功能出现退化、防坠设施破损、防盗锁紧装置失效、井盖连接轴断裂的，应及时对损坏的构件进行更换。

发现检查井井盖出现缺失、开裂、破损等影响承载力的病害，应立即对井盖进行更换。

路面检查井应采用热拌沥青混凝土维修，沥青混凝土厚度不得小于路面设计沥青混凝土层厚度。

检查井井座安装时，应先施工调节环高度范围内的沥青混凝土，待沥青混凝土冷却后再安装检查井井座及井盖，新旧沥青混凝土之间应凿毛和涂刷粘层油，检查井井座及井周沥青混凝土应与路面同步压实。

检查井维修要点见表 6.3-5。

检查井维修要点 表 6.3-5

序号	项目	维修要点
1	流槽（检查井内底）维修	雨水检查井的流槽砌筑至雨水管道的一半，污水检查井的流槽砌筑与污水管顶平齐。修复前做好导流。保证修复工作在相对较干燥的环境中实施。在修复时，为了保证流槽整体的严密性，若流槽修复程度达 40% 以上时，建议将流槽全部剔除再进行修复，修复时砂浆标号宜采用 M10 号防水砂浆。如流槽破损面较高，修复时需凿除周边 0.2m 范围砂浆层以保证修复面与原砂浆面有效衔接，并对光面进行凿毛处理
2	脚窝维修	修复时要严格执行抹面施工方法，砂浆标号应相对较高
3	踏步更换或补装	无论缺失还是补装，施工方法大多采用钻孔安装，安装时严格执行踏步安装标准规范要求，但严格控制钻孔深度，以保证踏步植入安全尺寸，封孔时应采用环氧树脂封填密实
4	墙体腐蚀修复	可采用砂浆涂层修复、速凝水泥修复、树脂喷涂固化修复
5	检查井人孔修复	可采用预制件检查井人孔、砖砌检查井人孔、砌块人孔三种砌筑方式。如破损程度过大，预制井筒需进行更换处理，小面积可进行砂浆修复。砌块人孔和砖砌人孔破损后，需将破损部分拆除后，再次进行砌筑

6.3.6 更新

原检查井井筒下沉、井壁断裂错动或挤塌，应组织在原井位置进行翻建。

原井位置不良或类型、大小、深浅、高程已不适应使用与养护工作需要的，应改建检查井。

原沟道上检查井短缺，根据使用与养护需要实施检查井的新建。

6.4 排水口

6.4.1 一般要求

排水口的巡视与维护应与排水管渠设施巡视同步进行。

应确保排水口在枯水期无污水排放，雨天溢流符合相关规定。

排水口应保持良好的排水功能和结构状况。

排水口内宜加设垃圾拦截、防臭装置。

排水管理单位应对排水口基本数据进行复核及调查，基本数据应包括：类型、排放口排放量、溢流水量，水质特征等。

新移交排水口应对现场进行初步调查，形成排水口前期调查记录表，作为后期运营维护基础资料。

枯水期发现排水口有水流出，应进行混接调查。

排水口养护应在汛前进行检查，并清除淤泥、垃圾等阻碍水流的杂物，保证水流畅通。

排水口污泥处置应符合通沟污泥处理与处置有关规定。

6.4.2　巡查

排水口巡查内容应包括基本参数、溢流频次、出水流量、出水水质等。

岸边排水口外部巡视每周不少于 1 次，应包括查看附近是否存在堆物、搭建、垃圾等；挡墙、护坡及跌水消能设施是否破损。

江心式排水口外部巡视每周不少于 1 次，应查看周边水域是否存在拉网捕鱼、船只抛锚或工程等情况；标志牌字迹是否清晰，结构是否完好。

6.4.3　检查检测

当排水口处于自然水体以下时，宜采用声纳探测协助定位排水口。水质检测采样点应选取上游未发生倒灌的检查井内水样。

岸边排水口淤积情况检查每年不应少于 1 次，宜在每年枯水期进行。

江心式排水口检查每年不应少于 1 次，宜采用潜水的方法对河床变化、河道淤塞、构件腐蚀和水下生物附着等情况进行检查。

6.4.4　养护

及时清理岸边排水口附近的堆物、搭建、垃圾等；及时修理和加固挡墙、护坡及跌水消能设施。在每年枯水期实施岸边排水口疏浚。

江心式排水口处的标志牌应定期检查和涂刷油漆，确保字迹清晰，结构完好。江心式排水口宜采用潜水的方法对河床变化、河道淤塞、构件腐蚀和水下生物附着等情况进行检查。宜定期采用满负荷开泵方式进行水力冲洗，保证排放管和喷射口的畅通。每年冲洗的次数不少于 2 次。

6.4.5　维修

排水口的维修主要是对挡墙、护坡及消能设施进行维修。尤其是对于发现的裂缝、倾斜等损坏现象应及时修复。

6.4.6 更新

根据检测情况实施更新修复。

6.5 截流装置

6.5.1 一般要求

截流设施是指截流井、截流干管、溢流管及防倒灌等附属设施组成的构筑物和设备的总称。截流设施一般设在合流管渠的入河口前，也有的设在城区内，将旧合流支线截流后接入新建分流制的污水系统。

合流污水的截流可采用重力截流和水泵截流。在我国大部分地区，当合流制排水系统雨水为自排时，采用的截流方式大多为重力截流，即截流井截流的污水通过重力排入截流管和下游污水系统。随着我国水环境治理力度的加大，对截流设施定量控制的要求越来越高，有条件的地区大多采用水泵截流的方式。截流水泵可设置在合流污水泵站集水池里，也可设置在截流井中。重力截流方式较为经济，但是不宜控制各个截流井的截流量，在雨量较大或下游污水系统负荷不足时，系统下游的截流量往往会超过上游，从而造成上游的混合污水大量排放，且污水系统的进水浓度大幅降低。可采用浮球控制调流阀控制截流量，从而保障系统每个截流井的截流效能得到发挥，避免大量外来水通过截流井进入污水系统。对截流设施定量控制要求高的地区可采用水泵截流方式。

截流井溢流水位应在设计洪水位或受纳管道设计水位以上，当不能满足要求时，应设置闸门等防倒灌设施，并应保证上游管渠在雨水设计流量下的排水安全。

截流井内宜设流量控制设施。

6.5.2 巡查

截流设施巡视应包含下列内容：截流堰等构筑物是否完好；截流闸门、拍门等设备是否处于正常状态；垃圾杂物是否及时清理；截流口行水是否顺畅。

6.5.3 检查检测

截留井因为长期含有水，所以不能使用 CCTV 检测。目前尚无好的检测方法。

6.5.4 养护

截流设施养护包括检查井清理、截流堰、槽的清理和截留管道的疏通等。应每月养护 1～2 次。对于设置有阀门和流量控制的截留装置，按照相关的阀门和仪表要求进行设备润滑、点检等，并实施仪表维护。

6.5.5 维修

随着排水体系的改造，截留装置逐渐会被废弃。在实际运行中，对于截留装置的维修主要分为两方面，一方面是闸门如螺杆、液压系统等维修；另一方面是对设施进行维修。

6.5.6 更新

截流井较少更新。随着排水体系的改造，截留装置逐渐会被废弃。

6.6 倒虹吸管

6.6.1 一般要求

要关注并检查倒虹吸管段的垃圾和杂物，应进行及时清理。

6.6.2 巡查

过河倒虹吸管应重点检查淤积和接口渗漏、上游和下游倒虹井水位差、上游倒虹井漂浮物等。

6.6.3 检查检测

宜采用声纳检测。检查内容为淤积、腐蚀、接口渗漏、河床冲刷、管顶覆土等。重点检查淤积和接口渗漏、上游和下游倒虹井水位差、上游倒虹井漂浮物等。检查频次应为每月 1 次。

6.6.4 养护

倒虹吸管应定期清理，每季度养护 1 次。采用水力冲洗养护时，冲洗流速不宜小于 1.2m/s；过河倒虹吸管的河床覆土小于 1.0m 时，应及时采取抛石等保护措施；在通航河道上设置的倒虹吸管保护标志应保持结构完好和字迹清晰；倒虹吸管养护需要抽空管道时，应先进行抗浮验算；倒虹吸管沉砂井应定期清理。

6.6.5 维修

倒虹吸管主要是进行裂缝等病害维修。具体详见管线维修相关内容。

6.6.6 更新

根据检测情况进行更新修复。

第 7 章

城市水污染治理技术

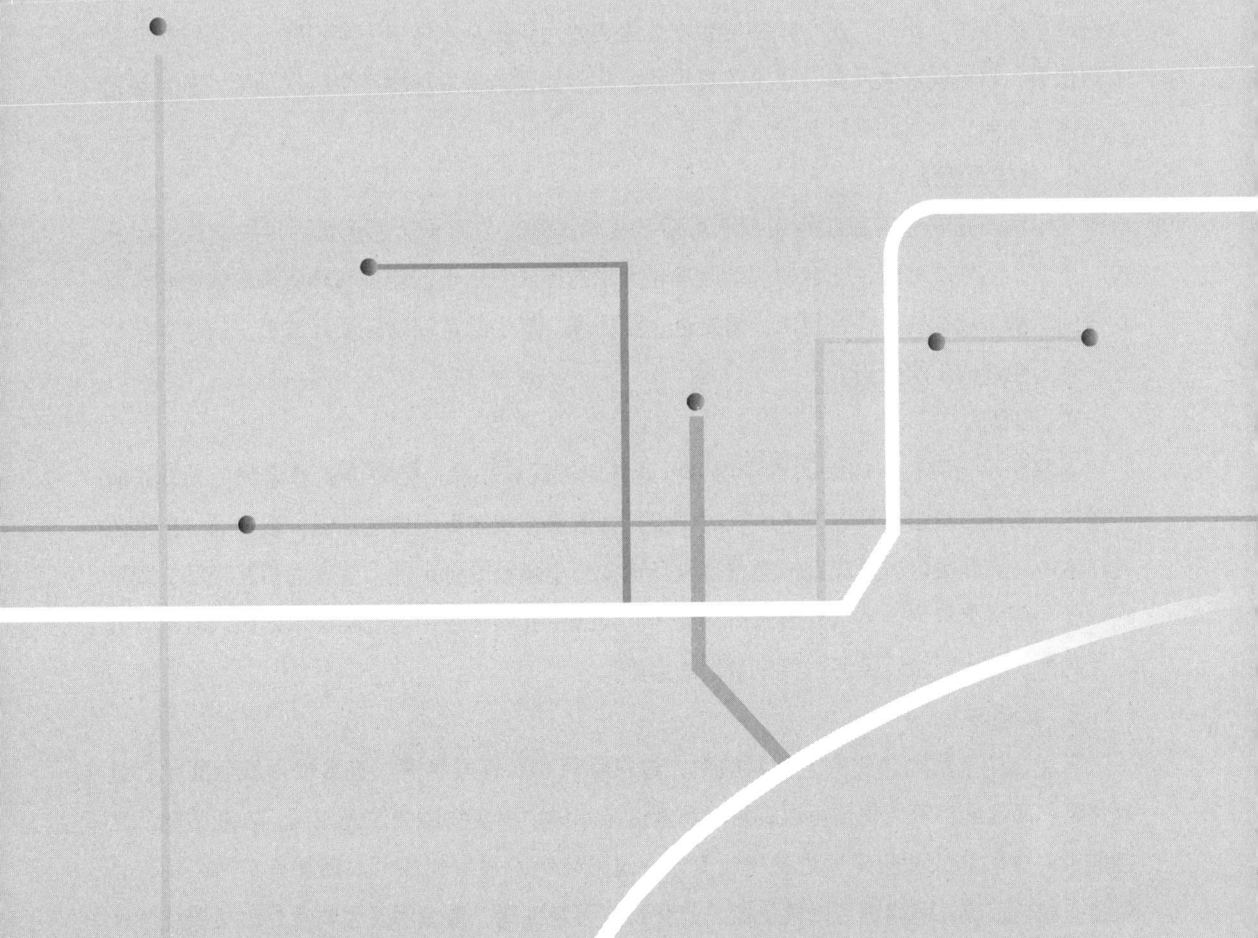

当前国内水污染治理的重点有黑臭水体治理、合流制污染溢流控制和污泥处理处置。针对现状，介绍黑臭水体治理、合流制溢流污染控制、管网检测和污水污泥处理新技术等。旨在通过这些技术的应用，排水设施实现提质增效，水环境得到系统性的改善。

7.1 黑臭水体治理技术

7.1.1 化学处理法

通过投加化学药剂与受污染沉积物之间的化学作用使沉积物中的有害物质减量，同时让污染物在底泥中脱离或转变为低毒或者无毒的稳定化学形态的方法，称为化学处理法。化学处理法主要包括化学沉淀法、混凝法和氧化法等。

化学处理法尤其适用于处理紧急情况下黑臭水体污染事故，具有快捷高效的特点；缺点是成本比较高。此外，由于未将导致水体黑臭的污染物从水体中完全消除，只能维持短期治理效果，常出现水质反弹、重复黑臭现象。化学处理法易对环境产生二次污染，甚至会造成水体生物死亡，因此难以长期应用。

1. 化学沉淀法

化学沉淀法是通过在废水中加入可溶性化学试剂，与离子态的无机污染物发生化学反应，生成不溶性或难溶性化合物沉淀而净化废水的方法。由于沉淀剂和环境条件的影响，沉淀法的出水浓度往往不符合要求，需要进一步处理，产生的沉淀物必须经过良好的处理与处置，否则会造成二次污染。

2. 混凝法

混凝法是指颗粒中较大的悬浮物可以通过自然沉淀去除，但较小的悬浮物，尤其是胶体颗粒沉降非常缓慢，可以在水中长时间保持分散悬浮状态而不自然下沉，很难通过自然沉淀从水中分离和去除。混凝剂的原理是破坏这些细小颗粒的稳定性，使它们相互接触并凝聚在一起，形成絮状物，下沉分离来净化废水。实践中有单独采用磁混凝技术或磁混凝耦合其他生物处理技术对微污染河水实施治理的案例。

3. 氧化法

氧化法中常用的氧化剂有次氯酸钠、过氧化氢和高锰酸钾等。直接使用次氯酸钠、过氧化氢和高锰酸钾等氧化剂可以实现对严重污染水体中黑臭物质的快速控制，次氯酸钠和高锰酸钾对去除 Fe^{2+} 和酸挥发性硫化物有效；过氧化钙的强氧化性可以降解有机污染物，且可强化硝化反应，硝酸钙可降解氨氮、硫化物、可溶性磷、重金属及生物毒性。主要化学反应原理如下。

$$2CaO_2+2H_2O \rightarrow O_2+2Ca(OH)_2 \quad (7.1\text{–}1)$$

$$CaO_2+2H_2O \rightarrow H_2O_2+Ca(OH)_2 \quad (7.1\text{–}2)$$

$$Fe^{2+}+H_2O_2 \rightarrow \cdot OH+OH^-+Fe^{3+} \quad (7.1\text{–}3)$$

但需注意，采用氧化剂仅适用于黑臭水体的应急处理，长期使用需考虑生态风险。

7.1.2 生物强化法

生物强化法是通过向污染水体中投加生物制剂，调控水体中微生物群体组成和数量，优化群落结构，提高水体中有自净能力的微生物对污染物的去除效率，使河水最大限度恢复其原有的自净能力。

向水体投加生物菌剂可借鉴污水处理厂的做法，人为增加、筛选优势菌株，但水体是非常复杂的体系，与污水处理厂相比不可控因素众多，菌株变异、死亡风险较大，甚至会引发水质恶化，因此河道“原位污水处理化”的做法有待进一步研究。

需注意，投加生物菌剂后对水体溶解氧提出更高要求。因大量生物菌剂投入水体导致水体中微生物量激增，对水体溶解氧浓度需求增加，必须持续供氧，否则容易形成厌氧环境，加剧水体黑臭。微生物菌群在水体中使用的安全性、遗传稳定性均需进一步验证

1. 复合微生物菌剂

复合微生物菌剂一般由光合菌类、放线菌类、乳酸菌类、酵母菌类等数种微生物菌群组成，其中既有分解性细菌，又有合成性细菌，既有厌氧菌、兼性菌，又有好氧菌，是一个多菌种互惠共存的生物体。如利用微生物菌剂对昆明市西坝河下游进行生物修复的研究表明，采用该微生物菌剂能够去除臭味，对 BOD_5、COD、TN、TP、浊度的去除率分别为 33%～58%、13%～48%、5%～42%、12%～46%、24%～90%，促进污染水体向良性生态区系演替，水体基本恢复至洁净状态，黑臭现象得到消除。

2. 生物促生剂

生物促生剂一般是由矿物质、有机酸、酶、维生素和营养物质混合而成的天然复合品，其核心是微生物促生技术、微生物解毒技术和小分子有机酸提炼技术。生物促生剂可加速好氧微生物分解水体与底泥中有机污染物的速率，有效抑制水中产臭微生物生长，促使系统内微生态结构优化与多样化，达到水体自净修复的目的。目前应用于水体污染修复的主要有微生物酶制剂与促生剂。

将水体净化促生剂投加到上海市徐汇区上澳塘黑臭水体，对其进行生物修复。研究结果表明：经该促生剂治理后的水体 COD 由 50～70mg/L 降至 30mg/L 左右，BOD_5 由 25～30mg/L 降至 10mg/L 左右，水体透明度由 20cm 升至 70cm，水体 DO 由接近于 0mg/L 提高至大于 2mg/L。

3. 基质竞争抑制剂

底泥中有机物的溶出导致水中溶解氧的下降，氮磷的释放会造成水体的富营养化，而底泥中的微生物在缺氧情况下分解有机物会产生硫化氢气体。因此，受污染底泥会严重影响到上覆水体的水质。向水体中投加电子受体或共代谢基质，提高底泥土著菌群的氧化还原电位（ORP），使其抑制产黑臭微生物的厌氧呼吸作用，并在底泥表层形成一个氧化层，进而改善河道的自净能力，可为河道的治理提供便利条件。

Hitzmando 提出反硝化抑制硫酸盐还原菌（Sulfate Reducing Bacteria，SRB）活性的设想，通过投加硝酸盐等物质，刺激土著微生物，特别是反硝化细菌（DNB）的生长，利用生物竞争淘汰的方法，提高反硝化细菌的生态位，降低硫酸盐还原菌的生态位，使其还原功能被抑制，不产生硫化氢。Babin 等人用硝酸钙对腐败散发臭味的排水沟沉积物进行了处理，不仅控制住了臭味，释出的硫化物浓度减少了 99.5%，而且 ORP 提高到正值，能长期地控制硫化物产生。

使用基质竞争抑制剂修复河涌是一种新型、有效的修复技术，相对于以往原位处理底泥的方式而言，利用硝酸盐作为电子受体能够更有效的抑制 FeS 生成，并且投加硝酸盐可抑制底泥厌氧状态下释放磷酸盐，有效持续时间随硝酸钙投加量的增加而延长，避免由于污染物的再次悬浮而对上层水质造成二次污染。但目前该技术尚处于实验阶段，尚无应用。

7.1.3 外调水法

城市再生水不便于作为水体补水水源时，部分城市为保证生态基流外调江河湖库水来改善黑臭现状。外调水具有改善、提高水体流动性的优点，但应注意避免外调水后城市水体出现藻类暴发。

实施外调水法的前提是做好监测与预处理工作。外调水中污染物种类和浓度直接影响城市水体水质。可对其 DO、ORP、NH_3-N、叶绿素、藻毒素、BOD 和高锰酸盐指数等指标进行日常监测和评估。若外调水水质不佳时，可采取必要的预处理措施，减少污染物排入量。

7.2 合流制溢流污染控制技术

7.2.1 快速净化

1. 一级强化

沉淀池是污水处理工艺的初级单元，对可沉淀颗粒污染物具有较好的去除效果，是最早用于合流制溢流污染控制的技术措施之一。目前，随着絮凝剂行业的发展，更有效地推动了化学一级强化工艺的应用。在污水处理厂内通过建设化学一级强化处理设施，可作为合流制溢流污染的快速净化处理单元。投加微砂、磁粉或回流污泥作为絮凝核心，以实现更优的絮凝沉淀效果，加砂沉淀、磁混凝沉淀、高密度沉淀等高效沉淀工艺逐渐发展成熟并成功用于合流制溢流污染处理。

如 Seine Aval 污水处理厂位于法国巴黎下游的塞纳河畔，是欧洲最大的污水处理厂之一，承接了巴黎近 80% 的生活污水，设计规模 17 万 m^3/d。该污水处理厂设计了旱季、雨季 2 种运行模式，加砂沉淀单元由 9 座高速沉淀池（Actiflo®）组成，在旱季处理生物池出水，在雨季处理合流制雨、污水与生物池出水的混合污水（混合比例由降雨强度决定），最大处理能力 30～35m^3/s，如图 7.2-1 所示。

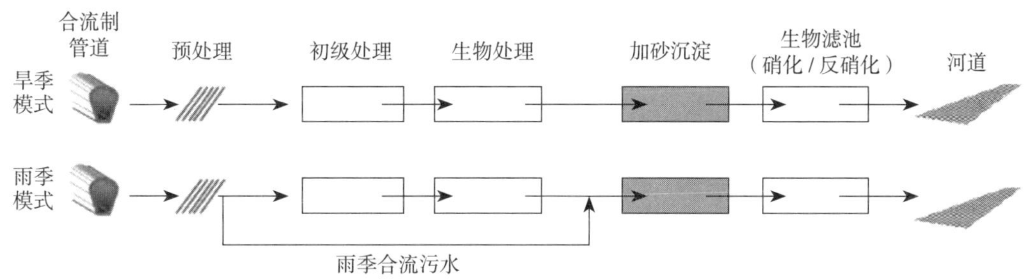

图 7.2-1　Seine Aval 污水处理厂旱季、雨季运行模式

2. 旋流分离

旋流分离是一种利用离心沉降原理从液体中分离固体颗粒的技术工艺，根据动力来源不同可分为水力旋流分离和压力旋流分离。旋流分离器对大颗粒污染物去除效果较好，易实现规模化和连续运行，具有占地面积小、建设费用低、操作简便等优点，旋流分离设备通常作为溢流污水排放到水体之前的一种简易处理装置使用，是城市老旧城区和繁华地段等密集区域控制降雨污染的首选。

如安徽省巢湖市小王庄在溢流污染末端控制中采用了水力旋流分离设施，消减雨季溢流负荷。国内高校建设有部分压力旋流装置。典型的有江苏大学在镇江第三人民医院进行的雨水处理与回用示范工程中采用水力旋流分离器，设计处理规模为 15m^3/h，采用地下式安装，无水泵提升；清华大学设计并运行了常州晋陵泵站道路初期雨水示范工程，选用能有效分离 40μm 以上颗粒粒径的压力旋流分离器，处理规模为 60m^3/h；安徽建筑大学于合肥南淝河清Ⅰ、清Ⅱ冲沟泵站内建造了溢流污水就地处理技术示范工程，利用泵站原有压力进入压力旋流分离器进行处理，处理规模为 55m^3/h。

3. 快速过滤

合流制溢流污染的过滤处理通常是指利用格栅、筛网、固体颗粒、滤布等介质的过滤截留作用实现固、液物理分离，在沿河截流干管或溢流口设置过滤装置是溢流污染末端控制的常用方法。但传统的颗粒介质过滤由于其较低的表面负荷和较大的占地面积，通常难以满足快速净化处理的技术需求。当前，有研究将滤布和可压缩介质过滤应用到合流制溢流污染控制中，也有部分项目采用纯 MBR 膜进行过滤。

位于美国俄亥俄州的 Springfield 污水处理厂，2014 年建成高速过滤处理系统，在旱季用于市政污水的三级处理，在降雨期间用于合流制溢流污染的快速处理，设计处理规模为 38.85 万 m^3/d。该高速过滤系统采用 WWETCO FilterTM 可压缩介质过滤设备。

日本东京都北多摩二号水再生中心采用高速过滤技术处理合流制排水（图 7.2-2），该污水处理厂原有 4 个初沉池，将 4 号初沉池的二分之一改造为高速过滤池。通过运行采样分析，高速过滤池对合流制溢流 BOD_5 去除率可达 50%～70%，SS 去除率可达 65%～75%。由于不需要投加药剂，运行费用远低于高效沉淀池。

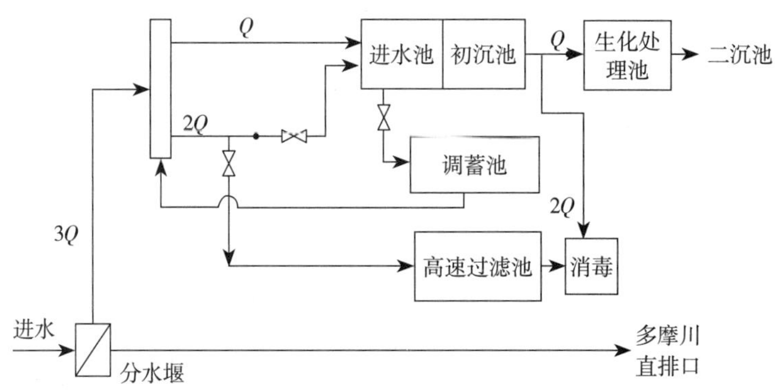

图 7.2-2 东京都北多摩二号水再生中心采用高速过滤技术处理合流制排水

国内长江保护项目中某应急工程，主要收集处理排放口处溢流污水，采用安装周期短、工程投资更省的全装备化纯膜 MBBR 系统作为核心处理工艺。该系统由纯膜 MBBR 高效能生物反应单元及超速净化单元组成。纯膜 MBBR 系统通过生物膜对微生物的有效持留，降低活性污泥中惰性物质的含量，提高主要功能菌的相对丰度，进而提高系统的抗冲击能力，减少工程的占地面积。该应急工程于 2019 年下半年建成通水；运行分为旱天、雨天模式。旱天时，处理能力为 10000m^3/d，设计流量系数为 1.3；雨天时，处理能力为 15000m^3/d。

7.2.2 截流

无论是明确的排水体制设计，还是若干混流制的实际运行，因管网建设、运行维护、系统故障等均有可能发生晴天或降雨引起的溢流污染，需通过有效截流设施的设计与建设，形成受控溢流，从而达到控制径流、溢流污染的目的。截流设施作为基础配置是完善管网系统的关键，是确保实现控制径流或溢流污染的基础，其设计和应用的要点在于选用何种形式或配置的设施。

1. 传统截流

传统截流井主要包括堰式、槽式与堰槽结合式。其主要应用于合流制管网系统。现行设计规程已有明确的应用与限制条件。但随着水环境问题日益突出，涌现许多新兴截流装置。对截流设施的要求包括溢流口防倒灌、溢流口拦截漂浮物和悬浮物、截流口流量限制或调控、部分截流口可防倒灌、部分位置截流的污水可提升高程、部分位置需采用一体化截流装置，以节省工期与现场施工量等。传统截流井已不能完全适应多种工况下的实际应用。传统截流井多用于合流制管网，但分流制管网中初雨径流污染控制的需求及若干场合混流制运行的现状，将截流井的应用范围扩展至所有管网系统。

2. 新型截流

新型截流井应用或推广的设备有闸门、拍门 / 鸭嘴阀、限流阀、水力浮筒阀、下开式堰门、旋转式堰门、可调式堰门等。见表 7.2-1 和图 7.2-3 ~ 图 7.2-5。

截流井设备配置　表 7.2-1

型式	截流口	溢流口	其余设施
1	调流阀 / 闸门	调流阀 / 闸门	浮渣挡板
2	调流阀 / 闸门	下开式堰门	—
3	调流阀 / 闸门	旋转式堰门 + 浮动式堰门	格栅

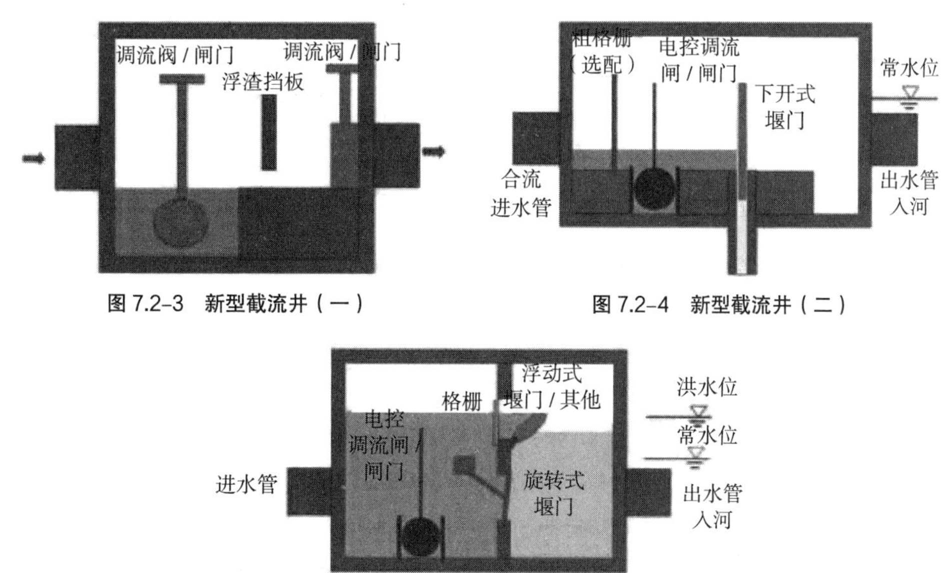

图 7.2-3　新型截流井（一）

图 7.2-4　新型截流井（二）

图 7.2-5　新型截流井（三）

从技术角度可知，新型截流井（一）主要应用于管径相对较小的管网与较小的支流河道，以及占地受限的位置。新型截流井（二）与新型截流井（三）对工况的适用性更强。新型截流井（二）少量应用于管控液位差在 2m 之内的工况。新型截流井（三）主要应用于管控液位差更大的工况，由于其功能齐全，应用相对较多。

7.2.3 调蓄

近年来，深层排水调蓄隧道作为调蓄设施得到较多应用。

深层排水调蓄隧道是指埋设深度较大（一般超过地下 40m）、管径较大的城镇排水调蓄隧道。其主要的工程目标是解决城市出现的雨水管理问题，如合流制系统的雨天溢流污染问题等。该类隧道主要服务于老城区合流制区域，用于收集并存储降雨过程中合流制区域超过截流能力的溢流污水，或部分新建区分流制系统的初期雨水；雨停后将其输送至污水处理厂处理后排放。典型案例：英国 LEE 隧道和泰晤士河 Tideway 隧道、澳大利亚悉尼 Northside Storage 隧道、美国 Atlanta West Area 合流制溢流污染控制隧道等。我国国内试点建设的广州东濠涌隧道、上海苏州河深层调蓄管道工程是兼顾溢流污染控制和城市内涝防治功能的复合型隧道。

7.3 管网检测技术

7.3.1 电法测漏定位仪检测技术

1. 工作原理

电法测漏定位仪是将其中一个电极探头置于管道内部，通过不断移动管道内部电极位置，测量管道内部电极与管道外部地面电极回路电流大小来判断管道是否存在渗漏。正常情况下，无破损渗漏管道壁阻抗比较高，两个电极之间的导电性回路中电流比较小；管道破损渗漏时，水会通过管壁的裂缝提高两个电极之间的导电性，回路中电流会出现尖峰。通过检测回路中的电流，可以判定管道是否有破裂、渗漏，同时根据定位系统来定位破裂、渗漏的位置。

2. 检测仪器

数据采集采用 X6 管道电法测漏定位仪，X6 管道电法测漏定位仪由控制系统、电缆盘、聚焦式电极阵列探头 3 部分构成。采用聚焦电流快速检测技术，通过实时测量聚焦式电极阵列探头在管道内连续移动时透过漏点的泄漏电流，现场检测并精确定位管道漏点，主要适用于带水非金属（或内有绝缘层）不带压管道检测，可用于新管验收、管道修复后的渗漏验证、管道泄漏点的统计分类、分级评估、检测定位等，如图 7.3–1 所示。

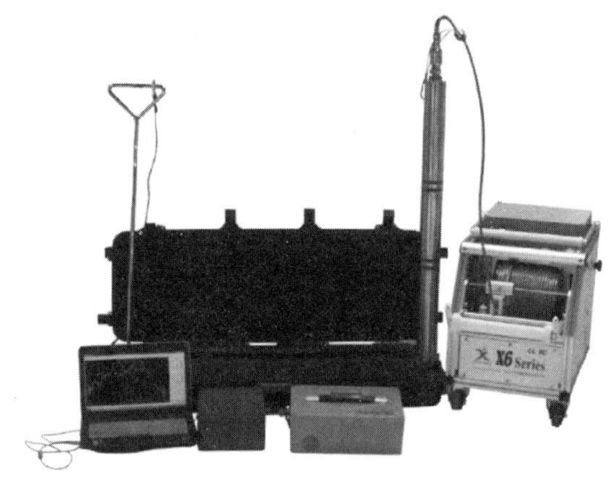

图 7.3–1　检测仪器

3. 数据采集

系统连接好后，将探头置于待检测管道的一端（假设为 A 端），利用穿井绳拖动探头至管道的另一端（假设为 B 端），测点间距 10m，单向测量完成后，再从管道 B 端反向测量至 A 端，避免探测的随机误差。对于 1km 的电法探测测线，按照测点间距 10m，单向测点为 100 个，往返 2 次测量，共 200 个探测测点，探测示意图如图 7.3–2 所示。

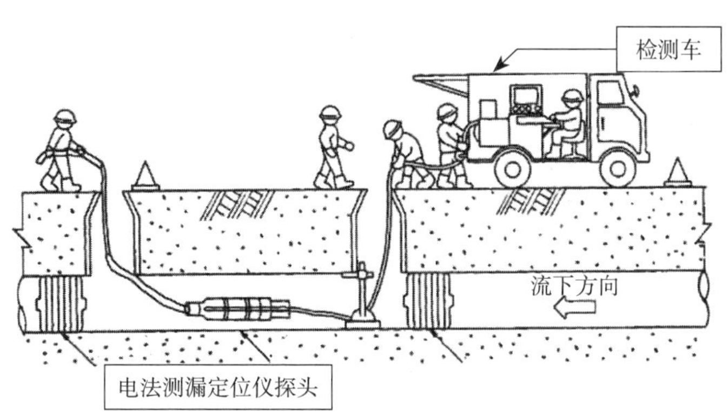

图 7.3–2　电法测漏定位仪探测示意图

4. 应用实例

双拥桥污水过河管道位于南京市鼓楼区内金川中支与主流交汇处，污水管道管径 *DN*1200mm，检测长度 18.44m，管道埋深 5.3m。该管道为片区污水收集主干管，为满流状态，管内流速快、流量大，封堵、调排水困难，用CCTV检测方法无法实现管道病害的检测。因此采用电法测漏定位仪进行检测。

电法测漏定位仪检测及结果检测前，先在管道内穿线，穿线结束、系统连接好后，将电法测漏定位仪探头置于待检测管道的一端（JCH W1检查井），利用穿井绳缓慢拖动探头至管道的另一端（JCH W2检查井），单向测量完成后，再从管道JCH W2井端反向探测至JCH W1井端。经检测，W2～W1管段共5处渗漏（图7.3–3），渗漏点距W1井口距离依次分别为5.24m、5.46m、8.69m、10.38m、16.10m，缺陷总长度0.44m，占比2.44%。根据检测结果，可以进一步指导该管道的日常养护与非开挖修复。

图7.3–3 检测位置示意图

7.3.2 水基因图谱溯源技术

1. 原理

水基因图谱溯源技术是以紫外–可见光图谱为核心，对污染水体进行实时溯源。其方法主要是采样吸收光谱法，原理是基于测定在一定光程长度的水样中，溶液的透射比T或吸光度A，并进行定量分析。当一束光通过透明稀溶液时，由于溶液的吸收，其能量会发生衰减，该衰减量表征着溶液对光的吸收程度，可以用吸光度表示。如图7.3–4所示。

2. 应用

利用水基因图谱技术进行流域污染溯源，需构建本地化的水基因溯源库，包括构建本地化涉水行业库、构建本地重点断面库和构建本地重点排水口库。收集当地疑似污水特征的同时，掌握当地地表水水环境特征情况。从而建立起一套适用于本地的水基因溯源智能库。

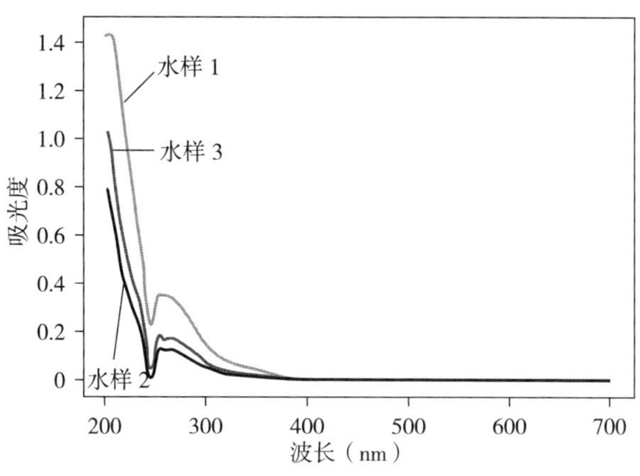

图 7.3-4　水基因溯源技术原理图

实现以水基因溯源为技术核心，以便携式水质监测设备、水质监测无人船和微型水质监测固定设备为监测平台，组合成水基因智能溯源技术体系，辅助解决水环境污染问题。“水基因溯源”污染追踪，以“水基因”溯源结果为基础，结合卫星遥感技术，锁定污染片区。利用大数据融合技术，在该片区中的诸多污染源中找到疑似污染源点，再安排工作人员现场勘察，确定污染源头。

7.3.3　荧光示踪技术

1. 原理

溯源工作中用到的示踪剂为水溶性荧光示踪剂，是一种安全、无毒、可降解的水溶性荧光染色剂，能够快速溶解在水中，在光照下产生明显的荧光染色反应，在排水管道中具有指示水流走向和管道连接关系的作用。对于井内设施特别复杂，CCTV 和全地形爬行器都无法进入，且影响到溯源进展的关键节点，可以使用示踪剂辅助判断。将示踪剂投入上游流水中，能在其下游观察到明显的荧光染色效果，据此可以推断上、下游的连接关系，进而指导溯源工作。

2. 应用案例

在某市的水环境治理工程中发现，某段由钢筋混凝土结构组成的双孔暗涵（Y1–ZK1 段）末端 ZK1 处流出大量污水，水质浑浊发臭，氨氮值较高，对下游水质影响较大，该暗涵是本次工程重点治理对象之一。为彻底治理该段暗涵内污水，需对暗涵进行系统且全面地溯源，查清污水源头和水质情况。探查区概略示意图如图 7.3–5 所示。

现场勘察发现，该段暗涵长度 300m，部分涵段横穿交通干道，地面检查井较少，暗涵内部情况较复杂，QV 设备只能探查到检查井附近的情况，且暗涵渠底水深泥厚，无法满足

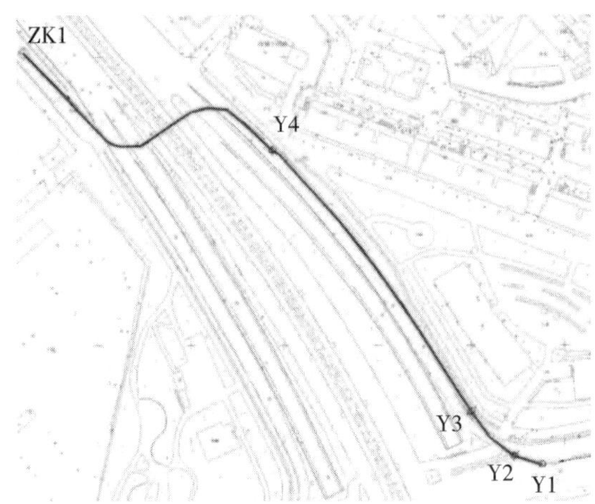

图 7.3–5　探查区概略示意图

CCTV 设备的通行条件。因此，决定投入全地形爬行器对其内部进行全面深入探测。全地形爬行器在暗涵内发现 3 个流水排口 PK1、PK2 和 PK3。进行了人工溯源，很快查明了 PK2 和 PK3 的污水源头。PK1 排口的污水来源较复杂，人工方法和 QV 未能发现源头线索，且 PK1 排口与暗渠底面存在台阶，有较大高差，全地形爬行器无法从 PK1 排口直接进入探测，因此考虑投入示踪剂配合调查。在检查井 Y1 处投入绿色荧光示踪剂，全地形爬行器在 PK1 排口外观察，约 20min 后观察到排口流水具有荧光绿色（图 7.3–6）。

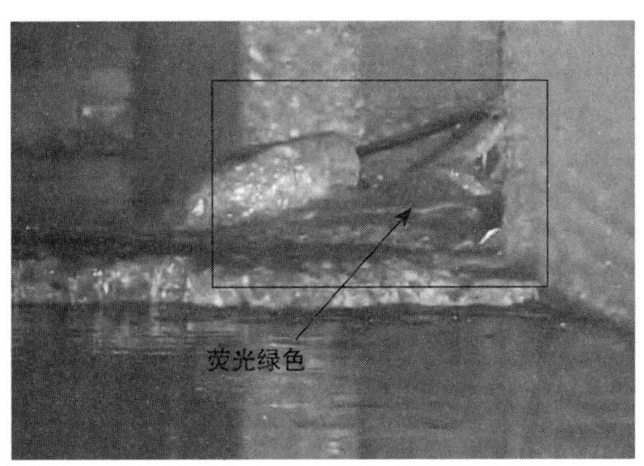

图 7.3–6　PK1 排口水流被染色

7.3.4　外水渗入检测技术

受管材老化腐蚀和施工过程不当等影响，我国城市雨水管网建成后普遍存在地下水入渗和污水混接问题。可利用排水管网入流入渗诊断技术为雨水管网混接入渗问题提供支持。根据原理不同，雨水管网混接入渗诊断技术主要分为传统技术和新技术。新技术包括物探检测技术、流量分析技术、特征因子分析技术、水动力反演模型技术。

1. 传统技术

首先需对现状排水管网进行探查，形成雨、污水系统网络图，并与地形、河流等进行结合。排查污水管网系统中的外水来源，应进行上游和下游水质、水量比对。在现状管网合流制与分流制并存，雨、污水存在混接错接的情况下，雨水系统和污水系统应当区分排查方式，统筹分析。污水混入雨水系统，并通过雨水排放口直排，或通过污水管道的破损点外渗，将降低污水收集率，使污水系统中的上、下游水量无法平衡。雨水或其他外水进入污水系统，将导致污水处理厂的进厂水量增加且水质突降。

基本的排查路线为：

雨水系统：排口晴天流水→进行水质检测→确认为有污水混入→排口上游管网进行溯源。

污水系统：按排水户性质、排水体制、泵站及主管网节点等进行排水区域划分→片区水量平衡分析→区域干管末端水质检测→分片区排查外水来源并进行定量分析。

有条件时，在排水管网重要节点处、复杂区域处布设水量和水质在线监测系统，精确检测不同时段的水量和水质，进行水量、水质平衡分析。

2. 物探检测技术

物探检测技术始于 20 世纪 60 年代，其基本原理是采用感知设备采集管道内部的物理参数，直接或间接为排水管道入流入渗问题的诊断提供分析依据。目前，物探检测技术基本形成了以 CCTV 为主的传统检测技术，以光纤分布式测温（FDTS）为代表的新型检测技术。CCTV 技术前面章节中已叙述，这里只简单介绍光纤分布式测温技术。FDTS 技术能基于沿管道铺设的光纤高频率感知空间温度变化，并根据温度变化特征诊断管道的入流入渗问题，其原理如图 7.3–7 所示。近年来，FDTS 技术已在国内外形成许多试验场景。

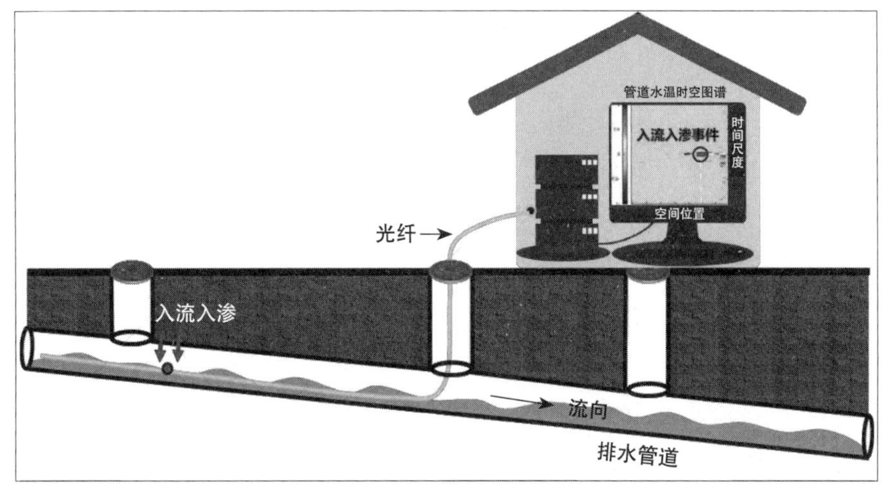

图 7.3–7　基于 FDTS 技术的排水管道入流入渗诊断示意图

物探检测技术是诊断雨水管网混接入渗的有效手段，其中，CCTV 技术主要适用于水深较浅、淤积较轻等无需实施降水、清淤操作的情形，否则将面临高昂的检测成本；FDTS 技术支持带水检测，主要适用于混接入渗水量大以及与管道原生水体之间温差显著的情形，同时还应尽可能保持光纤漂浮于水体表面并避免光纤弯曲引发定位误差和激光信号损失等。然而，上述两种方法均难以量化混接入渗的水量信息。

3. 流量分析技术

流量分析技术是实现排水管道入流入渗定量解析的重要方法，其基本原理是基于排水管网节点的流量监测数据和污染源的污水排放数据，构建封闭区域内排水系统的水量平衡方程，并通过方程求解量化排水管网中不同来源类型水体的水量输入情况。流量分析技术缺点是需要通过获取大量管道流量数据明确水量平衡方程的边界条件，具有成本高、人员投入大的问题。此外，流量分析技术还存在无法识别水体来源类型的缺陷，导致在开展排水管网入流入渗定量解析时，易将未监测到的水体错误纳入已知来源类型水体中，引发解析结果的较大偏差。对此，工程实践中常引入水质指标进行辅助分析，以提升诊断结果的准确性。如《城镇排水管道混接调查及治理技术规程》T/CECS 758—2020 中给出了通过监测雨水管道水体污染物浓度和负荷量的沿程变化诊断污水混接的技术路线。然而，该类方法仍无法精细化定量不同来源类型水体的水量。

流量分析技术是定量解析雨水管网混接入渗的有效手段，主要适用于水量平衡模型边界条件较少的情形，否则将需要安装大量管道流量计，导致诊断成本显著增加。此外，该技术对监测节点水体的流速和水深大小具有特定要求，在测量过程中还需避免传感器被垃圾缠绕或淤泥淤积引发数据测量误差。与物探检测技术相比，流量分析技术无需深入管道内部获取数据，因此操作易于实现，提高治理工作的经济和环境效益。然而该技术不能识别水体来源类型，导致解析结果的不确定性较大，易误导工程治理方向；另外，其诊断精度主要为区域水平，为实现定位还需在各检查井开展流量监测。

4. 特征因子分析技术

特征因子分析技术的基本思想为筛选针对不同来源类型水体的特异性和保守性特征因子，在此基础上建立涉及特征因子指标和贡献比例的化学质量平衡（Chemical Mass Balance，CMB）模型，并通过 CMB 模型求解，定量解析排水管网中不同来源类型水体的接入比例，在此基础上进一步结合流量监测数据可量化评估入流入渗水平。该方法技术架构如图 7.3–8 所示。

特征因子分析技术的实施关键是选择合适的特征因子，理论上特征因子应具有以下基本特征：一是在不同来源类型水体之间具有显著的指标值差异；二是在排水管道的生物地球化学作用过程中能保持较好的稳定性；三是检测限、测试精度、安全性和重现性较理想。可参考上述原则，筛选出能够适合表征不同区域的生活污水、不同行业废水、地下水的浓度型

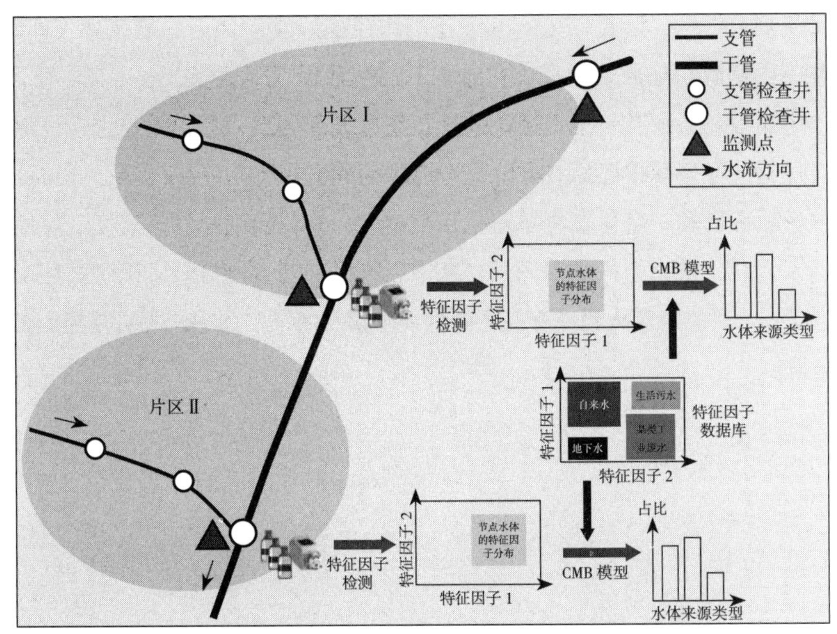

图 7.3-8　基于特征因子的排水管网入流入渗诊断技术架构

特征因子，并应用于排水管网入流入渗的诊断。

特征因子分析技术能够实现对雨水管网混接入渗水体的精细化定量解析，但主要适用于不同来源类型水体的特征因子之间存在显著性差异的场景。由于该技术仅需开展特征因子检测和部分点位流量监测，因此其诊断成本较低。然而，该技术的诊断精度一般为区域水平，为实现对混接入渗问题的定位还需在各检查井开展水质监测。

7.4　水处理技术

7.4.1　厌氧氨氧化技术

1. 原理

厌氧氨氧化工艺是一种新型的生物脱氮工艺，它的出现为生物脱氮带来了新的理念与方法。自从 1995 年 Mulder 等人在反硝化流化床反应器中发现厌氧氨氧化反应以来，环境领域和微生物领域掀起了一股研究热潮，极大的推动了厌氧氨氧化工艺的应用。

厌氧氨氧化存在于自然环境中，并在大气氮循环中起重要作用，约 50% 氮气都是由厌氧氨氧化贡献的，其广泛存在于有固氮作用发生的缺氧环境中。厌氧氨氧化在地球上的氮循环如图 7.4–1 所示。氮素转化的两条基本途径是好氧条件下的氨氧化（即硝化过程）和厌氧条件下的硝酸根还原（即反硝化过程），这是两个不同的过程。在这两个基本过程的基础上，硝酸根还原还有一条捷径。硝酸根还原成亚硝酸根后，不是继续还原成气体物质，而是有一部分亚硝酸根还原成氨，这个过程为硝酸根异化还原成氨，此过程还伴有亚硝酸盐氮的短暂积累和一氧化二氮排放。在 20 世纪 90 年代初，研究者发现好氧条件下同样可以进行反硝化，称之为好氧反硝化。在微生物研究方面也打破了硝化菌和反硝化菌的严格界限。此外，厌氧氨氧化菌亦存在于各种淡水以及海洋水体中，并且是起固氮作用的主要或唯一菌群。

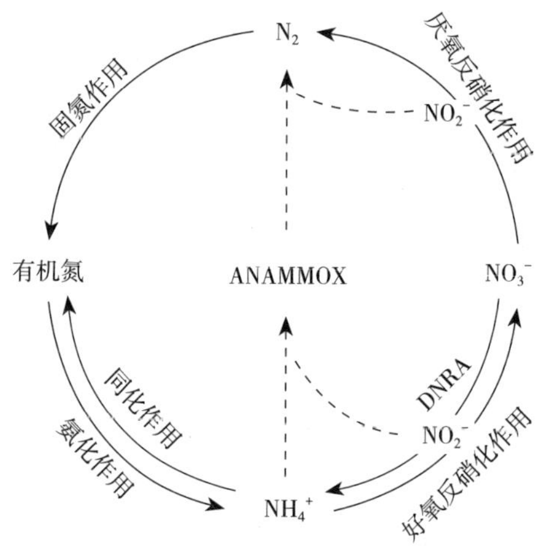

图 7.4–1　大气氮循环过程

厌氧氨氧化工艺，是基于化能自养型菌的新型生物脱氮工艺，可直接以 NO_2^- 或 NO_3^- 为电子受体，将 NH_4^+ 直接转化为氮气。反应过程如下所示：

$$NH_4^+ +1.32NO_2^- +0.066HCO_3^- +0.13H^+ \rightarrow 1.02N_2 + 0.26NO_3^- + 0.066CH_2O_{0.5}N_{0.15} + 2.03H_2O$$

厌氧氨氧化工艺与传统脱氮工艺相比具有明显的优势，厌氧氨氧化菌以亚硝酸根为电子受体，脱氮过程中不需要有机碳源。硝化过程只需将 1/2 的氨氮氧化至亚硝酸根，约节省曝气能耗 50%。厌氧氨氧化菌为化能自养菌，在脱氮过程中污泥产量仅为传统硝化反硝化污泥产量的 10% 左右，大大节省后续污泥处置费用。另外厌氧氨氧化技术应用于高氨氮废水处理中，可较大幅度节省运行费用，产生显著的经济效益。同时厌氧氨氧化工艺与传统工艺相比可减少温室气体二氧化碳的排放，环境效益明显。

2. 影响因素

（1）氨氮

虽然氨氮是厌氧氨氧化的电子供体，但其浓度过高对厌氧氨氧化菌（Anaerobic Ammonium

Oxidation，Anammox）有抑制作用。有报道显示当氨氮浓度高于 1g · N/L 时，厌氧氨氧化反应不受抑制。然而，其他研究者却发现过高的氨氮浓度会抑制厌氧氨氧化反应。有研究者发现氨氮的半抑制浓度为 770mg/L，且游离氨（FA）是真正的抑制剂。游离氨是温度和 pH 的函数，随着两者的增加而升高。文献报道中抑制浓度（13 ~ 1000mg/L）的宽泛使得归纳氨氮抑制作用比较困难。但可以明确，操作条件（pH、温度、系统设计等）、污泥的物理结构和微生物群落在工艺运行中起着重要作用。

（2）亚硝酸盐氮

NO_2^-–N 是厌氧氨氧化反应中的电子受体，其是影响厌氧氨氧化工艺稳定性的因素之一。因为它可以与有毒的不带电的分子 HNO_2 互相平衡。已有文献报道，高浓度的 NO_2^-–N 会抑制微生物活性，其抑制阈值低于氨氮。换句话说，厌氧氨氧化更易受 NO_2^-–N 抑制。基于不同实验条件和操作模式，NO_2^-–N 抑制浓度范围在 5 ~ 280mg/L。不同操作条件下 Anammox 的 NO_2^-–N 抑制研究结果见表 7.4–1。

Anammox 的 NO_2^-–N 抑制研究 表 7.4–1

反应器	操作模式	接种污泥	HRT（h）	进水 pH	T（℃）	NO_2^-–N 浓度（mg/L）	抑制作用
SBR	—	Anammox 污泥	—	—	—	＞ 100	抑制
血清瓶	序批式	硝化生物膜	—	7.0	37	＞ 185	失活
ABF	连续流	Anammox 污泥	3	7.2	37	＞ 280	抑制
Monod 测试瓶	序批式	固定床反应器中污泥	—	—	36	＞ 274	抑制
柱形反应器	连续流	Anammox 污泥	1 ~ 24	—	30	＞ 750	抑制
UBF	连续流	厌氧颗粒污泥	9.1	6.8	35 ± 1	380	–31%[a]
UBF	连续流	反硝化絮状污泥	15.3	6.8	35 ± 1	390	–85%[a]
SBR	连续流	Anammox 污泥	24	—	30	＜ 240	无抑制
UASB	连续流	Anammox 颗粒污泥	14.2	6.8	35 ± 1	280	抑制
摇瓶	序批式	Anammox 污泥	—	7.8	37	224	抑制
EGSB	连续流	Anammox 颗粒污泥	1.5 ~ 8.0	6.8 ~ 7.0	35 ± 1	768	–24%[a]

注：“a”表示对总氮去除率的抑制。

（3）氧气

Anammox 是严格厌氧菌，对 DO 敏感。研究发现，DO 的抑制与反应系统有关，比如颗粒污泥对氧的忍耐力强于非颗粒污泥，因为在颗粒污泥内部存在微厌氧区。氧气也会引起其他微生物与 Anammox 的竞争，如硝化菌，其生长速度高于 Anammox。低浓度的 DO 也会引起亚硝化与厌氧氨氧化的同时发生，导致亚硝酸盐氮的积累。

(4) 有机物

Anammox 是化能自养微生物，CO_2 是其唯一碳源。因而，进水中碳酸氢盐浓度对于 Anammox 的培养尤为重要。通常，适当的添加无机碳源会促进 Anammox 的生长及加强 Anammox 的活性。而有机物是厌氧氨氧化反应的另一重要抑制物。有机物对厌氧氨氧化的抑制主要依赖于浓度，高浓度有机物抑制 Anammox 活性，而低浓度有机物对 Anammox 并不会产生明显的副作用，反而会促进生物反应过程。了解有机物对 Anammox 的抑制机理将有助于其在含氮和有机物废水处理中的应用，详见表 7.4–2。

有机物对 Anammox 的抑制研究 表 7.4–2

反应器	操作模式	有机物质	浓度（mg/L）	抑制作用
UASB	连续流	COD	＞300	失活
UASB	连续流	蔗糖	700	–98%
UASB	半连续	预硝化后的猪粪废水	＞237	抑制
UASB 测试瓶	半连续	半硝化后的猪粪废水	＞290	抑制
FBR	序批式	葡萄糖	1*	活性增加
厌氧反应器	序批式和连续流	葡萄糖	0.5 ~ 3*	无显著影响
厌氧反应器	序批式和连续流	甲酸盐 / 乙酸盐 / 丙氨酸	0.5 ~ 3*	无显著影响
厌氧反应器	序批式和连续流	丙酸盐	＜3*	无显著影响
摇瓶	序批式	乙酸盐	10*	无显著影响
摇瓶	序批式	乙酸盐	25*	–22%
摇瓶	序批式	乙酸盐	50*	–70%

* 单位为 mol/L。

3. 应用案例

近年来，随着城市污水出水水质标准的提高和节能改造需求迫切，厌氧氨氧化技术引起更多的重视。基于厌氧氨氧化（简称 A）处理城市污水的组合工艺主要有短程硝化（Partial Nitrification，PN）/A、部分反硝化（Partial Denitrification，PD）/A、PN/A+PD/A 多重组合等工艺，每种工艺都有各自的特点和脱氮途径（图 7.4–2）。

(1) PN/A 工艺

PN/A 工艺已广泛应用于侧流液、垃圾渗滤液等高 NH_4^+–N 废水的处理。其实施应用的关键在于 PN 过程的稳定，即 NOB 的稳定抑制。

PN/A 工艺在实际应用中有两级和单级两种系统。在最初的两级系统中，第一阶段的氨氧化细菌（Ammonia–Oxidizing Bacteria，AOB）增强或亚硝化细菌（Nitrosifying Bacteria，NOB）抑制，与第二阶段厌氧氨氧化菌（Anammox）富集保留可以互不影响。进水中的 COD 将优先于 PN 阶段处理，避免了有机物对 Anammox 的直接影响。总体而言，考虑到未

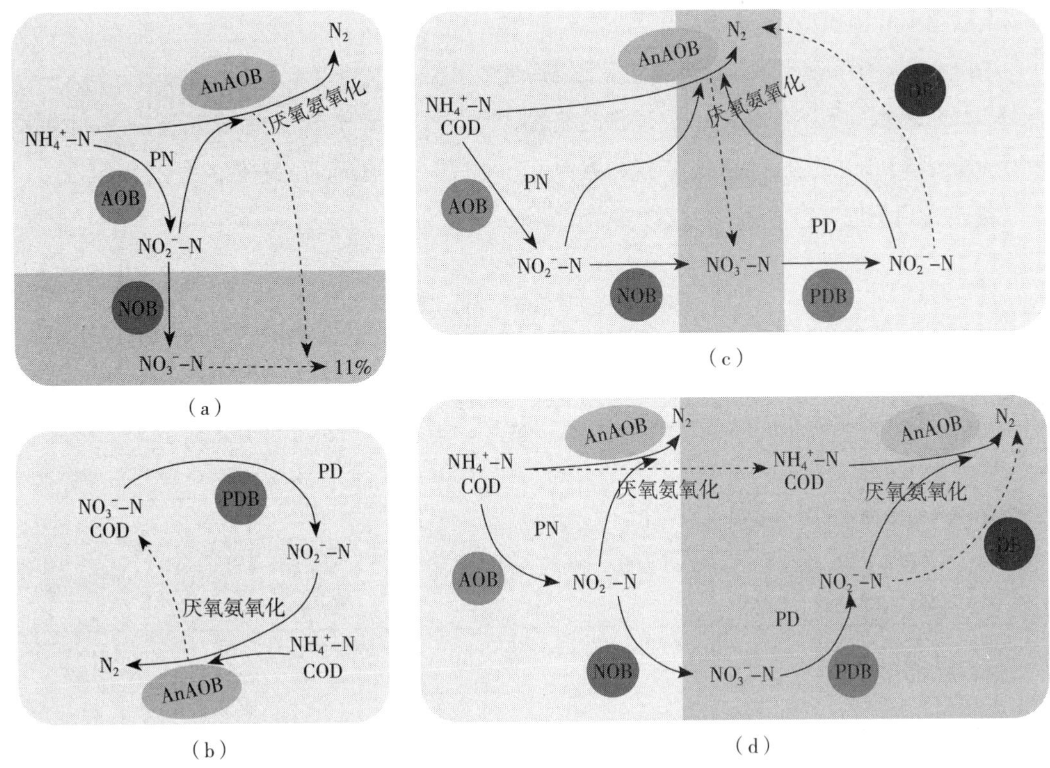

图 7.4-2　不同脱氮途径示意

（a）PN/A 脱氮途径；（b）PD/A 脱氮途径；（c）PN/A+PD/A 组合工艺脱氮途径；（d）PN/A–PD/A 组合工艺脱氮途径

来 NOB 抑制策略的逐渐成熟，投资成本更低、占地面积更小以及操作控制更简易的单级系统将成为主流 PN/A 工艺的主导。

（2）PD/A 工艺

与 PN/A 相比，PD/A 工艺具有更加优异的经济效益与工艺效能，被认为是主流脱氮的另一替代途径。基于 PD/A 工艺的 10 万 m^3/d 的城市污水处理厂被认为可节省 4.3% 曝气量，脱氮率最高可达 100%，而 PN/A 理论最高为 89%。此外，由于其反硝化特性，避免了高浓度有机物对 Anammox 的抑制作用，省去碳氮分离步骤，降低了水处理成本。PD/A 工艺脱氮可在两级系统或单级系统中进行。在最初采用的两级系统中，PD 过程和厌氧氨氧化反应独自进行，有效避免了反硝化菌与 Anammox 竞争 NO_2^-–N 与生存空间，同时碳源优先被短程反硝化细菌（Partial Denitrification Bacteria，PDB）充分利用，最大限度降低了厌氧氨氧化反应器的进水有机物浓度。然而，基于 PD 与厌氧氨氧化成熟污泥建立的单级 PD/A 系统越来越有吸引力。与两级系统相比，单级 PD/A 系统具有占地面积小、投资成本更低，以及操作简单等优点。PD/A 工艺的快速启动对其实际应用至关重要。为实现 PD/A 工艺的快速启动，PD/A 工艺中各功能菌的富集和保留尤为关键。高效、稳定、易于调控的 PD/A 工艺将可能成为未来主流城市污水脱氮的重要途径之一。

（3）PN/A 与 PD/A 多重组合工艺

由于NOB的存在，PN过程的长期稳定维持是个问题，同时PN/A工艺出水伴随有NO_3^--N。此外，城市污水几乎不含NO_3^--N，底物的缺乏限制了PD/A在城市污水中的广泛应用。因此，利用PN/A与PD/A的互补优势，它们的组合工艺可能是一种提高脱氮效能的潜在途径。

各类应用于城市污水处理的工程实践，见表7.4-3。

厌氧氨氧化处理城市污水的工程实践　表7.4-3

工艺	处理对象	反应器	工艺反应规模（m^3）	启动时间（d）	温度（℃）	进水基质（mg/L）	NRE（%）
PN/A	厌氧污泥消化液	MBBR	200	120	22～33	NH_4^+-N：855	90
PN/A	污泥脱水液	IFAS	15000	100	30～34	NH_4^+-N：1407	85
PN/A	生活及工业废水	MBR	487	160	34～40	—	80～85
PN/A	污泥消化液	IFAS	15000	—	30～34	NH_4^+-N：830～2168	86
PN/A	厌氧污泥消化液	MBBR	256	111	30	NH_4^+-N：580±90	80

注：移动床生物膜反应器（Moving-Bed Biofilm Reactor，MBBR）；一体化固定膜活性污泥（Integrated Fixed-film Activated Sludge，IFAS）。

7.4.2 好氧颗粒污泥技术

1. 机理

好氧颗粒污泥（Aerobic Granular Sludge，AGS）技术于20世纪90年代末被发现，其可通过生物降解、生物积累和生物吸附等环保过程处理污染物。与传统的活性污泥法相比，AGS具有形状规则、结构致密稳定、去污能力强、沉降性和耐冲击性卓越等优点。AGS由高度结构化的悬浮微生物聚集而成，所含微生物种类丰富，功能多样，对有毒性的化合物具有很强的耐受性。在污、废水的处理应用中具有相当广阔的研究价值与应用前景，成为近年来国内外学者研究的热点。现有的研究表明，AGS技术在有着诸多显著优点的同时，也存在着一些缺陷，其成形相对缓慢，培养条件要求较严苛，成形机制尚无定论，且成形后易失稳解体。

好氧颗粒污泥是指肉眼直观可见的团粒状污泥结构，粒径大于0.212nm，结构致密，是活性污泥微生物通过自凝聚形成的一种生物膜，如图7.4-3所示。通过对普通活性污泥进行淘洗筛选，并结合运行参数控制即可获得好氧颗粒污泥。

好氧颗粒污泥微生物菌群组成及功能与普通活性污泥相似。但是，好氧颗粒污泥呈致密的类球状结构，从颗粒表面到颗粒核心区依次形成了“好氧—缺氧—厌氧”环境，如图7.4-4所示，为多种微生物共存提供了良好的微生态环境，有利于不同功能菌同时发挥作用，从而更大程度的实现同步硝化反硝化脱氮以及生物除磷。

（a）　（b）

图 7.4–3　好氧颗粒污泥肉眼照片和扫描电镜照片

（a）肉眼照片；（b）扫描电镜照片

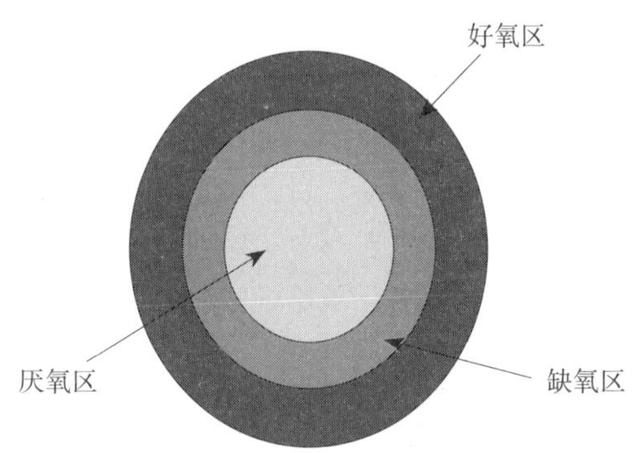

图 7.4–4　好氧颗粒污泥内部结构示意图

好氧颗粒污泥法常借助间歇工艺方式运行，如采用 SBR 池、CAST 池等，反应池本身也是沉淀池，结构紧凑，节省占地面积，运行方式与间歇流工艺相似。

好氧颗粒污泥结构致密，与普通活性污泥相比同体积内微生物量要高 2 ~ 5 倍，沉淀速度是普通活性污泥的 10 倍，节省沉淀时间；占地面积比 A_2O 工艺节省 30% 以上；生物量高，可达 8 ~ 15g/L，避免了污泥膨胀问题，出水水质好，耐冲击负荷能力强；池形结构简单，易于维护；较传统工艺可节省能耗 20% 以上。

2. 应用案例

AGS 在污水的脱氮除磷方面具有广泛的应用。氮是污水处理中的常见污染物，传统上常采用生物硝化反硝化去除，需要外加碳源且处理效果一般。AGS 中存在着异养菌、硝化菌和反硝化菌，它们之间的协同作用可以使其完成同步硝化反硝化，较好地实现碳氮的同步去除。磷是另一种污水常见污染物，传统的生物除磷方法主要通过交替运行厌氧和好氧条件，使聚磷菌在好氧时摄取磷储藏在污泥体内，并在厌氧时将高磷污泥排出。由于实际处理废水的生化指标常处于变化中，而传统的活性污泥法中厌氧和好氧的时间却难以随之改变，除磷效果有限，因此利用 AGS 技术除磷在近年来被较多研究与应用。AGS 可以通过厌氧释磷—缺氧吸磷、磷沉淀和 EPS 积累等机制实现磷的去除。

（1）荷兰 Epe 污水处理厂

荷兰 Epe 污水处理厂是荷兰第一个全规模应用 Nereda® 技术（AGS 技术中的一种）的市政污水处理厂。该污水处理厂 2010 年开始设计、建造，2011 年正式投入运行。Epe 污水处理厂的主要处理工艺流程如图 7.4–5 所示。污水先经过格栅和隔油沉砂池，随后通过 3 座 Nereda® 反应器净化后进入重力砂滤池，经过滤后直接排放。Nereda® 反应器的设计平均处理量为 8000m^3/d，峰值流量为 1500m^3/h。自 2011 年 9 月起，经过 4 个月的运行，Nereda® 系统的进水量即达到了 100% 的设计流量。启动期间，颗粒污泥在 Nereda® 反应器内逐渐累积。值得注意的是，污泥“颗粒化”过程有一段时间发生在冬季，污水的平均温度低于 10℃。监测结果证实，自投产以来，采用 Nereda® 技术使原污水处理厂的处理能力增加了 1 倍，并且 Nereda® 的性能超出预期，出水水质达到荷兰相关标准的最高要求，总氮和总磷浓度分别低于 5mg/L 和 0.3mg/L。

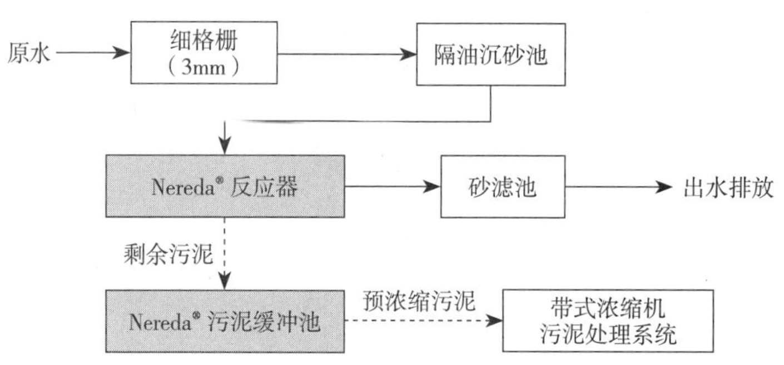

图 7.4–5 Epe 污水处理厂的 Nereda® 工艺流程

（2）荷兰 Utrecht 污水处理厂

Utrecht 污水处理厂是荷兰迄今为止建造的规模最大的采用 Nereda® 工艺的污水处理厂，平均日流量为 76300m^3，峰值流量为 14100m^3/h。该厂于 2017 年实施提标改造，2018 年开始正式运行。原污水处理厂采用传统活性污泥法，仅沉淀池就有 14 座，改造后只需 6 套 Nereda® 反应器以及不到 40% 的占地面积即可处理相同的水量。由于 Nereda® 工艺占地紧凑，因此在原有曝气池和沉淀池左侧的有限区域内就可新建 Nereda® 处理系统。而原有曝气池和沉淀池在 Nereda® 工艺系统启动之后便进行了拆除，腾出的区域交还社区用作自然教育中心。Utrecht 污水处理厂的 Nereda® 工艺流程如图 7.4–6 所示。

该污水处理厂新建的 Nereda® 系统共有 6 座圆形池，单座池容积为 12000m^3，直径 46m，水深 7.3m，设计水温为 10～24℃。此外，Nereda® 系统还包括 1 座 12000m^3 的进水缓

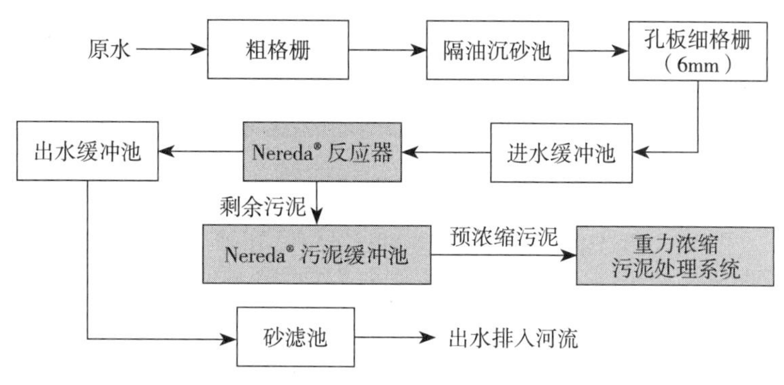

图 7.4–6　Utrecht 污水处理厂 Nereda® 工艺流程

冲池、2 座 500m³ 的预浓缩污泥缓冲池，以及 1 座 4000m³ 的出水缓冲池。

在不投加任何化学药剂的情况下，该污水处理厂出水总氮和总磷分别低于 5mg/L 和 0.5mg/L，比原活性污泥系统出水相应指标低 50%，出水可直接排入与厂区紧邻的河流。

（3）北京排水集团吴家村再生污水处理厂

北京排水单位吴家村再生污水处理厂是目前国内最大的好氧颗粒污泥技术工程应用项目，设计处理水量为 8 万 m³/d。好氧颗粒污泥技术由单位自主研发，具有占地小、药耗少、能耗低、处理水量大等一系列技术特点，可以有效实现碳减排目标。该项目于 2021 年启动，通过两年施工改造、启动运行、功能调试、技术优化等工作，目前进入稳定运行阶段。好氧颗粒污泥（AGS）粒径稳定控制在 350μm 以上，显著超过国际水协会制定的 220μm 的技术标准，污泥沉降速度提升 5 倍以上，大大提高了吴家村再生污水处理厂运行效率。随着工艺调控的不断优化，预计可实现节能 30% 以上，分别节省除磷药剂和碳源 80% 和 40% 以上。

7.5　污泥处理处置技术

7.5.1　高级厌氧消化

广义的高级厌氧消化是指相对于传统中温厌氧消化而言，能够显著提高挥发性固体负荷降解率的厌氧消化技术。狭义的高级厌氧消化工艺，特指热碱、热水解、超声波、电解等预处理耦合厌氧消化技术。典型高级厌氧消化工艺流程如图 7.5–1 所示。代表性工程案例有北京市小红门热水解厌氧消化项目等。

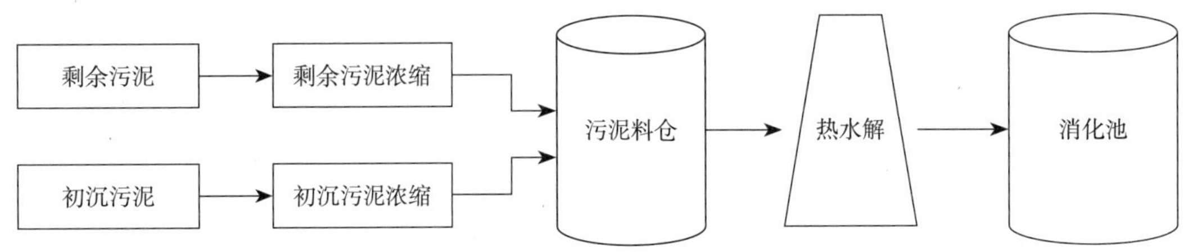

图 7.5-1 典型热水解高级厌氧消化工艺

7.5.2 污泥液磷回收

污水中约 90% 的磷转化到污泥中。污泥中磷回收途径有：从消化池上清液回收；通过生物法、湿式化学法及热化学法等方法从含磷污泥的焚烧灰中获取鸟粪石等磷矿；同时从消化池上清液和含磷污泥焚烧灰中回收磷。

一般来说，磷回收采用湿式化学法较多，即通过鸟粪石沉淀法回收污泥液中的部分磷，不仅操作简单且成本低。热化学法回收磷技术复杂，成本高，但优势是磷回收率高。

1. 污泥液

从污泥液中回收磷的主要工艺技术路线有选择性离子交换、膜分离和鸟粪石沉淀法。实际应用中，鸟粪石沉淀法较普遍。如，美国 Durham 污水处理厂 2009 年选用的 Pearl® 工艺进行厌氧消化脱水后滤液和污泥浓缩滤液中磷的回收。国内，对于污泥液中磷的去除考虑多，而回收考虑少。重庆市九曲河污水处理厂，将污泥液（含预浓缩池内上清液、脱水车间及污泥池的上清液）排入除磷池，进行化学除磷。上海市白龙港污水处理厂升级改造后也设置专门的污泥液（含浓缩池上清液、离心浓缩滤液、消化池上清液、离心脱水滤液）处理系统，进行除磷处理。郑州新区污水处理厂设置的污泥液处理系统，不仅考虑除磷，还进一步实施磷回收和脱氮。具体工艺流程是对污泥液（含浓缩池上清液、浓缩机滤液、脱水滤液、消化池上清液）进行除磷脱氮处理，设置除磷反应器 1 座，加氧化镁，采用鸟粪石法除磷；设置脱氮反应器 1 座，采用厌氧氨氧化工艺。

2. 污泥焚烧灰

从污泥焚烧灰中回收磷的方式主要有两种，分别为干式的热处理工艺和湿式的化学处理工艺。干式热处理工艺是将污泥焚烧飞灰高温加热熔融后将磷元素分离出来。工艺流程如图 7.5-2 所示。湿式化学处理工艺是通过酸溶液或者有机溶液将磷从飞灰中溶解出来，然后从溶液中通过沉淀分离回收磷，如图 7.5-3 所示。

目前，国外对于焚烧灰中的磷回收工艺技术路线已经清晰，如德国开发出多种专利工艺，但建成并运转的案例较少。国内也基本处于技术研究阶段，尚未有建成项目。

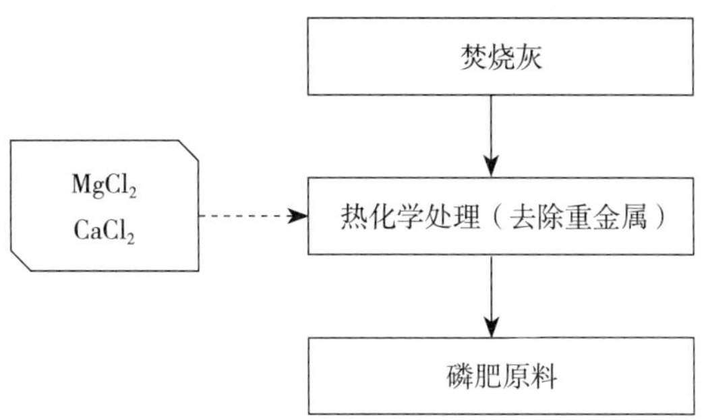

图 7.5-2　污泥焚烧灰—磷的干式热处理回收工艺

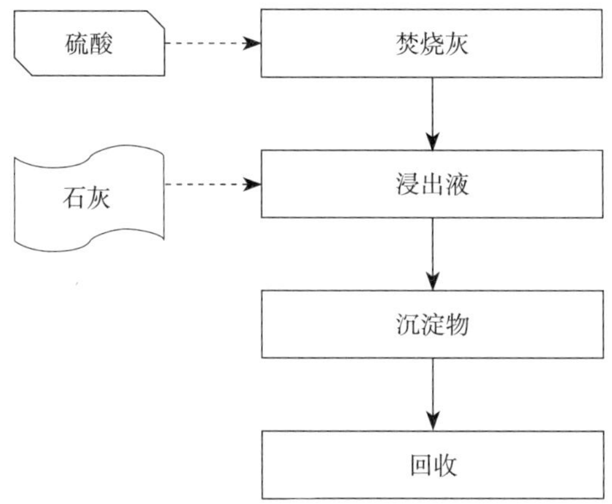

图 7.5-3　污泥焚烧灰—磷的湿式化学回收工艺

7.5.3　协同厌氧消化

传统消化池的负荷和产气率较低。引入外源有机物（餐厨垃圾、油脂、屠宰废水等）与污泥进行协同消化，可显著提高沼气产气量。但需注意，餐厨垃圾与市政污泥协同消化系统，其污泥液中氨氮含量较高。可采用侧流厌氧氨氧化技术来处理这部分高氨氮污泥液。

具体处理工艺如图 7.5-4 所示。预处理后的餐厨垃圾与经高温热水解处理后的污泥进入消

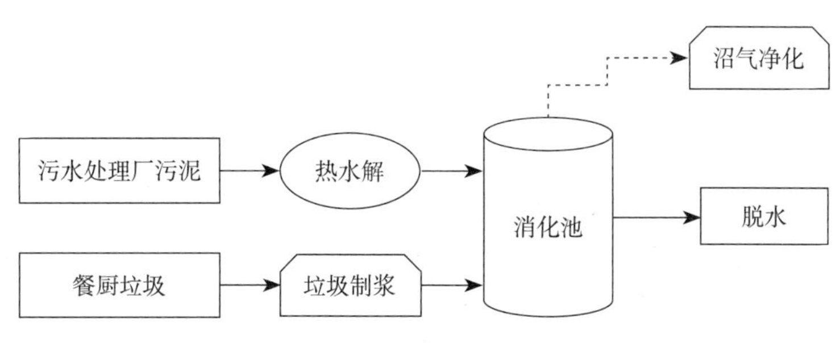

图 7.5-4　餐厨垃圾与热水解污泥协同厌氧消化

化池，进行中温厌氧消化。典型项目有江苏省镇江市餐厨垃圾与市政污泥协同消化项目。设计餐厨垃圾处理量 140t/d（其中餐厨垃圾 120t/d，含水率以 85% 计；废弃油脂 20t/d）和市政污泥处理量 120t/d（含水率以 80% 计），该项目于 2016 年投产运行。江苏省扬州市餐厨协同污泥项目，总规模 210t/d。其中污泥 120t/d，含水率以 80% 计；餐厨垃圾设计量 90t/d，于 2022 年 3 月正式投产。北京排水集团高安屯餐厨协同污泥厌氧消化系统自 2019 年 9 月开始运转。

7.5.4 污泥碳化

污泥在缺氧状态下被加热，首先是污泥中的水分蒸发，接着污泥中含有碳、氢、氧，以及氮元素等有机成分被干馏热分解，甲烷、乙烷，以及乙烯等低分子物质，或像焦油和油类等高分子物质均被挥发。由于水分的蒸发和分解气体的挥发，在表面和内部形成了众多的小孔。在进一步升温后，有机成分持续减少，碳化慢慢地进行，最终形成富含固定碳的碳化产品。

污泥碳化系统的组成包括：污泥接收系统（污泥储存仓及输送器等）、污泥干燥系统（热风炉、干燥机）、污泥碳化系统（碳化炉、预热炉、再燃炉）、粉尘收集系统、热回收与交换系统、尾气处理系统（风机、脱臭炉、排气烟囱），以及碳化产品冷却和包装系统等组成。污泥碳化的工艺流程图如图 7.5–5 所示。

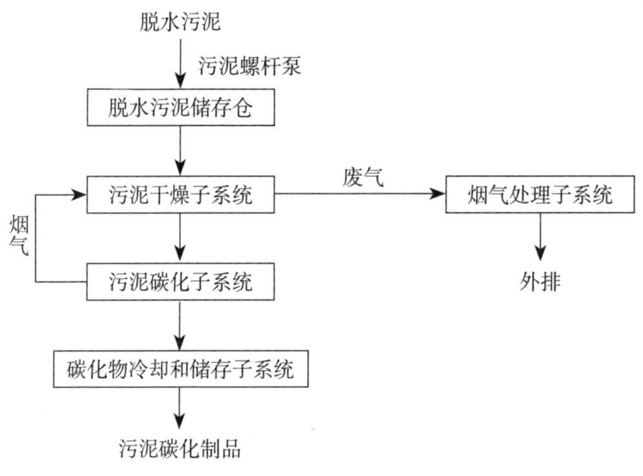

图 7.5–5 污泥碳化的工艺流程图

目前国内建成运转的有山西省晋中市中心城区第二污水处理厂污泥碳化项目，设计规模为 100t/d（污泥含水率以 80% 计），采用低温碳化工艺，碳化温度低于 300℃；湖北省鄂州市污泥碳化工程，设计规模为 60t/d（污泥含水率以 80% 计），采用高温碳化工艺，碳化温度为 650℃。

第 8 章 城市排水综合监管平台

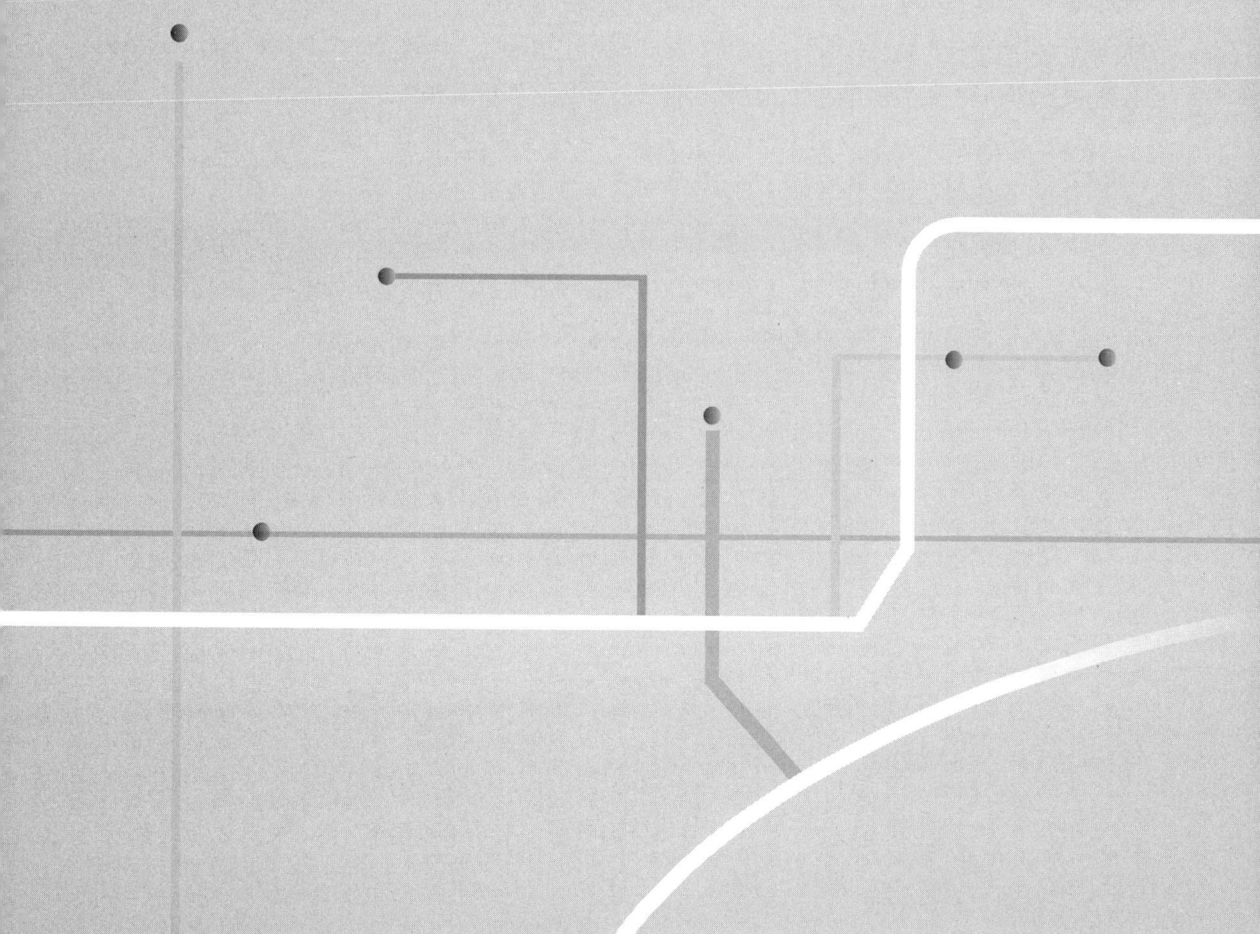

城市排水综合监管平台是指采用信息化技术整合排水设施在线数据、视频监控、水质检测数据、排水管线、排水户、气象等基础信息，实现查询、统计、水质管理、预报预警、模拟仿真、数据共享、应急处理、远程调度指挥等功能。综合监管平台的建立有利于排查隐患、汛期应急处置，保障民生安全。城市排水综合监管平台根据设置目的不同，实现的功能不同。常见的有防汛综合指挥系统、水污染在线监控系统、排水管网 GIS 系统等。

8.1 防汛综合指挥系统

8.1.1 综述

防汛综合指挥系统以地理信息系统为基础，整合管网、污水处理厂、泵站、雨量站、实时等雨量线图、流量计、河道水位、桥区视频、降雨预报、防汛态势、积水识别、防汛风险点、一桥一策、车辆定位等多个业务图层，展示汛情实况、备勤实况、热线实况、调度实况等多层面与防汛相关内容，突出显示当前降雨综合信息及关键数据。

防汛综合指挥系统的整体功能构架：系统功能模块是由登录页、防汛调度、统计分析、资源目录和系统管理组成。其中防汛调度是对各类设施要素的监测以及指挥、调度。统计分析是对监测点的数据进行查询以及各类专题分析。资源目录是对系统中的所有基础设施数据以树的形式进行展示、维护。系统管理提供组织机构的维护、用户信息的维护，以及菜单权限的配置，同时提供系统健康管理的功能。如图 8.1–1 所示。

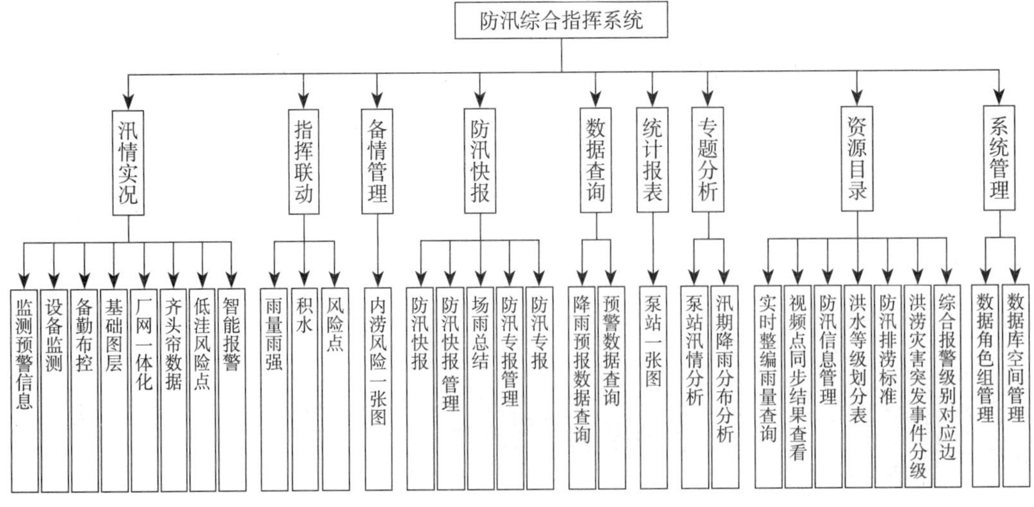

图 8.1–1　综合防汛系统功能图

8.1.2　汛情实况

汛情实况主要以 GIS 为基础，用户可通过汛情实况界面中雨量、泵站、视频等图层查看相关雨量信息、排行信息、泵站抽升信息、桥区积水识别信息，以及各风险点和重点关注区域的相关雨量、泵站抽升及排水信息。

1. 监测预警信息

（1）实时雨量

GIS 地图上展示雨量站点的空间位置以及实时降雨量、降雨强度。在查看当前雨量站降雨量、降雨强度的同时，也可查看与之对应泵站的运行和抽升情况，实现不同雨量站之间的对比。

（2）实时降雨强度

GIS 地图上展示雨量站点的空间位置以及实时降雨量、降雨强度。在查看当前雨量站降雨量、降雨强度的同时，也可查看与之对应泵站的运行和抽升情况，实现不同站点实时降雨强度的比较。

（3）场景雨累计雨量

在 GIS 地图上可展示当前站点在全市降雨范围内的累计降雨量及场次。

2. 设备监测

（1）泵站监测

GIS 地图与数据面板实时展示污水和雨水泵站监测数据。包括泵站位置信息以及实时雨量。泵站数据包括当前泵站的泵运行状态、液位、二维流程图、告警联动，点击“更多”可跳转泵站历史查询界面，以及与之对应雨量站的降雨量、降雨强度。还可实现实时雨中泵房运行统计和雨中调蓄池统计。

（2）积水识别

通过对接积水识别系统的成果数据、物联网平台中水尺的实时数据、视频监控信息，能够全方位的对桥区水情况进行监测，点击地图标点可查看视频，及时了解积水情况。

（3）道路视频

通过 GIS 地图上各点图标，可查看该点的视频监控。

3. 备勤布控

GIS 地图上会展示各类积水点的空间位置，面板中会统计积水点的信息，包括积水和热线的数量信息。同时以树的形式展示积水点列表。

在防汛系统中，参与防汛抢险指挥的人员可以实时添加积水信息、查询积水信息、更新积水深度信息。

4. 基础图层

基础图层主要在地图上直观展示单位所属的管网、河网、调水设施、雨水流域、二级单位负责区域、污水处理厂污水流域、环保断面、行政区、实时路况、下凹桥区等具体位置，以及详情信息。

5. 厂网一体化

选择雨水流域后，会显示该流域内污水处理厂汇水流域、实时雨量图层数据。

6. 齐头帘

可在齐头帘点击切换企业雨量站和专业城市气象雨量站在 GIS 底图上显示不同的数据。可查看雨量实时情况，包括雨水泵站抽身情况、备勤信息和到位情况、积水事件、污水处理厂跨越情况等。

7. 智能报警

对雨量站、泵站、污水处理厂、气象、积水和风险点进行智能报警。可通过时间筛选条件查询历史报警数据，通过分页功能选择查看报警内容。报警分为红色报警、橙色报警、黄色报警、蓝色报警。

8.1.3 指挥联动

为重点关注区域创建联动查看场景，能够快速联动显示相关降雨、泵站运行、视频监测情况，同时展示该点的责任抢险单元以及距离较近的 4 个抢险单元。实现多方位信息展示和多抢险单元联动调度。可以调整雨量站、积水点、风险点的覆盖范围。

1. 降雨量和降雨强度

降雨强度和降雨量前 5 名汇成表并在地图上闪烁显示，点击任意闪烁雨量站，显示该站相关降雨信息、视频、积水信息、预案信息，并按预案调度责任车辆，同时按距离推荐附近的 4 辆车，车辆能够显示基础信息、作业状态、距离、预计到达时间及历史轨迹。

2. 积水

未处置完成的积水点在地图上闪烁显示，点击任意闪烁积水点，显示该站相关降雨信息、视频、积水信息、预案信息，并按预案调度责任车辆，同时按距离推荐附近的 4 辆车，车辆能够显示基础信息、作业状态、距离、预计到达时间及历史轨迹。积水信息支持查看积水预案。

3. 风险点

风险点周边全要素显示（显示基础信息、显示责任抢险单元及附近 4 组单元情况、显示对应降雨及泵站运行情况、显示周边 200m 范围内的视频信息）。抢险单元路线实时展示（距离、视频）。

8.1.4 备勤管理

根据气象局发布的气象预警信息发布本单位备勤通知。按照备勤方案进行防汛布控，启动备勤，出动前需填报防汛出动情况，各二级单位可以根据负责区域情况在系统中提升本单位响应级别并通知上级单位的防汛指挥中心，出动备勤后，各抢险单元从基点出发前往布控点备勤。

历史内涝风险点展示界面，显示该风险点的历史降雨量、积水程度，当雨量达到历史最低产生积水的数据时进行报警。

8.1.5 汛情快报

提供防汛快报生成功能。在城市降雨期间快报每隔 1h 由系统自动生成相关数据，并辅以人工修整后发布，在管理界面内生成降雨快报并可弹窗显示，提供历史版本保存、选择模板导出 word 文件、按模板打印等功能。防汛快报界面在防汛快报管理编辑并发布后，展示快报内容。

8.1.6 数据查询

1. 降雨预报数据查询

对历史降雨预报数据的展示功能，可选择预报的栅格数据在右侧的地图上进行播放展示。

2. 预警数据查询

可查询雨量站、泵站、污水处理厂、防汛备勤、天气预报、积水点、风险点历史预警数据。可选择时间、分类、等级，对列表数据进行筛选。

8.1.7 统计报表

展示界面包括现有泵站的工况、设施、关联雨量站、负荷情况、进水监测、抽升统计等。泵站运行模式有 3 个状态：常规排蓄、先蓄后排、离线。泵的运行有 3 个状态：红色—未运行，绿色—运行，灰色—离线。当泵站报警时会在左侧统计数据内显示，泵站离线时会显示灰色，泵站报警会显示报警位置、外框标红。单个泵站的雨水排蓄量 = 泵站抽升量 + 初期池蓄水量 + 调蓄池蓄水量。

8.1.8 专题分析

1. 泵站汛情分析

选择泵站、时间范围，点击“查询”后，图形展示该泵站在所选时间范围内泵的开启台数、降雨量、泵前池液位、初期池液位、调蓄池液位信息数据。鼠标滚轮可放大数据信息，点击表上图例可显示或隐藏该条数据。

2. 汛期降雨分布分析

以年为对象，实现时间段内的降雨累计数据和日降雨数据对比曲线图。

8.1.9 基础信息管理

实现实时雨量整编的数据、视频点同步结果查看等。实现洪水分级、防洪排涝标准、洪涝灾害突发事件分级等信息查看。

8.2 水污染源在线监测系统

8.2.1 功能

水污染源在线监测系统是指由废水流量监测、废水水样采集、废水水样分析及分析数据统计与上传等功能的软硬件设施组成的系统。通过水污染在线监测系统来实现水质的实时监测、预警等功能。

8.2.2 系统构成

在污水处理厂进、出水口分别设置在线水质检测系统，位于水质分析小室内。该系统由水样采集系统、仪器分析检测系统、数据传输系统、管理控制系统组成，利用自动采集、自动检测、自动控制、自动传输等技术对该污水处理厂进行连续实时检测与控制，并将所获得的检测数据进行分析、整理收集并传输给中控室，同时上传至相关环境保护部门，能及时掌握污水处理厂运行状态以及排放情况。

1. 水样采集系统

由水样采样单元、预处理单元、分配单元、自动留样单元、压力流量控制单元、传输管路等组成。水样采集单元设置在污水处理厂的进、出水口处，与水质分析小室的距离不大于 50m。

2. 仪器检测系统

由水质分析测量仪器、控制设备，以及数据采集传输设备构成，是在线检测系统的核心，是影响在线水质监测系统测量数据准确性的关键因素。污水处理厂监测的主要污染物指标有 COD_{Cr}、NH_3–N、SS、pH 等。

3. 数据传输系统

将在线监测仪器的数据结果自动采集，并进行处理、记录、显示，然后通过网络将数据发送到监控中心，是在线监测仪器与监控中心（计算机）连接的桥梁。

4. 管理控制系统

位于污水处理厂的监控中。对在线监测设备进行监控；对整个污水处理厂的运行进行监控；同时也便于相关环境保护部门对污水处理厂的排放情况进行监控。

8.2.3 运行要求

1. 运行单位要求

运行单位应具备与监测任务相适应的技术人员、仪器设备和实验室环境，明确监测人员和管理人员的职责、权限和相互关系，有适当的措施和程序保证监测结果准确可靠。所运行在线监测仪器应有备用仪器，同时应配备水样比对试验装置。

2. 运行人员要求

运行人员应具备相关专业知识，通过相应的培训教育和能力确认 / 考核等活动。

3. 仪器运行参数设置要求

在线监测仪器量程应根据现场实际水样排放浓度合理设置，量程上限应设置为现场执行的污染物排放标准限值的 2～3 倍。当实际水样排放浓度超出量程设置要求时应进行人工监测。针对模拟量采集时，应保证数据采集传输仪的采集信号量程设置、转换污染物浓度量程设置与在线监测仪器设置的参数一致。

对在线监测仪器的操作、参数的设定修改，应设定相应操作权限。对在线监测仪器的操作、参数修改等动作，以及修改前后的具体参数都要通过纸质或电子的方式记录并保存，同时在仪器的运行日志里做相应的不可更改的记录，应至少保存 1 年。纸质或电子记录单中需注明对在线监测仪器参数的修改原因，并在启用时进行确认。

4. 采样方式

pH 水质自动分析仪、温度计和流量计对瞬时水样进行监测。连续排放时，pH、温度和流量至少每 10min 获得一个监测数据；间歇排放时，数据数量不小于污水累计排放小时数的 6 倍。

采用 COD_{Cr}、TOC、NH_3-N、TP、TN 水质自动分析仪对混合水样进行监测。连续排放时，每日从零点开始计时，每 1h 为一个时间段，水质自动采样系统在该时段进行时间等比例或流量等比例采样（如：每 15min 采一次样，1h 内采样 4 次，保证该时间段内采集样品量满足使用要求），水质自动分析仪测试该时段的混合水样，其测定结果为该时段的水污染源连续排放平均浓度。

间歇排放时，每 1h 为一个时间段，水质自动采样系统在该时段进行时间等比例或流量等比例采样（依据现场实际排放量设置，确保在排放时可采集到水样），采样结束后由水质自动分析仪测试该时段的混合水样，其测定结果为该时段的水污染源排放平均浓度。如果某个采样周期内所采集样品量无法满足仪器分析之用，则对该时段作无数据处理。

5. 数据上报

应保证数据采集传输仪，在线监测仪器与监控中心平台时间一致。数据采集传输仪应在 COD_{Cr}、TOC、NH_3-N、TP、TN 水质自动分析仪测定完成后开始采集分析仪的输出信号，并在 10min 内将数据上报平台，监测数据个数不小于污水累计排放小时数。

COD_{Cr}、TOC、NH_3-N、TP、TN 水质自动分析仪存储的测定结果的时间标记应为该水质自动分析仪从混匀桶内开始采样的时间，数据采集传输仪上报数据时报文内的时间标记与水质自动分析仪测量结果存储的时间标记保持一致；水质自动分析仪和数据采集传输仪应能存储至少一年的数据。

数据传输应符合《污染物在线监控（监测）系统数据传输标准》HJ 212—2017 的规定。上报过程中如出现数据传输不通的问题，数据采集传输仪应对未传输成功的数据作记录，下次传输时自动将未传输成功的数据进行补传。

6. 检查维护要求

（1）日检查维护

每天应通过远程查看数据或现场巡视的方式检查仪器运行状态、数据传输系统，以及视频监控系统是否正常，并判断水污染源在线监测系统运行是否正常。如发现数据有持续异常等情况，应前往站点检查。

（2）周检查维护

每 7d 对水污染源在线监测系统至少进行 1 次现场维护。

检查自来水供应、泵取水情况，检查内部管路是否通畅，仪器自动清洗装置是否运行正常，检查各仪器的进样水管和排水管是否清洁，必要时进行清洗。定期对水泵和过滤网进行清洗。

检查监测站房内电路系统、通信系统是否正常。

对于用电极法测量的仪器，检查电极填充液是否正常，必要时对电极探头进行清洗。

检查各水污染源在线监测仪器标准溶液和试剂是否在有效使用期内，保证按相关要求定期更换标准溶液和试剂。

检查数据采集传输仪运行情况，并检查连接处有无损坏，对数据进行抽样检查，对比水污染源在线监测仪、数据采集传输仪及监控中心平台接收到的数据是否一致。

检查水质自动采样系统管路是否清洁，采样泵、采样桶和留样系统是否正常工作，留样保存温度是否正常。

若部分站点使用气体钢瓶，应检查载气气路系统是否密封，气压是否满足使用要求。

（3）月检查维护

每月的现场维护应包括对水污染源在线监测仪器进行 1 次保养，对仪器分析系统进行维护；对数据存储或控制系统工作状态进行 1 次检查；检查监测仪器接地情况，检查监测站房防雷措施。

水污染源在线监测仪器：根据相应仪器操作维护说明，检查和保养易损耗件，必要时更换；检查及清洗取样单元、消解单元、检测单元、计量单元等。

水质自动采样系统：根据情况更换蠕动泵管、清洗混合采样瓶等。

TOC 水质自动分析仪：检查 TOC-COD_{Cr} 转换系数是否适用，必要时进行修正。对 TOC 水质自动分析仪的泵、管、加热炉温度进行 1 次检查，检查试剂余量（必要时添加或更换），检查卤素洗涤器、冷凝器水封容器、增湿器，必要时加蒸馏水。

pH 水质自动分析仪：用酸液清洗 1 次电极，检查 pH 电极是否钝化，必要时进行校准或更换。

温度计：每月至少进行 1 次现场水温比对试验，必要时进行校准或更换。

超声波明渠流量计：检查流量计液位传感器高度是否发生变化，检查超声波探头与水面之间是否有干扰测量的物体，对堰体内影响流量计测定的干扰物进行清理。

管道电磁流量计：检查管道电磁流量计的检定证书是否在有效期内。

（4）季度检查维护

水污染源在线监测仪器：根据相应仪器操作维护说明，检查及更换易损耗件，检查关键零部件可靠性，如计量单元准确性、反应室密封性等，必要时进行更换。

对于水污染源在线监测仪器所产生的废液应以专用容器予以回收，并按照《危险废物贮存污染控制标准》GB 18597—2023 的有关规定，交由具有危险废物处理资质的单位处理，不得随意排放或回流入污水排放口。

7. 运行评估

对 COD_{Cr}、TOC、NH_3-N、TP、TN 水质自动分析仪自动标样核查、自动校准，自动标样核查结果应满足《水污染源在线监测系统（COD_{Cr}、NH_3-N 等）运行技术规范》HJ 355—2019 相关要求。

对 COD_{Cr}、TOC、NH_3-N、TP、TN、pH 水质自动分析仪、温度计及超声波明渠流量计定期进行实际水样比对试验。

8. 其他

运行人员在对水污染源在线监测系统进行故障排查与检查维护时，应作好记录。

保证监测站房的安全性，进出监测站房应进行登记，包括出入时间、人员、出入站房原因等，应设置视频监控系统。

保持监测站房的清洁，保持设备的清洁，保证监测站房内的温度、湿度满足仪器正常运行的需求。

保持各仪器管路通畅，出水正常，无漏液。

对电源控制器、空调、排风扇、供暖、消防设备等辅助设备进行经常性检查。

其他维护按相关仪器说明书的要求进行仪器维护保养、易耗品的定期更换工作。

8.3 排水管网 GIS 系统

8.3.1 地理信息系统

地理信息系统（Geographic Information System，GIS），又称为“地学信息系统”，是指在计算机硬、软件系统支持下，对现实世界各类空间数据及描述这些空间数据特性的属性进行采集、储存、管理、运算、分析、显示和描述的技术系统。它作为集计算机科学、地理学、测绘遥感学、环境科学、城市科学、空间科学、信息科学和管理科学为一体的新兴边缘学科而迅速地兴起和发展起来。地理信息系统中“地理”的概念并非指地理学，而是广义地指地理坐标参照系统中的坐标数据、属性数据以及以此为基础而演绎出来的知识。1967 年，加拿大安大略省渥太华研发地理信息系统并投入实际应用。1990 年，北京在国内率先建立首个城市地下管线信息系统。随后，上海、海口、青岛等城市已经相继开展此项工作。目前国外流行的 GIS 软件中有 ArcGIS，MapInfo，GeoMedia 等。国内的 GIS 软件发展也较快，比较突出的有 SuperMap，MapGIS，GeoStar 等。下面对部分软件功能和特点进行说明。

1. ArcGIS

ArcGIS 是由美国环境系统研究所（Environmental Systems Rearch Institute，ESRI）研制开发的地理信息系统软件。其主要特点为：采用地理关系数据模型，提供极强的空间操作和分析功能；提供宏命令语言和菜单方式，支持二次开发；采用模块式结构，易于扩充；提供多种地图投影方式，能够进行不同投影之间的坐标转换；具有存储和管理大数据量的能力；开放式结构，提供直接与多种数据库联结的接口；能与多种不同系统的数据格式相互转换；

独立于硬件之外，支持最广泛的硬件平台；提供方便使用的用户界面，用户能调用本系统的程序、系统外部的应用程序和操作系统的资源。其影响广、功能强、市场占有率高，广泛支持当今各种工业标准。

2. MapInfo

MapInfo 是由美国 MapInfo 公司开发的桌面地理信息系统软件，是一种数据可视化、信息地图化的桌面解决方案。它依据地图及其应用的概念、采用办公自动化的操作、集成多种数据库数据、融合了计算机地图方法、使用地理数据库技术、加入了地理信息系统分析功能，形成了极具实用价值的、可以为各行各业所用的大众化小型软件系统。能够方便地将数据和地理信息的关系直观地展现，其强大的数据分析能力可帮助用户从地理的角度理解各种信息进而增强报表和数据表现能力，找出以前无法看到的模式和趋势，创建高质量的地图，做出高效的决策。

3. MapGIS

MapGIS 是武汉中地数码科技有限公司开发的新一代面向网络、超大型分布式地理信息系统基础软件平台。系统采用面向服务的设计思想、多层体系结构，实现面向空间实体及其关系的数据组织、高效海量空间数据的存储与索引、大尺度多维动态空间信息数据库、三维实体建模和分析，具有 TB 级空间数据处理能力、支持局域和广域网络环境下空间数据的分布式计算、支持分布式空间信息分发与共享、网络化空间信息服务，能够支持海量、分布式的国家空间基础设施建设。

4. SuperMap

SuperMap 是中国科学院旗下亚洲著名的 GIS 软件企业——北京超图软件股份有限公司的产品，其特点是 GIS 二次开发平台，数百家开发商和集成商使用该平台从事各领域的 GIS 项目。

8.3.2　数据

排水管网系统的数据信息既包含管网系统本身结构信息，如节点、管道、排放口等；也包括研究区域的地理信息，如土壤条件、土地利用类型、降雨情况等。根据不同数据的特性，将其分别用点、线、面状来表示。其中点要素要包括节点（检查井）、排放口、高程点等；线要素包括雨水管道、道路等；面要素包括汇水区、居民区、绿地等。

8.3.3　应用

1. 日常维护管理

GIS 可应用于市政排水管网的日常养护管理，既可以有助于数据库的积累、对数据进行有效分类，还可以便捷核算工作量。对于日常养护可实施提前规划，方便统一安排，不会出现重复核算、重复测量、重复统计等错误。

2. 应急抢修管理

应用 GIS 后，市政排水管网的应急抢修工作效率有较大提升。从突发事故的发生，得到事故的相对位置以及其他建筑物和排水设施的相对位置、连通关系。通过对 GIS 的数据进行分析，可以迅速给出最优的事故处理方案，及时调整上游下游阀门、地下水流向等，进行及时封堵、抢修。整体上提高工作效率和服务质量。

3. 防洪防汛管理

防洪防汛也是 GIS 应用的重要领域。每到汛期前，通过 GIS 可提前归纳出城市范围内所有不满足暴雨重现期要求的地下管网，依据此数据，可以对不满足要求的市政排水管网管段进行维修改造和疏浚，防止暴雨突发时，发生管道爆裂、地面积水等现象。

8.3.4 典型案例

从 2013 年开始，北京排水集团在排水管网管理中引入 GIS，提升管理质量，缩短工作时间，简化工作流程，通过 GIS 的有效使用，管辖区域内排水管网状况一目了然。集团对于排水管网的管理已经实现以管网流域化管理为基础，以 GIS 应用管控为平台，依托“互联网 +”的信息化管理手段，将管网生产养护、设施运营、设备管理、泵站运维、应急抢修等主要业务纳入平台控制体系。通过以 GIS 平台控制为枢纽的横向联动、纵向调度，建立对管网运营管理的全流程管控、设施运营的全生命管理，设备、泵站的集中运营管理，提升市政排水管网的精细化管理水平。整体管理遵循“分步实施、循序渐进、数据分析、平稳过渡”的总体思路。作为 GIS 中功能最强大、应用范围最广的软件，由于其有效的数据管理，全面的分析功能，被广泛应用于工作的方方面面。

GIS 操作系统信号反馈网如图 8.3–1 所示。其可展示 GIS 应用于市政排水管网的管理模块、流程、数据反馈等。在监控室内，监测人员通过终端大屏幕实时监测本市排水管网流向及流量计反馈数据、影像监控器反馈等信号，当收到下游管道报警信号反馈时，监控人员在软件终端进行阀门、流量调整操作，调整信号传达至下游管道阀门，阀门按指令动作，打开或关闭，动作完毕后，信号会传输回监控系统，监控人员核实信息。当阀门动作时，监控人员可以通过映像仪器设备观看管网内部污水流向，是否有异物等。

通过 GIS 系统应用，可实现基于 GIS 暴雨多情景下市政排水管网数据精确化管理、实现排水爆管快速抢修等。如，2016 年 7 月 19 日北京市迎来特大降雨，北京市气象台发布暴雨蓝色预警，随着雨量的增大，预警级别升至橙色，部分重点山区预警级别升至红色预警（最高级别）。北京排水集团充分发挥 GIS 管网管理优势，根据出现管网隐患地区，在 GIS

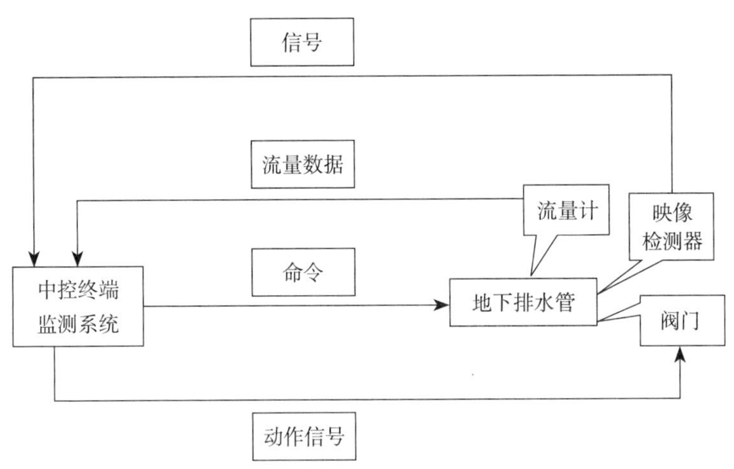

图 8.3–1　GIS 系统反馈信号图

中查到相关地理位置及管网的铺设相对位置、铺设年代、埋深、防腐情况等相关信息，并模拟出当维修时，受影响的区域范围、时间，结合道路交通情况，初步判断到达事故发生地点的最短路径，制定处理方案。同时根据 2012 年“7・21”暴雨的经验教训以及 2016 年 7 月 19 日当日的气象预警，及时召开防汛会议，发布降雨响应级别由二级逐步升级至特级响应。在此次全市性大面积暴雨中，GIS 系统发挥作用显著。在巡逻时遇到险情，抢修人员根据现场手机端或平板端，将数据包括管线、阀门、计量仪表的位置和信息提交到服务器，上端对提交信息做精确审核后，信息进入最终系统。缩短事件处置时间。在监督平台的工作人员精确定位施工人员、防汛车辆等通过 GIS 的模拟信号提交到服务器端，管网 GIS 端可以实时查看抢险人员位置、车辆位置信息以及各个仪表运行情况。在监控室的技术人员发现有报警时，可以根据计量仪表通过信号上传的数据，指导现场监测人员发现报警区域及更精确的地区，系统将把该指标数据列出，并会显示系统用户，提示需要紧急解决和处理。在抢修结束后，技术人员想要查看维修记录时，可以双击记录条，系统将显示出具体的问题和位置点以及解决后结果。根据管网数据编辑功能，当遇到爆管突发情况时，GIS 将能根据水源分布情况以及阀门状态，进行多级关阀门处理，找到停水用户和需要关闭的阀门，并生成现场修图，同时对爆管事故原因、处理方案和处理结果，能进行保存和管理，便于在监控器终端的值班人员实时了解现场情况。暴雨降临时，根据 GIS 提前统计的部分数据，不需要人工到现场，而且数据更新及时。实现 GIS 提前预判管网运行情况，提前抢险人员到岗，处理路面积水、地下管网运行异常等险情功能模块。详见图 8.3–2。

在爆管抢修方面，GIS 也发挥很大作用。北京排水集团在 2016 年“7・20”和 2012 年的“7・21”暴雨期间，都发生多起排水管网爆管事件，2012 年处理每起事故平均时间为 5～14h，现场布控人员 1653 人，车辆 99 辆，设备 50 台（套）。2016 年“7・20”暴雨期间，

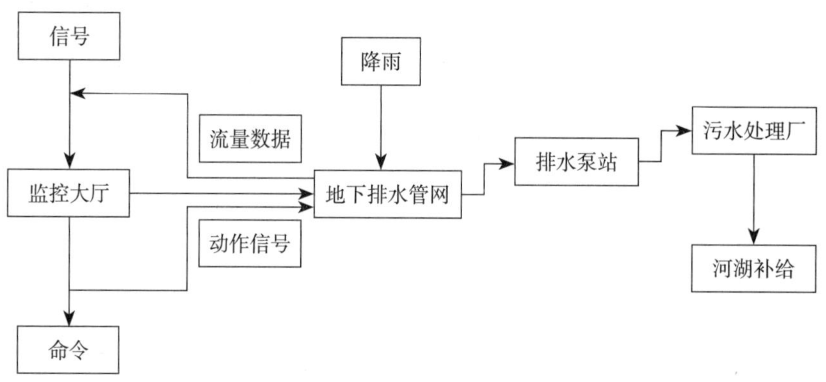

图 8.3-2 排水管网信号流程图

现场布控人员 1300 人，车辆 61 辆，设备 19 台（套）。实现节约社会资源的良好效果。随着北京排水集团 GIS 平台与排水管网管理工作的紧密结合，在数据衡量和技术控制上达到了市区地下管线数据的整合与共享、管线数据信号交换的畅通无阻，建立了覆盖市区地下管网资源共享应用的数据体系平台，形成了规范、科学、高效的地下管网平台资源管理和共享平台模式。

8.3.5 发展

随着互联网的迅速发展，Web 成为高效的全球的信息发布媒体，GIS 与 Web 的结合使得数据摆脱平面化，向空间化信息发展。IT 界的"云"为地理信息产业带来了巨大的改变。在开放的网络平台上，云让地理信息更加普适化。无论任何人在任何地点通过任何方式都可以享用智能化的地理信息系统和地图服务。据了解，目前国内云 GIS 尚处于架构设计阶段，未有大规模的应用。因此，基于网络的 GIS 应用越来越被人们所认可，云 GIS 的应用必将是未来的发展趋势。管网 GIS 平台将以互联网为媒介成为公众服务平台和社会最基本的信息服务的载体，WebGIS 也将成为今后管网联动工作的主要服务媒体。

第9章 法律法规标准规范节选

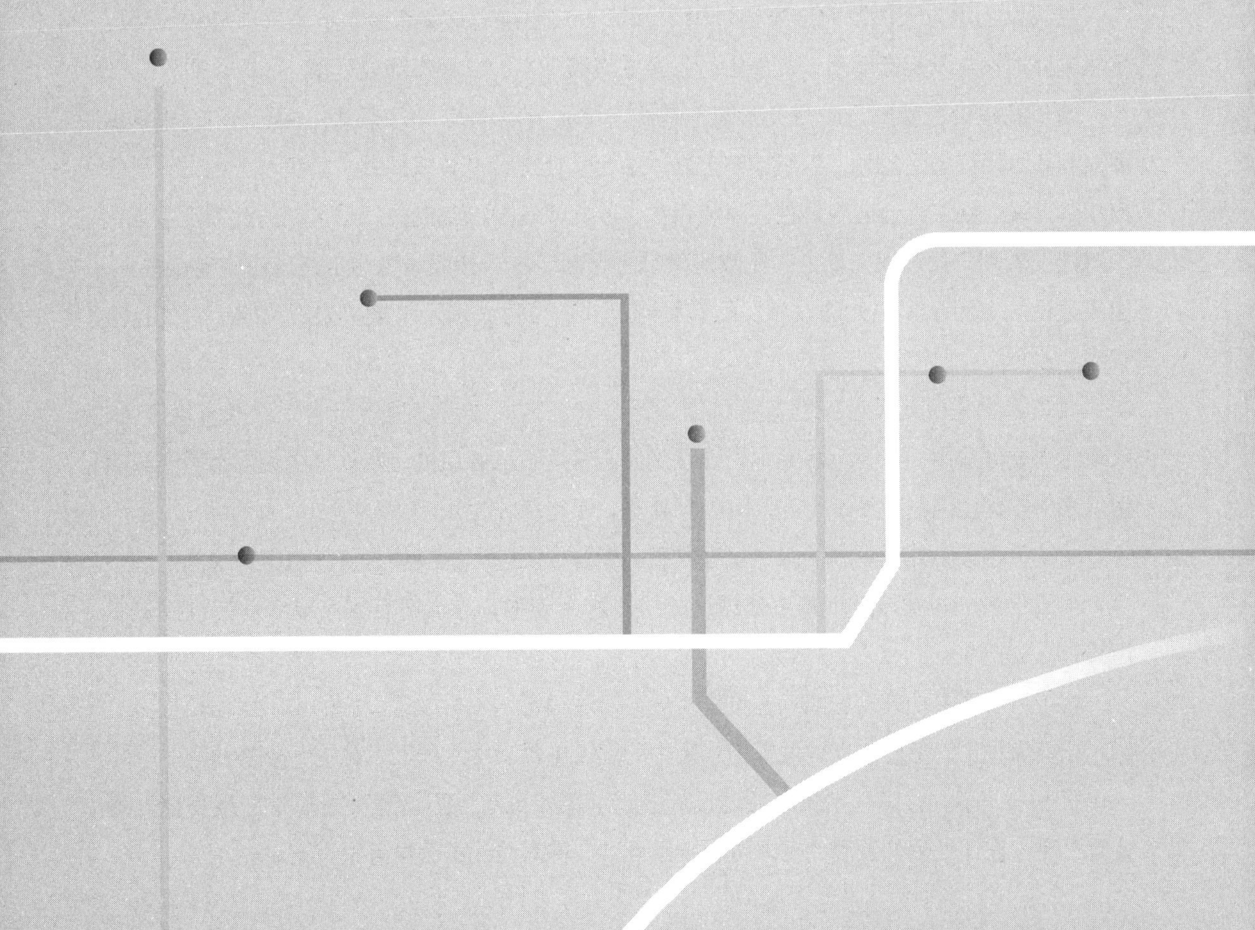

与城市排水安全相关的法律法规及标准规范主要有《中华人民共和国水污染防治法》《中华人民共和国安全生产法》《城镇排水与污水处理条例》《中华人民共和国防汛条例》《排污许可管理条例》《危险化学品安全管理条例》《污水排入城镇下水道水质标准》《城镇内涝防治技术规范》等。通过介绍这些法律法规及标准规范，旨在加强城市排水安全管理，保障排水设施安全运行，防治水污染和内涝灾害，保护环境和公共安全。

9.1 法律

9.1.1《中华人民共和国水污染防治法》

第四十九条　城镇污水应当集中处理。

县级以上地方人民政府应当通过财政预算和其他渠道筹集资金，统筹安排建设城镇污水集中处理设施及配套管网，提高本行政区域城镇污水的收集率和处理率。

国务院建设主管部门应当会同国务院经济综合宏观调控、环境保护主管部门，根据城乡规划和水污染防治规划，组织编制全国城镇污水处理设施建设规划。县级以上地方人民政府组织建设、经济综合宏观调控、环境保护、水行政等部门编制本行政区域的城镇污水处理设施建设规划。县级以上地方人民政府建设主管部门应当按照城镇污水处理设施建设规划，组织建设城镇污水集中处理设施及配套管网，并加强对城镇污水集中处理设施运营的监督管理。

城镇污水集中处理设施的运营单位按照国家规定向排污者提供污水处理的有偿服务，收取污水处理费用，保证污水集中处理设施的正常运行。收取的污水处理费用应当用于城镇污水集中处理设施的建设运行和污泥处理处置，不得挪作他用。

城镇污水集中处理设施的污水处理收费、管理以及使用的具体办法，由国务院规定。

第五十条　向城镇污水集中处理设施排放水污染物，应当符合国家或者地方规定的水污染物排放标准。

城镇污水集中处理设施的运营单位，应当对城镇污水集中处理设施的出水水质负责。

环境保护主管部门应当对城镇污水集中处理设施的出水水质和水量进行监督检查。

第五十一条　城镇污水集中处理设施的运营单位或者污泥处理处置单位应当安全处理处置污泥，保证处理处置后的污泥符合国家标准，并对污泥的去向等进行记录。

9.1.2《中华人民共和国安全生产法》

第四十条　生产经营单位对重大危险源应当登记建档，进行定期检测、评估、监控，并制定应急预案，告知从业人员和相关人员在紧急情况下应当采取的应急措施。

生产经营单位应当按照国家有关规定将本单位重大危险源及有关安全措施、应急措施报有关地方人民政府应急管理部门和有关部门备案。有关地方人民政府应急管理部门和有关部门应当通过相关信息系统实现信息共享。

第四十一条　生产经营单位应当建立安全风险分级管控制度，按照安全风险分级采取相应的管控措施。

生产经营单位应当建立健全并落实生产安全事故隐患排查治理制度，采取技术、管理措施，及时发现并消除事故隐患。事故隐患排查治理情况应当如实记录，并通过职工大会或者职工代表大会、信息公示栏等方式向从业人员通报。其中，重大事故隐患排查治理情况应当及时向负有安全生产监督管理职责的部门和职工大会或者职工代表大会报告。

县级以上地方各级人民政府负有安全生产监督管理职责的部门应当将重大事故隐患纳入相关信息系统，建立健全重大事故隐患治理督办制度，督促生产经营单位消除重大事故隐患。

9.2　行政法规

9.2.1《城镇排水与污水处理条例》

第十七条　县级以上地方人民政府应当根据当地降雨规律和暴雨内涝风险情况，结合气象、水文资料，建立排水设施地理信息系统，加强雨水排放管理，提高城镇内涝防治水平。

县级以上地方人民政府应当组织有关部门、单位采取相应的预防治理措施，建立城镇内涝防治预警、会商、联动机制，发挥河道行洪能力和水库、洼淀、湖泊调蓄洪水的功能，加强对城镇排水设施的管理和河道防护、整治，因地制宜地采取定期清淤疏浚等措施，确保雨水排放畅通，共同做好城镇内涝防治工作。

第十八条　城镇排水主管部门应当按照城镇内涝防治专项规划的要求，确定雨水收集利用设施建设标准，明确雨水的排水分区和排水出路，合理控制雨水径流。

第十九条　除干旱地区外，新区建设应当实行雨水、污水分流；对实行雨水、污水合流的地区，应当按照城镇排水与污水处理规划要求，进行雨水、污水分流改造。雨水、污水分流改造可以结合旧城区改建和道路建设同时进行。

在雨水、污水分流地区，新区建设和旧城区改建不得将雨水管网、污水管网相互混接。

在有条件的地区，应当逐步推进初期雨水收集与处理，合理确定截流倍数，通过设置初期雨水贮存池、建设截流干管等方式，加强对初期雨水的排放调控和污染防治。

第二十条　城镇排水设施覆盖范围内的排水单位和个人，应当按照国家有关规定将污水排入城镇排水设施。

在雨水、污水分流地区，不得将污水排入雨水管网。

第二十一条　从事工业、建筑、餐饮、医疗等活动的企业事业单位、个体工商户（以下称排水户）向城镇排水设施排放污水的，应当向城镇排水主管部门申请领取污水排入排水管网许可证。城镇排水主管部门应当按照国家有关标准，重点对影响城镇排水与污水处理设施安全运行的事项进行审查。

排水户应当按照污水排入排水管网许可证的要求排放污水。

第二十二条　排水户申请领取污水排入排水管网许可证应当具备下列条件：

（一）排放口的设置符合城镇排水与污水处理规划的要求；

（二）按照国家有关规定建设相应的预处理设施和水质、水量检测设施；

（三）排放的污水符合国家或者地方规定的有关排放标准；

（四）法律、法规规定的其他条件。

符合前款规定条件的，由城镇排水主管部门核发污水排入排水管网许可证；具体办法由国务院住房城乡建设主管部门制定。

第二十三条　城镇排水主管部门应当加强对排放口设置以及预处理设施和水质、水量检测设施建设的指导和监督；对不符合规划要求或者国家有关规定的，应当要求排水户采取措施，限期整改。

第二十四条　城镇排水主管部门委托的排水监测机构，应当对排水户排放污水的水质和水量进行监测，并建立排水监测档案。排水户应当接受监测，如实提供有关资料。

列入重点排污单位名录的排水户安装的水污染物排放自动监测设备，应当与环境保护主管部门的监控设备联网。环境保护主管部门应当将监测数据与城镇排水主管部门共享。

第二十五条　因城镇排水设施维护或者检修可能对排水造成影响的，城镇排水设施维护运营单位应当提前 24 小时通知相关排水户；可能对排水造成严重影响的，应当事先向城镇排水主管部门报告，采取应急处理措施，并向社会公告。

第二十六条　设置于机动车道路上的窨井，应当按照国家有关规定进行建设，保证其承载力和稳定性等符合相关要求。

排水管网窨井盖应当具备防坠落和防盗窃功能，满足结构强度要求。

第二十七条　城镇排水主管部门应当按照国家有关规定建立城镇排涝风险评估制度和灾害后评估制度，在汛前对城镇排水设施进行全面检查，对发现的问题，责成有关单位限期处理，并加强城镇广场、立交桥下、地下构筑物、棚户区等易涝点的治理，强化排涝措施，增加必要的强制排水设施和装备。

城镇排水设施维护运营单位应当按照防汛要求，对城镇排水设施进行全面检查、维护、清疏，确保设施安全运行。

在汛期，有管辖权的人民政府防汛指挥机构应当加强对易涝点的巡查，发现险情，立即采取措施。有关单位和个人在汛期应当服从有管辖权的人民政府防汛指挥机构的统一调度指挥或者监督。

第三十八条　城镇排水与污水处理设施维护运营单位应当建立健全安全生产管理制度，加强对窨井盖等城镇排水与污水处理设施的日常巡查、维修和养护，保障设施安全运行。

从事管网维护、应急排水、井下及有限空间作业的，设施维护运营单位应当安排专门人员进行现场安全管理，设置醒目警示标志，采取有效措施避免人员坠落、车辆陷落，并及时复原窨井盖，确保操作规程的遵守和安全措施的落实。相关特种作业人员，应当按照国家有关规定取得相应的资格证书。

第三十九条　县级以上地方人民政府应当根据实际情况，依法组织编制城镇排水与污水处理应急预案，统筹安排应对突发事件以及城镇排涝所必需的物资。

城镇排水与污水处理设施维护运营单位应当制定本单位的应急预案，配备必要的抢险装备、器材，并定期组织演练。

第四十条　排水户因发生事故或者其他突发事件，排放的污水可能危及城镇排水与污水处理设施安全运行的，应当立即采取措施消除危害，并及时向城镇排水主管部门和环境保护主管部门等有关部门报告。

城镇排水与污水处理安全事故或者突发事件发生后，设施维护运营单位应当立即启动本单位应急预案，采取防护措施、组织抢修，并及时向城镇排水主管部门和有关部门报告。

第四十一条　城镇排水主管部门应当会同有关部门，按照国家有关规定划定城镇排水与污水处理设施保护范围，并向社会公布。

在保护范围内，有关单位从事爆破、钻探、打桩、顶进、挖掘、取土等可能影响城镇排水与污水处理设施安全的活动的，应当与设施维护运营单位等共同制定设施保护方案，并采取相应的安全防护措施。

第四十二条　禁止从事下列危及城镇排水与污水处理设施安全的活动：

（一）损毁、盗窃城镇排水与污水处理设施；

（二）穿凿、堵塞城镇排水与污水处理设施；

（三）向城镇排水与污水处理设施排放、倾倒剧毒、易燃易爆、腐蚀性废液和废渣；

（四）向城镇排水与污水处理设施倾倒垃圾、渣土、施工泥浆等废弃物；

（五）建设占压城镇排水与污水处理设施的建筑物、构筑物或者其他设施；

（六）其他危及城镇排水与污水处理设施安全的活动。

第四十三条　新建、改建、扩建建设工程，不得影响城镇排水与污水处理设施安全。

建设工程开工前，建设单位应当查明工程建设范围内地下城镇排水与污水处理设施的相关情况。城镇排水主管部门及其他相关部门和单位应当及时提供相关资料。

建设工程施工范围内有排水管网等城镇排水与污水处理设施的，建设单位应当与施工单位、设施维护运营单位共同制定设施保护方案，并采取相应的安全保护措施。

因工程建设需要拆除、改动城镇排水与污水处理设施的，建设单位应当制定拆除、改动方案，报城镇排水主管部门审核，并承担重建、改建和采取临时措施的费用。

9.2.2《中华人民共和国防汛条例》

第三条　防汛工作实行“安全第一，常备不懈，以防为主，全力抢险”的方针，遵循团结协作和局部利益服从全局利益的原则。

第四条　防汛工作实行各级人民政府行政首长负责制，实行统一指挥，分级分部门负责。各有关部门实行防汛岗位责任制。

第五条　任何单位和个人都有参加防汛抗洪的义务。

中国人民解放军和武装警察部队是防汛抗洪的重要力量。

第二十三条　省级人民政府防汛指挥部，可以根据当地的洪水规律，规定汛期起止日期。当江河、湖泊、水库的水情接近保证水位或者安全流量时，或者防洪工程设施发生重大险情，情况紧急时，县级以上地方人民政府可以宣布进入紧急防汛期，并报告上级人民政府防汛指挥部。

第二十四条　防汛期内，各级防汛指挥部必须有负责人主持工作。有关责任人员必须坚守岗位，及时掌握汛情，并按照防御洪水方案和汛期调度运用计划进行调度。

第二十五条　在汛期，水利、电力、气象、海洋、农林等部门的水文站、雨量站，必须及时准确地向各级防汛指挥部提供实时水文信息；气象部门必须及时向各级防汛指挥部提供有关天气预报和实时气象信息；水文部门必须及时向各级防汛指挥部提供有关水文预报；海洋部门必须及时向沿海地区防汛指挥部提供风暴潮预报。

第二十六条　在汛期，河道、水库、闸坝、水运设施等水工程管理单位及其主管部门在执行汛期调度运用计划时，必须服从有管辖权的人民政府防汛指挥部的统一调度指挥或者监督。

在汛期，以发电为主的水库，其汛限水位以上的防洪库容以及洪水调度运用必须服从有管辖权的人民政府防汛指挥部的统一调度指挥。

第二十七条　在汛期，河道、水库、水电站、闸坝等水工程管理单位必须按照规定对水工程进行巡查，发现险情，必须立即采取抢护措施，并及时向防汛指挥部和上级主管部门报告。其他任何单位和个人发现水工程设施出现险情，应当立即向防汛指挥部和水工程管理单位报告。

第二十八条　在汛期，公路、铁路、航运、民航等部门应当及时运送防汛抢险人员和物资；电力部门应当保证防汛用电。

第二十九条　在汛期，电力调度通信设施必须服从防汛工作需要；邮电部门必须保证汛情和防汛指令的及时、准确传递，电视、广播、公路、铁路、航运、民航、公安、林业、石油等部门应当运用本部门的通信工具优先为防汛抗洪服务。

电视、广播、新闻单位应当根据人民政府防汛指挥部提供的汛情，及时向公众发布防汛信息。

第三十条　在紧急防汛期，地方人民政府防汛指挥部必须由人民政府负责人主持工作，组织动员本地区各有关单位和个人投入抗洪抢险。所有单位和个人必须听从指挥，承担人民政府防汛指挥部分配的抗洪抢险任务。

第三十一条　在紧急防汛期，公安部门应当按照人民政府防汛指挥部的要求，加强治安管理和安全保卫工作。必要时须由有关部门依法实行陆地和水面交通管制。

第三十二条　在紧急防汛期，为了防汛抢险需要，防汛指挥部有权在其管辖范围内，调用物资、设备、交通运输工具和人力，事后应当及时归还或者给予适当补偿。因抢险需要取土占地、砍伐林木、清除阻水障碍物的，任何单位和个人不得阻拦。

前款所指取土占地、砍伐林木的，事后应当依法向有关部门补办手续。

第三十三条　当河道水位或者流量达到规定的分洪、滞洪标准时，有管辖权的人民政府防汛指挥部有权根据经批准的分洪、滞洪方案，采取分洪、滞洪措施。采取上述措施对毗邻地区有危害的，须经有管辖权的上级防汛指挥机构批准，并事先通知有关地区。

在非常情况下，为保护国家确定的重点地区和大局安全，必须作出局部牺牲时，在报经有管辖权的上级人民政府防汛指挥部批准后，当地人民政府防汛指挥部可以采取非常紧急措施。

实施上述措施时，任何单位和个人不得阻拦，如遇到阻拦和拖延时，有管辖权的人民政府有权组织强制实施。

第三十四条　当洪水威胁群众安全时，当地人民政府应当及时组织群众撤离至安全地带，并做好生活安排。

第三十五条　按照水的天然流势或者防洪、排涝工程的设计标准，或者经批准的运行方案下泄的洪水，下游地区不得设障阻水或者缩小河道的过水能力；上游地区不得擅自增大下泄流量。

未经有管辖权的人民政府或其授权的部门批准，任何单位和个人不得改变江河河势的自然控制点。

9.2.3《排污许可管理条例》

第六条　排污单位应当向其生产经营场所所在地设区的市级以上地方人民政府生态环境主管部门（以下称审批部门）申请取得排污许可证。

排污单位有两个以上生产经营场所排放污染物的，应当按照生产经营场所分别申请取得排污许可证。

第十七条　排污许可证是对排污单位进行生态环境监管的主要依据。

排污单位应当遵守排污许可证规定，按照生态环境管理要求运行和维护污染防治设施，建立环境管理制度，严格控制污染物排放。

第十八条　排污单位应当按照生态环境主管部门的规定建设规范化污染物排放口，并设置标志牌。

污染物排放口位置和数量、污染物排放方式和排放去向应当与排污许可证规定相符。

实施新建、改建、扩建项目和技术改造的排污单位，应当在建设污染防治设施的同时，建设规范化污染物排放口。

第十九条　排污单位应当按照排污许可证规定和有关标准规范，依法开展自行监测，并保存原始监测记录。原始监测记录保存期限不得少于5年。

排污单位应当对自行监测数据的真实性、准确性负责，不得篡改、伪造。

第二十条　实行排污许可重点管理的排污单位，应当依法安装、使用、维护污染物排放自动监测设备，并与生态环境主管部门的监控设备联网。

排污单位发现污染物排放自动监测设备传输数据异常的，应当及时报告生态环境主管部门，并进行检查、修复。

第二十一条　排污单位应当建立环境管理台账记录制度，按照排污许可证规定的格式、内容和频次，如实记录主要生产设施、污染防治设施运行情况以及污染物排放浓度、排放量。环境管理台账记录保存期限不得少于5年。

排污单位发现污染物排放超过污染物排放标准等异常情况时，应当立即采取措施消除、减轻危害后果，如实进行环境管理台账记录，并报告生态环境主管部门，说明原因。超过污染物排放标准等异常情况下的污染物排放计入排污单位的污染物排放量。

第二十二条　排污单位应当按照排污许可证规定的内容、频次和时间要求，向审批部门提交排污许可证执行报告，如实报告污染物排放行为、排放浓度、排放量等。

排污许可证有效期内发生停产的，排污单位应当在排污许可证执行报告中如实报告污染物排放变化情况并说明原因。

排污许可证执行报告中报告的污染物排放量可以作为年度生态环境统计、重点污染物排放总量考核、污染源排放清单编制的依据。

第二十三条　排污单位应当按照排污许可证规定，如实在全国排污许可证管理信息平台上公开污染物排放信息。

污染物排放信息应当包括污染物排放种类、排放浓度和排放量，以及污染防治设施的建设运行情况、排污许可证执行报告、自行监测数据等；其中，水污染物排入市政排水管网的，还应当包括污水接入市政排水管网位置、排放方式等信息。

第二十四条　污染物产生量、排放量和对环境的影响程度都很小的企业事业单位和其他生产经营者，应当填报排污登记表，不需要申请取得排污许可证。

需要填报排污登记表的企业事业单位和其他生产经营者范围名录，由国务院生态环境主管部门制定并公布。制定需要填报排污登记表的企业事业单位和其他生产经营者范围名录，应当征求有关部门、行业协会、企业事业单位和社会公众等方面的意见。

需要填报排污登记表的企业事业单位和其他生产经营者，应当在全国排污许可证管理信息平台上填报基本信息、污染物排放去向、执行的污染物排放标准以及采取的污染防治措施等信息；填报的信息发生变动的，应当自发生变动之日起 20 日内进行变更填报。

9.2.4《危险化学品安全管理条例》

第十三条　生产、储存危险化学品的单位，应当对其铺设的危险化学品管道设置明显标志，并对危险化学品管道定期检查、检测。

进行可能危及危险化学品管道安全的施工作业，施工单位应当在开工的 7 日前书面通知管道所属单位，并与管道所属单位共同制定应急预案，采取相应的安全防护措施。管道所属单位应当指派专门人员到现场进行管道安全保护指导。

第二十条　生产、储存危险化学品的单位，应当根据其生产、储存的危险化学品的种类和危险特性，在作业场所设置相应的监测、监控、通风、防晒、调温、防火、灭火、防爆、泄压、防毒、中和、防潮、防雷、防静电、防腐、防泄漏以及防护围堤或者隔离操作等安全设施、设备，并按照国家标准、行业标准或者国家有关规定对安全设施、设备进行经常性维护、保养，保证安全设施、设备的正常使用。生产、储存危险化学品的单位，应当在其作业场所和安全设施、设备上设置明显的安全警示标志。

第二十一条　生产、储存危险化学品的单位，应当在其作业场所设置通信、报警装置，并保证处于适用状态。

第二十四条　危险化学品应当储存在专用仓库、专用场地或者专用储存室（以下统称专用仓库）内，并由专人负责管理；剧毒化学品以及储存数量构成重大危险源的其他危险化学品，应当在专用仓库内单独存放，并实行双人收发、双人保管制度。

危险化学品的储存方式、方法以及储存数量应当符合国家标准或者国家有关规定。

第二十五条　储存危险化学品的单位应当建立危险化学品出入库核查、登记制度。

第二十八条　使用危险化学品的单位，其使用条件（包括工艺）应当符合法律、行政法规的规定和国家标准、行业标准的要求，并根据所使用的危险化学品的种类、危险特性以及使用量和使用方式，建立、健全使用危险化学品的安全管理规章制度和安全操作规程，保证危险化学品的安全使用。

9.3 标准规范

9.3.1 排放标准

1.《城镇污水处理厂污染物排放标准》GB 18918—2002

4.1.3　标准值

4.1.3.1　城镇污水处理厂水污染物排放基本控制项目，执行表 1 和表 2 的规定。

4.1.3.2　选择控制项目按表 3 的规定执行。

基本控制项目最高允许排放浓度（日均值）（单位 mg/L）　　表 1

序号	基本控制项目		一级标准		二级标准	三级标准
			A 标准	B 标准		
1	化学需氧量（COD）		50	60	100	120①
2	生化需氧量（BOD_5）		10	20	30	60①
3	悬浮物（SS）		10	20	30	50
4	动植物油		1	3	5	20
5	石油类		1	3	5	15
6	阴离子表面活性剂		0.5	1	2	5
7	总氮（以 N 计）		15	20	—	—
8	氨氮（以 N 计）②		5（8）	8（15）	25（30）	—
9	总磷（以 P 计）	2005 年 12 月 31 日前建设的	1	1.5	3	5
		2006 年 1 月 1 日起建设的	0.5	1	3	5
10	色度（稀释倍数）		30	30	40	50
11	pH		6 ~ 9			
12	粪大肠菌群数（个 /L）		10^3	10^4	10^4	—

①下列情况下按去除率指标执行：当进水 COD 大于 350mg/L 时，去除率应大于 60%；BOD 大于 160mg/L 时，去除率应大于 50%。

②括号外数值为水温＞ 12℃时的控制指标，括号内数值为水温≤ 12℃时的控制指标。

部分一类污染物最高允许排放浓度（日均值）（单位 mg/L） 表 2

序号	项目	标准值
1	总汞	0.001
2	烷基汞	不得检出
3	总镉	0.01
4	总铬	0.1
5	六价铬	0.05
6	总砷	0.1
7	总铅	0.1

选择控制项目最高允许排放浓度（日均值）（单位 mg/L） 表 3

序号	基本控制项目	标准值	序号	选择控制项目	标准值
1	总镍	0.05	23	三氯乙烯	0.3
2	总铍	0.002	24	四氯乙烯	0.1
3	总银	0.1	25	苯	0.1
4	总铜	0.5	26	甲苯	0.1
5	总锌	1.0	27	邻 – 二甲苯	0.4
6	总锰	2.0	28	对 – 二甲苯	0.4
7	总硒	0.1	29	间 – 二甲苯	0.4
8	苯并（a）芘	0.00003	30	乙苯	0.4
9	挥发酚	0.5	31	氯苯	0.3
10	总氰化物	0.5	32	1, 4– 二氯苯	0.4
11	硫化物	1.0	33	1, 2– 二氯苯	1.0
12	甲醛	1.0	34	对硝基氯苯	0.5
13	苯胺类	0.5	35	2, 4– 二硝基氯苯	0.5
14	总硝基化合物	2.0	36	苯酚	0.3
15	有机磷农药（以 P 计）	0.5	37	间 – 甲酚	0.1
16	马拉硫磷	1.0	38	2, 4– 二氯酚	0.6
17	乐果	0.5	39	2, 4, 6– 三氯酚	0.6
18	对硫磷	0.05	40	邻苯二甲酸二丁酯	0.1
19	甲基对硫磷	0.2	41	邻苯二甲酸二辛酯	0.1
20	五氯酚	0.5	42	丙烯腈	2.0
21	三氯甲烷	0.3	43	可吸附有机卤化物（AOX 以 CL 计）	1.0
22	四氯化碳	0.03			

2.《污水排入城镇下水道水质标准》GB/T 31962—2015

4.1 一般规定

4.1.1 严禁向城镇下水道倾倒垃圾、粪便、积雪、工业废渣、餐厨废物、施工泥浆等造成下水道堵塞的物质。

4.1.2 严禁向城镇下水道排入易凝聚、沉积等导致下水道淤泥的污水或物质。

4.1.3 严禁向城镇下水道排入剧毒、易燃、易爆、恶臭物质和有害气体、蒸汽或烟雾。

4.1.4 严禁向城镇下水道排入有毒、有害、易燃、易爆、恶臭等可能危害城镇排水与污水处理设施安全和公共安全的物质。

4.1.5 本标准未列入的控制项目，包括病原体、放射性污染物等，根据污染物的行业来源，其限值应按国家相关行业标准执行。

4.1.6 水质不符合本标准规定的污水，应进行预处理。不得用稀释法降低浓度后排入城镇下水道。

4.2 水质标准

4.2.1 根据城镇下水道末端污水处理厂的处理程度，将控制项目限值分为A、B、C三个等级，见表1。

a）下水道末端污水处理厂采用再生处理时，排入城镇下水道的污水水质应符合A等级的规定。

b）下水道末端污水处理厂采用二级处理时，排入城镇下水道的污水水质应符合B等级的规定。

c）下水道末端污水处理厂采用一级处理时，排入城镇下水道的污水水质应符合C等级的规定。

污水排入城镇下水道水质控制项目限值 表1

序号	控制项目名称	单位	A级	B级	C级
1	水温	℃	40	40	40
2	色度	倍	64	64	64
3	易沉固体	mL/（L·15min）	10	10	10
4	悬浮物	mg/L	400	400	250
5	溶解性总固体	mg/L	1500	2000	2000
6	动植物油	mg/L	100	100	100
7	石油类	mg/L	15	15	10
8	pH	—	6.5~9.5	6.5~9.5	6.5~9.5
9	五日生化需氧量（BOD_5）	mg/L	350	350	150
10	化学需氧量（COD）	mg/L	500	500	300

续表

序号	控制项目名称	单位	A 级	B 级	C 级
11	氨氮（以 N 计）	mg/L	45	45	25
12	总氮（以 N 计）	mg/L	70	70	45
13	总磷（以 P 计）	mg/L	8	8	5
14	阴离子表面活性剂（LAS）	mg/L	20	20	10
15	总氰化物	mg/L	0.5	0.5	0.5
16	总余氯（以 Cl_2 计）	mg/L	8	8	8
17	硫化物	mg/L	1	1	1
18	氟化物	mg/L	20	20	20
19	氯化物	mg/L	500	800	800
20	硫酸盐	mg/L	400	600	600
21	总汞	mg/L	0.005	0.005	0.005
22	总镉	mg/L	0.05	0.05	0.05
23	总铬	mg/L	1.5	1.5	1.5
24	六价铬	mg/L	0.5	0.5	0.5
25	总砷	mg/L	0.3	0.3	0.3
26	总铅	mg/L	0.5	0.5	0.5
27	总镍	mg/L	1	1	1
28	总铍	mg/L	0.005	0.005	0.005
29	总银	mg/L	0.5	0.5	0.5
30	总硒	mg/L	0.5	0.5	0.5
31	总铜	mg/L	2	2	2
32	总锌	mg/L	5	5	5
33	总锰	mg/L	2	5	5
34	总铁	mg/L	5	10	10
35	挥发酚	mg/L	1	1	0.5
36	苯系物	mg/L	2.5	2.5	1
37	苯胺类	mg/L	5	5	2
38	硝基苯类	mg/L	5	5	3
39	甲醛	mg/L	5	5	2
40	三氯甲烷	mg/L	1	1	0.6
41	四氯化碳	mg/L	0.5	0.5	0.06
42	三氯乙烯	mg/L	1	1	0.6
43	四氯乙烯	mg/L	0.5	0.5	0.2
44	可吸附有机卤化物（AOX，以 Cl 计）	mg/L	8	8	5

续表

序号	控制项目名称	单位	A 级	B 级	C 级
45	有机磷农药（以 P 计）	mg/L	0.5	0.5	0.5
46	五氯酚	mg/L	5	5	5

9.3.2 运行标准

1.《城镇排水管渠与泵站运行、维护及安全技术规程》CJJ 68—2016

3.1.4 分流制排水系统中，严禁雨水和污水管道混接。

3.3.4 当巡视人员在巡视中发现井盖和雨水箅缺失或损坏后，应立即设置警示标志，并在 6h 内修补恢复；当相关排水管理单位接报井盖和雨水箅缺失或损坏信息后，必须在 2h 内安放护栏和警示标志，并应在 6h 内修补恢复。

3.7.10 进行管道维护作业时，应符合下列规定：

1 在进行路面作业时，维护作业人员应穿戴有反光标志的安全警示服并正确佩戴和使用劳动防护用品；未按规定穿戴安全警示服及佩戴和使用劳动防护用品的人员，不得上岗作业；

2 维护作业区域应采取设置安全警示标志等防护措施；夜间作业时，应在作业区域周边明显处设置警示灯；作业完毕，应及时清除障碍物；

3 开启压力井盖时，应采取相应的防爆措施；

4 井下作业前，维护作业单位应检测管道内有害气体；

5 井下作业时，应进行连续气体检测，且井上监护人员不得少于两人；进入管道内作业时，井室内应设置专人呼应和监护，监护人员严禁擅离职守。

3.7.11 井下作业时，人员安全防护应符合下列规定：

1 作业人员应佩戴供压缩空气的隔离式防护装具、安全带、安全绳、安全帽等防护用品；

2 监护人员应密切观察作业人员情况，随时检查空压机、供气管、通信设施、安全绳等下井设备的安全运行情况，发现问题及时采取措施；

3 当发现有中毒危险时，应立即停止作业，并组织作业人员迅速撤离现场；

4 作业现场应配备应急装备、器具；

5 井下作业前，应开启作业井盖及其上下游井盖进行自然通风，且通风时间不应小于 30min。

3.7.12 中毒、窒息应急救援应符合下列规定：

1 维护作业单位应制定中毒、窒息等事故应急救援预案，并应按相关规定定期进行演练。

2 作业人员发生异常时，监护人员应立即用作业人员自身佩戴的安全带、安全绳将其迅速救出。

3　发生中毒、窒息事故，监护人员应立即启动应急救援预案。

4　当需下井抢救时，抢救人员必须在做好个人安全防护并有专人监护下进行下井抢救，应佩戴好便携式空气呼吸器、悬挂双背带式安全带，并应系好安全绳，严禁盲目施救。

5　中毒、窒息者被救出后应及时送往医院抢救；在等待救援时，监护人员应立即施救或采取现场急救措施。

4.1.2　维护泵站设施时，必须先对有毒、有害、易燃易爆气体进行检测与防护。

4.1.7　泵站起重设备、压力容器、易燃、易爆、有毒气体监测装置必须定期检测，合格后方可使用。

7.4.1　排水管理单位应制定雨中巡查制度，并应采取有效措施加快排水。

7.4.2　排水防涝处置应符合下列规定：

1　应根据道路积水巡视路线进行巡视，测量道路积水深度和范围，及时统计有关积水和退水信息；

2　根据现场道路交通和积水情况，可采取打开雨水排水井盖、雨水箅加强排水，并应专人值守与维护，结束后应及时恢复；

3　桥涵、下穿式立交及地道最低处路面积水深度达到警戒水位时，应及时协助封闭交通，设置醒目的警示标志，安排专人值守，并应采取应急排水措施；

4　工作人员应做好自身安全防护。

7.4.3　在遭遇大暴雨、台风等极端强降雨前，对于采用强排水模式的防涝排水系统应按防涝预案要求预先降低管道水位，增加管道雨水调蓄能力，减小积水风险。

7.4.4　具有排涝功能的城市河道和水体，在降雨预警发布后，应及时降低水位，满足城市排水防涝要求。

7.4.5　当区域排涝泵站出现突发状况导致泵站停运时，泵站管理单位应及时开展应急处置，通过周边泵站联动、临时围堪、临泵抽排、应急抢修等手段减缓地区积水。

2.《城镇排水管道维护安全技术规程》CJJ 6—2009

4.1.1　当在交通流量大的地区进行维护作业时，应有专人维护现场交通秩序，协调车辆安全通行。

4.1.2　当临时占路维护作业时，应在维护作业区域迎车方向前放置防护栏。一般道路，防护栏距维护作业区域应大于 5m，且两侧应设置路锥，路锥之间用连接链或警示带连接，间距不应大于 5m。

4.1.3　在快速路上，宜采用机械维护作业方法；作业时，除应按本规程第 4.1.2 条规定设置防护栏外，还应在作业现场迎车方向不小于 100m 处设置安全警示标志。

4.1.4　当维护作业现场井盖开启后，必须有人在现场监护或在井盖周围设置明显的防护栏及警示标志。

4.1.5 污泥盛器和运输车辆在道路停放时，应设置安全标志，夜间应设置警示灯，疏通作业完毕清理现场后，应及时撤离现场。

4.1.6 除工作车辆与人员外，应采取措施防止其他车辆、行人进入作业区域。

3.《城镇污水处理厂运行、维护及安全技术规程》CJJ 60—2011

2.2.1 起重设备、锅炉、压力容器等特种设备的安装、使用、检修、检测及鉴定，必须符合国家现行有关标准的规定。

2.2.2 对易燃易爆、有毒有害等气体检测仪应定期进行检查和效验，并应按国家有关规定进行强制检定。

2.2.3 对厂内各种工艺管线、闸阀及设备应着色并标识，并应符合现行行业标准《城市污水处理厂管道和设备色标》CJ/T 158 的规定。

2.2.4 在设备转动部位应设置防护罩；设备启动和运行时，操作人员不得靠近、接触转动部位。

2.2.5 非本岗位人员严禁启闭本岗位的机电设备。

2.2.6 各种闸阀开启与关闭应有明显标识，并应定期做启闭试验，应经常为丝杠等部位加注润滑油脂。

2.2.7 设备急停开关必须保持完好状态；当设备运行中遇有紧急情况时，可采取紧急停机措施。

2.2.8 对电动闸阀的限位开关、手动与电动的连锁装置，应每月检查 1 次。

2.2.9 各种闸阀井应保持无积水，寒冷季节应对外露管道、闸阀等设备采取防冻措施。

2.2.10 操作人员在现场开、停设备时，应按操作规程进行，设备工况稳定后，方可离开。

2.2.11 新投入使用或长期停运后重新启用的设施、设备，必须对构筑物、管道闸阀、机械、电气、自控等系统进行全面检查，确认正常后方可投入使用。

2.2.12 停用的设备应每月至少进行 1 次运转。环境温度低于 0℃ 时，必须采取防冻措施。各种类型的刮泥机、刮砂机、刮渣机等设备，长时间停机后再开启时，应先点动，后启动。冬季有结冰时，应除冰后再启动。

2.2.13 各种设备维修前必须断电，并应在开关处悬挂维修和禁止合闸的标识牌，经检查确认无安全隐患后方可操作。

2.2.14 清理机电设备及周围环境卫生时，严禁擦拭设备运转部位，冲洗水不得溅到电机带电部位、润滑部位及电缆头等。

2.2.15 设备需要维修时，应在机体温度降至常温后，方可维修。

2.2.16 各类水池检修放空或长期停用时，应根据需要采取抗浮措施；并应对池内配套设备进行妥善处理。

2.2.17　凡设有钢丝绳结构的装置，应按要求做好日常检查和定期维护保养；当出现绳端断丝、绳股断裂、扭结、压扁等情况时，必须更换。

2.2.18　起重设备应设专人负责操作，吊物下方危险区域内严禁有人。

2.2.19　设备电机外壳接地必须保证良好，确保安全。

2.2.20　构筑物、建筑物的护栏及扶梯应牢固可靠，设施护栏不得低于 1.2m，在构筑物上应悬挂警示牌，配备救生圈、安全绳等救生用品，并应定期检查和更换。

2.2.21　各岗位操作人员在岗期间应佩戴齐全劳动防护用品，做好安全防护工作。

2.2.22　城镇污水处理厂必须健全进出污泥消化处理区域的管理制度，值班室的警报器、电话应完好畅通。

2.2.23　污泥消化处理区域内工作人员应配备防静电工作服和工作鞋。

2.2.24　污泥消化处理区域及除臭设施防护范围内，严禁明火作业。

2.2.25　对可能含有有毒有害气体或可燃性气体的深井、管道、构筑物等设施、设备进行维护、维修操作前，必须在现场对有毒有害气体进行检测，不得在超标的环境下操作。所有参与操作的人员必须佩戴防护装置，直接操作者必须在可靠的监护下进行，并应符合现行行业标准《城镇排水管道维护安全技术规程》CJJ 6 的有关规定。

2.2.26　在易燃易爆、有毒有害气体、异味、粉尘和环境潮湿的场所，应进行强制通风，确保安全。

2.2.27　消防器材的设置应符合消防部门有关法规和标准的规定，并应按相关规定的要求定期检查、更新，保持完好有效。

2.2.28　雨天或冰雪天气，应及时清除走道上的积水或冰雪，操作人员在构筑物上巡视或操作时，应注意防滑。

2.2.29　雷雨天气，操作人员在室外巡视或操作时应注意防雷电。

2.2.30　对栅渣、浮渣、污泥等废弃物的输送系统应定期做维护保养，在室内设置的除渣、除泥等系统，应保持室内良好的通风条件。

9.3.3　其他规范

1.《城镇内涝防治技术规范》GB 51222—2017

3.1.1　城镇内涝防治系统应包括源头减排、排水管渠和排涝除险等工程性设施，以及应急管理等非工程性措施，并与防洪设施相衔接。

3.2.1　新建、改建和扩建工程，应在工程范围内汇水区的出口处设置固定的雨水排放点。

3.2.2　当地区整体改建时，对于相同的设计重现期，改建后的净流量不得超过原有的径流量。

4.1.9　严禁在地表污染严重的地区设置具有防渗透功能的源头减排设施。

6.1.1　排涝除险设施宜包括城镇水体、调蓄设施和行泄通道等。

6.1.2　排涝除险设施应以城镇总体规划和城镇内涝防治专项规划为依据，并应根据地区降雨规律和暴雨内涝风险等因素，统筹规划，合理确定建设规模。

6.1.3　排涝除险设施具有多种功能时，应明确多项功能并相互协调，并应在降雨和内涝发生时保护公众生命和财产安全，保障城镇安全运行。

2.《生产经营单位生产安全事故应急预案编制导则》GB/T 29639—2020

4.1　概述

生产经营单位应急预案编制程序包括成立应急预案编制工作组、资料收集、风险评估、应急资源调查、应急预案编制、桌面推演、应急预案评审和批准实施 8 个步骤。

4.2　成立应急预案编制组

结合本单位职能和分工，成立以单位有关负责人为组长，单位相关部门人员（如生产、技术、设备、安全、行政、人事、财务人员）参加的应急预案编制工作组，明确工作职责和任务分工，制订工作计划，组织开展应急预案编制工作。预案编制工作组中应邀请相关救援队伍以及周边相关企业、单位或社区代表参加。

4.3　资料收集

应急预案编制工作组应收集下列相关资料：适用的法律法规、部门规章、地方性法规和政府规章、技术标准及规范性文件；企业周边地质、地形、环境情况及气象、水文、交通资料；企业现场功能区划分、建（构）筑物平面布置及安全距离资料；企业工艺流程、工艺参数、作业条件、设备装置及风险评估资料；本企业历史事故与隐患、国内外同行业事故资料；属地政府及周边企业、单位应急预案。

4.4　风险评估

开展生产安全事故风险评估，撰写评估报告（编制大纲参见附录 A），其内容包括但不限于：辨识生产经营单位存在的危险有害因素，确定可能发生的生产安全事故类别；分析各种事故类别发生的可能性、危害后果和影响范围；评估确定 相应事故类别的风险等级。

4.5　应急资源调查

全面调查和客观分析本单位以及周边单位和政府部门可请求援助的应急资源状况，撰写应急资源调查报告，其内容包括但不限于：本单位可调用的应急队伍、装备、物资、场所；针对生产过程及存在的风险可采取的监测、监控、报警手段；上级单位、当地政府及周边企业可提供的应急资源；可协调使用的医疗、消防、专业抢险救援机构及其他社会化应急救援力量。

4.6　应急预案编制

4.6.1　应急预案编制应当遵循以人为本、依法依规、符合实际、注重实效的原则，以应急处置为核心，体现自救互救和先期处置的特点，做到职责明确、程序规范、措施科学，尽可能简明化、图表化、流程化。

4.6.2　应急预案编制工作包括但不限于下列：

a）依据事故风险评估及应急资源调查结果，结合本单位组织管理体系、生产规模及处置特点，合理确立本单位应急预案体系；

b）结合组织管理体系及部门业务职能划分，科学设定本单位应急组织机构及职责分工；

c）依据事故可能的危害程度和区域范围，结合应急处置权限及能力，清晰界定本单位的响应分级标准，制定相应层级的应急处置措施；

d）按照有关规定和要求，确定事故信息报告、响应分级与启动、指挥权移交、警戒疏散方面的内容，落实与相关部门和单位应急预案的衔接。

4.7　桌面推演

按照应急预案明确的职责分工和应急响应程序，结合有关经验教训，相关部门及其人员可采取桌面演练的形式，模拟生产安全事故应对过程，逐步分析讨论并形成记录，检验应急预案的可行性，并进一步完善应急预案。

4.8　应急预案评审

4.8.1　评审形式

应急预案编制完成后，生产经营单位应按法律法规有关规定组织评审或论证。参加应急预案评审的人员可包括有关安全生产及应急管理方面的、有现场处置经验的专家。应急预案论证可通过推演的方式开展。

4.8.2　评审内容

应急预案评审内容主要包括：风险评估和应急资源调查的全面性、应急预案体系设计的针对性、应急组织体系的合理性、应急响应程序和措施的科学性、应急保障措施的可行性、应急预案的衔接性。

4.9　评审批准

通过评审的应急预案，由生产经营单位主要负责人签发实施。

5　应急预案体系

5.1　概述

生产经营单位应急预案分为综合应急预案、专项应急预案和现场处置方案。生产经营单位应根据有关法律、法规和相关标准，结合本单位组织管理体系、生产规模和可能发生的事故特点，科学合理确立本单位的应急预案体系，并注意与其他类别应急预案相衔接。

5.2　综合应急预案

综合应急预案是生产经营单位为应对各种生产安全事故而制定的综合性工作方案，是本单位应对生产安全事故的总体工作程序、措施和应急预案体系的总纲。

5.3　专项应急预案

专项应急预案是生产经营单位为应对某一种或者多种类型生产安全事故，或者针对重要生产设施、重大危险源、重大活动防止生产安全事故而制定的专项工作方案。专项应急预案与综合应急预案中的应急组织机构、应急响应程序相近时，可不编写专项应急预案，相应的应急处置措施并入综合应急预案。

5.4　现场处置方案

现场处置方案是生产经营单位根据不同生产安全事故类型，针对具体场所、装置或者设施所制定的应急处置措施。现场处置方案重点规范事故风险描述、应急工作职责、应急处置措施和注意事项，应体现自救互救、信息报告和先期处置的特点。

事故风险单一、危险性小的生产经营单位，可只编制现场处置方案。

参考文献

[1] 北京城市排水集团有限责任公司. 排水管道工培训教材 [M]. 北京：中国林业出版社，2021.

[2] 北京城市排水集团有限责任公司. 排水巡查员培训教材 [M]. 北京：中国林业出版社，2021.

[3] 北京城市排水集团有限责任公司. 排水泵站运行工培训教材 [M]. 北京：中国林业出版社，2021.

[4] 北京城市排水集团有限责任公司. 污泥处理工培训教材 [M]. 北京：中国林业出版社，2021.03.

[5] 北京城市排水集团有限责任公司. 城镇污水处理工培训教材 [M]. 北京：中国林业出版社，2021.

[6] 孙慧修. 排水工程上册 [M]4 版. 北京：中国建筑工业出版社，1999.

[7] 建设部人事教育司. 下水道养护工 [M]. 北京：中国建筑工业出版社，2005.

[8] 虞静静，王颖，季树勋，等. 国内外城镇排水管理模式对宁波的启示 [J]. 浙江水利水电学院学报，2022，34（4）：23–27.

[9] 郑江. 城镇排水系统厂网一体化运营模式的研究与实践 [J]. 给水排水，2016，52（10）：47–51.

[10] 徐祖信，徐晋，金伟，等. 我国城市黑臭水体治理面临的挑战与机遇 [J]. 给水排水，2019，55（3）：1–5，77.

[11] 徐祖信，王卫刚，李怀正，等. 合流制排水系统溢流污水处理技术 [J]. 环境工程，2010，28（S1）：153–156.

[12] 刘双柳，徐顺青，陈鹏，等. 城镇污水治理设施补短板现状及对策 [J]. 中国给水排水，2020，36（22）：54–60.

[13] 王智恺. 城市市政排水管网运行安全风险评估及工程示范 [D]. 天津：天津大学，2019.

[14] 徐晋，楚文海，刘淑雅，等. 我国城市污水治理提质增效重点的评估分析技术方法 [J]. 给水排水，2022，58（10）：1–7.

[15] 刘家宏，裴羽佳，梅超，等. 郑州“7·20”特大暴雨内涝成因及灾害防控 [J]. 郑州大学学报（工学版），2023，44（2）：38–45.

[16] 刘家宏，梅超，邵薇薇，等. 城市排水防涝基础设施应对能力的三个阈值 [J]. 水利学报，2022，53（7）：789–797.

[17] 孙立极，龚仕建，王丹. 治理城市内涝问题需多措并举 [N]. 人民日报，2021–12–06（010）.

[18] 罗宏森，谭涛，杨琴. 城市内涝灾害中考虑紧迫度的排涝设备调度研究 [J]. 中国安全生产科学技术，2023，19（8）：178–185.

[19] 周军，潘志祺，蔡琪. 广州中心城区新型城市内涝应急管理模式经验探讨 [J]. 中国给水排水，2023，39（16）：41–45.

[20] 河南省人民政府办公厅关于印发河南省城市防洪排涝能力提升方案的通知 [J]. 河南省人民政府公报，2022（9）：46–51.

[21] 北京市人民政府办公厅关于印发《北京市城市积水内涝防治及溢流污染控制实施方案（2021 年—2025 年）》的通知 [J]. 北京市人民政府公报，2021（20）：8–18.

[22] 金潮森，邸苏闯，刘洪禄，等. 北京市典型积水点金安桥内涝原因及治理措施效果分析 [J]. 水利水电技术（中英文），2023，54（3）：59–71.

[23] 邱健，孙全，张俊. 九江市中心城区道路积水点改造思路及技术措施 [J]. 中国给水

排水，2022，38（4）：6-11.

[24] 陈以确. 提高福州城区排涝能力的对策和措施 [J]. 人民珠江，2006（5）：61-62.

[25] 吴俊，郑大可，王正文. 温州城区排涝存在的问题及解决方案 [J]. 工程技术研究，2022，7（10）：193-196.

[26] 张利荣，庞林祥. 2021 年河南“7 · 20”特大暴雨重大险情处置关键技术措施 [J]. 中国防汛抗旱，2022，32（4）：25-30.

[27] 何文学，李茶青. 城市“排水、排涝、防洪”工程之间的和谐关系研究 [J]. 给水排水，2015，51（S1）：85-88.

[28] 沈颖，吴永松，蔡敏. 城市排涝物资储备分析方法浅析 [J]. 治淮，2023，（3）：52-53，63.

[29] 何海声. 特大暴雨城市地下隧道大面积排涝抢险对策 [J]. 人民黄河，2022，44（S2）：34-37.

[30] 史波涛. 上汛！排水集团力保首都防汛安全 [N]. 首都建设报，2023-06-02（001）.

[31] 刘丽媛. 落细落实防汛措施 全力筑牢安全防线 [N]. 中国建设报，2023-08-01（001）.

[32] 王天淇. 首份城市积水内涝风险地图发布 [N]. 北京日报，2022-07-08（009）.

[33] 郑志军，杨宗晓，侯伟. 浅论北京城区排水管道防汛抢险特点及应对措施 [J]. 市政技术，2019，37（2）：165-170.

[34] 林红，潘杰. 各类综合管廊运行维护防汛处置技术研究 [J]. 中国防汛抗旱，2023，33（6）：50-54.

[35] 黄兆玮，刘霞，徐辉荣，等. 市政排水与城市排涝标准衔接理念及其应用案例分析 [J]. 中国给水排水，2018，34（4）：16-21.

[36] 侯莎莎. 4 小时排除安华桥 1.5 米积水 [N]. 北京日报，2007-08-07（001）.

[37] 邱健，孙全，张俊. 九江市中心城区道路积水点改造思路及技术措施 [J]. 中国给水排水，2022，38（4）：6-11.

[38] 赵媛，付朝臣，马兴，等. 合流制溢流监测及控制方案编制要点探讨 [J]. 北京水务，2023（3）：25-28.

[39] 李铭洋，李宁，王睿. 合流制溢流污染控制标准探讨 [J]. 给水排水，2022，58（S2）：631-635.

[40] 张维，孙永利，李家驹，等. 合流制溢流污染快速净化处理技术进展与思考 [J]. 给水排水，2022，58（9）：157-164.

[41] 刘鹏飞，杜强强，戴明华. 截流调蓄在水环境治理中的应用实践与思考 [J]. 环境工程，2023，41（S2）：1141-1146.

[42] 赵志超，黄晓敏，尹海龙，等. 雨水管网混接入渗诊断技术研究进展 [J]. 环境工程技术学报，2024，14（1）：278-288.

[43] 刘兴坡，夏澄非，柴耀智，等. 基于 MIKE FLOOD 的巢湖市主城区现状排水能力与内涝风险评估 [J]. 净水技术，2020，39（4）：59-66.

[44] 宋兵跃，吴建平，周杨，等. 市政排水设施安全运行监测及预警标准研究 [J]. 市政技术，2014，32（6）：83-86.

[45] 冯鹏飞. 数字孪生智慧城市排水系统建模研究 [D]. 汕头：汕头大学，2021.

[46] 贺超，孟钦伟，袁培骏，等. 电法测漏定位仪在排水管网检测中的探索应用 [J]. 市政技术，2020，38（4）：180-182，188.

[47] 周力，陈俊江，张星星，等. 主流城市污水厌氧氨氧化处理工艺研究进展 [J]. 环境科学与技术，2023，46（8）：144-154.

[48] 吴志明，陈学春，赵欣，等. Nereda® 好氧颗粒污泥工艺的脱氮除磷性能及工程实例 [J]. 中国给水排水，2022，38（22）：16-21.

[49] 田丰. 排水管道非开挖修复技术在市政管养中的应用分析 [J]. 工程与建设，2023，37

(5)：1536–1538.
[50] 柯友青，王圣杰，易聪，等. 顺德某片区截污管网 CCTV 检测与修复技术 [J]. 施工技术，2020，49（13）：98–101.
[51] 马丽军，曹宇伟. 短管内衬修复技术在城区主干道工程中的运用 [J]. 广东建材，2023，39（7）：113–115.
[52] 范秀清，欧芳，王长青. 城市排水管道非开挖修复技术探讨 [J]. 市政技术，2012，30（1）：67–70，74.
[53] 赵海凤. 水平定向钻技术在市政给排水管道项目中的应用研究 [J]. 中国新技术新产品，2022（20）：125–127.
[54] 刘泉. 复杂地质条件下采用浅埋暗挖工艺施工的城市地下道路设计要点 [J]. 黑龙江交通科技，2023，46（10）：93–96.
[55] 赵宝刚，苏庆珍，李光，等. 污水处理厂危险化学品的安全管理工作 [J]. 化工管理，2023（25）：108–110.
[56] 崔环宇，李若愚，齐飞，等. 某 A^2/O 工艺污水处理厂恶臭气体处理设施性能评估 [J]. 环境工程学报，2022，16（4）：1102–1110.
[57] 毛绪昱，贺艺，续延晨. 重庆市中心城区排水管渠臭气的分布与成因 [J]. 重庆大学学报，2022，45（S1）：106–110.
[58] 叶礼坡，覃茂欢，庞雯，等. 排口溯源技术方法在水环境治理工程上的应用 [J]. 水利发展研究，2023，23（12）：51–56.
[59] 李白，刘守根. 基于水基因图谱的毛河流域冬季污染源溯源分析 [J]. 四川环境，2023，42（4）：183–192.
[60] 谢小龙，杨涛，胡晓彬，等. 深层隧道排水系统在武汉污水传输工程中的应用 [J]. 给水排水，2022，58（1）：132–136.
[61] 何巍伟，王梦华，武今巾. 我国深隧排水系统典型案例分析 [J]. 净水技术，2023，42（6）：142–151.
[62] 王广华，周建华，李文涛，等. 典型深隧排水系统运行与维护研究 [J]. 给水排水，2021，57（5）：128–134.
[63] 施祖辉，胡艳飞. 调蓄池在合流制污水系统中的应用 [J]. 给水排水，2008（7）：43–45.
[64] 熊亮亮. 雨水泵站与初期雨水调蓄池集约化设计 [J]. 净水技术，2022，41（S1）：296–299，364.
[65] 董楠. 基于 GIS 的城市排水管网系统模拟研究 [D]. 天津：天津大学，2009.
[66] 穆春盛. 城市防涝能力指数的实际应用与分析——以尼斯市为例 [D]. 天津：天津工业大学，2020.
[67] 王申. GIS 技术在北京市市政排水管网控制管理的应用研究 [D]. 北京：北京建筑大学，2017.
[68] 袁辉洲，汪小雄，袁佳佳. 南方某城市市政排水管道事故分析及预防措施研究 [J]. 给水排水，2021，57（7）：112–116，122.
[69] 徐智勇，舒德伟，陈昌黎，等. 数字孪生市政排水综合管理与预警调度平台设计与应用 [J]. 水利水电快报，2023，44（8）：112–116，126.
[70] 罗有荣. 城市污水溯源排查及整治实践探索 以厦门市海沧区为例 [J]. 中华建设，2023（11）：71–73.
[71] 薛宇宙，丁子墨，储家越，等. 黑臭水体生物与化学治理技术研究进展 [J]. 水利水电快报，2023，44（12）：94–100.
[72] 袁欢庆，张建恒，曹晓丽，等. 黑臭水体治理方法的研究进展及对策 [J]. 环境工程，2023，41（S2）：1–5.

[73] 黎贞，卫晋波，任随周，等. 生物制剂对城市黑臭河涌的原位修复技术 [J]. 环境科学与技术，2010，33（S2）：435–439.

[74] 林发永，李学峰，丁国川，等. 超大城市排涝关键技术思考与探讨 [J]. 水利规划与设计，2022，（6）：12–15，68.

[75] 易莹，葛乐乐，周艳伟，等. 日本合流制溢流污染防治的经验和思考 [J]. 工业用水与废水，2022，53（2）：46–49，60.

[76] 仝武刚，叶伟武，刘超. 纯膜MBBR在城市溢流污染治理中的应用研究[J]. 给水排水，2021，57（S1）：258–261.

[77] 高郑娟，孙朝霞，贾海峰. 旋流分离技术在雨水径流和合流制溢流污染控制中的应用进展 [J]. 建设科技，2019，（Z1）：96–100.

[78] 胡龙，戴晓虎，唐建国. 深层排水调蓄隧道系统关键技术问题分析 [J]. 中国给水排水，2018，34（8）：17–21.

[79] 北京市市场监督管理局. 专业应急救援队伍能力建设规范 防汛排水：DB11/T 1911—2021[S].

[80] 朱羽廷，余斌，何婷. 污水厂污泥连续高速碳化及资源化全链条实证研究 [J]. 中国给水排水，2023，39（8）：127–132.

[81] 林蔓，张宏伟，孙鹏. 晋中市中心城区第二污水处理厂工艺设计及运行 [J]. 中国给水排水，2014，30（2）：48–50.

[82] 赵青，黄鹏，孙永利，等. 基于生态安全分析的城市黑臭水体原位治理技术应用研究 [J]. 环境生态学，2024，6（1）：94–102.

[83] 景长勇，梁赟，金泥沙，等. 磁混凝技术处理微污染河水实验研究 [J]. 河北水利电力学院学报，2023，33（3）：45–50.